U0234598

图像检测与目标跟踪技术

李　静　王军政　著

北京理工大学出版社
BEIJING INSTITUTE OF TECHNOLOGY PRESS

内 容 简 介

本书主要介绍了图像检测与目标跟踪的相关理论和技术。共6章：第1章主要介绍图像检测与跟踪技术及其发展现状；第2章讲述了图像检测与跟踪系统的基本组成，分别对摄像机的工作原理、特性、数据接口等进行阐述；第3章介绍了常用图像处理算法，包括图像灰度化、增强、滤波、校正、压缩以及边缘检测等；第4章和第5章是本书的核心，详细讲述了多种目标检测和跟踪算法；第6章为应用实例。

本书总结了作者及相关人员在目标检测与跟踪方面多年的理论研究和实际应用成果，内容实用，层次清晰，系统性强。可作为高等院校及科研院所图像处理、视频处理和计算机视觉等课程高年级本科生、研究生的教材，也可供相关领域的科研及工程技术人员阅读参考。

图书在版编目（CIP）数据

图像检测与目标跟踪技术 / 李静，王军政著. —北京：北京理工大学出版社，2014.4（2020.10重印）

ISBN 978-7-5640-8849-1

Ⅰ.①图…　Ⅱ.①李…　②王…　Ⅲ.①图象处理-高等学校-教材②图象通信-目标跟踪-高等学校-教材　Ⅳ.①TN911.73②TN919.8③TN953

中国版本图书馆CIP数据核字（2014）第052889号

出版发行 / 北京理工大学出版社有限责任公司
社　　址 / 北京市海淀区中关村南大街5号
邮　　编 / 100081
电　　话 / （010）68914775（总编室）
82562903（教材售后服务热线）
68948351（其他图书服务热线）
网　　址 / http：//www.bitpress.com.cn
经　　销 / 全国各地新华书店
印　　刷 / 北京虎彩文化传播有限公司
开　　本 / 710毫米×1000毫米　1/16
印　　张 / 18.25
彩　　插 / 8
字　　数 / 321千字
版　　次 / 2014年4月第1版　2020年10月第2次印刷
定　　价 / 66.00元

责任编辑 / 莫　莉
文案编辑 / 张海丽
责任校对 / 周瑞红
责任印制 / 王美丽

图书出现印装质量问题，请拨打售后服务热线，本社负责调换

前　言

图像的采集、传输、处理是信息领域非常热门的研究内容，并且应用十分广泛。本书全面系统介绍的图像检测与目标跟踪技术，是作者在这方面多年研究和应用的成果总结。

本书主要围绕图像检测和目标跟踪处理算法进行阐述。共6章：第1章主要介绍图像检测与目标跟踪技术发展现状；第2章阐述了图像检测与目标跟踪系统的组成，包括辅助光源系统、摄像机和图像采集处理系统，并讲述了摄像机的特性、数据接口及如何选择使用；第3章是图像处理基础，主要包括图像灰度化、增强、滤波、校正、压缩以及边缘检测方法等；第4章详细讲述了目标检测方法，包括基于阈值分割、颜色分割、运动信息、轮廓特征、特征匹配等方法，以及图像测试系统中目标的精确位置计算方法；第5章详细讲述了目标跟踪方法，主要包括基于混合高斯背景模型、Camshift、多特征融合和滤波器的目标跟踪方法，以及压缩采样框架下基于特征基的目标跟踪方法等；第6章为应用实例，主要介绍了图像检测和目标跟踪技术在无人运动平台道路检测、空中机动目标检测与跟踪、人脸检测、稳像仪动态稳像精度测试、火炮动态稳定精度测试、钢板首尾自动剪切等方面的应用。

全书由李静和王军政共同撰写完成，书中所涉及的理论研究和应用实例全部是在王军政教授的指导下，由李静深入研究并组织完成，参与者包括：周斌博士、常华耀博士、韩天宝硕士、张小川硕士、毛佳丽硕士、陈超硕士、崔广涛硕士、谷玉硕士研究生等，书中诸多算法程序的设计和调试均由李静完成，同时也得到了汪首坤、马立玲、赵江波和沈伟等老师的支持和协助。

希望本书能够给从事本领域的研究生和专业技术人员提供一定的帮助。由于作者水平有限，本书难免有不妥之处，恳请各位专家、学者批评指正。

作　者

2013年12月于北京理工大学

前 言

[illegible]

目 录

第 1 章

绪　　论

1.1　图像检测与目标跟踪技术概述

图像检测与目标跟踪技术在机器视觉、图像匹配、图像检测、目标跟踪和模式识别等方面都有很重要的应用。它以图像处理技术为基础，将光学电子、计算机和测试等多种现代技术融为一体，构成综合系统。目前图像检测与目标跟踪技术已被广泛应用于多个领域：在军事上，可用于空中机动目标的跟踪，机载、弹载或星载的目标检测，导弹末端图像制导，无人侦察或作战平台等方面；在工业上，可用于工业产品测试、机器人自主导航和视觉伺服控制，以及智能车辆等方面；在农业上，可用于农产品检测及长势监控等方面；在医学上，可用于生物组织运动分析等方面；在气象上，可用于云图分析预报等方面；在交通运输上，可用于智能交通管理、运输工具流量控制等方面；在智能安防上，可用于视频监控、危险物品检测等方面。

图像检测与目标跟踪系统以 CCD（Charge Coupled Device，电荷耦合器件）为传感器，主要由辅助光源、摄像机、图像采集卡、图像处理器和输出设备组成，如图 1.1.1 所示。

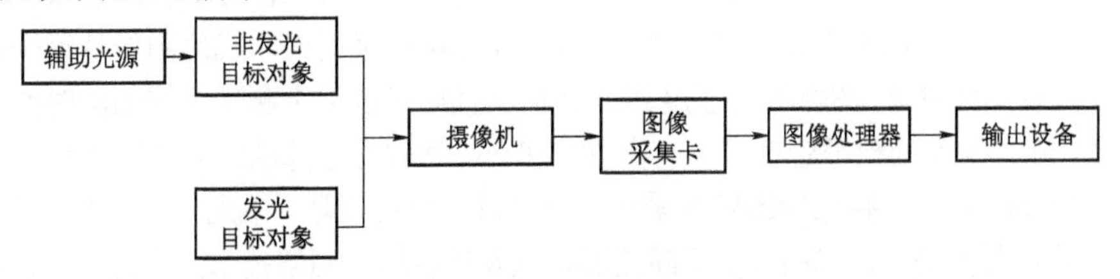

图 1.1.1　图像检测与目标跟踪系统组成框图

非发光目标对象需要辅助光源对其特征区域进行照射以获得较为清晰的目标图像。光源通常以固体发光光源和激光器为主，如发光二极管、半导体激光器等。

通过适当的光源照明设计，使图像中的目标信息与背景信息得到最佳分离，可以大大降低图像处理算法分割、识别的难度，同时提高系统的定位、测试精度，使系统的可靠性和综合性能得到提高。在图像检测与跟踪系统中，光源的作用主要有：

（1）照亮目标，提高目标亮度。

（2）形成最有利于图像处理的成像效果。

（3）克服环境光干扰，保证图像的稳定性。

（4）用作测量的工具或参照。

摄像机作为视觉系统中的核心部件，对于视觉系统的重要性是不言而喻的。摄像机按芯片技术分为CCD芯片和CMOS（Complementary Metal-Oxide-Semiconductor Transistor，互补金属氧化物半导体）芯片，这两种芯片的主要差异在于将光转换为电信号的方式不同。对于 CCD 传感器，光照射到像元上并产生电荷，电荷通过少量的输出电极传输并转化为电流、缓冲、信号输出；对于 CMOS 传感器，每个像元自己完成电荷到电压的转换，同时产生数字信号。根据传感器的架构方式不同，摄像机可以分为面阵摄像机和线阵摄像机。根据摄像机的数据输出模式不同，摄像机可以分为模拟摄像机和数字摄像机。模拟摄像机输出模拟信号，分为逐行扫描和隔行扫描两种，隔行扫描摄像机包含 EIA、NTSC、CCIR、PAL 等标准制式；数字摄像机输出数字信号，其数据接口又包括 LVDS、Camera Link Base/Medium/Full、IEEE 1394、USB 和 GigE 等。

摄像机的帧率从几帧到几百帧不等，高速摄像机，如 MotionBLITZ Cube 系列，在满分辨率时的最高帧频为 5 500 fps（frame per second），通常用于高速记录系统，不适合做实时处理。应用在图像测试系统中的摄像机帧频需要根据被测系统的运动频率来确定，一般为几十帧到 200 帧，主要取决于图像处理算法的实时处理时间。

图像处理器可分为硬件处理平台和软件处理算法两部分。图像处理软件的正常运行需要硬件处理平台的支持，其中硬件处理平台可以由计算机通过采集卡接收图像并与其他外设相连接完成图像处理，也可以采用嵌入式的图像处理平台直接完成图像处理。图像处理速度和计算精度直接影响整个测试系统的实时性和精度。除了硬件处理平台要求具有高性能以外，软件处理算法也影响图像处理系统的最终结果，主要包括图像的采集、预处理、特征提取、目标检测及跟踪等。

随着图像测试技术的应用不断拓展，以及计算机、网络技术的飞速发展，摄像机采集和处理平台之间的界限也逐渐变得模糊，不能再用传统方法来区分视觉系统测试组件。例如，智能摄像机就与传统 PC 系统中的摄像机不同，它可以看作是一种高度集成化的小型机器视觉系统，大部分的智能摄像机都可脱离 PC 而独立运行。它将图像的采集、处理与通信功能集于一身，提供了具有多功能、模块化、高可靠性、易于实现的机械视觉解决方案。同时，由于应用了最新的DSP、FPGA及大容量存储技术，其智能化程度不断提高，可满足多种视觉应用的需求。

通常视觉系统利用的是二维图像，即平面图像，图像由二维点阵组成。立体视觉的发展是机器视觉技术中一个重要研究方向，是最接近人类方式的三维信息视觉感知技术，其基本原理是利用两个或多个摄像机在不同角度观察同一场景，通过获取立体图像对的视差，进而实现恢复空间环境的三维信息。立体视觉技术已被广泛应用于自主视觉导航、运动目标监视跟踪、工业加工的三维信息获取等领域。源于三维技术在计算机视觉中的重要地位，关于三维图像获取技术的研究和产品开发就一直伴随着计算机视觉发展壮大的整个过程，从计算机视觉研究之初开始的双目立体视觉，到后来快速发展并产品化的三维结构光扫描仪、激光扫描仪等，最近一种名为TOF（Time of Flight，飞行时间）的技术又给整个计算机视觉行业带来一种全新的三维探测方式。

飞行时间法三维成像，是通过给目标连续发送光脉冲，然后用传感器接收从物体返回的光，通过探测光脉冲的飞行（往返）时间来得到目标物距离。TOF技术原理跟三维激光传感器原理基本类似，只不过三维激光传感器是逐点扫描，而TOF相机则是同时得到整幅图像的深度信息。TOF相机与普通机器视觉成像过程也有类似之处，都是由光源、光学部件、传感器、控制电路以及处理电路等部分组成。与同属于非侵入式三维探测、适用领域非常类似的双目测量系统相比，TOF相机具有完全不同的三维成像机理。如图1.1.2和图1.1.3所示，双目立体测量通过左右立体像对匹配后，再经过三角测量法来进行立体探测，而TOF相机是通过入、反射光探测来获取目标距离。与双目立体相机相比，TOF相机系统结构简单，能够实时快速地计算深度信息，帧率达到几十到100 fps，并且其深度计算不受物体表面灰度和特征的影响，可以非常准确地进行三维探测，深度计算精度不随距离改变而改变。但是TOF相机的有限探测距离一般只有几米，因此不适合做远距离探测。

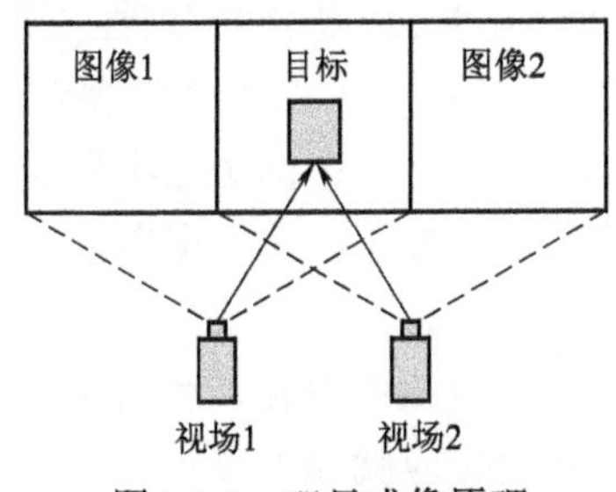

图1.1.2　双目成像原理

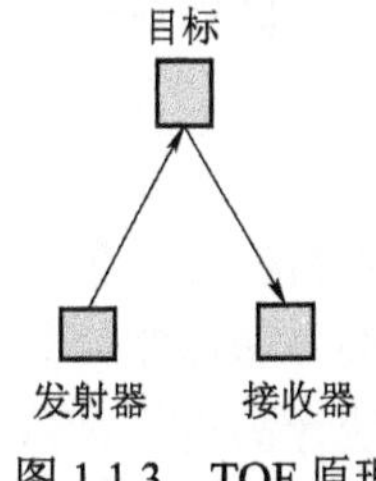

图1.1.3　TOF原理

TOF 是一种比较新的产品，但由于其诸多的优点和便利性，目前已经被广泛应用在一些实时性要求较高的场合，如交互多媒体、汽车辅助驾驶，以及人物跟踪计数等方面。

1.2 图像检测与目标跟踪技术发展现状

1.2.1 图像检测技术基础

1. 摄像机的非均匀性

在理想情况下，图像传感器受均匀光照时，各单元输出幅度完全一样。但是，由于制作器件的半导体材料不均匀（杂质浓度、警惕缺陷分布的不均匀性等原因所致）、掩膜误差、工艺条件等因素影响，在均匀光照下，图像传感器各单元输出的幅度会出现不均匀现象。CCD 图像传感器在既无光源注入又无电源注入情况下的输出信号是由暗电流引起的。暗电流的存在会占据 CCD 势阱的容量，降低器件的动态范围。暗电流限制了 CCD 工作频率的下限。

由于 CCD 传感器存在散粒、热影响、电荷转移、读出等各种噪声，还有暗电流、量子效应、材质结构等局部差异性，各像素对于相同的辐照度产生的灰度值并不相同，甚至有较大的差异，因此会给测试带来较大误差，必须对其进行校正。目前已有的校正方法主要是针对红外聚焦平面不均匀性的校正算法，以及微光 CCD 器件图像的校正算法。微光 CCD 器件图像的校正算法原理是根据输出数据的特性对不均匀性进行校正，可分为两大类：一是基于定标的校正方法，该方法原理简单，同时对 CCD 器件的增益和偏移响应进行非均匀性校正，通常采用的两点法即属于该类，如 Liu 等提出一点、两点和多点的非均匀性修正算法用于时间延迟积分 CCD[1]，Pei 等针对 SLM 图像采用扩展向量中值滤波的非均匀性校正方法消除噪声[2]，还有很多采用卡尔曼滤波算法对非均匀性进行校正，如 Zhou 等提出改进的基于卡尔曼滤波的非均匀性校正算法，该算法不仅能解决探测器随时间的偏移和增益，还能在一定程度上解决探测器的非线性响应对非均匀校正特性的影响[3]，但是传统的定标法在实际应用中需要周期性地标定系数；另一类是基于场景的自适应校正方法，根据场景信息自适应的更新校正系数。

此类方法通常需要在每一探测器单元上产生场景的变化，利用这些变化依次提供统计参考点，依照这些参考点，探测器的响应就能被校正。基于场景的非均匀性校正方法可以实时更新估计参数，能够适应探测器单元特性随时间的缓慢漂移。但是这些算法都要求场景中存在运动，并且计算的复杂性较大，因此需要对算法加以改进，以提高算法效率，进一步满足高速处理的要求。

2. 摄像机镜头畸变

摄像机成像模型采用针孔成像模型，但在实际生产过程中，摄像机镜头的制造和安装误差使实际成像系统并不能严格满足针孔成像模型的要求，因此采集的图像会存在畸变。为了提高图像测试的准确性，必须对该畸变进行校正。

20 世纪 70 年代，FAIG 开始研究遥感图像的畸变，并采用非线性优化技术来实现校正。此后，图像的非线性畸变校正成为国内外学者所关注和研究的问题。同时，学者们提出了多种校正算法，主要有基于神经网络的畸变图像校正方法、基于等效圆的校正法及基于径向排列约束的两步法等。上述方法已在机器人焊接和遥感图像测试等领域得到了广泛应用。

3. 摄像机标定

摄像机标定是图像测试技术的基础，摄像机通过成像镜头将三维场景投影到摄像机二维像平面上，以像素为单位，因此，如何从二维图像的像素坐标中寻找对应的三维空间信息是摄像机标定需要解决的问题。

根据标定过程中是否采用辅助标定参照物，一般将标定算法分成传统标定算法和自标定算法两大类。传统标定方法是采集具有已知信息的标定物图像，如已知物体的形状或尺寸等，进行图像处理得到标定物的像素信息，结合标定物的空间信息进行一系列的数学变换，获得摄像机的内、外参数。目前，传统标定方法主要有直线变换法、分步标定法和多平面标定法等。自标定方法是不依赖标定参照物，只是利用摄像机在运动过程中采集的图像之间的对应关系对摄像机进行标定。目前，自标定方法主要有利用主动系统控制摄像机做特定运动的自标定方法和利用多幅图像之间直线对应关系的摄像机标定等。

一般来说，传统标定法精度较高，但标定时需要辅助标定物，限制了其应用范围；自标定方法比较灵活，但由于未知参数太多，很难得到稳定的结果，目前该技术还不是很成熟。因此，在精度要求较高的应用场合且摄像机的参数不经常变化时，首选传统标定方法，而自标定方法主要应用于精度要求不高的场合。

1.2.2 高速图像采集与处理技术

动态图像检测与目标跟踪系统的特点之一为高速处理，首先要快速地获取及传输图像，进而对其进行处理。传统的图像处理方法直接对原始图像数据进行运算，势必存在运算量大、效率低等问题。随着压缩感知理论的提出，对可压缩信号即使以远低于 Nyquist 采样频率进行采样，仍然能够精确地恢复出原始信号，这也意味着采用较少的样本数可达到同样的处理效果。目前，压缩感知理论在图像目标检测方面已经有所应用。Hough 变换通常用来检测图像中的直线或其他参数化的形状，Gurbuz 等给出了如何在 Hough 变换域提取稀疏样本，将压缩感知用于检测图像中参数化的形状，并验证了可以采用基于压缩感知的方法检测噪声图像中的直线和圆，然后给出了处理通过 GPR 采集地震数据实现地道探测的例子[4]。Cevher 等描述了使用压缩测量值直接恢复背景相减图像的方法[5, 6]，认为当被测目标在图像中占较小部分时，即在空间域中是稀疏的，应用压缩感知理论即可恢复目标的轮廓。Wright 等采用稀疏描述实现鲁棒的脸部自动识别[7, 8]。总之，基于压缩感知理论的目标检测领域发展尚属起步阶段，该研究大多集中在本身算法及其改进上，具有广泛的应用前景。

压缩感知理论利用了信号的稀疏特性，将原来基于 Nyquist 采样定理的信号采样过程转化为基于优化计算恢复信号的观测过程，也就是利用长时间积分换取采样频率的降低，省去了高速采样过程中获得大批冗余数据然后再舍去大部分无用数据的中间过程，从而有效缓解了实现高速采样的压力，减少了处理、存储和传输的成本，使得用低成本的传感器将模拟信息转化为数字信息成为可能。这种新的采样理论可能成为将采样和压缩过程合二为一的理论基础。

1.2.3 高精度图像处理技术

测试速度和测试精度是衡量测试系统的两个重要性能指标，其中精度是测试系统最基本的性能指标。要完成对被测物体的测试，系统必须满足一定的测试精度，以确保获得有意义的数据，保证检测结果的可信性。一般来说，摄像机的视野不能太大，否则，单位像素的物理尺寸就会很大。增加成像系统的分辨率，可以提高测量精度，但成本会成倍地增加。采用亚像素细分技术、系统标定方法等也可以提高测量精度。

采用亚像素级边缘检测和目标定位方法来提高测试系统的精度已取得了较好的效果。目前，亚像素级精度目标检测技术可以分为图像矩方法、曲线拟合法以及插值法。此类方法最初由 Hueckel 提出，将边缘数据拟合到 Hilbert 空间以确定边缘像素[9]。随后，又出现了一些有效的亚像素定位算法，如 Tabatabai 等提出利用灰度矩将边缘定位到亚像素级精度[10]；Huertas 等利用 LoG 模板合成边缘局部表面模型的方法构造亚像素边缘检测算子[11]；Lyvers 等提出利用空间矩进行亚像素定位[12]；Ghosal 等提出利用 Zernike 矩算子进行亚像素定位[13]；Kisworo 等提出采用局部能量法来对边缘进行亚像素定位[14]；Jensen

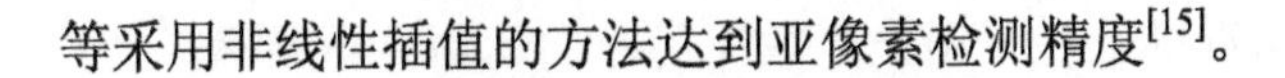

等采用非线性插值的方法达到亚像素检测精度[15]。

1.2.4　运动目标跟踪方法

根据摄像机的工作方式不同，运动目标跟踪可以简单地分为两大类：摄像机不动目标动和摄像机动目标动。

前一种方式广泛应用于视频监控、安防、非接触测量等场合。研究的内容主要包括背景建模、运动目标精确提取、阴影消除（姿态识别）等，一般通过减背景技术（如帧差、高斯背景建模、背景累计模型等）就可以获得大量的运动目标信息。

在第二种跟踪模式下，无法通过减背景技术有效获取运动目标的信息，但应用范围更广，近年来得到了广泛的研究。通常解决此类跟踪的核心思路是：当目标相对摄像机运动时，视频序列中每帧图像中所包含的目标区域或目标图像结构具有一定的连续一致性，可以利用这种一致性将目标跟踪转换为一种匹配问题。现在已有的目标跟踪算法中，人们试图对其进行分类，如基于运动检测或目标识别的跟踪算法分类，也有刚性目标与非刚性目标的分类方法等。目标跟踪作为一个不断发展的研究方向，新的方法不断产生，再加上其他学科方法的应用，各种分类之间的界限也逐渐模糊。根据跟踪机理不同，主要将跟踪算法分为基于光流的目标跟踪算法、基于运动估计的目标跟踪算法、基于识别的目标跟踪算法，以及基于特征搜索的目标跟踪算法，另外还介绍了压缩感知框架下的目标跟踪算法。

1. 基于光流的目标跟踪算法

基于光流的目标跟踪算法假设前后两帧中目标对应区域的像素值是相同的。光流场即图像运动场，也就是图像中每个像素点运动所形成的一个矢量空间，通过局部匹配计算目标的光流场而实现目标跟踪，因此决定基于光流场的目标跟踪算法性能的关键在于如何计算光流场。光流场可按照设计方法不同分为两类：特征光流和全局光流。特征光流中的典型代表就是 Lucas-Kanade 光流，他们提取出目标的局部特征，并进行差分匹配最终得到光流场。而全局光流诞生更早，主要包括 Horn-Schunck 算法、Nagel 算法等，这类算法的本质还是减背景的思想，利用整个图像之间的运动差异实现目标分割，从而间接地达到跟踪的目的。

基于光流的跟踪算法无需先验知识，在动态背景下能较好地跟踪目标，但其主要缺陷为对光照变化敏感，计算量过大，为了计算目标运动方向增加了偏导数的计算，加重了噪声的影响，因而基于光流的跟踪算法对跟踪环境要求比较苛刻。另外，由于遮挡情况的存在，用光流估计目标的运动并不准确，且没有任何识别能力，通常需要引入假设模型来模拟目标运动 [16]。常用的假设模型分为参数模型和非参数模型两类。参数模型通常将单个目标假设为投影后的多个独立运动体，而每个光流矢量分别对应不同的投影面，通常单个运动体的运动可用 6 个参数仿射模型来描述，在一些改进的透射模型下，用 8 个参数来描述单一运动目标，此外，对于二次曲面还存在更为复杂的模型，在实际应用中计算并不便捷。非参数模型主要包括基于块运动估计的方法等。

2. 基于运动估计的目标跟踪算法

目标在运动过程中，从长时间来看，其运动方式没有规律可循，通常包含了匀速、变速、直线、曲线、旋转等运动形式，也就是说目标速度大小和方向都在变化。而在足够短的时间内，在了解了一定的目标运动信息后，可以根据其运动规律对其下一时刻的运动状态进行预测，在一定程度上缩小目标搜索范围。这种思想就是基于运动估计的目标跟踪算法的基本出发点。

在基于运动估计的目标跟踪算法中，通常将目标跟踪看作一个滤波的过程，在获取目标运动观测信息后，综合利用运动模型、预测滤波技术、似然估计技术及其他数学手段，逐步得到目标的位置、速度、加速度等预测信息。在这类算法中主要包括两个部分：机动目标模型和自适应滤波算法。很长时间以来机动目标模型一直是研究的热点问题之一，作为建模与预测的基本要素，这也是目标跟踪中不可回避的问题之一。由于目标运动观测数据存在很多不可预测的现象，一种公认的处理方式是认为足够短的时间内目标处于匀速直线运动中，而对其运动状态造成影响的因素通常看作是具有随机特性的扰动输入，并假定服从零均值高斯白噪声分布。然而实际情况下，目标的机动性单纯用匀加速直线与随机扰动的线性组合并不十分合理，只能认为短时间内机动加速度具有一定的相关性。现在常用的机动目标模型主要分为两类：基于直线运动的机动模型和基于圆周运动的机动模型。

直线机动模型主要包括：匀速（CV）及匀加速（CA）模型、时间相关模型（Singer 模型）、半马尔科夫模型、“当前”统计模型、Jerk 模型等。这类模型认为目标在理想状态下做匀速直线运动，受到随机加速、随机方向等扰动。圆周运动机动模型主要包括：圆周模型、扩展圆周模型、弧线模型、CAV 模型、Helferty 模型等。这类模型将目标的运动近似为匀速圆周运动，根据角速度、加速度和速度之间的运动学关系将目标的运动包含在一个以角速度为参数的转移矩阵中。

在得到了目标的运动模型之后，对运动的估计和预测就交由自适应滤波算法来完成。最常用的滤波算法主要有卡尔曼滤波器（Kalman Filter，KF）、扩展卡尔曼滤波器（Extended Kalman Filter，EKF）、无迹卡尔曼滤波器（Unscented Kalman Filter，UKF）和粒子滤波器（Particle Fitler，PF）等。

卡尔曼滤波器常用于线性运动且状态参数的概率分布为单一模式——高斯模式的预测，具有几个特点：它的数学模型不是高阶微分方程，适合计算机处理；卡尔曼滤波把被估计的随机变量作为系统的状态，利用系统状态方程来描述状态的转移过程；由于采用了状态转移矩阵来描述实际的动态系统，其适用面大为扩展；卡尔曼滤波的估计值利用了以前以及当前时刻的观测值，这种递推利用了所有的观测数据，但每次运算只要求得到前一时刻的估计值以及当前的观测值，而不必存储历史数据，降低了对计算机的存储要求。用 EKF 处理非线性运动的情况，这种方法首先把非线性过渡过程进行泰勒展开，用线性项近似目标动力学方程，但在非线性过渡过程非常剧烈的场合，EKF 效果就比较差。UKF 由 Julier 等提出，也是用来解决非线性问题的一种方法，这种算法用一个 sigma 矢量集合表示系统的均值和协方差。这些矢量通过跟踪的动力学方程和测量方程来传播，而不对着两个方程进行线性化，并且 sigma 矢量分布的矩定义了状态估计的均值和协方差。也就是说该算法用非线性模型去预测下一状态的均值，它是对非线性过程的二次近似，效果比较好。Particle 滤波器是针对非线性运动、多模式分布的情况提出的一种优秀的滤波算法，对前一帧的后验概率分布估计值进行采样，然后传播这些采样值形成当前帧的后验概率估计器。

基于滤波器的目标跟踪方法，其特点在于充分利用了目标的先验概率分布和观测信息，在跟踪高速目标时能够有效地对目标运动状态进行预测，由于计算区域小，算法实时性好。但是该类算法关注目标的点特征，单使用这类算法无法完整地描述目标，也无法得到目标的整体信息，因此通常要和其他的跟踪算法结合起来使用。

3. 基于识别的目标跟踪算法

随着模式识别技术的发展，某些特定的目标跟踪环境中越来越多地开始采用模式识别技术来进行目标跟踪。在现阶段基于目标识别的跟踪算法中，采用级联式分类器的目标分类方法应用最为广泛。其中，AdaBoost 分类器是使用最为广泛的一种跟踪分类器。AdaBoost 算法是 Freund 等[17]提出的一种 Boost 算法，它的目标是自动地从弱分类器空间中挑选出若干个弱分类器整合成一个强分类器。AdaBoost 算法用于目标跟踪是由 Viola 等[18, 19]提出的。他们采用一种“积分图像”的图像表示方法，大大提高了计算目标特征的速度，然后采用

AdaBoost 学习方法，从一个大的特征集中选择少量关键特征，产生一个高效的分类器，再用级联的方式将单个能力一般的分类器合成一个分类能力很强的分类器，在图像中快速剔除背景区域，而在可能存在目标的区域进行精确分类。该算法是当前目标跟踪中准确率最高的算法之一，且其检测速度远远快于目前的一些检测算法。

采用基于目标识别的跟踪算法优势相当明显：

（1）能够对多目标进行跟踪。由于基于目标识别的跟踪算法对整幅图进行特征分类，符合目标特征的区域都会被识别出来。

（2）能够有效克服遮挡问题。跟踪算法针对当前帧做分类处理，没有利用已知信息，当目标从遮挡中恢复就可立即被检测出来。

正因为这些优点，基于目标识别的跟踪算法在视频监控、智能车辆管理等方面得到了广泛的应用。

但是其跟踪机理也限制了其使用范围：

（1）对目标表观稳定性要求较高。当目标发生旋转运动或者受光照变化影响时，跟踪不稳定。

（2）需要大量的正例样本。分类器的性能与样本数量直接相关，对机动目标进行跟踪时，样本数量随着目标运动维数成指数上升，训练时间也大大增加。

（3）在高分辨率的视频序列中进行目标分类所带来的运算量巨大，其跟踪的实时性难以满足要求。

4. 基于特征搜索的目标跟踪算法

要跟踪一个目标，首先需要发现目标，所跟踪的目标通常满足一个假设：目标的空间域特征明显区别于背景。目标特征是一种对目标的降维数学描述。在目标识别和跟踪领域，通常需要依靠检测目标的特征来识别或者跟踪目标物体，甚至不需要对别的信息进行检测也可以完成任务。首先，对于目标表象容易发生变化的跟踪场景，检测一定的目标特征往往体现出更好的稳定性；其次，用少量的特征信息来描述目标，大大降低了目标信息维度，使实时匹配成为可能。在选择目标特征时，通常遵循以下几点：区分性、可靠性、独立性、数量少等。获取了目标的特征后，通过推理目标参数，根据表达目标的信息，确定目标在图像中的位置、运动参数。因此，基于特征搜索的目标跟踪算法主要包含两个步骤：目标特征提取与定位。

1）目标特征提取

在已有的文献中通常采用的图像特征有：

（1）边缘与轮廓特征。边缘是指目标周围灰度发生阶跃变化的像素集合。

在图像处理领域，边缘作为最为普遍的一种图像特征得到了广泛应用。边缘特征对光照不敏感，计算简单，且容易描述。常用的边缘检测算子有 Sobel 算子、拉普拉斯算子、Kirsch 算子、Canny 算子等。轮廓是目标的边界，是边缘的扩展，具有一定的语义性。利用边缘或轮廓特征不需要明确目标模型，而且所需要的数据量是整个目标区域的 3.5%左右。为了取得更好的跟踪效果，一些研究人员提出了融合边缘与其他特征的跟踪算法，也取得了成功。但边缘特征也存在一定的缺陷，如容易受到噪声干扰，难以描述。

（2）颜色特征。颜色特征对于目标的平移、旋转、形变、部分遮挡都较为稳定，特别适合用于跟踪非刚性目标，在跟踪领域得到了广泛的应用，有人甚至指出颜色特征是一般情况下的最优特征。在图像跟踪的两篇奠基性文章中，Comaniciu 与 Perez 同样都选择了颜色特征。前者利用均值迁移（Meanshift）跟踪非刚性目标，在一些运动场景取得了很好的跟踪效果，虽然当目标被遮挡或相邻目标运动位移过大，跟踪可能失败，但这也是由于均值迁移本身的性质所致。为了克服这个问题，Perez 与 Nummiaro 将颜色直方图应用到粒子滤波框架中，并实现了实时跟踪[20, 21]。

（3）小波特征（Wavelet Representation）。小波特征是指利用小波变化提取目标频率域与空间域的特征集合。小波变化是在傅立叶分析基础上发展起来的，它优于傅立叶分析的地方在于它在空域和时域是局部的，其局部化格式随频率自动变换，在高频处取窄的时间窗，在低频处取宽的时间窗，在图像处理、机器视觉等领域得到了广泛应用。应用小波分析可以提取出图像的边缘、角点、纹理特征；也可操纵金字塔（Steer Ablepyramids），从不同尺度、方向描述目标，利用小波特征实现目标跟踪。

（4）纹理特征。纹理是模式识别中用来辨别图像区域的概念。纹理可认为是灰度在空间以一定的形式变化而产生的图案，是图像的固有特征之一。它具有区域性质的特点，通常被看作对局部区域中像素之间关系的一种度量。纹理是由许多相互连接、相互编织的元素构成，所以纹理描述可提供图像区域的平滑、稀疏、规则性等特征。由纹理组成纹理直方图的描述性和分类性较好，对光照变化不明显，并且具备一定的抗噪能力，常常被用来提取精确的目标。常用的纹理特征包括 LBP 纹理与扩展 LBP 纹理（$LBP_{P,R}$）等。采用纹理特征可对光照变化频繁的目标进行跟踪。

2）目标定位

在得到了目标特征模板之后，目标的定位过程实际上就是在目标候选区域将目标特征向量与候选特征向量进行匹配，通过优化匹配准则来选择最好的匹配区域，其相应的目标区域即认为是目标在当前帧中的位置。目标定位算法主要可分为两类：概率跟踪方法和确定性跟踪方法。

概率跟踪方法是将目标跟踪转换为在贝叶斯滤波框架下推理目标状态后验概率密度的过程，也就是一个“估计—校正”过程。首先根据所选择目标建立特征模板及目标运动方程，通过状态转移方程对目标运动状态进行预测；然后利用最新的观测值（目标备选区域特征向量）对预测结果进行修正。在这其中，粒子滤波算法由于其在非线性状态方程与非线性观测方程下的优异性能，已经成为图像跟踪研究热点之一。

确定性跟踪方法本质上是一个优化问题，其主要思想是通过消耗函数（Cost Function）来表达目标候选模板与目标模板之间的差异，通过最优化方法找到消耗函数的极值，通常为极大值，并认为极大值对应的位置就是目标所在位置。基于均值迁移的目标跟踪算法就是这类算法的典型代表。这类跟踪算法通常采用特征直方图向量作为目标特征模板，并以相关系数方程作为消耗函数，通过迭代计算均值迁移向量来搜寻消耗函数的极值。这类算法结构简单、有效，特别适用于实时跟踪场合。

这两类跟踪算法作为当前最热门的研究方向各有优缺点：概率跟踪方法，特别是粒子滤波算法，由于能处理跟踪场景的非线性、非高斯、多模态，近些年来得到了广泛的应用，但与确定性跟踪方法相比，为了取得更好的跟踪精度，必须增加粒子数量，在估计目标后验概率密度分布中需要对每个粒子的似然程度进行计算，势必增加运算量，难以满足实时性要求；确定性跟踪方法虽然计算简单，但容易陷入局部最优，在实际过程中反映出来的问题容易受到干扰的影响，当目标发生遮挡时难以自我恢复。

在选择跟踪算法框架之前，首先要对所跟踪对象的表观特征、运动特性、跟踪场景及性能要求进行分析。其主要问题可归结为难于处理目标的外观变化，内在的变化包括姿态和形状变化，而外在的变化则主要有光照变化、摄像机视场变化和遮挡等。由于目标跟踪存在以上问题，有必要研究一种鲁棒的算法来适应这种变化。

5. 基于压缩感知的目标跟踪算法

信息技术的飞速发展使得人们对信息的需求量剧增，而传统的 Nyquist 采样定理要求信号的采样率必须达到信号带宽的两倍以上才能精确重构信号。在实际应用中，为了降低信号处理、存储和传输的成本，通常对采集的信号进行压缩，也就是抛弃大量非重要数据，这种对信号进行高速采样然后再压缩的过程势必浪费一些采样资源。因此，寻找新的快速数据采集和处理方法，建立新的信号描述和处理的理论框架成为一种必然。近几年来，针对此问题出现了一种新的处理方案——压缩感知理论（Compressive Sensing, CS）[22–28]，该理论表明只要信号是可压缩的（或者是可稀疏表示的），那么就可以通过少于甚至是远少于 Nyquist-Shanon 采样定理的要求对信号采样就可精确地获得该信号。与传统信号采集原理不同的是：压缩感知理论采取了不同的信号获取方式，它不是直接测量信号本身，而是测量一个与其非相关的测量系统（感知矩阵）信号。

压缩感知在很多科学领域都发挥了重要作用，如信号处理、图像处理等。目前，压缩感知在计算机视觉方面引起了极大的关注，并且已成功应用到背景差法、目标跟踪、人脸识别等方面。本文对稀疏描述在目标检测和跟踪应用方面进行了研究。

有文献采用传统摄像机模拟压缩采样进行实验[29]，前景和背景图像均通过压缩样本获得，并采用减背景法对压缩样本进行处理得到差图像，如图 1.2.1 所示，从左到右分别是压缩样本在 1%、5%、10%、25%、50%时得到的检测结果。

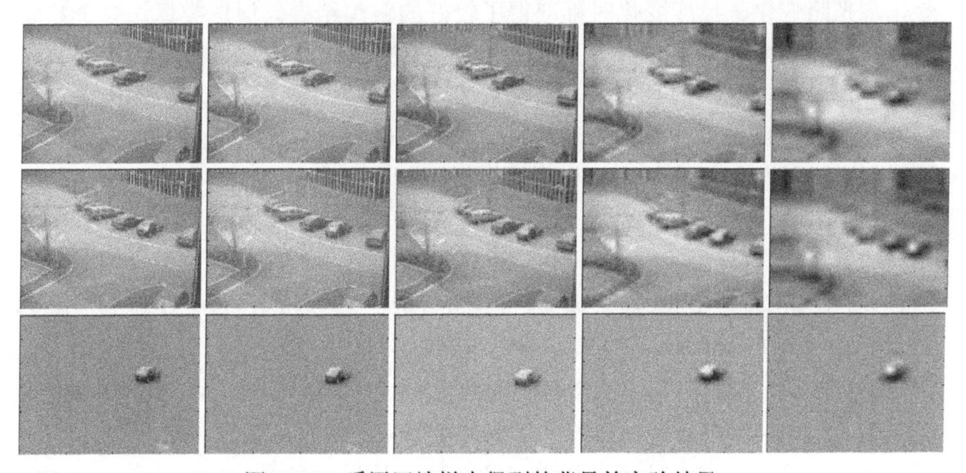

图 1.2.1 采用压缩样本得到的背景差实验结果

图 1.2.1 中第一行和第二行分别是对背景和当前测试压缩样本进行恢复得到的图像，第三行是对压缩样本的差值恢复得到的图像，从左到右每一列对应的压缩比分别为 50%、25%、10%、5%和 1%。由实验结果可得，在保持检测精度不变的情况下，采样率可以减小到 25%。

目前，已经有很多文献在压缩感知框架下研究对目标的稀疏描述和其在计算机视觉中的应用及子空间描述方法。Mei 等[30]将 ℓ_1 最小化方法应用到鲁棒的视觉跟踪中，为了提高鲁棒性，所提方法引入了非负约束和动态特征模板更新，对本文有很好的借鉴意义。另外，为了对目标的外观寻求更加稳定的描述特征，一些学者提出了基于子空间的方法，通过对训练数据进行主成分分析，建立能够描述目标子空间的一组特征基，用以跟踪目标[31]。Ross 提出了一种基于增量子空间学习（Incremental Subspace Learning，ISL）的目标跟踪算法[32, 33]，在目标的外观变化时能够实现跟踪，采用目标子空间模型能很好地描述目标的观测，极大地提高了跟踪效率，特别是对于运动缓慢的目标具有较为鲁棒的跟踪效果。Torre 等[34]提出利用奇异值分解（Sigular Value Decomposition, SVD）构造目标的表观特征基，他们采用了与最近观测值相似的训练图像构造特征基。与其研究基本相同，Hager 等[35]建立了一种灰度表面模型，利用多种光照条件下的目标表观特征构造一组流明基（Illumination Base），用于反映光照的变化，这种方法在光照变化时有较好的效果，但需要大量的训练样本，并且难以跟踪旋转运动的目标。Lim 与 Ross 等[36]提出了一种改进方案，他们利用扩展奇异值分解调整表观特征基，并将其线性组合起来以反映表观的最新变化，在形状变化、光照变化、尺度变化时都取得了较好的跟踪结果。但这类算法有个共同的缺点，就是容易出现“模板漂移”，所谓模板漂移是指当目标受到遮挡或干扰物的影响时，噪声信息会融入目标的表观信息中，导致目标模板不准确。后验特征向量更新是最简单而直观的方法，通过比较当前时刻目标特征向量与特征模板之间的相似程度修正目标特征模板。

参 考 文 献

［1］ Liu Y X, Hao Z H. Research on the nonuniformity correction of linear TDI CCD remote camera[C]. Proceedings of SPIE, Beijing, 2005, 5633: 527–535.

［2］ Pei W, Zhu Y Y, Liu C, et al. Non-uniformity correction for SLM microscopic images[J]. Image and Vision Computing, 2009, 27(6): 782–789.

［3］ Zhou H X, Qin H L, Jian Y B, et al. Improved Kalman-filter nonuniformity correction algorithm for infrared focal plane arrays[J]. Infrared Physics & Technology, 2008, 51(6): 528–531.

［4］ Gurbuz A C, McClellan J H, Romberg J, et al. Compressive sensing of parameterized shapes in images[C]. IEEE International Conference on Acoustics, Speech and Signal Processing, Las Vegas, 2008: 1949–1952.

［5］ Cevher V, Sankaranarayanan A, Duarte M F, et al. Compressive sensing for background subtraction[C]. Computer Vision – ECCV, Marseille, 2008: 155–168.

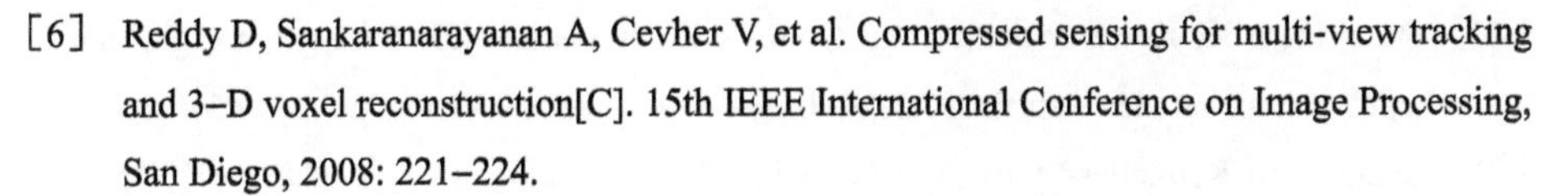

[6] Reddy D, Sankaranarayanan A, Cevher V, et al. Compressed sensing for multi-view tracking and 3–D voxel reconstruction[C]. 15th IEEE International Conference on Image Processing, San Diego, 2008: 221–224.

[7] Wright J, Yang A Y, Ganesh A, et al. Robust face recognition via sparse representation[J]. IEEE Transactions on Pattern Analysis and Machine Intelligence, 2009, 31(2): 210–227.

[8] Yang A Y, Wright J, Ma Y, et al. Feature selection in face recognition: A sparse representation perspective[J]. UC Berkeley Tech Report UCR/EECS–2007–99.

[9] Hueckel M H. A local visual operator which recognizes edges and lines[J]. Journal of the Association for Computing Machinery, 1973, 20(4): 634–647.

[10] Tabatabai A J, Mitchell O R. Edge location to subpixel values in digitalimagery[J]. IEEE Transactions on Pattern Analysis and Machine Intelligence, 1984, PAMI–6(2): 188–201.

[11] Huertas A, Medioni G. Detection of intensity changes with subpixelaccuracy using Laplacian-Gaussian masks[J]. IEEE Transactions on Pattern Analysis and Machine Intelligence, 1986, PAMI–8(5): 651–664.

[12] Lyvers E P, Mitchell O R, Akey M L, et al. Subpixelmeasurements using a moment-based edge operator[J]. IEEE Transactions on Pattern Analysis and Machine Intelligence, 1989, 11(12): 1293–1309.

[13] Ghosal S, Mehrotra R. Orthogonal moment operators for subpixel edgedetection[J]. Pattern Recognition, 1993, 26(2): 295–306.

[14] Kisworo M, Venkatesh S, West G. Modeling edges at subpixel accuracy using the local energy approach[J]. IEEE Transactions on Pattern Analysis and Machine Intelligence, 1994, 16(4): 405–410.

[15] Jensen K, Anastassiou D. Subpixel edge localization and the interpolation of still images[J]. IEEE Transactions on Image Processing, 1995, 4(3): 285–295.

[16] Fan J, Yu J, Fujita G. Spatio-temporal segmentation for compact video representation [J]. Signal Process: Image Communication, 2001, 16: 553–566.

[17] Freund Y, Schapire R E. Experiments with a new boosting algorithm[C]. Proceedings of the 13th Conference on Machine Learning, Desenzano sul Garda, 1996: 148–156.

[18] Viola P, Jones M. Robust real-time object detection[J]. International Journal of Computer Vision, 2004, 57(2): 137–154.

[19] Viola P, Jones M. Rapid object detection using a boosted cascade of simple features[C]. Proceedings of the 2001 IEEE Computer Society Conference on Computer Vision and Pattern Recognition, Kauai, 2001, 1: 511–518.

［20］ Nummiaro K, Koller-meier E, Van Gool L. Color features for tracing non-rigid objects special issue on visual surveillance[J]. Image and Computer Vision, 2003, 29(3): 345–355.

［21］ Nummiaro K, Koller-Meier, Van Gool L. Object tracking with an adaptive color-based particle filter[J]. Pattern Recognition, 2002, 2449: 353–360.

［22］ 李静. 基于图像的动态测试技术研究[D]. 北京:北京理工大学博士学位论文, 2011.

［23］ Donoho D L. Compressed sensing[J]. IEEE Transactions on Information Theory, 2006, 52(4): 1289–1306.

［24］ Candes E. Compressive sampling[C]. Proceedings of the International Congress of Mathematicians, Madrid, 2006: 1433–1452.

［25］ Cand'es E J, Romberg J, Tao T. Robust uncertainty principles: Exact signal reconstruction from highly incomplete frequency information[J]. IEEE Transactions on Information Theory, 2006, 52(2): 489–509.

［26］ Wakin M B, Laska J N, Duarte M F, et al. Anarchitecture for compressive imaging[C]. 2006 IEEE International Conference on Image Processing, Atlanta, 2006: 1273–1276.

［27］ Alahi A, Boursier Y, Jacques L, et al. A sparsity constrained inverse problem to locate people in a network of cameras[C]. 16th International Conference on Digital Signal Processing, Santorini-Hellas, 2009: 1–7.

［28］ Tsaig Y, Donoho D L. Extensions of compressed sensing[J]. Signal Processing, 2006, 86(3): 549–571.

［29］ Li J, Wang J Z, Shen W. Analysis and research on the moving object detection in the framework of compressive sampling[J]. Journal of Systems Engineering and Electronics, 2010, 21(5): 740–745.

［30］ Mei X, Ling H. Robust visual tracking using ℓ_1 minimization[J]. 2009 IEEE 12th International Conference on Computer Vision, Kyoto, 2009: 1436–1443.

［31］ Levy A, Lindenbaum M. Sequential Karhunen-Loeve basis extraction and its application to images[J]. IEEE Transactions on Image Processing, 2000, 9(8): 1371–1374.

［32］ Lim J, Ross D A, Lin R S , et al. Incremental learning for visual tracking[C]. Proceedings of Conference on Advances in Neural Information Processing Systems, 2004: 793–800.

［33］ Ross D A, Lim J, LinR S, et al. Incremental learning for robust visual tracking[J]. International Journal of Computer vision (IJCV), 2008, 77(1–3): 125–141.

［34］ Torre F De la, Gong S, Mckenna S. View-based adaptive affine tracking[C]. Proceedings of European Conference on Computer Vision, Freiburg, 1998, 1: 828–842.

[35] Hager G D, Belhumeur P N. Efficient region tracking with parametric models of geometry and illumination[J]. IEEE Transactions on Pattern Analysis and Machine Intelligence, 1998, 20(10): 1025–1039.

[36] Ross D, Lim J, Yang M H. Adaptive probabilistic visual tracking with incremental subspace update[C]. Proceedings of European Conference on Computer Vision, Prague, 2004, 2: 470–482.

第 2 章

图像检测与目标跟踪系统

图像检测与目标跟踪系统是通过图像传感器对目标图像进行采集并转换成模拟电信号。该模拟信号经模数转换后传输至图像处理系统，然后进行预处理、特征提取，实现检测和跟踪。

图像检测与目标跟踪系统的基本组成如图 2.0.1 所示。辅助光源用来对目标的特征区域进行照射以获得较为清晰的目标图像；摄像机实现对目标图像的采集；图像采集处理设备用来对摄像机采集的图像进行读取和处理，一般包括嵌入式采集处理和计算机采集处理，主要通过运行图像检测与跟踪软件算法来完成。

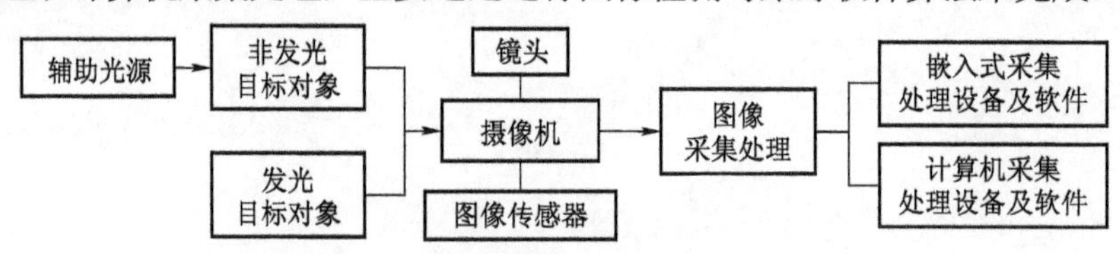

图 2.0.1　图像检测与目标跟踪系统基本组成

2.1　光源及照明系统

光源一般分为天然光源和人工光源。天然光源是自然界中存在的辐射源，如太阳、恒星等；人工光源是人为将各种形式的能量（热能、电能、化学能等）转化成光辐射能的器件。按照发光机理，人工光源的分类如表 2.1.1 所示。

表 2.1.1　人工光源分类表

人工光源	热辐射光源	白炽灯、卤钨灯
		黑体辐射器
	气体放电光源	汞灯
		荧光灯

续表

人工光源	气体放电光源	钠灯
		氙灯
		金属卤化物灯
	固体发光光源	场致发光二极管
		发光二极管
		空心阴极灯
	激光器	气体激光器
		固体激光器
		燃料激光器
		半导体激光器

常用的光源主要是发光二极管，如图 2.1.1 所示。

图 2.1.1　常用的发光二极管辅助光源

2.2 摄　像　机

摄像机作为图像检测与目标跟踪系统的核心部件，通过图像传感器来获取图像。在使用时需配备相应的光学镜头，将目标成像在图像传感器的光敏面上。加拿大 Dalsa 摄像机如图 2.2.1 所示。

图 2.2.1　加拿大 Dalsa 摄像机

2.2.1 图像传感器

图像传感器按芯片技术分为 CCD 芯片和 CMOS 芯片，其作用都是通过光电效应将光信号转换成电信号（电压/电流），进行存储以获得图像，主要差异在于将光转换为电信号的方式不同[1]。

1. 图像传感器的物理特性

（1）分辨率和像元尺寸。

分辨率是图像传感器的重要特性。在采集图像时，图像中的像素数对图像质量有很大的影响。在对同样大的视场（景物范围）成像时，像素数量越多，对细节的展示越明显。在相同的芯片尺寸下，像元尺寸越小，像素越多（分辨率越高），能获得的图像细节就越多。但随之而来的是每个像元的感光面积也越小，芯片的灵敏度随之下降。在保持像元尺寸的情况下，增大芯片面积，也可使像素数目增多，但这种方法的问题是芯片成本也会随之增加。因此，在选择芯片时，要权衡各种因素，在像元尺寸、芯片的分辨率和成本之间进行权衡。

（2）速度。

芯片的速度指芯片设计的最高速度，主要由芯片所能承受的最高时钟决定。面阵相机的速度称为帧频，单位为 fps，即每秒钟最多采集的帧数。速度是相机的重要参数，在实际应用中很多时候需要对运动物体成像，因此相机的速度需要满足一定要求，才能清晰准确地对物体成像。

（3）灵敏度。

灵敏度是芯片的重要参数之一，它具有两种物理意义：一种指光器件的光电转换能力，与响应率的意义相同，即芯片的灵敏度指在一定光谱范围内，单位曝光量的输出信号电压（电流），单位为纳安/勒克斯（nA/lx）、伏/瓦（V/W）、伏/勒克斯（V/lx）、伏/流明（V/lm）；另一种指器件所能传感的最低辐射功率（或照度），与探测率的意义相同，单位可用瓦（W）或勒克斯（lx）表示。

（4）噪声、信噪比。

芯片的噪声主要有以下几种噪声源：

① 当电荷注入器件时，由电荷量的起伏引起的噪声。

② 电荷转移过程中，电荷量的变化引起的噪声（仅限 CCD）。

③ 检测电荷时，对检测二极管进行复位时所产生的检测噪声等。

CCD 的平均噪声值如表 2.2.1 所示。表中，SCCD 为表面沟道电荷耦合器件，BCCD 为体内沟道电荷耦合器件。

表 2.2.1　CCD 的噪声

噪声的种类	噪声电平（电子数）
输入噪声	400
SCCD 转移噪声	1 000
BCCD 转移噪声	100
输出噪声	400
SCCD 总均方根载流子变化	1 150
BCCD 总均方根载流子变化	570

（5）坏点数。

由于受到制造工艺的限制，对于有几百万像素点的传感器而言，出现所有像元都是好的情况几乎不太可能，坏点数是指芯片中坏点（不能有效成像的像元或响应不一致性大于参数允许范围的像元）的数量，坏点数是衡量芯片质量的重要参数。

（6）光谱响应。

光谱响应是指芯片对于不同波长光线的响应能力。与人眼相比，芯片的光谱响应范围要宽很多，对于红外、紫外和 X-ray 光子都能够响应。在选择芯片时，要根据具体应用的需求选择光谱响应合适的产品，如安防类应用，需要在傍晚光线较弱的情况下成像时，就可以选用近红外谱段的相机。

（7）动态范围。

动态范围=光敏元的满阱容量/等效噪声信号。动态范围反映了器件的工作范围。满阱容量是指像元势阱中能够存储的最大信号电荷量，主要由芯片中光敏元的感光面积和结构决定。信号噪声如前面所述，是由多种噪声源共同决定的。通常动态范围的数值可以用输出端的信号峰值电压与均方根噪声电压之比表示，单位为 dB。高分辨率相机随着像素数增多，势阱可能存储的最大电荷量减少，导致动态范围变小。因此，在高分辨率条件下，提高动态范围是提高芯片性能的一项关键技术。

2. CCD 图像传感器

CCD 图像传感器属于电荷耦合器件，组成 CCD 的基本单元是“金属—氧化物—半导体”结构。基本单元又分为两类：光敏单元与移位寄存单元。两者的区别在于：光敏单元接受有效频率入射光的刺激产生光电效应，生成信号电荷；移位寄存单元依靠光敏单元的相邻紧密排列形成两者势阱的相互沟通、耦合，借助结电容栅极电压的控制来实现信号电荷从光敏单元向移位寄存单元的转移（耦合）。

CCD 的光敏单元结构如图 2.2.2 所示。它以一块杂质浓度较低的 P 型硅片做衬底，然后在硅片表面用高温氧化的方法覆盖二氧化硅（SiO_2）绝缘层，在绝缘层上方制作金属铝电极，金属铝电极上方放置光敏元件。

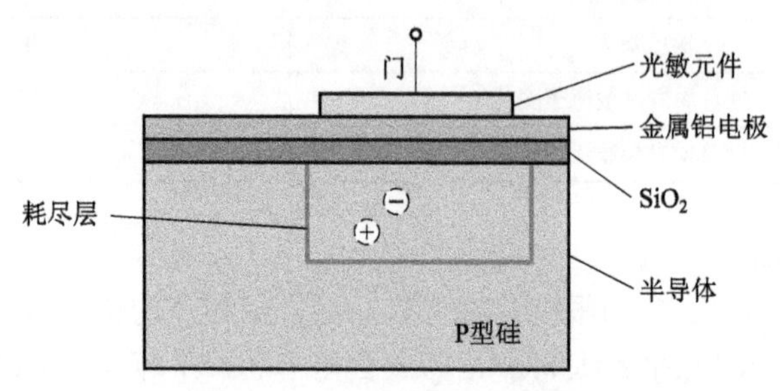

图 2.2.2　CCD 光敏单元结构

当入射光照射到光敏元件上时，由于光子的激发，使光敏材料中的导电粒子（电子空穴对）增加，在金属电极下的 P 型硅衬底上表面形成电荷积累。入射光越强，在光敏材料中激发的导电粒子（电子空穴对）越多，形成的电荷积累也越多。

电荷的输出是指电荷被转换成电压信号输出的过程。在 CCD 芯片中常用的输出方式包括电流输出、浮置扩散放大器输出和浮置栅放大器输出。其中，电流输出方式的电路如图 2.2.3 所示。

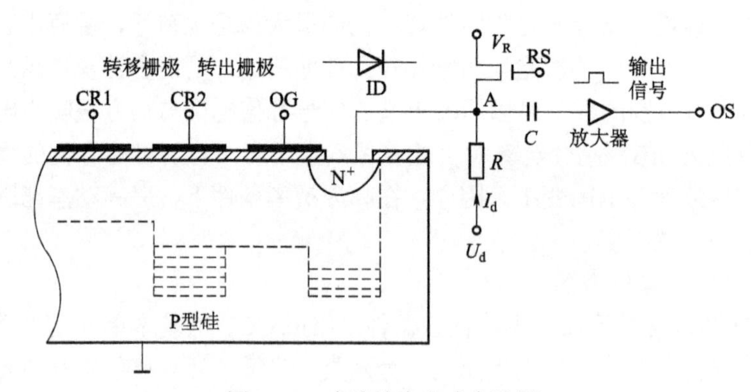

图 2.2.3　电流输出方式电路图

由图 2.2.3 可知，当电荷包在驱动脉冲的作用下向右转移到最末一个转移栅极 CR2 下的势阱中后，若 CR2 电极上的电压由高变低，则势阱收缩，电荷包通过栅极 OG 下面的沟道进入 N^+区，电荷相当于进入一个反向偏置的二极管。P 型衬底和 N^+区构成的反向偏置二极管相当于无限深的势阱，进入 N^+ 区后的电荷包将被迅速拉走而产生电流 I_d，该电流与电荷量成正比。因此 A 点的电位 U_A（$U_A=U_d-I_d \cdot R$）发生变化。进入二极管的电量 Q_s越大，I_d越大，U_A下降越厉害。利用 U_A的变化来检测 Q_s。隔直电容 C 将 U_A 的变化量取出，并通过场效应放大器的 OS 端输出，即将电荷转换成电压信号。

CCD 工作过程概述：先将半导体产生的（与照度分布相对应）信号电荷注入到势阱中，再通过内部驱动脉冲控制势阱的深浅，使信号电荷沿沟道朝一定的方向转移，最后经输出电路形成一维时序信号。

3. CMOS 图像传感器

CMOS 像元是由一块杂质浓度较低的 P 型硅片做衬底，用扩散的方法在其表面制作两个高掺杂的 N^+区（电极），这两个电极称为源极（S）和漏极（D），然后在硅表面用高温氧化的方法覆盖二氧化硅（SiO_2）绝缘层，在源极和漏极之间的绝缘层上方制作一层金属铝，称为栅极（G），在金属铝电极上方放置光敏元件。CMOS 光敏单元结构如图 2.2.4 所示。

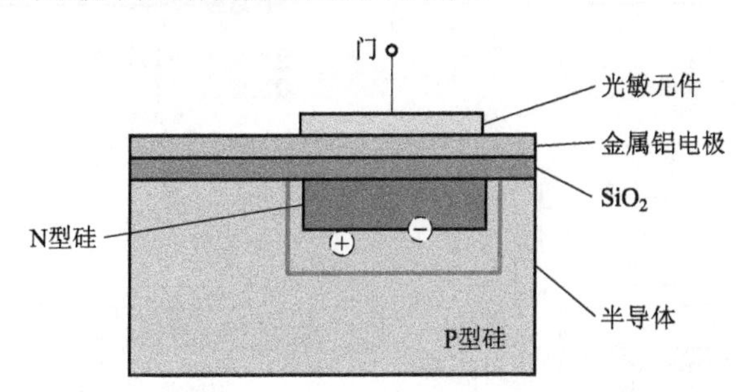

图 2.2.4 CMOS 光敏单元结构

CMOS 光电传感器工作时，P 型硅衬底和源极接电源负极，漏极接电源正极。当没有光线照射时，源极和漏极之间无电流通路，不能形成电流，输出节点无电压输出。当入射光照射到金属铝电极上方放置的光敏元件上时，由于光子的激发，在源极和漏极之间的 P 型硅衬底上表面积累电荷，从而形成电流通路，在输出节点产生电压。由于光生电荷的数量与光强度成正比，在输出节点产生的电压也与光强成正比。

CMOS 像元的结构相对 CCD 更为复杂，尽管没有单晶硅，不会减小对蓝光的灵敏度，但相对较小的光敏区域降低了整体的光敏特性，同时也降低了芯片的满阱容量。

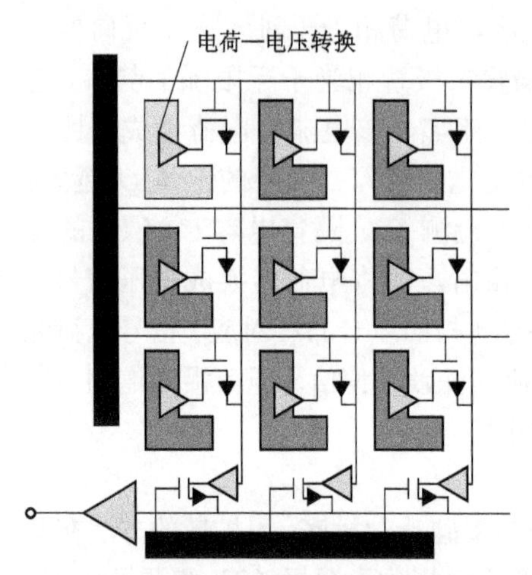

图 2.2.5 CMOS 光电转换和信号输出

CMOS 像元中产生的电荷信号在像元内部被直接转化成电压信号，当选通开关开启时直接输出，这是 CMOS 和 CCD 之间最大的差别。CMOS 光电转换和信号输出如图 2.2.5 所示。

早期的 CMOS 芯片无法将放大器放在像素位置以内，称为无源光敏机构（Passive-Pixel Sensor），CMOS 像元主要由光电二极管和地址选通开关构成，填充因子较高，但噪声也非常大，其结构如图 2.2.6 所示。目前大多数的 CMOS 都采用有源像元（Active-Pixel Sensor），每个像元中有三个晶体管，分别用以放大信号、地址选通和复位，因此也称为 3T CMOS。3T 有源光敏结构如图 2.2.7 所示。

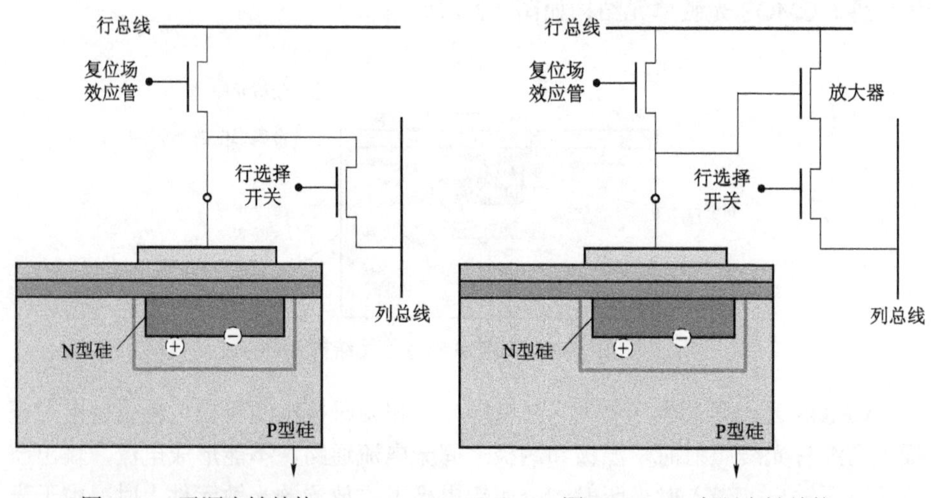

图 2.2.6 无源光敏结构

图 2.2.7 3T 有源光敏结构

从图 2.2.7 可以看出，复位场效应管（Reset Transistor）构成光电二极管的负载，其栅极与复位信号线相连。当复位脉冲出现时，复位管导通，光电二极管被瞬时复位；而当复位脉冲消失后，复位管截止，光电二极管开始对光信号进行积分。由场效应构成的源极跟随放大器（Amplifier）将光电二极管的高阻输出信号进行电流放大。当选通脉冲到来时，行选择开关（Row Selector）导通，使得被放大的光电信号输送到列总线上。在主动光敏元结构中，光电转换后的信号立即在像素内进行放大，然后通过 X–Y 寻址方式读出，从而提高了 CMOS 传感器的灵敏度。有源像元具有良好的消噪功能，且不受电荷转移效率的限制，速度快，图像质量明显改善。

随着制作工艺的提高，在 CMOS 像素内部可以增加更多的晶体管以实现更多的功能，如增加电子开关、互阻抗放大器来实现降低固定图像噪声的相关双采样保持电路以及消除噪声等多种附加功能。同时，也相继出现了 4T、5T 和 6T（可以实现全局快门）的 CMOS。在命名中，T 仅表示 CMOS 芯片每个像元上晶体管的数量，至于在芯片上实现的功能还要看具体每个晶体管的功能，如有些 4T CMOS 芯片（包含 4 个晶体管），也能实现全局快门的功能。

增加 CMOS 像元中晶体管数量，帮助芯片实现更多的功能并弥补某些缺点，如噪声高、快门一致性差等。但由于这些晶体管是遮光的，同时也进一步降低了芯片的填充因子，从而降低了芯片的灵敏度。

4. CCD 与 CMOS 的主要区别

CCD 与 CMOS 两种图像传感器结构上的差别在于：CCD 图像传感器的光敏单元和存储单元都是通过表面耗尽层来转移电荷，而且各光敏单元的电荷是同时传到存储单元构成的移位寄存器的相应位上，然后再依次移位传送至输出线上；CMOS 图像传感器的光敏单元和存储单元是光电二极管，电荷读出结构是数字移位寄存器，通过控制一组多路开关顺序地把每个光敏单元上的电荷取出并送到公共视频输出线上[2]。

表 2.2.2 采用简捷方式对比了 CCD 与 CMOS 两者之间的主要性能差异，便于读者直观比较。

表 2.2.2　CCD 与 CMOS 图像传感器性能比较简易表

CCD 图像传感器	CMOS 图像传感器
单一感光器	感光器连接放大器
同样面积下，感光开口小，灵敏度高	同样面积下，感光开口大，灵敏度低
线路品质影响程度高，制作成本高	CMOS 整合集成度高，制作成本低
连接复杂度低，解析度高	连接复杂度高，解析度低（新技术除外）
单一放大，噪声低	非单一放大，噪声高
需外加电压，功耗高	直接放大，功耗低

2.2.2 摄像机的主要特性参数

摄像机在使用过程中还涉及诸多工作参数，通过这些参数可以在实际系统中选用合适的摄像机。

（1）分辨率。

分辨率是摄像机最为重要的性能参数之一，主要用于衡量摄像机对物像中明暗细节的分辨能力。这里指的摄像机分辨率主要是位于 CCD 和 CMOS 芯片上的像素数。

（2）速度。

通常要根据被测物的运动速度、大小，视场的大小，测量精度进行计算而得出一个系统需要什么速度的摄像机。线扫描摄像机是指每秒钟能输出的线数（一维图像），单位为 lines/s；面阵摄像机是指每秒钟能输出多少幅图像（二维图像），单位为 fps。

（3）灵敏度。

摄像机的灵敏度主要由所采用芯片的灵敏度决定，也就是光器件的光电转换能力。

（4）像元深度。

数字摄像机输出的数字信号，即像元灰度值，具有特殊的比特位数，称为像元深度。对于黑白摄像机，这个值的范围通常是 8～16 bit。像元深度定义了灰度由暗到亮的灰阶数。例如，对于 8 bit 的摄像机，0 代表全暗，而 255 代表全亮。介于 0 和 255 之间的数字代表一定的亮度指标，10 bit 数据就有 1 024 个灰阶，而 12 bit 有 4 096 个灰阶。需仔细考虑每一个应用，看是否需要非常细的灰度等级。从 8 bit 上升至 10 bit 或 12 bit，的确可以增强测量的精度，但是也同时降低了系统的速度，并且提高了系统集成的难度（线缆增加、尺寸变大等），因此也要慎重选择。

（5）固定图像噪声。

固定图像噪声（Fixed Pattern Noise，FPN）是指不随像素点的空间坐标改变的噪声，其中主要的是暗电流噪声。暗电流噪声是由于光电二极管转移栅的不一致性产生不一致的直流偏置，从而引入的噪声。因为固定图像噪声对每幅图像都是一样的，所以可通过非均匀性校正电路或采用软件方法进行校正。

（6）动态范围。

摄像机的动态范围表明摄像机探测光信号的范围。动态范围可用两种方法来界定：一种是光学动态范围，指饱和时最大光强与等价于噪声输出光强的比值，由芯片的特性决定；另一种是电子动态范围，指饱和电压和噪声电压之间的比值。对于固定摄像机，其动态范围是一个定值，不随外界条件变化而变化。

（7）光学接口。

光学接口是指摄像机与镜头之间的接口，常用的镜头接口有 C 口、CS 口和 F 口。表 2.2.3 提供了关于镜头安装及后截距的信息。其中，M42 镜头适配器源于高端摄像标准。

表 2.2.3　光学接口

接口类型	后截距/mm	接口
C 口	17.526	螺口
CS 口	12.5	螺口
F 口	46.5	卡口

（8）光谱响应。

光谱响应是指摄像机对于不同波长光线的响应能力。按响应光谱不同可把摄像机分为可见光摄像机（400～1 000 nm，峰值 500～600 nm）、红外相机（响应波长在 700 nm 以上）、紫外摄像机（可以响应 200～400 nm 的短波），须根据接收被测物发光波长来选择不同光谱响应的摄像机。

2.2.3　摄像机的分类

对于摄像机的分类目前还没用统一标准，常见分类方式有以下六种：

（1）按芯片技术分类：CCD 摄像机、CMOS 摄像机。

前面芯片部分已经介绍过，CCD 传感器和 CMOS 传感器的主要差异在于将光转换为电信号的方式。对于 CCD 传感器，光照射到像元上，像元产生电荷，电荷通过少量的输出电极传输并转化为电流、缓冲、信号输出。对于 CMOS 传感器，每个像元自己完成电荷到电压的转换，同时产生数字信号。CCD 摄像机与 CMOS 摄像机主要的参数对比如表 2.2.4 所示。

表 2.2.4　CCD 摄像机与 CMOS 摄像机主要的参数对比

特点	CCD 摄像机	CMOS 摄像机	性能	CCD 摄像机	CMOS 摄像机
输出的像素信号	电荷包	电压	响应度	高	中
芯片输出的信号	电压（模拟）	数据位（数字）	动态范围	高	中
相机输出的信号	数据位（数字）	数据位（数字）	一致性	高	中到高
填充因子	高	中	快门一致性	快速，一致	较差

续表

特点	CCD 摄像机	CMOS 摄像机	性能	CCD 摄像机	CMOS 摄像机
放大器适配性	不涉及	中	速度	中到高	更高
系统噪声	低	中到高	图像开窗功能	有限	非常好
系统复杂度	高	低	抗拖影功能	高（可达到无拖影）	高
芯片复杂度	低	高	时钟控制	多时钟	单时钟
相机组件	PCB+多芯片+镜头	单芯片+镜头	工作电压	较高	较低

（2）按成像面类型分类：面阵摄像机、线阵摄像机。

摄像机不仅可以根据传感器技术进行区分，还可以根据传感器架构进行区分。有两种主要的传感器架构：面扫描和线扫描。面扫描摄像机通常用于输出直接在监视器上显示的场合，场景包含在传感器分辨率内，运动物体用频闪照明，图像用一个事件触发采集（或条件的组合）。线扫描摄像机用于连续运动物体成像或需要连续的高分辨率成像的场合。线扫描摄像机的一个自然的应用是静止画面中要对连续产品进行成像，如纺织、纸张、玻璃、钢板等。同时，线扫描摄像机同样适用于电子行业的非静止画面检测。

（3）按输出模式分类：模拟摄像机、数字摄像机。

根据数据输出模式的不同，摄像机分为模拟摄像机和数字摄像机。模拟摄像机输出模拟信号，数字摄像机输出数字信号。模拟摄像机和数字摄像机还可以进一步细分，如数字摄像机按接口又分为：LVDS 接口、Camera Link Base/Medium/Full、Firewire（IEEE 1394）、USB 接口和 GigE 接口。模拟摄像机分为逐行扫描和隔行扫描两种，隔行扫描摄像机又包含 EIA、NTSC、CCIR、PAL 等标准制式。

（4）按成像色彩划分：彩色摄像机、黑白摄像机。

黑白摄像机直接将光强信号转化成图像灰度值，生成的是灰度图像；彩色摄像机能获得景物中红、绿、蓝（RGB）三个分量的光信号，输出彩色图像。彩色摄像机能够提供比黑白摄像机更多的图像信息。彩色摄像机的实现方法主要有两种：棱镜分光法和 Bayer 滤波法。棱镜分光彩色摄像机利用光学透镜将入射光线的红、绿、蓝分量分离，在三片传感器上分别将三种颜色的光信号转换成电信号，如图 2.2.8 所示，最后对输出的数字信号进行合成，得到彩色图像。

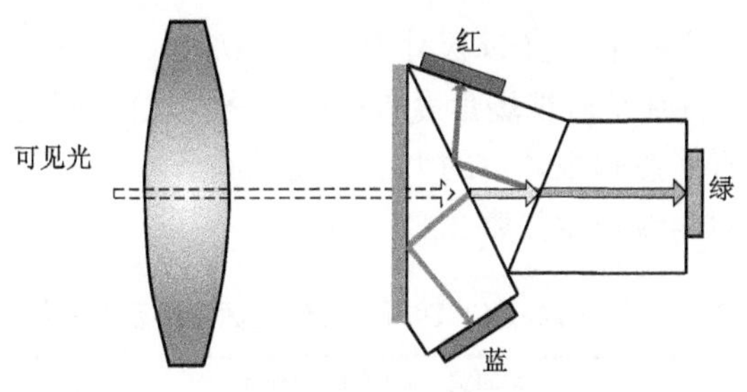

图 2.2.8 棱镜分光法

Bayer 滤波彩色摄像机是在传感器像元表面按照 Bayer 马赛克规律增加 RGB 三色滤光片，如图 2.2.9 所示，输出信号时，像素 RGB 分量是由其对应像元和其附近像元共同获得的。

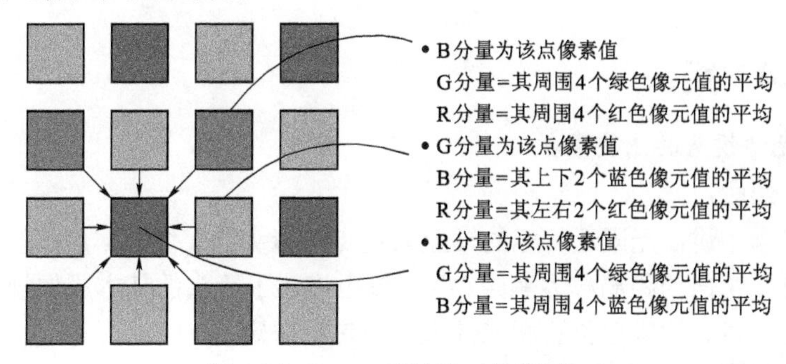

图 2.2.9 Bayer 滤波法（见彩插）

（5）按光谱响应划分：可见光摄像机、红外光摄像机、紫外光摄像机。

可见光摄像机光谱响应范围为 400～1 000 nm，峰值为 500～600 nm，红外摄像机光谱响应波长在 700 nm 以上，紫外摄像机光谱响应波长为 200～400 nm。在夜视监控系统中，通常采用红外光摄像机。红外摄像技术分为被动式和主动式。被动红外摄像技术是利用任何物质在绝对零度（–273℃）以上都有红外线辐射，物体的温度越高，辐射出的红外线越多的原理。利用此原理制成的摄像机最典型的就是红外热像仪，但是，这种特殊的红外摄像机造价昂贵，因此仅限于军事或特殊场合使用。主动红外摄像技术，是采用红外灯辐射“照明”（主要是红外光线），应用普通低照度黑白摄像机、彩色转黑白摄像机或红外低照度彩色摄像机，感受周围景物和环境反射回来的红外光，实现夜视监控。主动红外摄像技术成熟、稳定，成为夜视监控的主流。

（6）按传感器尺寸大小划分：1 in*、2/3 in、1/2 in、1/3 in、1/4 in 摄像机。

注：1 in=25.4 mm。

以 CCD 为例，常用的 CCD 尺寸有 1 in、2/3 in、1/2 in、1/3 in、1/4 in 等。在选用摄像机时，特别是对视场角度有比较严格要求的时候，CCD 的大小与镜头的配合情况将直接影响视场角的大小和图像的清晰度。不同尺寸 CCD 所对应的靶面大小及对角线长度如表 2.2.5 所示。

表 2.2.5 不同尺寸 CCD 所对应的靶面大小及对角线长度

CCD 芯片尺寸	靶面宽×高/（mm×mm）	对角线长度/mm
1 in	12.8×9.6	16
2/3 in	8.8×6.6	11
1/2 in	6.4×4.8	8
1/3 in	4.8×3.6	6
1/4 in	3.2×2.4	4

2.2.4 镜头

1. 光学镜头的主要参数

（1）焦距。

从概念上讲，无限远目标的轴上共轭点是镜头的（像方）焦点，而此焦点到（像方）主面的距离称为焦距(f)。焦距描述了镜头的基本成像规律：在不同物距上，目标的成像位置和成像大小由焦距决定。

（2）光圈/相对孔径。

光圈和相对孔径是两个相关概念，相对孔径（通常用 D/f 表示）是镜头入瞳直径与焦距的比值，而光圈（通常用 F 表示）是相对孔径的倒数。

（3）视场/视场角。

视场和视场角是相似概念，它们都是用来衡量镜头成像范围的。

在远距离成像中，如望远镜、航拍镜头等，镜头的成像范围常用视场角来衡量，用成像最大范围构成的张角表示。

在近距离成像中，常用实际物面的幅面表示成像范围，也称为镜头的视场。

（4）工作距离。

镜头与目标之间的距离称作镜头的工作距离。需要注意的是，一个实际镜头并不是对任何物距下的目标都能做到清晰成像（即使调焦也做不到），所以它允许的工作距离是一个有限范围。

（5）像面尺寸。

一个镜头能清晰成像的范围是有限的，像面尺寸指它能支持的最大清晰成像范围，通常用其直径表示。超过这个范围成像模糊，对比度降低。所以在给

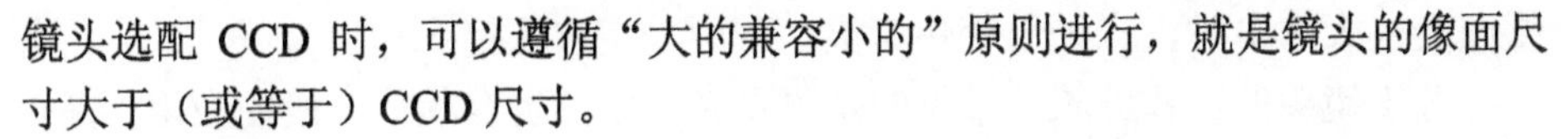

镜头选配 CCD 时，可以遵循“大的兼容小的”原则进行，就是镜头的像面尺寸大于（或等于）CCD 尺寸。

（6）像质。

像质就是指镜头的成像质量，用于评价一个镜头的成像优劣。MTF（Modulation Transfer Function，调制传递函数，简称传函）和畸变就是用于评价像质的两个重要参数。

MTF：在成像过程中的对比度衰减因子。实际镜头成像，得到的像与实物相比，成像出现“模糊化”，对比度下降，通常用 MTF 来衡量成像优劣。

畸变：理想成像中，物像应该是完全相似的，就是成像没有带来局部变形，但是实际成像中，往往有所变形即畸变。畸变的产生源于镜头的光学结构、成像特性。畸变可以看作是像面上不同局部的放大率不同引起的，是一种放大率像差。

（7）工作波长与透过率。

镜头是成像器件，其工作对象是电磁波。一个实际的镜头在设计制造出来以后，都只能对一定波长范围内的电磁波进行成像工作，这个波长范围通常称为镜头的工作波长。例如，常见镜头工作在可见光波段（360～780 nm），除此之外还有紫外或红外镜头。

镜头的透过率是与工作波长相关的一项指标，用于衡量镜头对光线的透过能力。为了使更多的光线到达像面，镜头中使用的透镜一般都是镀膜的，因此镀膜工艺、材料总的厚度和材料对光的吸收特性共同决定了镜头总的透过率。

（8）景深。

景深是指在不做任何调节的情况下，在物方空间内，可接受的能清晰呈现的空间范围。超出景深范围的目标，成像模糊，已不能接受。

（9）接口。

镜头需要与摄像机进行配合使用，它们两者之间通过接口相连。

为提高各生产厂家镜头之间的通用性和规范性，业内形成了数种常见的固定接口，如 C 口、CS 口、F 口等。

2. 镜头的选择

镜头的质量直接影响视觉系统的整体性能，合理地选择和安装镜头是视觉系统设计的重要环节。

镜头的选择过程是将镜头各项参数逐步明确化的过程。作为成像器件，镜头通常与光源、摄像机一起构成一个完整的图像采集系统，因此镜头的选择受到整个系统要求的制约。一般可以按以下几个方面来进行分析考虑。

（1）波长、变焦与否。

镜头的工作波长是否需要变焦是比较容易事先确定下来的，成像过程中需要改变放大倍率时，应采用变焦镜头，否则采用定焦镜头即可。

关于镜头的工作波长，常见的是可见光波段，也有其他波段的应用。是否需要采取滤光措施，单色光还是多色光，能否有效避开杂散光的影响，综合衡量后再确定镜头的工作波长。

（2）特殊要求优先考虑。

结合实际的应用特点，可能会有特殊的要求，应该先明确下来。例如是否有测量功能，是否需要使用远心镜头，成像的景深是否很大等。景深往往不被重视，但是它却是任何成像系统都必须考虑的。

（3）工作距离、焦距。

工作距离和焦距往往结合起来考虑。一般地，可以采用这个思路：先明确系统的分辨率，结合 CCD 像素尺寸就能知道放大倍率，再结合空间结构约束就能知道大概的物像距离，进一步估算镜头的焦距。所以，镜头的焦距是和镜头的工作距离、系统分辨率（及 CCD 像素尺寸）相关的。

（4）像面大小和像质。

所选镜头的像面大小要与摄像机感光面大小兼容，遵循“大的兼容小的”原则——摄像机感光面不能超出镜头标示的像面尺寸，否则边缘视场的像质不保，即在选择镜头时，镜头尺寸要大于等于摄像机芯片尺寸。

像质的要求主要关注 MTF 和畸变两项。在测量应用中，尤其应该重视畸变。

（5）光圈和接口。

镜头的光圈主要影响像面的亮度。但是现在的机器视觉中，最终的图像亮度是由很多因素共同决定的：光圈、摄像机增益、积分时间、光源等。

镜头与摄像机连接的接口，两者需匹配，不能直接匹配就需考虑转接。

3. 镜头主要参数的计算方法

（1）焦距的计算方法。

物体成像示意图如图 2.2.10 所示。图中，f 为镜头焦距，h 为摄像机像面尺寸，L 为镜头到物体的距离，H 为物体的高度，则焦距 $f = Lh/H$ 。

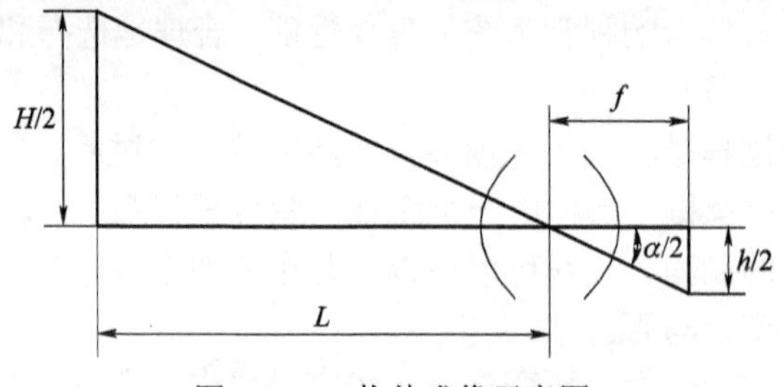

图 2.2.10 物体成像示意图

（2）光学放大倍率的计算方法。

镜头放大倍率示意图如图 2.2.11 所示。由图可知，光学倍率 $M=h/H$ 或 v/V 。

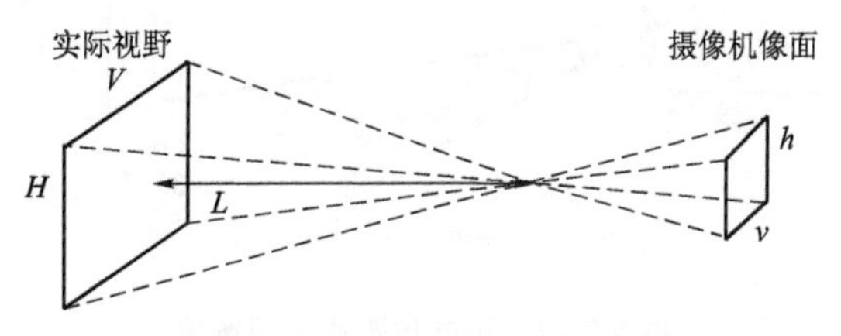

图 2.2.11　镜头放大倍率示意图

由放大倍率可计算镜头焦距 $f=LM/(M+1)$ 。

（3）视场角的计算方法。

如图 2.2.10 所示，水平视场角 $\alpha=2\arctan(h/2f)$ ，竖直视场角 $\beta=2\arctan(v/2f)$ 。

下面给出一个测量成像系统选配镜头的实例。

例如，要给测量成像系统选配镜头，约束条件：CCD 摄像机 2/3 in，像素尺寸 4.65 μm，C 口，工作距离大于 200 mm，系统分辨率 0.05 mm，光源采用白色 LED 光源。

① 与白色 LED 光源配合使用的镜头应该是可见光波段。没有变焦要求，选择定焦镜头即可。

② 用于工业检测，其中带有测量功能，所以所选镜头的畸变要求小。

③ 工作距离和焦距

$$成像的放大率\ M=4.65/(0.05\times 1\,000)=0.093$$

$$焦距\ f=LM/(M+1)=200\times 0.093/1.093=17\ (\text{mm})$$

若物距要求大于 200 mm，则选择的镜头要求焦距应该大于 17 mm。

④ 选择镜头的像面应不小于 CCD 尺寸，即至少 2/3 in。

⑤ 选择镜头的接口要求是 C 口，能配合摄像机使用，光圈暂无要求。

从以上几个方面的分析计算可以初步得出这个镜头的“轮廓”：焦距大于 17 mm，定焦，可见光波段，C 口，至少能配合 2/3 in CCD 使用，而且成像畸变要小。按照这些要求，可以进一步挑选，如果多款镜头都能符合这些要求，可以择优选用。

以 1/3 in CCD 为例，配合焦距不同的镜头，则采集场景的视场角不同，如图 2.2.12 所示。

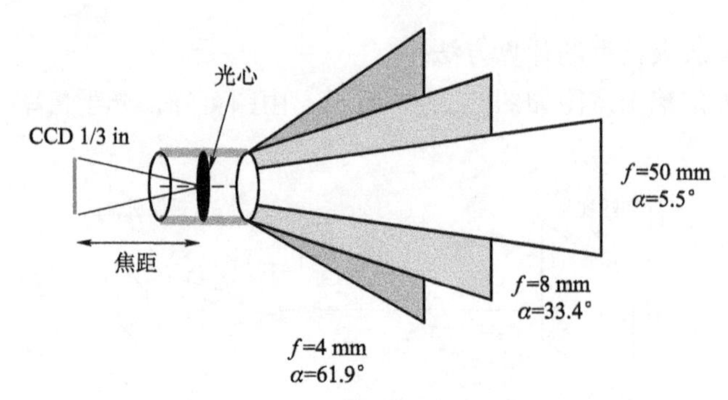

图 2.2.12 不同焦距镜头视场角

例如采用 1/3 in CCD，则像面的长和宽分别为 3.6 mm 和 4.8 mm，若镜头焦距为 4 mm，则水平视场角α=2arctan[4.8/(2×4)]=61.9°。

2.3 图像采集处理系统

图像采集处理设备通常分为嵌入式处理和计算机处理两种。图像采集主要将相继输出的图像信号采集到图像处理和存储设备中，有些采集卡增加了相应的图像处理算法可同时实现图像处理应用，另外有些摄像机不需要使用采集卡，直接通过计算机自带的设备可实现图像的采集与处理。

2.3.1 图像采集处理设备接口

图像采集设备的前端是摄像机，摄像机接口可分为模拟视频和数字视频两类，因此图像采集处理设备也分为模拟接口和数字接口两类[1]。

1. 模拟接口

模拟摄像机输出模拟信号，分为逐行扫描和隔行扫描两种。隔行扫描摄像机包含 EIA、NTSC、CCIR、PAL、SECAM 等标准制式，标准模拟信号如表 2.3.1 所示。

表 2.3.1 标准模拟信号

视频信号	参数	应用地区
EIA	30 fps 525 线/场 黑白	美国、日本等国家和地区采用
NTSC	30 fps 525 线/场 彩色	
CCIR	25 fps 625 线/场 黑白	中国大陆及香港地区、中东地区和欧洲
PAL	25 fps 625 线/场 彩色	
SECAM	25 fps 625 线/场 彩色	俄罗斯、法国、埃及等国家

由于模拟视频设备的价格低，在视觉应用的低端领域还有相当的市场。目前市场上还存在很多模拟图像采集卡，此类采集卡一般都应用于视频显示、视频转换等，部分应用于机器视觉处理。

2. 数字接口

数字摄像机输出数字信号，其数据接口包括 LVDS、Camera Link Base/Medium/Full、IEEE 1394、USB 和 GigE 等，数字接口发展趋势如图 2.3.1 所示。

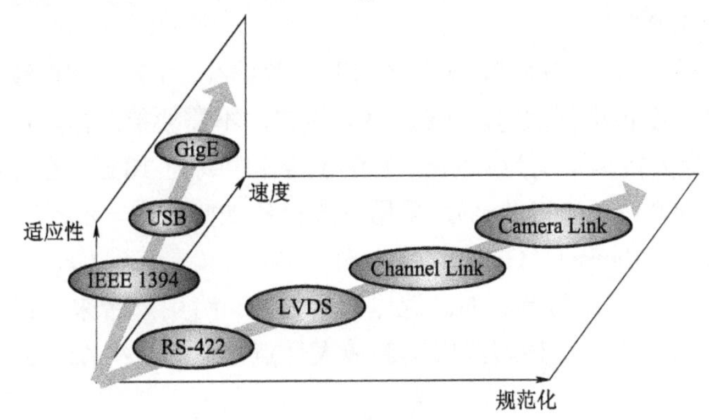

图 2.3.1　数字接口发展趋势

（1）Camera Link。

Camera Link 是从 Channel Link 技术发展而来的，在 Channel Link 基础上增加了一些传输控制信号，并定义了一些相关传输标准。任何具有“Camera Link”标志的产品可以方便地连接。Camera Link 标准由美国自动化工业学会 AIA 制定、修改、发布，Camera Link 接口标准解决了高速传输问题。

Camera Link 接口有三种配置：Base、Medium、Full，主要是解决数据传输量的问题，这为不同速度的摄像机提供了合适的配置和连接方式。Base 采用 1 个 Channel Link 芯片，占用 3 个端口（A、B、C）。Medium 为 1 个 Base 和 1 个 Channel Link 基本单元，占用 6 个端口（A、B、C、D、E、F）。Full 为 1 个 Base 和 2 个 Channel Link 基本单元，占用 8 个端口（A、B、C、D、E、F、G、H）。三种端口配置的使用情况如表 2.3.2 所示。

表 2.3.2　Camera Link 接口三种端口配置的使用情况

配置	支持的端口	芯片数目	接口数目	有效数据带宽（@75 MHz）
Base	A、B、C	1	1	75 M×8×3=1.8 Gbps
Medium	A、B、C、D、E、F	2	2	75 M×8×6=3.6 Gbps
Full	A、B、C、D、E、F、G、H	3	2	75 M×8×8=4.8 Gbps

（2）USB。

USB 接口是 4“针”，其中 2 根为电源线、2 根为信号线。USB 是串行接口，可热拔插，连接方便。用 USB 连接的外围设备数目最多达 127 个，共 6 层，所谓 6 层是指从主装置开始可以经由 5 层的集线器进行菊花链连接，不用担心要连接的装置数目受限制；两个外设之间最长通信距离为 5 m。USB 接口支持同步和异步数据的传输，USB2.0 数据的传输率为 120～480 Mbps。

（3）IEEE1394。

1394 接口分为 4 芯和 6 芯，4 芯中有两对数据线，6 芯除数据线外还包括一组电源线以对外设备进行供电。IEEE1394 接口，不需要控制器，可以实现对等传输，1394a 最大传输距离为 4.5 m，1394b 传输距离为 10 m，在降低数据率情况下可延伸到 100 m（100 Mbps），采用中继设备支持可进一步提高传输距离。

（4）Gigabit Ethernet（GigE）。

千兆以太网技术作为最新的高速以太网技术，给用户带来了提高核心网络效率的有效解决方案，这种解决方案的最大优点是继承了传统以太网技术价格便宜的特点。

千兆以太网技术仍然是以太技术，它采用了与 10 M 以太网相同的帧格式、帧结构、网络协议、全/半双工作方式、流控模式以及布线系统。由于该技术不改变传统以太网的桌面应用、操作系统，因此可与 10 M 或 100 M 的以太网很好地配合工作。升级到千兆以太网不必改变网络应用程序、网管部件和网络操作系统，能够最大程度地节约成本。

几种数字接口技术的比较如表 2.3.3 所示。

表 2.3.3　几种数字接口技术对比

接口技术	GigE	IEEE1394	USB	Camera Link
标准类型	Commercial	Consumer	Consumer	Commercial
连接方式	点对点或 LSN link	点对点—共享总线	主/从—共享总线	点对点—（MDR 26 pin）
带宽	<1 000 Mb/s 连续模式	<400 Mb/s 连续模式	<12 Mb/s USB1 <480 Mb/s USB2 突发模式	<2 380 Mb/s（base） <7 140 Mb/s（full） 连续模式
距离： –max w/switch –max w/fiber	<100 m（no switch） No Limit No Limit	<4.5 m 72 m 200 m	<5 m 30 m	<10 m
可连接设备数量	Unlimited	63	127	1
PC Interface	GigE NIC	PCI card	PCI card	PCI Frame grabber

2.3.2　嵌入式图像采集处理系统

1. 嵌入式图像采集处理设备

1）专用视频处理芯片

随着图像处理技术应用越来越广泛，各大芯片公司相继开发出了专用的视频压缩芯片，用硬件的方法实现压缩算法。使用这些芯片开发产品难度低、时间短、成本低，但是其灵活性弱，不能灵活地修改图像压缩算法。

2）单 DSP 处理器

采用单个 DSP 来设计的图像采集平台，由于只有一个主控制器，需要一核多用，这样 DSP 既要实现这个系统的控制、图像采集，又要实现图像处理和数据通信等功能，难以发挥 DSP 强大的运算速度优势。这样整个系统的性能取决于 DSP 的性能指标，使得整个系统的性价比有所降低。

3）单 FPGA 处理器方案[3, 4]

FPGA 具有强大的逻辑处理能力和时序控制能力，可以实现对时序要求严格的图像信息采集。随着 FPGA 技术的发展，其内部逻辑单元数也越来越大，可以利用 FPGA 构建相应的信号处理算法，直接利用硬件对信号进行处理并实时输出图像。这种方法硬件比较简单，速度快，但软件编写非常复杂，不利于缩短开发周期，且相应的算法实现要求编程人员具有相当高的硬件编程技术。目前该方案也在一些场合得到应用，如在油气田口实时图像采集和雷达图像采集等对图像速度要求比较严格的场合[5, 6]。

4）基于双核的图像采集与处理方案[7]

在图像采集系统中，为实现采集图像的连续性，需要有良好的逻辑时序配合。FPGA 属于可编程逻辑器件，能在硬件上保证图像数据的采集时序，得到连续的图像信息。另外，通过 FPGA 实现数据的简单预处理，利用硬件电路可以实现更高速的图像数据处理，从而减轻 DSP 的运算压力。因此，采用 FPGA 和 DSP 双处理器方案也成为比较常用的方案。

（1）基于 DSP 和 FPGA 的图像采集系统[8–10]。

基于 DSP 和 FPGA 的图像采集系统，能够充分发挥 DSP 和 FPGA 的优势。利用 FPGA 的硬件逻辑可以实现高速的图像采集功能和简单的数字滤波功能；DSP 具有强大的数字信号处理能力，DSP 从 FPGA 中读取采集到的图像信息，运用自身强大的信号处理能力，根据预定的算法功能进行图像处理，充分发挥 DSP 和 FPGA 的自身优势，提高整个采集系统的性能。

现在，基于 DSP 和 FPGA 的数字图像采集系统已经得到广泛的应用，无论在军用领域还是民用领域，都已经得到广泛的应用，如在导弹武器瞄准自动化、智能交通、工业生产和质量检测等方面都得到广泛应用。该方案也被应用于嵌入式实时三维图像建模等对实时图像要求较高的领域。

（2）基于达芬奇技术的图像采集处理系统。

达芬奇系列的 DSP 芯片是德州仪器（TI）专为数字视频、影像和视觉应用而设计的。TI 的达芬奇处理器系列利用 TMS320C64X+DSP 内核，还包括可升级、可编程的数字信号处理 SoC、加速器和外设，适用于范围广泛的数字视频终端设备。

目前达芬奇处理器系列包括 TMS320DM646X、TMS320DM644X、TMS320DM643X 等。如 TMS320DM6467 包含一个集成 ARM9 内核、C64X+DSP 内核、高清晰度视频/影像协处理器、视频数据转换引擎和目标视频端口。

2010 年 3 月，TI 宣布推出全新 TMS320DM816X 达芬奇（DaVinci）数字媒体处理器，它利用 TI 的 DaVinci 技术来满足以下应用的处理要求：视频编码/解码/代码转换/速率转换、视频安全、会议电视、视频基础设施、媒体服务器和数字标牌，是业界最佳的 SoC，可显著提高高清视频的预处理与后处理功能，实现前所未有的视频性能，从而能够以更低的比特率支持更高质量的视频，满足视频安全与视频通信应用的需求。

（3）XtremeDSP 技术[11]。

2008 年 3 月，Xilinx 公司推出可重配置 DSP（XtremeDSP）开发平台，集成了可编程逻辑器件和 DSP 的优势，是可编程逻辑和嵌入式处理器性能互补的新一代信号处理平台。XtremeDSP 平台主要针对航天和军用产品、数字通信、多媒体、视频和成像行业的高性能要求定制 DSP 解决方案。XtremeDSP 技术采用用于 DSP 设计的高性能可重配置 FPGA，具有 528+GMACS（每秒 10 亿次乘累加操作）和 190+GFLOPS（每秒 10 亿次单精度浮点操作），Virtex-5 SX240T 提供了超过其他任何可重配置器件的 DSP 功能。它是要求最为严苛的广播视频、医学成像、无线通信、军用产品和高性能计算应用的完美之选。整个平台为视频开发人员提供了加快开发过程所需要的一切，包括强大的视频专用 IP、参考设计、XtremeDSP 和相应的开发工具。XtremeDSP 平台套件中包括了 System Generater for DSP，设计人员可以利用 The Mathworks 公司受欢迎的 MATLAB 和 Simulink 建模环境完成 FPGA 设计。XtremeDSP 平台为 DSP 应用开发提供了完整的解决方案，适用于同时需要高 DSP 性能、低成本和低功耗的便携式医疗设备，低成本无线基础设备，平板显示器等。

2. 嵌入式图像采集处理软件

嵌入式软件主要由算法逻辑和软件算法实现，如图 2.3.2 所示。

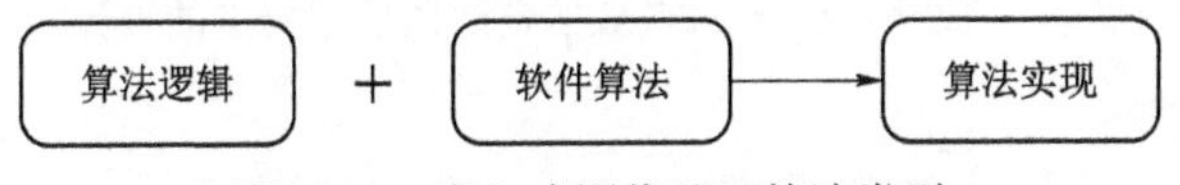

图 2.3.2　嵌入式图像处理算法类型

算法逻辑是指算法的硬件实现。一般通过 FPGA 实现，针对大量图像数据的功能单一化处理，处理速度快。但由于 FPGA 资源的限制，比较复杂的图像处理算法通过 FPGA 实现代价太大。因此，对于功能比较复杂的算法一般通过软件来实现。

软件算法一般指图像处理算法。对于大量复杂的图像算法，需要占用大量的 CPU 资源。为了减轻 CPU 的负担，一些图像采集卡上集成了图像处理功能模块，如 DSP 和专用图像处理微处理器等，其中嵌入了相应的软件算法模块。软件算法的特点就是图像处理功能复杂、算法实现灵活，但比算法逻辑的处理速度要慢。

2.3.3　计算机图像采集处理系统

计算机图像采集处理设备一般采用图像采集卡与计算机处理的模式。有些摄像机不需要使用专门的图像采集设备，如 USB 摄像机使用 USB 卡或嵌入在主机主板上的 USB 接口，IEEE1394 摄像机使用 IEEE1394 卡，GigE 摄像机使用以太网卡，直接将图像采集进入计算机，然后进行处理，通过计算机图像处理软件平台实现图像算法的处理。

计算机软件开发环境通常采用 VC+OpenCV 的方案，需要对采集卡或摄像机进行配置，然后调用相应的开发包实现计算机对图像的采集。

参 考 文 献

［1］ 王庆有. 图像传感器应用技术[M]. 北京：电子工业出版社，2013.

［2］ 张秀彬，应俊豪. 视感智能检测[M]. 北京：科学出版社，2009.

［3］ 陈法领，罗海波. 基于FPGA的图像采集系统设计与实现[J]. 仪器仪表学报，2008, 29(8): 504–508.

［4］ Bonnot P, Lemonnier F, Edelin G, et al. Definition and SIMD implementation of a multi-processing architecture approach on FPGA[J]. Automation and Test in Europe, 2008: 610–615.

[5] 黄钉劲，阮照军，王刚，等. 基于 FPGA 的图像采集与远程传输系统设计[J]. 西安工业大学学报, 2008, 28(6): 577–580.

[6] 闫保中，胡习林，刘文飞. 基于 FPGA 的雷达图像采集卡的设计[J]. 应用科技, 2008, 35(10): 45–48.

[7] Wu J F, Hu Y H, Jing W F. Design on multi-channel signal synchronous detecting method[C]. 3rd IEEE Conference on Industrial Electronics and Applications, Singapore, 2008: 2269–2271.

[8] 高春甫，杨前进，冯礼萍，等. 基于 FPGA+DSP 的 CCD 实时图像采集处理系统[J].山西大学学报：自然科学版, 2007, 30(1): 36–39.

[9] 周贤波，冯龙龄. 基于 DSP 和 FPGA 图像采集技术的研究[J]. 光学技术, 2006, 32(z1): 141–143.

[10] 林祥金，张志利，朱智. 基于 DSP 和 FPGA 的 CCD 图像采集系统设计与实现[J].机电工程技术, 2007, 36(12): 68–71.

[11] Hwang J K, Lin K H, Li J D, et al. Fast FPGA prototyping of a multipath fading channel emulator via high-level design[C]. International Symposium on Communications and Information Technologies, Sydney, 2007: 168–171.

第 3 章

图像处理基础

通常由输入系统获取的图像信息中含有各种各样的噪声，如室外光照度不够均匀会造成图像灰度过于集中，由图像传感器获得的图像经过 A/D 转换、线路传送都会产生噪声污染等，这些问题不可避免地影响图像的清晰程度，降低图像质量。因此，在对图像进行分析之前，必须对图像质量进行改善，对图像进行预处理。

3.1 图像灰度化

1. 求取灰度图

数字图像在计算机上以位图（bitmap）的形式保存，位图是一个矩形点阵，每一点称为像素，像素是数字图像中的基本单位。对于黑白图像，每个像素用一个字节数据来表示；而在彩色图像中，每个像素需用三个字节数据来表述，分解成红（R）、绿（G）、蓝（B）三个单色图像。

为加快计算机的处理速度，需将彩色图像转换为灰度图像。要表示成灰度图，需要把亮度值进行量化。通常划分为 0～255 共 256 个级别，0 表示全黑，255 表示全白。大量的实验数据表明，将 0.3 份红色、0.59 份绿色、0.11 份蓝色混合后可以得到比较符合人类视觉的灰度值，即如式（3–1–1）所示：

$$V_{\text{gray}} = 0.3R + 0.59G + 0.11B \tag{3–1–1}$$

经过灰度化以后，图像数据中一个字节代表一个像素。对彩色图像进行灰度化的结果如图 3.1.1 和图 3.1.2 所示。

（a）　　　　　　　　　　　　　　　　　　（b）

图 3.1.1　空中机动目标图像灰度化（见彩插）

（a）原彩色图；（b）灰度图

（a）　　　　　　　　　　　　　　　　　　（b）

图 3.1.2　彩色道路图像灰度化结果（见彩插）

（a）原彩色图；（b）灰度图

2. 灰度直方图

图像的灰度直方图包含了丰富的图像信息，用来表达一帧图像灰度级的分布情况。直方图的横坐标是灰度值，纵坐标是对应灰度值的像素个数或出现这个灰度值的概率。图像的灰度统计直方图是一个一维的离散函数：

$$P(s_k)=\frac{n_k}{n} \qquad k=0, 1, \cdots, 255 \tag{3-1-2}$$

式中，s_k 为第 k 级灰度值；n_k 是灰度值 s_k 的像素个数；n 是图像像素总数。

对图 3.1.1 和图 3.1.2 中的空中机动目标灰度图和道路灰度图提取灰度直方图的结果如图 3.1.3 所示。

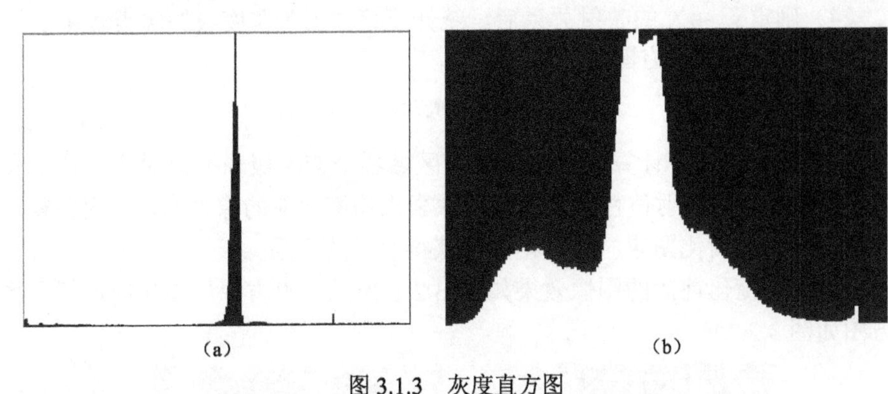

（a） （b）

图 3.1.3 灰度直方图

（a）空中机动目标图像灰度直方图；（b）道路图像灰度直方图

直方图给出了一个简单可见的指示，用来判断一幅图像是否合理地利用了全部被允许的灰度级范围。可以通过直方图来选择阈值，对图像进行阈值分割。

3.2 图像增强

3.2.1 直方图修正法

直方图修正法是以概率论为基础，通过改变直方图的形状来增强图像对比度。直方图修正法主要包括直方图均衡化和直方图规定化两类。

1. 直方图均衡化

直方图均衡化的基本原理是对图像中像素个数较多的灰度值进行拉宽，而对像素个数较少的灰度值进行归并，从而达到均匀分布的目的。具体的步骤如下：

（1）给出原始图像的所有灰度级 s_k（k=0，1，…，255）。

（2）统计原始图像各灰度级的像素数 n_k。

（3）利用式（3–1–2）计算原始图像的直方图后，再计算原始图像的累积直方图：

$$t_k = EH(s_k) = \left[255\sum_{i=0}^{k}\frac{n_i}{n}\right] \qquad k=0,1,\cdots,255 \tag{3–2–1}$$

数字图像的灰度值均为整数，故还应对 t_k 取整。

（4）确定 $s_k \to t_k$ 的映射关系后，统计新直方图各灰度级的像素数 n_k。

（5）计算新的直方图：

$$p(t_k) = n_k / n \tag{3-2-2}$$

根据式（3-2-2）计算图像中欲均衡区域各个灰度级像素点对应的均衡化后的映射值，并将映射值替代该灰度级像素点均衡化前的像素值，从而获得一幅全新的灰度均衡化图像，进而使图像获得明显的增强。

直方图均衡化前后的图像效果如图 3.2.1 所示。直方图均衡化前后的图像直方图如图 3.2.2 所示。

（a）

（b）

图 3.2.1 直方图均衡化前后的图像效果（见彩插）

（a）直方图均衡化前图像；（b）直方图均衡化后图像

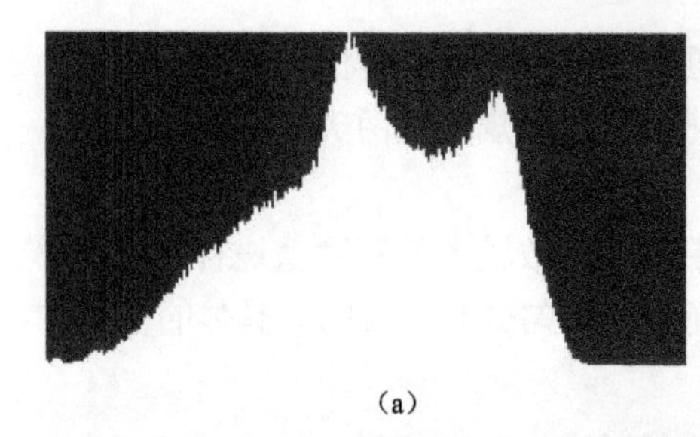

（a）

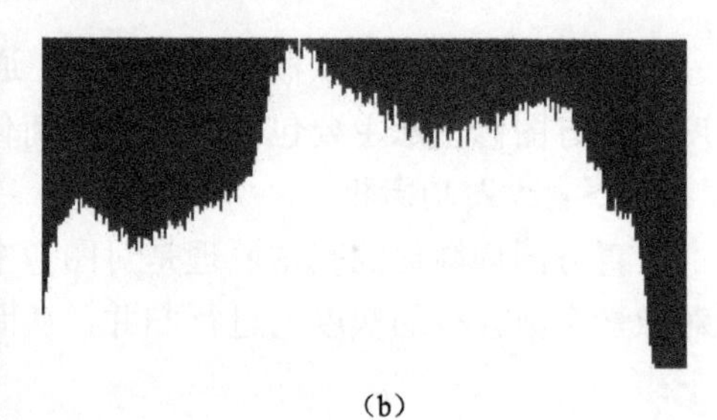

（b）

图 3.2.2 直方图均衡化前后的图像直方图

（a）直方图均衡化前的图像直方图；（b）直方图均衡化后的图像直方图

2. 直方图规定化

直方图均衡化能够自动增强整个图像的对比度，但它的具体增强效果不容易控制，处理的结果总是得到全局均匀化的直方图。实际上有时需要变换直方图，使之成为某个特定的形状，从而有选择地增强某个灰度值范围内的对比度。这时可以采用比较灵活的直方图规定化。一般来说，正确地选择规定化的函数

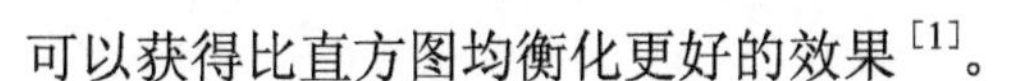

可以获得比直方图均衡化更好的效果[1]。

所谓直方图规定化，就是通过一个灰度映像函数，将原灰度直方图改造成所希望的直方图。所以，直方图修正的关键就是灰度映像函数。

直方图匹配方法主要有 3 个步骤（这里设 M 和 N 分别为原始图和规定图中的灰度级数，且只考虑 $N \leqslant M$ 的情况）：

（1）如同均衡化方法，对原始图的直方图进行灰度均衡化。

（2）规定需要的直方图，并计算能使规定的直方图均衡化的变换。

（3）将步骤（1）得到的变换反转过来，即将原始直方图对应映射到规定的直方图。

假设 $P_f(f)$ 和 $P_{\hat{z}}(\hat{z})$ 分别表示已归一化的原始图像灰度分布概率密度函数和希望得到的图像灰度分布概率密度函数，且希望得到的图像可能进行的直方图均衡化变换函数为：

$$\hat{z} = Z(P_z(z)) = \int_{-\infty}^{z} P_z(z)\,\mathrm{d}z \tag{3-2-3}$$

式中，$P_z(z)$ 为要达到的直方图规定化修正图 $z(i,j)$ 的灰度分布概率密度。

首先，对原始图像做直方图均衡化处理得到图像灰度分布概率密度 $P_g(g)$；其次，令 $P_{\hat{z}}(\hat{z}) = P_g(g)$，求取直方图均衡化变换函数 $Z(P_z(z))$；最后，以 g 代替 $\hat{z}$，代入式（3–2–3）的逆变换公式，得：

$$z = Z^{-1}(g) \tag{3-2-4}$$

因此，求得直方图规定化修正图灰度图像 $z(i,j)$。

经直方图规定化后的图像效果如图 3.2.3 所示。其中，图 3.2.3（a）就是将图 3.2.1（a）按高斯分布函数进行直方图规定化后的结果，图 3.2.3（b）为图 3.2.3（a）对应的直方图。

（a）

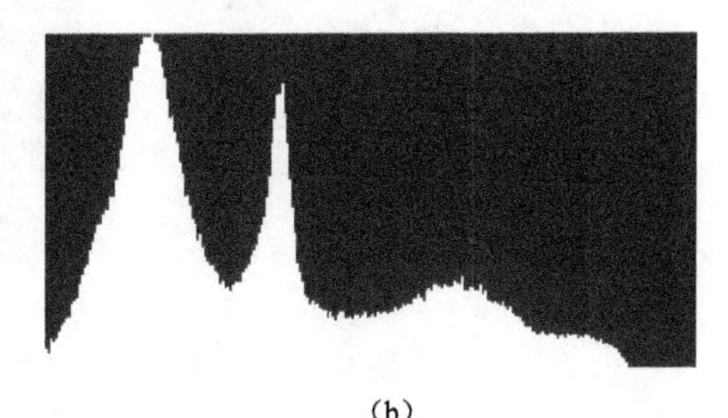

（b）

图 3.2.3　直方图规定化后的图像效果（见彩插）

（a）直方图规定化后的图像；（b）直方图

3.2.2 图像锐化法

对图像的识别过程中，经常需要突出边缘和轮廓信息，尤其是因镜头运动而产生模糊的图像。图像锐化就在于增强图像的边缘或轮廓。图像锐化常用的算法有梯度锐化法和 Laplace 增强算子法。

1. 梯度锐化法

图像 $f(i,j)$ 在 (i,j) 点的灰度梯度定义为：

$$\text{grad}(i,j)=\begin{bmatrix} f_i' \\ f_j' \end{bmatrix}=\begin{bmatrix} \dfrac{\partial f(i,j)}{\partial i} \\ \dfrac{\partial f(i,j)}{\partial j} \end{bmatrix} \tag{3-2-5}$$

对于离散的图像而言，1 阶偏导数采用 1 阶差分近似表示为：

$$f_i'=f(i+1,j)-f(i,j)$$

$$f_j'=f(i,j+1)-f(i,j)$$

为简化运算，经常采用梯度算子算法，即：

$$\text{grad}(i,j)=\max(|f_i'|,|f_j'|)$$

或

$$\text{grad}(i,j)=|f_i'|+|f_j'|$$

如图 3.2.4 所示，图（b）是对图（a）采用梯度锐化法进行处理后的效果。

（a）

（b）

图 3.2.4　梯度锐化法处理（见彩插）

（a）梯度锐化法处理前的图像；（b）梯度锐化法处理后的图像

此外，计算梯度的算子还有 Roberts、Prewitt 和 Sobel 等。

2. Laplace 增强算子法

Laplace 算子是线性 2 阶微分算子，即：

$$\nabla^2 f(i,j)=\frac{\partial^2 f(i,j)}{\partial i^2}+\frac{\partial^2 f(i,j)}{\partial j^2} \tag{3-2-6}$$

对离散的数字图像而言，2 阶偏导数可用 2 阶差分近似，此时 Laplace 算子表示式为：

$$\nabla^2 f(i,j)=f(i+1,j)+f(i-1,j)+f(i,j+1)+f(i,j-1)-4f(i,j)$$

Laplace 增强算子为：

$$g(i,j)=f(i,j)-\nabla^2 f(i,j)=5f(i,j)-f(i+1,j)-f(i-1,j)-f(i,j+1)-f(i,j-1)$$

式中，$g(i,j)$ 为经 Laplace 增强算子锐化后的图像梯度。

如图 3.2.5 所示，图（b）是对图（a）采用 Laplace 增强算子法处理后的效果。从图中可以看出，经过 Laplace 增强算子法处理后的图像对比度明显比原图增强，原图中模糊不清的画面明显得到了改善。

（a）

（b）

图 3.2.5　Laplace 增强算子法处理结果（见彩插）

（a）Laplace 增强算子法处理前的图像；（b）Laplace 增强算子法处理后的图像

3.3　图像滤波

未经处理的原始图像都存在着一定程度上的噪声干扰。噪声恶化图像质量，使图像模糊，甚至淹没需要检测的特征，给图像的分析带来困难，因此需要对图像进行滤波处理。图像滤波算法主要分两类：空域滤波和频域滤波。

3.3.1 空域滤波

空域法是在空间域内直接对图像的灰度值进行处理，常用的算法有：局部平均法、中值滤波、形态学滤波法、保持边缘滤波法等。

1. *局部平均法*

图像局部平均法就是取原始图像$f(x, y)$的每个像素点一个邻域S，计算S中所有像素灰度值的平均值，作为空间域滤波后图像$g(x, y)$的灰度值，数学表达式为：

$$g(x,y)=\frac{1}{M}\sum_{(x,y)\in S}f(x,y) \tag{3-3-1}$$

式中，M为邻域S中的像素点数，S邻域可取四邻域、八邻域等。

该算法对去除麻点噪声比较有效，但它不能区分有效信号和噪声信号，噪声和图像细节同时被削弱。为了改善邻域平均法中图像细节模糊问题，出现了一些改进方法，如选择平均法和加权平均法。选择平均法只对灰度值相同或接近的像素进行平均；加权平均法则按照灰度值的特殊程度来确定对应像素的权值，模板中的权值并不相同，其数学表达式为：

$$g(m,n)=\sum_{i=-M}^{M}\sum_{j=-N}^{N}w(i,j)f(m-i,n-j) \tag{3-3-2}$$

式中，$w(i, j)$表示对应像素需要进行加权的值，可以根据需要进行修正，为了使处理后图像的平均灰度值不变，模板中各系数之和应为1。

2. *中值滤波*

在空域滤波技术中，中值滤波是一种能在去除噪声的同时又能保护目标边界不变模糊的滤波方法，中值滤波为非线性处理技术。以一维滤波为例，中值滤波器选取一个含有奇数个像素的移动窗口，在图像上从左到右，从上到下逐行移动，用窗口内灰度的中值取代窗口中心像素的灰度值，作为中值滤波器的输出，其数学表达式为：

$$f(x,y)=\text{median}\{S_{f(x,y)}\} \tag{3-3-3}$$

式中，S为当前点（x，y）的邻域；median{·}表示取中值。

中值滤波会削弱三角信号的顶部峰值信号，但不会影响阶跃信号和斜坡信号，对图像边缘有保护作用。虽然中值滤波可以抑制随机点状噪声，但同时也抑制持续期小于窗口1/2的脉冲信号，因而可能破坏图像的某些细节，且随着窗口的扩大，有效信号的损失也将明显增大，所以在实际应用中，窗口大小的选择要适宜。对添加了椒盐和高斯噪声的图像进行均值和中值滤波，实验结果如图 3.3.1 和图 3.3.2 所示。

（a） （b） （c）

图 3.3.1 Lena 图像滤波结果一（见彩插）

（a）添加椒盐噪声的图像；（b）均值滤波后的图像；（c）中值滤波后的图像

（a） （b） （c）

图 3.3.2 Lena 图像滤波结果二（见彩插）

（a）添加高斯噪声的图像；（b）均值滤波后的图像；（c）中值滤波后的图像

由上述实验结果可以得出以下结论：① 均值滤波器不适合去除椒盐噪声，经均值滤波后仍存在较多的噪声；② 均值滤波器能很大程度上滤除高斯噪声，滤波后图像中的噪声残留不是很大；③ 用均值滤波处理过后的图像显得有点模糊不清，轮廓边缘模糊，所以均值滤波处理是以图像模糊为代价来换取噪声减小的；④ 中值滤波器不能较好地滤除高斯噪声，滤波后图像中的噪声残留较大；⑤ 中值滤波器对椒盐噪声滤除得比较干净，对于强度不是很大的椒盐噪声，滤波后基本看不出噪声点。

所以，对于椒盐噪声来说，中值滤波是一种较好的选择；对于高斯噪声来说，均值滤波的效果比中值滤波好。均值滤波往往不只是把干扰去除，还常把图像的边缘模糊，视觉上失真，如果目的只是把干扰去除，而不是刻意让图像模糊，中值滤波是比较好的选择。

3. 形态学滤波

形态和、形态差（膨胀和腐蚀）是数学形态学的基础。形态和、形态差的复合运算称为形态开和形态闭。形态开和形态闭对图像具有一定的平滑功能，能够检测出图像中的奇异点。形态开能够消除图像中的边缘毛刺和孤立斑点，而形态闭能够填补图像中的漏洞以及裂缝，故对图像进行数学形态学处理可实现局部背景平滑滤波。

4. 保持边缘滤波

一般的邻域平均方法在抑制噪声的同时也模糊了突变的边缘和线条，基于此种考虑，出现了一种既可保持边缘又可以平滑噪声的方法。以图像中任一点(x, y)为端点，沿θ方向取一个矩形窗口$S_\theta(x,y)$，在$S_\theta(x,y)$中计算出灰度均值$\mu_\theta(x,y)$以及方差$\sigma_\theta^2(x,y)$，在各个θ（$0 \leqslant \theta \leqslant 2\pi$）对应的$\sigma_\theta^2(x,y)$中，方差为最小的一个窗口内灰度值变化是最缓慢的，意味着其中边缘的可能性最小，那么就取该窗口的均值作为点(x, y)的新灰度值。

3.3.2 频域滤波

图像信息是二维信号，可以通过傅立叶变换等方法映射到频域，其变换系数反映了图像的某些特征。例如，图像的频谱直流低频分量对应图像的平滑区域；外界叠加噪声对应频谱中频较高的部分；图像的边缘对应频谱的高频部分等。类似于空间域，在频域同样也可以进行平滑和锐化，通常采用低通滤波器进行平滑。

由卷积定理，低通滤波的数学表达式为：

$$G(u, v)=F(u, v)H(u, v) \tag{3-3-4}$$

式中，$F(u, v)$是含有噪声的原图像的傅立叶变换；$H(u, v)$是低通滤波器的传递函数；$G(u, v)$是经过低通滤波器后输出图像的傅立叶变换。常用的几种低通滤波器有以下几种。

1. 理想低通滤波器

二维理想低通滤波器（ILPF），传递函数如下：

$$H(u,v)=\begin{cases}1 & D(u,v) \leqslant D_0 \\ 0 & D(u,v) > D_0\end{cases} \tag{3-3-5}$$

式中，D_0是一个规定的非负量，是截止频率；$D(u, v)$是从点(u, v)到频率平面原点的距离。由于理想滤波器陡峭的截止特性使得高频分量为 0，因此滤除了高频分量中的大量边缘信息，使图像的边缘变得模糊，而且会在图像上产生振铃效应。

2. 巴特沃思（Butterworth）低通滤波器

具有从原点到 D_0 截止频率轨迹的 n 阶巴特沃思低通滤波器（BLPF）的传递函数为：

$$H(u,v)=\frac{1}{1+[D(u,v)/D_0]^{2n}} \tag{3-3-6}$$

式中，正整数阶数 n 影响曲线的形状。巴特沃思低通滤波器在通过频率和滤除频率之间没有明显的不连续性，曲线比较平滑，所以没有振铃效应，对图像的边缘模糊也比理想低通滤波器的影响小。

3. 指数低通滤波器

指数低通滤波器（ELPF）是图像处理中常用的平滑滤波器，其传递函数为：

$$H(u,v)=\exp\left\{-[D(u,v)/D_0]^n\right\} \tag{3-3-7}$$

指数低通滤波器对图像边缘的模糊作用比理想低通滤波器小，而且没有振铃效应。但是平滑后的图像比使用巴特沃思低通滤波器的效果差，边缘较模糊。

由于图像中噪声和有用信号往往交织在一起，如果平滑不恰当会使图像本身的细节，如边界轮廓、线条等，变得模糊不清。所以需要找到既能平滑图像中的噪声，又能尽量保持图像细节的合理算法。同时，在实际应用中，算法的处理速度也是一个比较重要的问题。频域滤波需要进行正反两次正交变换，所需的计算量很大，所以这种方法一般不满足系统实时性要求。

3.4 图 像 校 正

在基于 CCD 的高精度测试系统中，CCD 本身的特性使得其输出像素存在非均匀性，即在相同的条件下连续采集图像，图像平面上相同位置的像素值存在明显的跳变，即使变化微小的像素值（如 0.1 个像素值）也会直接给测试结果带来较大误差。因此，必须对其进行校正。

3.4.1 图像非均匀性校正

CCD 由于具有分辨率高、光电灵敏度高、量子效率高、体积小、噪声低、实时传输性好等特点，已被广泛应用于工业测试、图像采集、数字信息等多个领域。但由于 CCD 传感器的特性，像素间光电响应的不均匀性决定了 CCD 传感器中存在散粒噪声、热噪声、电荷转移噪声、读出噪声等，还有暗电流、量子效应、材质结构等局部差异性，使得各像素对于相同的辐照度产生的灰度值并不相同，甚至有较大的差异。因此，在高精度测试中，上述因素会给测试结果带来较大误差，必须对其进行校正。

目前非均匀性校正方法的研究现状已在绪论中详细阐述。针对基于定标的校正方法只能在特定条件下对像素进行非均匀性校正，且动态范围小，当辐照度变化时会引入较大误差。本节根据传统的两点线性法基本思想，提出了一种基于二维经验模态分解的场景自适应分析方法，对非均匀性像素进行校正。该算法以 HHT（Hilbert-Huang Transform）变换中的滤波器理论为基础，将图像序列在时间域进行尺度分解和相应统计量计算，获得在图像校正中影响大的偏置和增益系数，进而对 CCD 像素非均匀性进行校正[2, 3]。

一个图像系统在每一个采集点都有对应的像素值$I(x,y)$。因此一个二维数字图像可以描述如下[2, 4]：

$$D(x,y)=[K_C(x,y)I(x,y)+N_D(x,y)+N_S(x,y)+N_R(x,y)]A+N_Q(x,y) \tag{3-4-1}$$

式中，$K_C(x,y)$为 CCD 的非均匀性常数；A为输出放大器和摄像机电路的综合增益。

$N_D(x,y)$为暗电流值。CCD 在工作中由于热能的作用，会形成电子—空穴对，出现自由电子，进入相邻的电势阱中，而 CCD 各部分温度不一致，会影响各像素电荷包的一致性，这一现象就是暗电流噪声。暗电流的产生是一个随机过程，服从泊松分布。由于受到加工工艺的限制，每个像素的材料、面积大小各不相同，导致了 CCD 暗电流的不均匀性。暗电流的大小与光照强度无关，而与 CCD 像素的本征材料、曝光时间和温度等有关，因此在 CCD 曝光时间很小或温度较低时可以忽略。

$N_S(x,y)$为零均值泊松散粒噪声变量，其取决于$K_C(x,y)I(x,y)$和$N_D(x,y)$的值。散粒噪声是指 CCD 在光注入、电注入或热作用下所产生的信号电荷包的电子数目的不确定性，也就是电子数目围绕平均值上下波动所形成的噪声。一个稳定的光源发出的光子数量在一定时间间隔内服从泊松分布。

$N_R(x,y)$为读出噪声，指读出电容器和片上放大器的噪声，包括 KTC 噪声（复位噪声）和$1/f$噪声。

$N_Q(x,y)$为量化噪声，是振幅量化过程中固有的噪声，其发生在模数转换过程中。该噪声具有加性和高斯特点，并且服从均匀概率分布，在$[-q/2, q/2]$范围内其方差为$q^2/12$，q为量化能级。

观测量$D(x,y)$是一个随机变量，由两部分组成：$D(x,y)=\mu(x,y)+N(x,y)$。其中，$\mu(x,y)$为$D(x,y)$的期望值，可以写为$\mu(x,y)=K_C(x,y)I(x,y)A+E_D(x,y)A$，$E_D(x,y)$是$N_D(x,y)$的期望值，$K_C(x,y)$和$E_D(x,y)$称为固定模式噪声（Fixed Pattern Noise，FPN）；$N(x,y)=N_S(x,y)A+N_R(x,y)A+N_Q(x,y)$，为零均值高斯噪声，其方差为$\sigma_N^2(x,y)=A^2[K_C(x,y)I(x,y)+E_D(x,y)]+A^2\sigma_R^2+q^2/12$，可简化为$\sigma_N^2=A\mu+A^2\sigma_R^2+q^2/12$，其中$\mu$为所有像素值的期望值$\mu(x,y)$。

1. 两点线性校正方法

CCD 每个像素的响应在工作范围内是线性的，在理想条件下 CCD 传感器在固定位置像素的增益和偏移量是一致的，应用两点线性校正方法可以校正像素的非均匀性，该线性校正算法是基于增益和偏移参数实现的[5, 7]。校正的目的是使传感器的同一位置在相同的条件下有相同的灰度输出值。每个像素的两点线性非均匀校正方法表达式为：

$$D_C(i,j)=g(i,j)D(i,j)+o(i,j) \qquad i=1,2,\cdots,m; j=1,2,\cdots,n \tag{3-4-2}$$

式中，$D(i,j)$是未进行校正的图像灰度输出值；$D_C(i,j)$为校正后的图像输出灰度值；$g(i,j)$和$o(i,j)$分别为增益和偏移校正参数；m为 CCD 的行像素数；n为 CCD 的列像素数。

在相同的条件下采集q幅图像，如$q=500$，则有：

$$y_k(i,j)=g(i,j)x_k(i,j)+o(i,j) \qquad k=1,2,\cdots,q \tag{3-4-3}$$

式中，$y_k(i,j)=\dfrac{1}{q}\sum_{k=1}^{q}x_k(i,j)$，$x_k(i,j)$是第$k$幅未校正的图像在$(i,j)$处的输出灰度值，$y_k(i,j)$为在相同条件下$q$幅图像在$(i,j)$处输出的平均灰度值。

在h种不同的条件下有：

$$Y_p(i,j)=g(i,j)X_p(i,j)+o(i,j) \qquad p=1,2,\cdots,h \tag{3-4-4}$$

式中，p为某种特定的条件；$X_p(i,j)=\{x_1(i,j),x_2(i,j),\cdots,x_q(i,j)\}$是第$p$种条件下未校正的图像在$(i,j)$处的输出灰度值的集合；$Y_p(i,j)=\{y_1(i,j),y_2(i,j),\cdots,y_q(i,j)\}$为在相同条件下$q$幅图像在$(i,j)$处输出的平均灰度值的集合。

利用式(3-4-3)和式(3-4-4)，采用最小二乘法计算出参数$g(i,j)$和$o(i,j)$，即

$$\begin{bmatrix} Y_1(i,j) \\ Y_2(i,j) \\ \vdots \\ Y_h(i,j) \end{bmatrix} = \begin{bmatrix} X_1(i,j) & 1 \\ X_2(i,j) & 1 \\ \vdots & \vdots \\ X_h(i,j) & 1 \end{bmatrix} \cdot \begin{bmatrix} g(i,j) \\ o(i,j) \end{bmatrix} \qquad i=1,2,\cdots,m; j=1,2,\cdots,n \tag{3-4-5}$$

由于 CCD 图像具有暗电流的影响，因此在执行校正算法过程中应首先消除暗电流的影响，即在没有任何光射入的情况下获取 50 幅图像，求和取平均得到 CCD 传感器的暗电流图像 D_{dark}，则修正后的图像有：

$$D_C(i,j) = g(i,j)[D(i,j) - D_{\text{dark}}(i,j)] + o(i,j) \qquad i=1,2,\cdots,m; j=1,2,\cdots,n \tag{3-4-6}$$

在此基础上求取校正增益参数 $g(i,j)$ 和偏移参数 $o(i,j)$。

上述方法只能在特定条件下对像素进行非均匀性校正，且动态范围小，当辐照度变化时会引入较大误差。因此本节根据传统两点线性法的基本思想，提出了一种基于经验模态分解（Empirical Mode Decomposition，EMD）的场景自适应分析方法对非均匀性像素进行校正。该算法以 HHT 变换中的滤波器理论为基础，计算图像序列在时间域的尺度分解和相应统计量，获得在图像校正中影响较大的偏移和增益系数，进而对 CCD 的像素非均匀性进行校正。

2. 基于二维经验模态分解的自适应非均匀性校正算法

1）EMD 算法分析

HHT 算法是由 Huang 等于 1998 年提出的一种新的非线性、非平稳的信号处理方法[8]，其核心是经验模态分解 EMD，分解过程如图 3.4.1 所示。

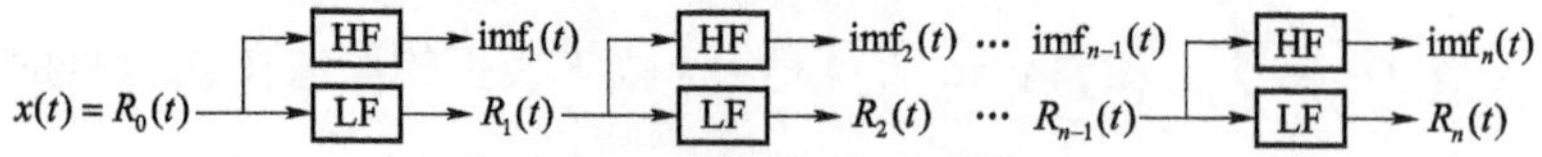

图 3.4.1 经验模态分解 EMD 分解过程

该方法基于信号的时间尺度将信号分解为若干个固有模态函数（Intrinsic Mode Function，IMF）之和，分解结果唯一且得到的各 IMF 之间具有正交性。各 IMF 分量突出了信号的局部特征，包含信号从高到低不同频段的成分，对各分量进行分析可以更加准确、有效地把握信号的特征信息。

经验模态分解 EMD 有如下假设：任何信号都是由一些不同的固有模态组成；每个模态可以是线性的，也可以是非线性的；其局部极值点数和零点数相同，且上下包络线关于时间轴局部对称；任意时刻，一个信号都可以包含许多固有模态信号，如果模态之间互相重叠，便形成复合信号[9, 10]。

固有模态函数必须满足以下两个条件：

（1）曲线的极值点和零点的数目相等或者最多相差 1。

（2）在曲线的任意一点，包络的极大值和极小值的均值为 0。

如果信号没有零点，则根据极值点找出相对零点来满足固有模态函数的两个条件。

经验模态分解主要实现步骤如下：

（1）利用三次插值法求得原始信号 $x(t)$ 的极大值包络 $x_{\max}(t)$ 和极小值包络 $x_{\min}(t)$，并求取其瞬时平均值 $m_0(t)=\dfrac{x_{\max}(t)+x_{\min}(t)}{2}$。

$x(t)$ 与 $m_0(t)$ 的差记为第一个分量 $h_1(t)$，即 $h_0(t)=x(t)$， $h_1(t)=h_0(t)-m_0(t)$。

此过程即筛分过程。筛分的目的是消除骑行波并使得波形更加对称。筛分过程需要重复多次。在第二次筛分过程中，视 $h_1(t)$ 为信号，$m_1(t)$ 为其均值包络，则有 $h_2(t)=h_1(t)-m_1(t)$。

因此，在筛分过程重复 J 次后得到 $h_J(t)=h_{J-1}(t)-m_{J-1}(t)$。

判断 $h_k(t)$ $(k=1,2,\cdots,J)$ 是否满足固有模态函数条件。若满足，则将 $h_k(t)$ 作为一个固有模态函数；若不满足，则将 $h_k(t)$ 作为原始数据重复上述过程，直到满足 IMF 条件为止。Huang 定义了标准偏差 SD（Standard Deviation）作为判定过程何时结束的标准：$\mathrm{SD}=\dfrac{1}{T}\displaystyle\int_0^T\dfrac{\left|h_k(t)-h_{k-1}(t)\right|^2}{\left|h_{k-1}(t)\right|^2}\mathrm{d}t$。

一般当 $0.2<\mathrm{SD}<0.3$ 时，筛分过程结束，即 $h_k(t)$ 满足 IMF 条件，则第一个 IMF 分量为 $\mathrm{imf}_1(t)=h_k(t)$。

（2）由原始信号 $x(t)$ 减去 IMF 分量 $\mathrm{imf}_1(t)$ 得到信号剩余量 $R_1(t)=x(t)-\mathrm{imf}_1(t)$。

（3）对 $R_1(t)$ 重复上述过程即可获得第 2 阶 IMF 分量。通过 EMD 方法对信号进行重复筛分，可得到信号的多个 IMF 分量和一个逼近分量 R_n，从而信号可表示为：

$$x(t)=\sum_{k=1}^{n}\mathrm{imf}_k(t)+R_n(t) \tag{3-4-7}$$

因此对任何一个信号 $x(t)$，可以将其分解为 n 个固有模态分量和 1 个残余分量 R_n 之和，其中，分量 $\mathrm{imf}_1(t)$， $\mathrm{imf}_2(t)$， $\cdots$， $\mathrm{imf}_n(t)$ 包含了信号从高到低不同频率段的成分，且这些成分在频域相互正交，R_n 表示了信号 $x(t)$ 的整体趋势。

2）基于二维经验模态分解（BEMD）的非均匀性校正算法分析

假设$D(x,y)$是大小为$m\times n$的图像，则其二维 EMD 分解过程如图 3.4.2 所示。

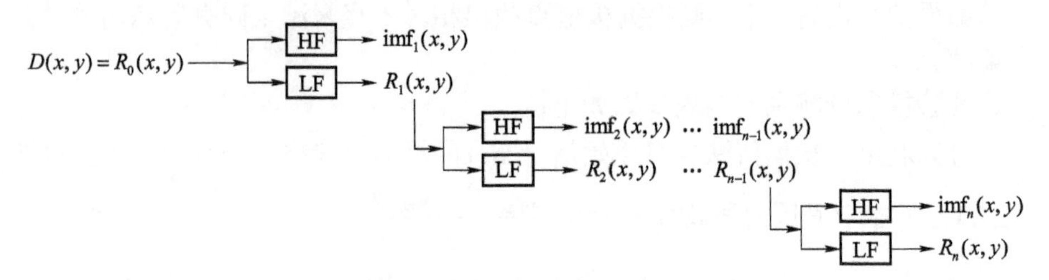

图 3.4.2　二维 EMD 分解过程

在筛分过程中采用二维 EMD 方法提取图像的二维 IMF 分量，其实现过程如下[10]：

（1）对所给图像$D(x,y)$求取曲面局部极值点，包括所有局部极大值和极小值。

（2）求取均值包络曲面。极值点找出来之后，要对各极大值点和各极小值点分别进行曲面拟合，经插值后得到极大值点曲面包络$E_{\max}$和极小值点曲面包络$E_{\min}$，将两曲面数据求平均得到均值包络曲面数据E_{mean}。

（3）用原始曲面减去均值包络曲面。

（4）计算终止条件：$\mathrm{SD}=\sum_{x=0}^{m-1}\sum_{y=0}^{n-1}\frac{\left[D_{k-1}(x,y)-D_k(x,y)\right]^2}{D_{k-1}(x,y)^2}$。

重复步骤（1）～（3），直到满足给定的终止条件，一般当$0.2<\mathrm{SD}<0.3$时筛分过程结束，即得到第一层二维固有模态函数$\mathrm{imf}_1(x,y)$，用原图像减去第一层模态函数得到第一层剩余量$R_l(x,y)$。对剩余量重复步骤（1）～（4），依次得到图像的l层固有模态函数和第l层剩余量。

因此每幅图像$D(x,y)$均可分解为：

$$D(x,y)=\sum_{k=1}^{l}\mathrm{imf}_k(x,y)+R_l(x,y) \tag{3-4-8}$$

式中，$\mathrm{imf}_k(x,y)$为 IMF 分量，$R_l(x,y)$为剩余量。

利用基于场景校正算法的理论，在实际应用中选择合适的分解尺度l，计算$R_l(x,y)$的 1 阶统计量，即该探测器单元偏移校正系数：

$$o(x,y)=E\left[R_l(x,y)\right] \tag{3-4-9}$$

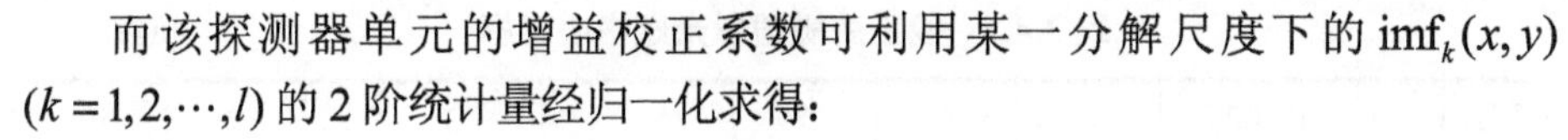

而该探测器单元的增益校正系数可利用某一分解尺度下的 $\mathrm{imf}_k(x,y)$ $(k=1,2,\cdots,l)$ 的 2 阶统计量经归一化求得：

$$g(x,y)=\left\{\frac{\mathrm{var}[\mathrm{imf}_k(x,y)]}{\sum_x\sum_y \mathrm{imf}_k(x,y)}\right\}^{\frac{1}{2}} \tag{3-4-10}$$

然后利用式（3–4–2）可对 CCD 的像素进行自适应非均匀性校正。

3）实验结果与分析

在相同的采集条件下，连续采集 10 幅图像，分辨率为 659×494，如图 3.4.3 所示。

通过相应的图像处理算法得到的图像目标位置如表 3.4.1 所示。

图 3.4.3　CCD 采集的椭圆形激光光斑图像

表 3.4.1　校正前椭圆形光斑中心坐标　　pixel

序号	1	2	3	4	5	6	7	8	9	10
x	327.511	327.963	327.835	328.001	327.723	328.221	328.014	327.124	327.652	327.522
y	156.090	156.625	156.392	156.512	156.201	157.002	156.982	155.562	156.200	156.058

非均匀性校正前 10 幅图像的光斑中心坐标平均值为（327.757，156.362），其中 x 坐标最大跳变量为 0.464 pixel，y 坐标最大跳变量为 0.800 pixel。

由表 3.4.1 可看出，在噪声的干扰下，每幅图像光斑的中心位置跳变较大，光斑中心跳变微小量直接影响系统的测试精度。

相同的工况条件下，再次连续采集 10 幅图像，采用 BEMD 分解校正算法对图像进行非均匀性校正后对应光斑中心坐标分别如表 3.4.2 所示。

表 3.4.2 校正后椭圆形光斑中心坐标 pixel

序号	1	2	3	4	5	6	7	8	9	10
x	327.543	327.535	327.604	327.599	327.583	327.573	327.550	327.498	327.493	327.501
y	156.159	156.153	156.232	156.251	156.244	156.212	156.142	156.175	156.150	156.155

非均匀性校正后 10 幅图像的光斑中心坐标平均值为（327.549，156.183），其中 x 坐标最大跳变量为 0.056 pixel，y 坐标最大跳变量为 0.064 pixel。

为了更直观地说明非均匀性校正的有效性，本小节给出了图 3.4.3 的光斑图像在校正前的灰度值分布图，如图 3.4.4 所示。

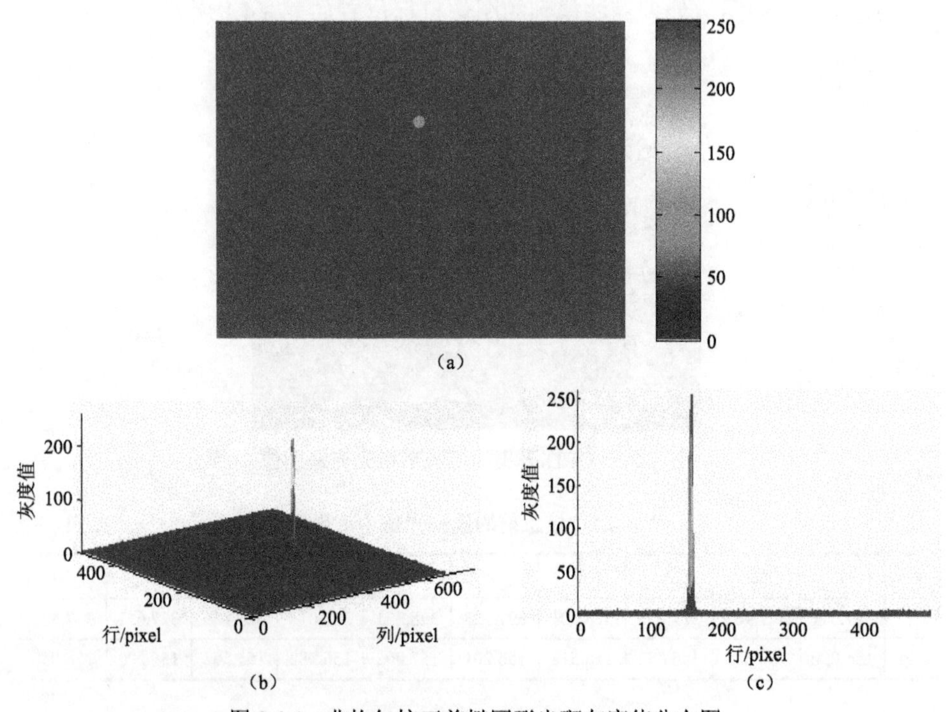

图 3.4.4 非均匀校正前椭圆形光斑灰度值分布图

（a）灰度值为 0～255 的图像；（b）图（a）的三维灰度图；（c）图（a）的二维灰度图

由图 3.4.4（c）可看出，光斑边缘部分的像素值与背景值分割不明显，在噪声的干扰下使得每幅图像中光斑边缘部分的像素值跳变较大，从而影响光斑的中心坐标值。

采用本小节所提的校正算法对图像进行非均匀性校正后对应的三维和二

维灰度值图像如图 3.4.5 所示。由图 3.4.5（b）可知，图像中光强部分的点像素值明显分离出来。

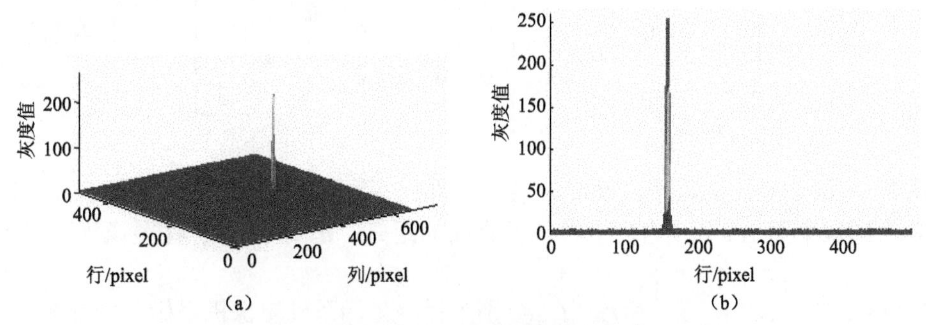

图 3.4.5 非均匀校正后椭圆形光斑灰度值分布图

（a）图像三维灰度图；（b）图像的二维灰度图

由校正前后光斑的中心坐标值及灰度分布图可很明显地看出，采用本小节所提方法对像素进行非均匀性校正后，光斑的中心位置坐标跳变明显减小，坐标值基本稳定，直接提高了测试精度。

3.4.2 图像畸变校正

摄像机镜头在加工或安装时存在误差使得图像发生畸变，即空间点所成的像并不在线性模型所描述的位置，这严重影响了图像测试精度。

1. 摄像机数学模型

摄像机成像模型采用针孔成像模型[12]，其几何关系如图 3.4.6 所示。图中，O 点为摄像机光心，x 轴和 y 轴与图像平面的 X 轴和 Y 轴平行，z 轴为摄像机光轴，它与图像平面垂直。光轴与像平面的交点即图像坐标系的原点 O_1，由点 O 与 x、y、z 轴组成的直角坐标系为摄像机坐标系，OO_1 为摄像机焦距。

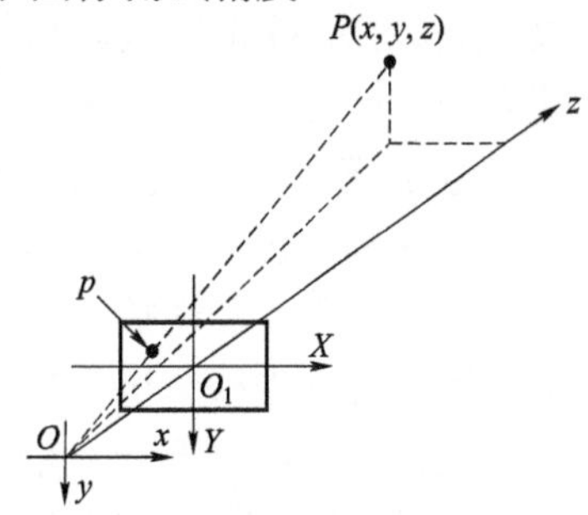

图 3.4.6 摄像机坐标系与世界坐标系

空间任何一点 P 在图像中的投影位置 p 为光心 O 与 P 点的连线 OP 与图像平面的交点。假设 $P=\begin{bmatrix}x_w & y_w & z_w\end{bmatrix}^{\mathrm{T}}$ 为光源在 $Oxyz$ 下的三维坐标，且 z 为常数，设其为 z_0；$p=\begin{bmatrix}u & v & 1\end{bmatrix}^{\mathrm{T}}$ 为图像坐标系下的齐次坐标，则以世界坐标系表示的 P 点坐标与其投影点 p 的坐标 (u,v) 的关系为：

$$\begin{bmatrix} u \\ v \\ 1 \end{bmatrix} = \frac{1}{s} \begin{bmatrix} \frac{1}{d_x} & 0 & u_0 \\ 0 & \frac{1}{d_y} & v_0 \\ 0 & 0 & 1 \end{bmatrix} \begin{bmatrix} f & 0 & 0 & 0 \\ 0 & f & 0 & 0 \\ 0 & 0 & 1 & 0 \end{bmatrix} \begin{bmatrix} \boldsymbol{R} & \boldsymbol{t} \\ \boldsymbol{0}^{\mathrm{T}} & \boldsymbol{1} \end{bmatrix} \begin{bmatrix} x_w \\ y_w \\ z_w \\ 1 \end{bmatrix} \tag{3-4-11}$$

式中，s 为非零比例因子，设置为某一常数；f 为摄像机光学镜头焦距；d_x 和 d_y 为图像平面上 x 、y 方向上单位像素间的距离；u_0 、v_0 为 O_1 在图像平面上的坐标；$\boldsymbol{R} = \begin{bmatrix} r_1 & r_2 & r_3 \\ r_4 & r_5 & r_6 \\ r_7 & r_8 & r_9 \end{bmatrix}$ 和 $\boldsymbol{t} = \begin{bmatrix} t_1 \\ t_2 \\ t_3 \end{bmatrix}$ 分别为世界坐标系到摄像机坐标系的旋转矩阵和平移向量。

式（3-4-11）中三次矩阵乘法分别对应着摄像机成像过程中从世界坐标系到摄像机坐标系的旋转和平移变换、从摄像机坐标系到图像坐标系的透视变换，以及从图像坐标系到计算机存储图像像素坐标系的成像变换。

由于摄像机镜头存在加工和装配误差，摄像机光学系统与理想的针孔成像模型有一定的差别，使得物体在摄像机图像平面上实际所成的像与理想成像之间存在一定程度的非线性光学畸变。为了提高图像检测的测试精度，必须对图像畸变进行校正。其校正方法是在原模型中引入反映畸变影响的校正参数，然后求解校正系数对图像进行畸变校正。目前国内外学者针对摄像机的畸变校正问题提出了很多方法，从原理上可分为基于控制对象的畸变校正方法和基于模式的校正方法[13]。基于控制对象的方法需事先设定控制目标的世界坐标和图像的像素坐标，然后建立目标函数，最后通过最优目标函数来求解变形系数，实现摄像机镜头的非线性畸变校正。该方法精度较高，但由于运用非线性迭代，运算量较大，不适合对实时性要求较高的场合。基于模式的校正方法根据摄像机的成像、姿态模型和光学特性来实现图像的非线性畸变校正，只要事先知道相应的模型和特性即可，运算过程较为简单，实用性较强。

2. 摄像机镜头非线性畸变模型

受透镜的物理特性限制，镜头存在不同程度的非线性畸变，图像畸变也可认为是主光线的像差，不同视场的主光线通过光学系统后与高斯像面交点的高度不等于像高，存在一定的差别，即畸变。

图像畸变仅是视场位置的函数，不同视场的实际垂轴放大倍率不同，畸变也不同。对于二维平面内的图像，存在负畸变时，放大倍率随视场增大而减小，实际像高小于理想像高，像的边缘被压缩，畸变图像呈桶型，如图 3.4.7（b）所示；当存在正畸变时，放大倍率随视场增大而增大，实际像高大于理想像高，像的边缘被拉伸，畸变图像成枕型，如图 3.4.7（c）所示；摄像机像平面与实物网格平面在单方向上有一偏转角度的畸变图像如图 3.4.7（d）所示；在两个方向上均有一偏转角度的畸变图像如图 3.4.7（e）所示。

图像畸变使得三维立体坐标在向二维像素坐标转换过程中会产生较大的误差，因此使得在图像中提取的数据不准确。当利用图像做高精度测试时，直接影响测量精度，如图像标定中标定点间的距离和图像中目标在靶面中的实际位置等，都会因畸变而与实际情况不符，因此必须对畸变进行校正。

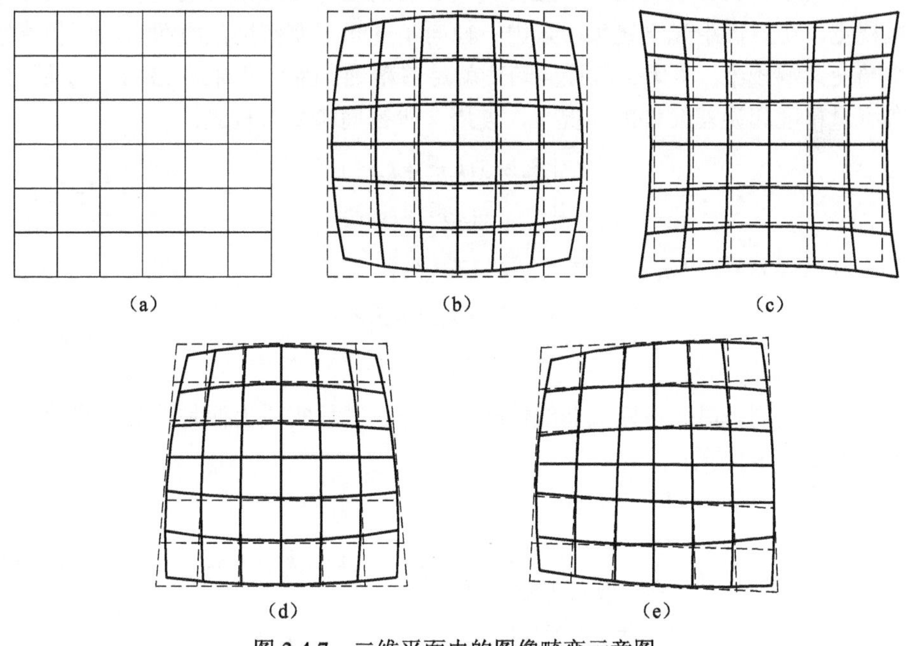

图 3.4.7　二维平面内的图像畸变示意图

（a）原始图像；（b）负畸变图像；（c）正畸变图像；

（d）有单向偏转角度时的畸变图像；（e）有双向偏转角度时的畸变图像

注：虚线为实际图像，实线为发生畸变的图像。

由于镜头存在不同程度的畸变，所以空间点所成的像并不在线性模型所描述的位置，而是在受到镜头失真影响而偏移的实际像平面坐标 (x,y) 位置，设对实际图像中的坐标进行畸变校正后的坐标为 $(\hat{x},\hat{y})$，因此有：

$$\begin{cases}\hat{x}=x+\delta_X\\ \hat{y}=y+\delta_Y\end{cases} \tag{3-4-12}$$

式中，δ_X 和 δ_Y 分别为图像像素点在图像坐标系中 X 和 Y 方向的畸变值，它与图像点在图像中的位置有关，则有：

$$\begin{cases}\delta_X=\tilde{x}[(k_1r^2+k_2r^4)+l_1(3\tilde{x}^2+\tilde{y}^2)+2l_2\tilde{x}\tilde{y}+m_1(\tilde{x}^2+\tilde{y}^2)]\\ \delta_Y=\tilde{y}[(k_1r^2+k_2r^4)+2l_1\tilde{x}\tilde{y}+l_2(\tilde{x}^2+3\tilde{y}^2)+m_2(\tilde{x}^2+\tilde{y}^2)]\end{cases} \tag{3-4-13}$$

式中，$\tilde{x}=x-u_0$；$\tilde{y}=y-v_0$；r 为图像平面坐标系中坐标 (x,y) 到原点的距离，即 $r^2=\tilde{x}^2+\tilde{y}^2$；$k_1$、$k_2$ 为径向畸变参数；l_1、l_2 为切向畸变参数；m_1、m_2 为薄棱镜畸变参数。

式（3–4–13）中分别对应径向畸变、切向畸变和薄棱镜畸变。对一般计算机视觉，在短焦距光学镜头中，由于径向畸变起主要作用，而切向畸变和薄棱镜畸变影响较小，考虑 2 阶径向畸变就足够精确，因此可对式（3–4–13）简化，在测量精度和误差允许的情况下，使用 2 阶径向畸变方程式：

$$\begin{cases}\delta_X=\tilde{x}(k_1r^2+k_2r^4)\\ \delta_Y=\tilde{y}(k_1r^2+k_2r^4)\end{cases} \tag{3-4-14}$$

利用误差 δ_X 和 δ_Y 校正式（3–4–12）得：

$$\begin{cases}\hat{x}=\tilde{x}(1+k_1r^2+k_2r^4)\\ \hat{y}=\tilde{y}(1+k_1r^2+k_2r^4)\end{cases} \tag{3-4-15}$$

由此可得，摄像机镜头非线性畸变校正的过程实质上便是求解非线性畸变系数 k_1、k_2 的过程。

综合式（3–4–11）有：

$$\frac{f}{sd_x}\frac{r_1x_w+r_2y_w+r_3z_w+t_1}{r_7x_w+r_8y_w+r_9z_w+t_3}=(x-u_0)(1+k_1r^2+k_2r^4) \tag{3-4-16}$$

$$\frac{f}{sd_y}\frac{r_4x_w+r_5y_w+r_6z_w+t_2}{r_7x_w+r_8y_w+r_9z_w+t_3}=(y-v_0)(1+k_1r^2+k_2r^4) \tag{3-4-17}$$

由式（3–4–11）、式（3–4–16）和式（3–4–17）可知，影响成像的要素有 s、f、d_x、d_y、u_0、v_0、R、t、k_1、k_2。其中，R、t 为摄像机的外部参数；s、f、d_x、d_y、u_0、v_0、k_1、k_2 为摄像机的内部参数。摄像机内部参数是由摄像机本身所决定的。

3. 基于模型的非线性畸变校正方法

为了解决畸变图像的校正问题，只要求解式（3–4–16）和式（3–4–17）的

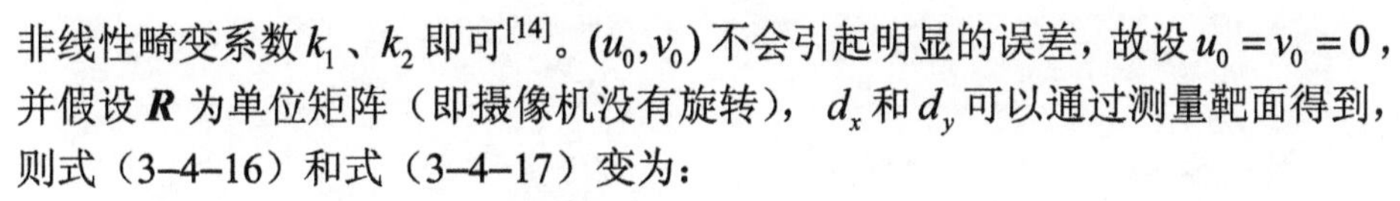

非线性畸变系数 k_1 、k_2 即可[14]。(u_0, v_0) 不会引起明显的误差，故设 $u_0 = v_0 = 0$，并假设 $\boldsymbol{R}$ 为单位矩阵（即摄像机没有旋转），d_x 和 d_y 可以通过测量靶面得到，则式（3–4–16）和式（3–4–17）变为：

$$\frac{f}{sd_x}\frac{x_w + t_1}{z_w + t_3} = x(1 + k_1 r^2 + k_2 r^4) \tag{3–4–18}$$

$$\frac{f}{sd_y}\frac{y_w + t_2}{z_w + t_3} = y(1 + k_1 r^2 + k_2 r^4) \tag{3–4–19}$$

式（3–4–18）和式（3–4–19）中仅有一个方程是独立的，因此利用三组对应点即可求出 k_1 、k_2 。由于 t_1 、t_2 为定值，故可归入 x_w 、 y_w 中，因此当对应点的坐标及 t_3 均已知时，即可得到 k_1 、k_2 。对于本小节则恰好应用靶面上的标定点即可，实验步骤如下：

（1）对靶面上的标定点，t_3 为一定值，因此也可归入 z_w，并测量 z_w 、d_x 和 d_y 。

（2）使像平面与靶面平行，保证靶面无旋转。

（3）拍摄一幅图像，提取图像上与靶面上至少三组对应点，分别记为 (x_i, y_i)、(x_{wi}, y_{wi}, z_{wi})，$i = 1,2,3$ 。

（4）对每一组对应点，代入式（3–4–18）和式（3–4–19），利用最小二乘法分别找到 $\sum\limits_{i=1}^{N}\left[\frac{f}{sd_x}\frac{x_{wi} + t_1}{z_{wi} + t_3} - x_i(1 + k_1 r^2 + k_2 r^4)\right]^2$ 和 $\sum\limits_{i=1}^{N}\left[\frac{f}{sd_y}\frac{y_{wi} + t_2}{z_{wi} + t_3} - y_i(1 + k_1 r^2 + k_2 r^4)\right]^2$ 为最小时的估计值 $\hat{k}_1$ 和 $\hat{k}_2$，作为 k_1 、k_2 的真实值。

（5）当实验条件不满足步骤（2）时，即靶面存在旋转量，则计算得到的 k_1 和 k_2 将存在估计误差。设靶面坐标系与摄像机坐标系 x 、y 之间的夹角分别为 α 、β，暂不考虑和 z 轴的夹角，则旋转矩阵 $\boldsymbol{R}$ 在畸变模型中不能再假设为单位矩阵，需利用式（3–4–16）和式（3–4–17）对 k_1 和 k_2 进行估计。

4. 实验结果与分析

实验一：采用装有 4 mm 镜头的摄像机拍摄一幅标准网格图像，网格大小为 30 mm×30 mm，靶面坐标系与摄像机坐标系平行，且中心点对齐，如图 3.4.8（a）所示。对采集的原始网格图像采用 Harris 角点检测方法进行处理，得到每个网格点的实际图像坐标，并用十字叉标出，如图 3.4.8（b）所示。对于未进行畸变校正的图像，中间白色框内的角点受畸变影响较小，因此选择框内的 9 个点作为标定点，左上角点为起始点，按从左到右、从上到下顺序分别为 1～9，其图像坐标值如表 3.4.3 所示。

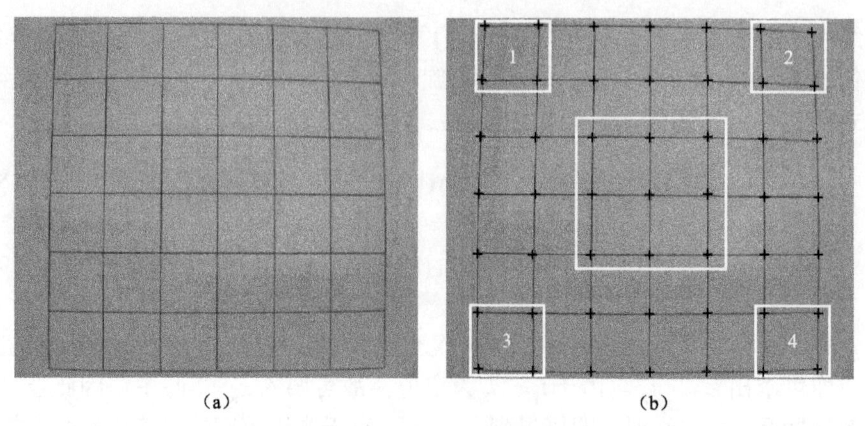

（a） （b）

图 3.4.8 拍摄的网格图像

（a）原始网格图像；（b）提取网格点（以十字叉标注）

表 3.4.3 中间白色框内的标定点图像坐标值、网格平均像素数和比例系数

标定点	X 坐标/pixel	Y 坐标/pixel	平均像素数/pixel		比例系数	
			X 向	Y 向	X 向	Y 向
1	157.0	256.0	78.5	78.5	0.382 2	0.382 2
2	157.0	335.0				
3	157.0	413.0				
4	235.0	256.0				
5	235.0	335.0				
6	235.0	413.0				
7	314.0	256.0				
8	314.0	335.0				
9	314.0	413.0				

每个网格 30 mm 的边长对应的像素数均为 78.5 pixel，则像素距离比例系数 $k_x = k_y = 0.382\,2$。4 个白色小框内的测试点均以左上角点为起始点，分别为 1～4，其图像坐标值及每个网格对应的平均像素数如表 3.4.4 所示。按照表 3.4.3 中的比例系数得到计算的网格实际长度如表 3.4.4 所示。

表 3.4.4 4 个白色小框内的测试点图像坐标值、网格平均像素数和实际长度

测试框	测试点	X 坐标/pixel	Y 坐标/pixel	平均像素数/pixel		实际长度/mm	
				X 向	Y 向	X 向	Y 向
1	1	9	109	73	74.5	27.90	28.48
	2	8	183				
	3	82	106				
	4	81	181				

续表

测试框	测试点	X 坐标/pixel	Y 坐标/pixel	平均像素数/pixel		实际长度/mm	
				X 向	Y 向	X 向	Y 向
2	1	13	485	70.5	71	26.95	27.14
	2	17	555				
	3	84	487				
	4	87	559				
3	1	391	99	77	77	29.43	29.43
	2	393	176				
	3	468	99				
	4	470	176				
4	1	392	490	76.5	74	29.24	28.29
	2	390	564				
	3	469	489				
	4	466	563				

由表 3.4.4 可得，在网格图像的 4 个角位置，每个网格长度的实际测试值与理想值最大误差为 3.05 mm，图像畸变严重影响了测试精度，因此必须对其进行畸变校正。

取 10 组对应点，采用本小节提出的畸变校正方法，得到 $k_1=0.012$，$k_2=0.003$。利用该畸变参数对摄像机提取的畸变图像进行校正，如图 3.4.9 所示。从图 3.4.8 可看出，场景中的物体存在明显的桶形畸变，图 3.4.9 为校正后的图像，畸变基本消除，再次计算每个网格长度的实际测试值，与理想值的最大误差仅为求取像素点引入的误差。该实验验证了本小节所提的方法具有良好的校正效果。

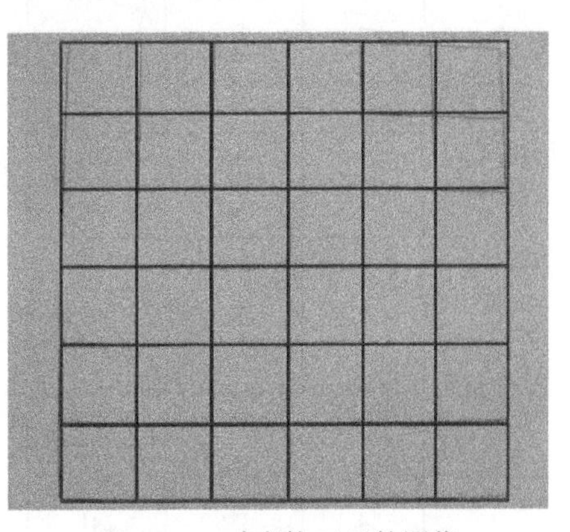

图 3.4.9　畸变校正后的图像

实验二：当靶面坐标系与摄像机坐标系存在一角度，如 $\alpha=3°$ 时，拍摄的网格图像如图 3.4.10（a）所示。同样对采集的原始网格图像采用 Harris 角点检测方法进行处理，得到每个网格点的实际图像坐标，并用十字叉标出，如图 3.4.10（b）所示。对于未进行畸变校正的图像，中间两个白色大框内的角点受畸变影响较小，因此选择框内的各 6 个点作为标定点，左上角点为起始点，标定点按从左到右、从上到下的顺序分别为 1～6，其图像坐标值、网络平均像素数和比例系数如表 3.4.5 所示。

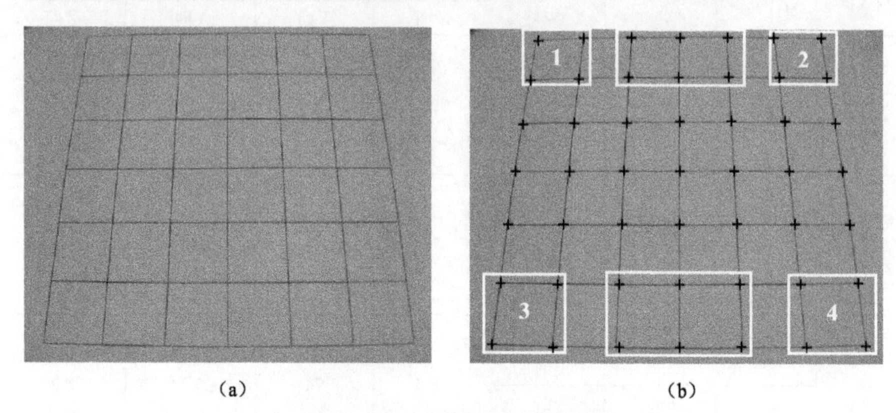

（a） （b）

图 3.4.10 拍摄的网格图像

（a）原始网格图像；（b）提取网格点（以十字叉标注）

表 3.4.5 白色大框内的标定点图像坐标值、网格平均像素数和比例系数

标定框	标定点	*X* 坐标 /pixel	*Y* 坐标 /pixel	平均像素数/pixel		比列系数	
				X 向	*Y* 向	*X* 向	*Y* 向
中上	1	10	264	58	72.5	0.517 3	0.413 8
	2	9	335				
	3	9	406				
	4	68	261				
	5	67	335				
	6	67	409				
中下	1	365	245	91.67	92.5	0.327 3	0.324 3
	2	365	335				
	3	364	426				
	4	456	241				
	5	457	335				
	6	456	430				

由表 3.4.5 可得图像坐标到靶面实际坐标在 *X* 向和 *Y* 向的转换系数。图 3.4.10 中另外 4 个小白色框内的测试点同样以左上角点为起始点，分别为 1～4，其图像坐标值、每个网格对应的平均像素数和实际长度如表 3.4.6 所示。

表 3.4.6　4 个白色小框内的测试点图像坐标值、网格平均像素数和实际长度

测试框	测试点	X 坐标/pixel	Y 坐标/pixel	平均像素数/pixel		实际长度/mm	
				X 向	Y 向	X 向	Y 向
1	1	14	126	57	69.5	29.49	28.76
	2	12	194				
	3	71	116				
	4	69	187				
2	1	10	476	57	70.5	29.49	29.17
	2	11	545				
	3	67	483				
	4	68	555				
3	1	363	72	89.5	87	29.29	28.22
	2	364	157				
	3	452	60				
	4	454	149				
4	1	364	515	90	87.5	29.46	28.38
	2	362	601				
	3	454	522				
	4	452	612				

由表 3.4.6 可得，在网格图像的 4 个角位置，每个网格长度的实际测试值与理想值最大误差为 0.78 mm，图像畸变严重影响了测试精度，因此必须对其进行畸变校正。

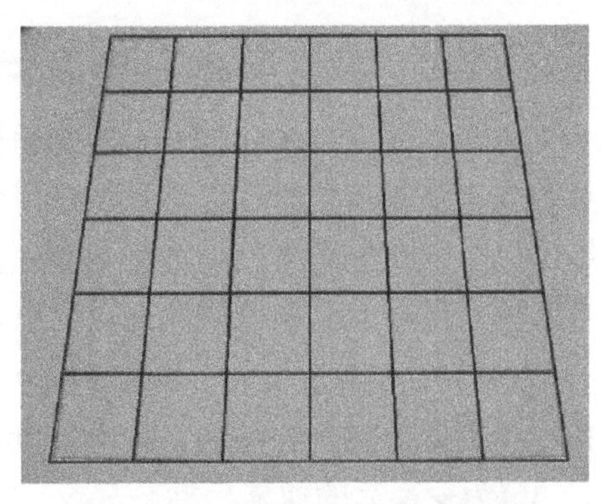

图 3.4.11　畸变校正后的网格图像

再次选取 10 组对应点，采用本小节提出的畸变校正方法，得到 k_1=0.014，k_2=0.001。利用该畸变参数对摄像机采集的畸变图像进行校正。网格图像进行校正后，畸变基本消除，如图 3.4.11 所示。

经过多次实验，当α、β变化小于 3°时，k_1和k_2均在 10%以内，符合畸变图像的校正范围要求。

采用校正标准平均残差（Averaged Residual Error，ARE）和最大残差（Maximum Residual Error，MRE）评价所提算法的校正精度[15]，评估方程如下：

$$\mathrm{ARE}=\frac{1}{n}\sum_{i=1}^{n}\sqrt{(x_i-x_i^{id})^2+(y_i-y_i^{id})^2} \tag{3-4-20}$$

$$\mathrm{MRE}=\max_i\sqrt{(x_i-x_i^{id})^2+(y_i-y_i^{id})^2} \tag{3-4-21}$$

式中，(x_i,y_i)为实际坐标值，(x_i^{id},y_i^{id})为理想坐标值。

得到的校正精度结果如表 3.4.7 所示。

表 3.4.7 图像畸变校正精度

选择的图像	图 3.4.8（a）	图 3.4.10（a）
未校正图像 ARE/MRE 值	2.494/12.042	1.946/5.534
校正后图像 ARE/MRE 值	0.031/0.182	0.042/0.195

实验结果表明，基于摄像机模型的校正方法通过求解摄像机非线性畸变参数达到校正的目的，该方法利用实验将非线性方程简化为线性方程，既简化了运算，同时也满足实时性的要求，校正效果较好，便于进行其他运算，提高了计算精度。

图像经过非线性畸变校正后，对于形状发生变形的图像可通过三角函数关系校正其变形位置，以达到良好的视觉效果，但对于动态测试系统无须进行此校正，本书也不做详细论述。

3.4.3 图像空间几何变换

空间几何变换的目的在于改变物体图像形状和位置，以便使用变化后的表达方式来获取其中的几何信息。几何变换，实际上就是将一个线性空间中的 n 维坐标矢量映射到另一个 n 维坐标矢量的方法。几何变换后的图像中每一个像素取值直接等于变换前图像上对应位置的像素取值，即

$$I'(x',y')=I(x,y) \tag{3-4-22}$$

式中，I 为变换前的图像；I' 为变换后的图像；(x,y) 为变化前的像素坐标；(x',y') 为变换后的像素坐标。

1. 正交变换和刚体变换

以旋转为例，以某 x 坐标为起点逆时针方向旋转 θ 角，则旋转前和旋转后的坐标变换为

$$\begin{bmatrix} x' \\ y' \\ 1 \end{bmatrix}=\begin{bmatrix} \boldsymbol{R} & \boldsymbol{0} \\ \boldsymbol{0}^{\mathrm{T}} & \boldsymbol{0} \end{bmatrix}\begin{bmatrix} x \\ y \\ 1 \end{bmatrix} \tag{3-4-23}$$

式中，$\boldsymbol{R}=\begin{bmatrix}\cos\theta & -\sin\theta\\ \sin\theta & \cos\theta\end{bmatrix}$为 2×2 正交矩阵，因此满足$\boldsymbol{RR}^{\mathrm{T}}=\boldsymbol{I}$，$\boldsymbol{R}$中的行向量和列向量之间两两正交。

任意一个n维正交矩阵$\boldsymbol{R}$保证了n维线性空间的正交变换前后矢量的长度、矢量之间的夹角以及原点位置不变。这样的变换即正交变换。

实际中，采用移动的摄像机实现多点采集景物图像，相邻图像之间不仅姿态可能发生旋转，位置也可能发生偏移，此时要想将两幅图像恢复到同一几何关系上来，仅通过正交变换显然是不够的。所以需要在正交变换的基础上，引入平移，组成正交加平移的变换，即

$$\begin{bmatrix}x'\\ y'\\ 1\end{bmatrix}=\begin{bmatrix}r_{11} & r_{12} & t_1\\ r_{21} & r_{22} & t_2\\ 0 & 0 & 1\end{bmatrix}\begin{bmatrix}x\\ y\\ 1\end{bmatrix}=\begin{bmatrix}\boldsymbol{R} & \boldsymbol{t}\\ \boldsymbol{0}^{\mathrm{T}} & 0\end{bmatrix}\begin{bmatrix}x\\ y\\ 1\end{bmatrix} \tag{3-4-24}$$

式中，$\boldsymbol{R}=\begin{bmatrix}r_{11} & r_{12}\\ r_{21} & r_{22}\end{bmatrix}$为任意正交矩阵；$\boldsymbol{t}=[t_1 \quad t_2]^{\mathrm{T}}$为平移向量。

按照式（3-4-24）进行的变换称为刚体变换。经过刚体变换后的矢量的长度、矢量之间的夹角不变。此时，3×3 的可逆矩阵$\boldsymbol{T}=\begin{bmatrix}\boldsymbol{R} & \boldsymbol{t}\\ \boldsymbol{0}^{\mathrm{T}} & 1\end{bmatrix}$称为刚体变换矩阵，$\boldsymbol{T}^{-1}$称为逆刚体变换矩阵。

2. 仿射变换

如果放宽式（3-4-24）中$\boldsymbol{R}$的正交性条件，仅仅满足$\boldsymbol{RR}^{\mathrm{T}}=k\boldsymbol{I}$，其中$k$为任意比例系数，则称此时的变化为相似变换。相似变换前后矢量之间的夹角不发生变化，但是矢量的长度会发生变化。

相似变换的实际例子是采用不同焦距的摄像机对同一景物采集时所发生的缩放效果。

进一步将式（3-4-24）中的正交矩阵$\boldsymbol{R}$替换为任意可逆矩阵$\boldsymbol{A}=\begin{bmatrix}a_{11} & a_{12}\\ a_{21} & a_{22}\end{bmatrix}$，则

$$\begin{bmatrix}x'\\ y'\\ 1\end{bmatrix}=\begin{bmatrix}a_{11} & a_{12} & t_1\\ a_{21} & a_{22} & t_2\\ 0 & 0 & 1\end{bmatrix}\begin{bmatrix}x\\ y\\ 1\end{bmatrix}=\begin{bmatrix}\boldsymbol{A} & \boldsymbol{t}\\ \boldsymbol{0}^{\mathrm{T}} & 0\end{bmatrix}\begin{bmatrix}x\\ y\\ 1\end{bmatrix} \tag{3-4-25}$$

式（3-4-25）所表达的变换被称为仿射变换。从式（3-4-25）中可以看出，$\boldsymbol{R}^n$空间的放射变换矩阵的自由度为$(n+1)n$。二维仿射变换的自由度为 6，即

变换前后图像上的 3 组对应点能够确定一个仿射变换。

仿射变换具有直线性和平行性，即仿射变换前共线的三点在变换后仍然共线，仿射变换前的两条平行线在变换后依然平行。

在图像处理中，利用仿射变换的性质可以直接排除对应直线上点的误判。

3. 透视变换

同样的景物在两个不同位置和角度摄像机上形成的图像之间呈现一种透视关系，所以在图像处理之前必须求取两幅图像的透视变换模型。透视变换是仿射变换的推广。将两幅图像进行透视变换并恢复到一个透视关系上的具体步骤如下：

（1）建立两幅图像的透视变换方程：

$$\omega\begin{bmatrix} x' \\ y' \\ 1 \end{bmatrix}=\begin{bmatrix} t_{11} & t_{12} & t_{13} \\ t_{21} & t_{22} & t_{23} \\ t_{31} & t_{32} & t_{33} \end{bmatrix}\begin{bmatrix} x \\ y \\ 1 \end{bmatrix}=\boldsymbol{T}\begin{bmatrix} x \\ y \\ 1 \end{bmatrix} \tag{3-4-26}$$

式中，可逆 3×3 矩阵 $\boldsymbol{T}$ 为透视变换矩阵；$\boldsymbol{T}^{-1}$ 成为逆透视变换矩阵；$\omega=t_{31}x+t_{32}y+t_{33}$ 为“非零比例因子”，保证两边齐次坐标的规范化。

矩阵 $\boldsymbol{T}$ 中的元素 $\begin{bmatrix} t_{11} & t_{12} \\ t_{21} & t_{22} \end{bmatrix}$ 称为旋转参数；$\begin{bmatrix} t_{13} \\ t_{23} \end{bmatrix}$ 称为平移参数；$[t_{31} \quad t_{32}]$ 称为透视失真参数；t_{33} 为整个图像的比例因子，通常规定为 1，如果没有规定的话，同一个透视变换的透视变换矩阵不是唯一的，这是由齐次坐标的非唯一性决定的。具体地讲，设 k 为任意非零常数，如果将 $k\boldsymbol{T}$ 作为透视矩阵，都能够找到常数 s/k，使得式（3-4-26）左右的齐次坐标都保持规范化，而且表达的透视变换和 $\boldsymbol{T}$ 是同一个。因此，$\boldsymbol{R}^n$ 空间的透视变换矩阵的自由度为 $(n+1)^2-1$。

（2）从两幅图像获取公共特征点，并通过透视变换方程将后一幅图像的特征点逐一与前一幅图像的对应特征点进行重合配对。二维透视变换的自由度为 8，即变换前后图像上的四组对应点能够确定一个透视变换矩阵的所有参数。

（3）将透视变换扩展至整个一幅图像，对一幅图像，从左上角像素开始直至右下角的像素，除了公共特征点以外的所有像素点逐一按照式（3-4-26）进行透视变换，转换成变换后的像素坐标图像。

经过上述步骤的运算，可以得到经过同一透视变换后的两幅图像。通过对两幅图像的比较就会找到相邻两幅图或者由两个摄像机采集的同一目标景物的两幅图像中所具有的公共部分。

图 3.4.12 为透视变换前后的图像。从图中可以发现，经过透视变换的图像更接近于实际的图像，可以校正摄像机由拍摄角度带来的图像不规则问题。

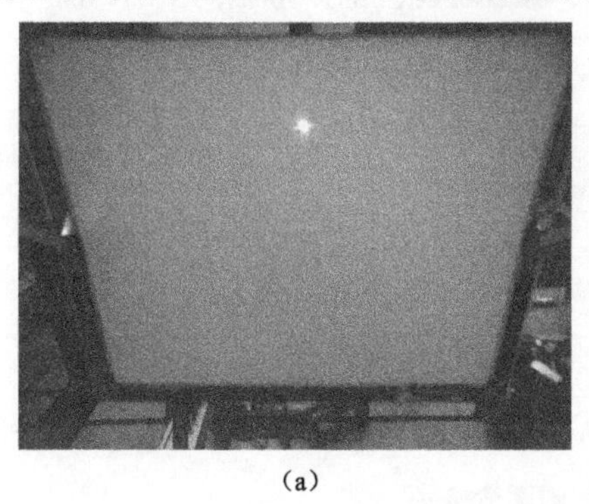

（a）

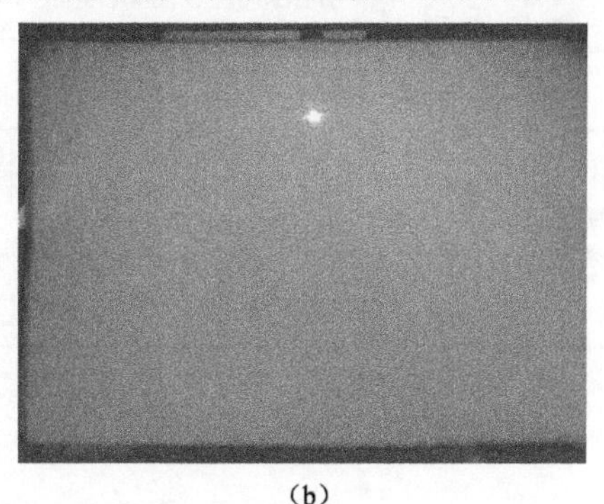

（b）

图 3.4.12　透视变换前后的图像

（a）未经透视变换的图像；（b）透视变换后的图像

和仿射变换不同，透视变换不再保证平行性，即变化前的平行线变换后不再平行，但是直线性仍然被保留，即变换前的直线在变换后仍然是直线。透视变换是一种最常用的线性变换[1]。

3.5　图 像 压 缩

多媒体包括视频、音频、图像等压缩格式，如表 3.5.1 所示[16]。

表 3.5.1　多媒体压缩格式

<table>
<tr><td rowspan="3">视频压缩</td><td>ISO/IEC</td><td>MJPEG、Motion JPEG 2000、MPEG–1、MPEG–2 （Part 2）、MPEG–4 （Part 2/ASP · Part 10/AVC）、HEVC</td></tr>
<tr><td>ITU–T</td><td>H.120、H.261、H.262、H.263、H.264、H.265 （HEVC）</td></tr>
<tr><td>其他</td><td>AMV、AVS、Bink、CineForm、Cinepak、Dirac、DV、Indeo、Microsoft Video 1、OMS Video、Pixlet、RealVideo、RTVideo、SheerVideo、Smacker、Sorenson Video、Theora、VC–1、VP3、VP6、VP7、VP8、VP9、WMV</td></tr>
<tr><td rowspan="3">音频压缩</td><td>ISO/IEC MPEG</td><td>MPEG–1 Layer III （MP3）、MPEG–1 Layer II、MPEG–1 Layer I、AAC、HE–AAC、MPEG–4 ALS、MPEG–4 SLS、MPEG–4 DST、MPEG–4 HVXC、MPEG–4 CELP</td></tr>
<tr><td>ITU–T</td><td>G.711、G.718、G.719、G.722、G.722.1、G.722.2、G.723、G.723.1、G.726、G.728、G.729、G.729.1</td></tr>
<tr><td>其他</td><td>AC–3、AMR、AMR–WB、AMR–WB+、Apple Lossless、ATRAC、DRA、DTS、FLAC、GSM–HR、GSM–FR、GSM–EFR、iLBC、Monkey's Audio、μ–law、MT9、Musepack、Nellymoser、OptimFROG、OSQ、RealAudio、RTAudio、SD2、SHN、SILK、Siren、Speex、TAK、True Audio、TwinVQ、Vorbis、WavPack、WMA</td></tr>
</table>

续表

图像压缩	ISO/IEC/ITU–T	JPEG、JPEG 2000、JPEG XR、lossless JPEG、JBIG、JBIG2、PNG、WBMP
	Others	APNG、BMP、DjVu、EXR、GIF、ICER、ILBM、MNG、PCX、PGF、TGA、TIFF、QTVR、WebP
媒体容器	通用	3GP、ASF、AVI、Bink、BXF、DMF、DPX、EVO、FLV、GXF、M2TS、Matroska、MPEG–PS、MPEG–TS、MP4、MXF、Ogg、QuickTime、RealMedia、RIFF、Smacker、VOB、WebM
	只用于音频	AIFF、AU、WAV

常用的图像存储格式如表 3.5.2 所示。

表 3.5.2 常用的图像格式

文件扩展名	固有名称	描　述
.bmp	Windows 位图	最常被 Microsoft Windows 程序以及其本身使用的格式。可以使用无损的数据压缩，但是一些程序只能使用未经压缩的文件
.iff、ilbm	互换档案格式（Interchange file format / Interleave bitmap）	在 Amiga 机上很受欢迎。ILBM 是 IFF 的图表类型格式，可以包含更多的图片
.tiff、tif	标签图像文件格式	大量地用于传统图像印刷，可进行有损或无损压缩，但是很多程序只支持可选项目的一部分功能
.png	便携式网络图片	无损压缩位图格式。起初被设计用于代替在互联网上的 GIF 格式文件。与 GIF 的专利权没有联系
.gif	图形交换格式	在网络上被广泛使用，但有时也会因为专利权的原因而不使用该图形格式。支持动画图像，支持 256 色，对真彩图片进行有损压缩。使用多帧可以提高颜色准确度
.jpeg、.jpg	联合图像专家组	在网络上广泛使用于存储相片。使用有损压缩，质量可以根据压缩的设置而不同
.mng	Multiple-image Network Graphics	使用类似于 PNG 和 JPEG 的数据流的动画格式，起初被设计成 GIF 的替代格式。与 GIF 的专利权没有联系
.xpm	X Pixmap	在 UNIX 平台的 X Windows System 下使用广泛的格式，一种不使用压缩的 ASCⅡ格式
.psd	Photoshop 文件	Photoshop 文件的标准格式，有很多诸如图层的额外功能，只被很少其他的软件支持
.psp	Paint Shop Pro 文件	Paint Shop Pro 文件的标准格式，类似于 Photoshop 的.psd，被很少软件支持
.ufo	PhotoImpact 文件	PhotoImpact 文件的标准格式，类似于 Photoshop 的.psd 。Corel 出品的相关影像、图像编辑软件皆可支持

续表

文件扩展名	固有名称	描 述
.xcf	eXperimental Computing Facility	具有很多诸如图层的额外特性，主要使用于GIMP，但是也可以被 ImageMagick 读取
.pcx	PCX 文件（ZSoft Paint）	一种较早出现的位图图形文件格式，用长度流程算法（Run-Length Encode，RLE）压缩，支持 1 位、8 位和 24 位颜色
.ppm	Portable Pixmap Format	很简单的图形格式，使用于交换位图

3.5.1 传统图像压缩方法

传统的信号采集、编解码过程如图 3.5.1 所示：编码端先对信号进行采样，再对所有采样值进行变换，并将其中重要系数的幅度和位置进行编码，最后将编码值进行存储或传输；信号的解码过程仅仅是编码的逆过程，接收的信号经解压缩、反变换后得到恢复信号[17]。

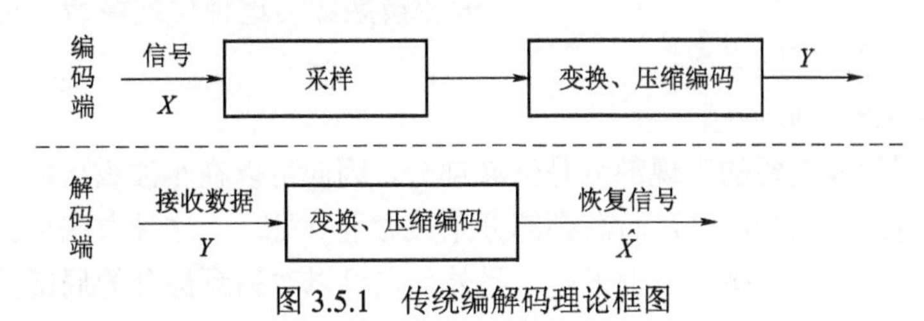

图 3.5.1 传统编解码理论框图

常用的压缩编码方法有：

1. 基于小波变换的图像压缩方法

小波图像压缩的特点是压缩比高、压缩速度快、能量损失低，能保持图像的基本特征，且信号传递过程抗干扰性强，可实现累进传输[18]。

二维小波变换是一种塔式结构，首先一维小波变换其实是将一维原始信号分别经过低通滤波和高通滤波，以及二元下抽样得到信号的低频部分 L 和高频部分 H。而根据 Mallat 算法，二维小波变换可以用一系列的一维小波变换得到。对一幅 *m* 行 *n* 列的图像，二维小波变换的过程是先对图像的每一行做一维小波变换，得到 L 和 H 两个对半部分；然后对得到的 LH 图像（仍是 *m* 行 *n* 列）的每一列做一维小波变换。这样经过一级小波变换后的图像就可以分为 LL、HL、LH、HH 四个部分，如图 3.5.2 所示，就是一级二维小波变换的塔式结构。

LL	HL
LH	HH

图 3.5.2 一级二维小波变换

二级、三级以至更高级的二维小波变换则是对上一级小波变换后图像的左上角部分（LL 部分）再进行一级二维小波变换，是一个递归过程。三级二维小波变换的塔式结构图如图 3.5.3 所示。

一幅图像经过小波分解后，可以得到一系列不同分辨率的子图像，不同分辨率的子图像对应的频率也不同。高分辨率（即高频）子图像上大部分点的数值都接近于 0，分辨率越高，这种现象越明显。要注意的是，在 N 级二维小波分解中，分解级别越高的子图像，频率越低。例如图 3.5.3 的三级塔式结构中，子图像 HL2、LH2、HH2 的频率要比子图像 HL1、LH1、HH1 的频率低，相应的分辨率也较低。根据不同分辨率下小波变换系数的这种层次模型，可以得到三种简单的图像压缩方案：

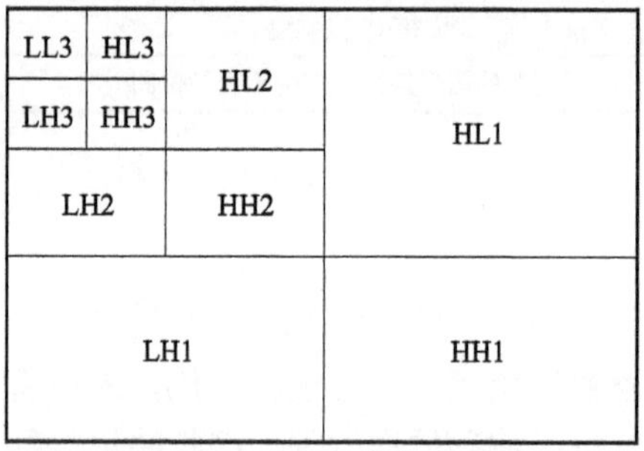

LL3 HL3
LH3 HH3
HL2
HL1
LH2 HH2
LH1 HH1

图 3.5.3　三级二维小波变换

1）舍高频，取低频

一幅图像最主要的表现部分是低频部分，因此可以在小波重构时，只保留小波分解得到的低频部分，而高频部分系数做置 0 处理。这种方法得到的图像能量损失大，图像模糊，很少采用。另外，也可以对高频部分的局部区域系数置 0，这样重构的图像就会有局部模糊、其余部分清晰的效果。

2）阈值法

对图像进行多级小波分解后，保留低频系数不变，然后选取一个全局阈值来处理各级高频系数，或者不同级别的高频系数用不同的阈值处理。绝对值低于阈值的高频系数置 0，否则保留。用保留的非零小波系数进行重构。

3）截取法

将小波分解得到的全部系数按照绝对值大小排序，只保留一部分较大的系数，剩余的系数置 0。不过这种方法的压缩比并不一定高。因为对于保留的系数，其位置信息也要与系数值一起保存下来，才能重构图像。并且，与原图像的像素值相比，小波系数的变化范围更大，因而也需要更多的空间来保存。

2. JPEG 2000

JPEG 2000 是基于小波变换的图像压缩标准，由 Joint Photographic Experts Group 组织创建和维护[19]。JPEG 2000 通常被认为是未来取代 JPEG（离散余弦变换）的下一代图像压缩标准。JPEG 2000 文件的副档名通常为.jp2，MIME 类型是 image/jp2。

JPEG 2000 的核心部分即图像编解码系统，其编码器和解码器的框图如图 3.5.4 所示。

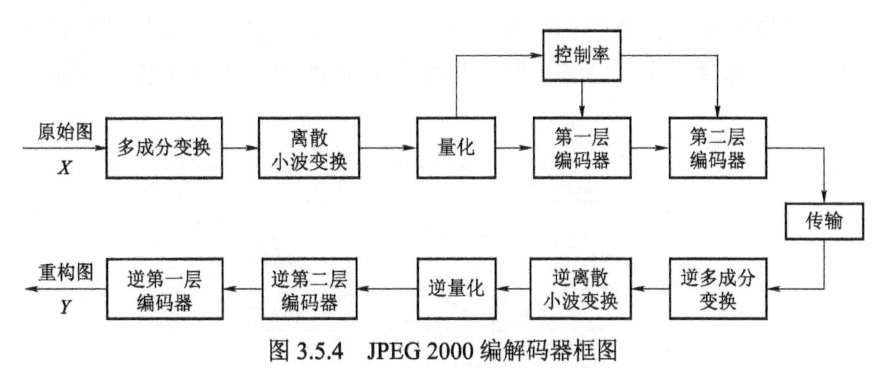

图 3.5.4　JPEG 2000 编解码器框图

JPEG 2000 图像编码系统基于 David Taubman 提出的 EBCOT（Embedded Block Coding with Optimized Truncation）算法，使用小波变换，采用两层编码策略，对压缩位流分层组织，不仅获得较好的压缩效率，而且压缩码流具有较大的灵活性。在编码时，首先对源图像进行离散小波变换，根据变换后的小波系数特点进行量化。将量化后的小波系数划分成小的数据单元——码块，对每个码块进行独立的嵌入式编码。将得到的所有码块的嵌入式位流，按照率失真最优原则分层组织，形成不同质量的层。对每一层，按照一定的码流格式打包，输出压缩码流。

解码过程相对比较简单。根据压缩码流中存储的参数，对应于编码器的各部分，进行逆向操作，输出重构的图像数据。需要指出的是，JPEG 2000 根据所采用的小波变换和量化，进行相应的有损和无损编码。在进行压缩之前，需要把源图像数据划分成 tile 矩形单元，将每个 tile 看成是小的源图像，进行如图 3.5.4 所示的编解码。把图像划分成 tile，对每个 tile 进行操作，可减少压缩图像所需的存储量，并且有利于抽取感兴趣的图像区域。

这种传统的编解码方法存在两个缺陷：① 由于信号的采样速率不得低于信号带宽的两倍，这使得硬件系统面临着很大的采样速率的压力；② 在压缩编码过程中，大量变换计算得到的小系数被丢弃，造成了数据计算和内存资源的浪费。

压缩感知理论的信号编解码框架和传统的框架有所不同，如图 3.5.5 所示。该理论对信号的采样、压缩编码发生在同一个步骤，利用信号的稀疏性，以远低于 Nyquist 采样率的速率对信号进行非自适应的测量编码。测量值并非信号本身，而是从高维到低维的投影值，从数学角度看，每个测量值是传统理论下每个样本信号的组合函数，即一个测量值已经包含了所有样本信号的少量信息。解码过程不是编码的简单逆过程，而是在盲源分离中的求逆思想下，利用信号稀疏分解中已有的重构方法在概率意义上实现信号的精确重构或者一定误差下的近似重构，解码所需测量值的数目远小于传统理论下的样本数。

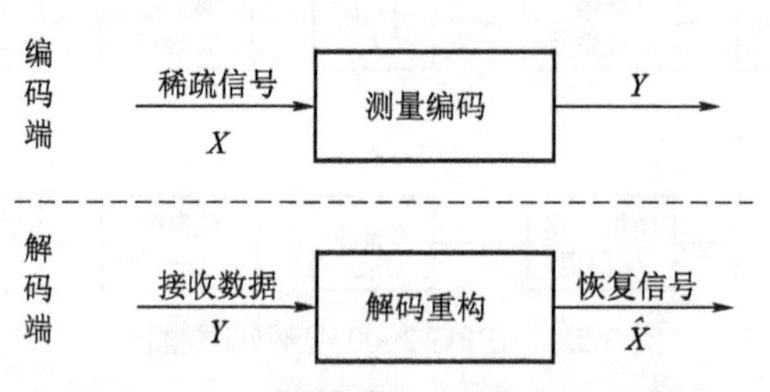

图 3.5.5 基于压缩感知理论的编解码框图

3.5.2 压缩感知方法

压缩感知理论是一种新的理论框架，在采样的同时实现压缩目的，其压缩采样过程如图 3.5.6 所示。

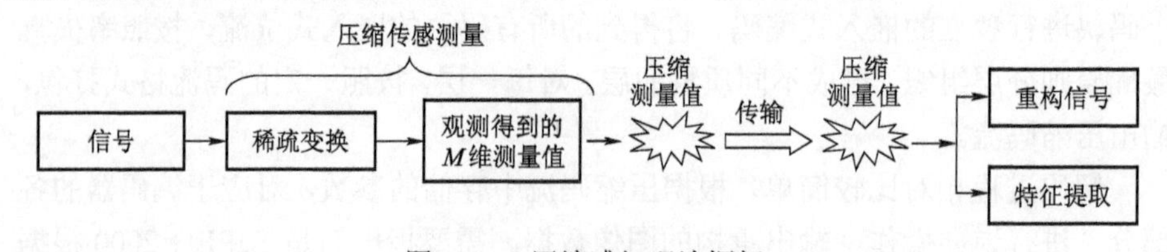

图 3.5.6 压缩感知理论框架

首先，如果信号 $\boldsymbol{x}\in\mathbb{R}^N$ 在某个基 $\boldsymbol{\Psi}$ 上是可压缩的，求出变换系数 $\boldsymbol{\alpha}=\boldsymbol{\Psi}^{\mathrm{T}}\boldsymbol{x}$，$\boldsymbol{\alpha}$ 是 $\boldsymbol{\Psi}$ 的等价稀疏表示；然后，设计一个平稳的、与变换基 $\boldsymbol{\Psi}$ 不相关的 $M\times N$ 维的观测矩阵 $\boldsymbol{\Phi}$，对 $\boldsymbol{\alpha}$ 进行观测得到压缩值：

$$\boldsymbol{y}=\boldsymbol{\Phi}\boldsymbol{\alpha}=\boldsymbol{\Phi}\boldsymbol{\Psi}^{\mathrm{T}}\boldsymbol{x} \tag{3-5-1}$$

式中，$\boldsymbol{\Phi}$ 为 $M\times N$ 维的随机测量矩阵，并且

$$M=O\left(K\log\left(\frac{N}{K}\right)\right) \tag{3-5-2}$$

该过程也可以表示为信号 $\boldsymbol{x}$ 通过矩阵 $\boldsymbol{A}$ 进行非自适应观测：$\boldsymbol{y}=\boldsymbol{A}\boldsymbol{x}$，其

中 $\boldsymbol{A}=\boldsymbol{\Phi}\boldsymbol{\Psi}^{\mathrm{T}}$；得到压缩测量值后，根据压缩感知原理对其进行恢复，即利用 ℓ_1 范数意义下的优化问题求解 $\boldsymbol{x}$ 的精确或近似逼近 $\hat{\boldsymbol{x}}$：

$$\begin{aligned}&\min\left\|\boldsymbol{\Psi}^{\mathrm{T}}\boldsymbol{x}\right\|_{\ell_0}\\ &\text{s.t.}\quad \boldsymbol{y}=\boldsymbol{A}\boldsymbol{x}=\boldsymbol{\Phi}\boldsymbol{\Psi}^{\mathrm{T}}\boldsymbol{x}\end{aligned} \tag{3-5-3}$$

求得的向量 $\hat{\boldsymbol{x}}$ 在 $\boldsymbol{\Psi}$ 基上的表示最稀疏。也可以对该压缩的测量值进行特征提取和匹配，实现相关的目标检测和跟踪算法研究。

1. 图像的稀疏表示

假设有一幅图像 $\boldsymbol{X}$，大小为 $N_1\times N_2$，并按顺序将其投影到列向量 $\boldsymbol{x}$，大小为 $N\times1$，$N=N_1N_2$。图像向量 $\boldsymbol{x}$ 的第 i 个元素为 $x(i)$，$i=1,2,\cdots,N$。$\mathbb{R}^N$ 中的任何信号均可由 $N\times1$ 维的基向量 $(\boldsymbol{\Psi}_i)_{i=1}^N$ 的线性组合来表示，为简化问题，假设该基是正交的，把向量 $(\boldsymbol{\Psi}_i)_{i=1}^N$ 作为列向量形成 $N\times N$ 维的基矩阵 $\boldsymbol{\Psi}=\left[\boldsymbol{\Psi}_1,\boldsymbol{\Psi}_2,\ \cdots,\ \boldsymbol{\Psi}_N\right]$，则向量 $\boldsymbol{x}$ 可以表示为：

$$\boldsymbol{x}=\sum_{i=1}^{N}\alpha_i\boldsymbol{\psi}_i=\boldsymbol{\Psi}\boldsymbol{\alpha} \tag{3-5-4}$$

式中，$\alpha_i=<\boldsymbol{x},\boldsymbol{\psi}_i>$；$\boldsymbol{\alpha}$ 和 $\boldsymbol{x}$ 是 $N\times1$ 维列向量；$\boldsymbol{\Psi}$ 为 $N\times N$ 维矩阵。

很明显，$\boldsymbol{x}$ 和 $\boldsymbol{\alpha}$ 是同一个信号的等价描述，只是 $\boldsymbol{x}$ 为时域信号而 $\boldsymbol{\alpha}$ 是在 $\boldsymbol{\Psi}$ 域描述，其示意图如图 3.5.7 所示。如果 $\boldsymbol{\alpha}$ 的非零个数比 N 小得多时，则表明该信号是可压缩的。Donoho 给出稀疏的数学定义：向量 x 在正交基 $\boldsymbol{\Psi}$ 下的变换系数向量 $\boldsymbol{\alpha}=\boldsymbol{\Psi}^{\mathrm{T}}\boldsymbol{x}$，假设 $0<p<2$ 和 $K>0$，这些系数满足[20]：

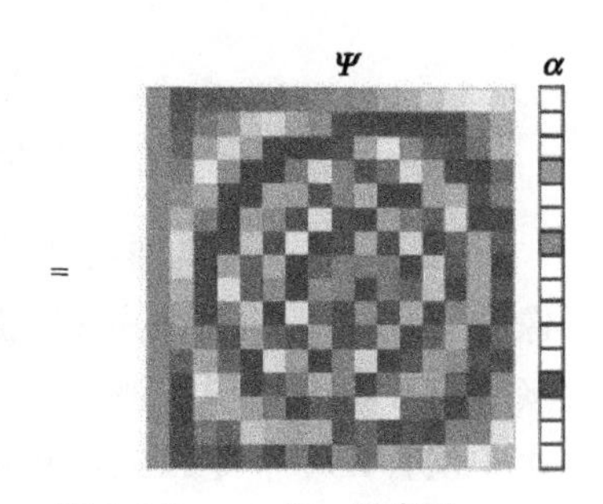

图 3.5.7　$\boldsymbol{x}=\boldsymbol{\Psi}\boldsymbol{\alpha}$ 示意图

$$\|\boldsymbol{\alpha}\|_p=\left(\sum_i|\alpha_i|^p\right)^{\frac{1}{p}}\leqslant K \tag{3-5-5}$$

说明系数向量 $\boldsymbol{\alpha}$ 是稀疏的[21]。

通常情况下，信号并不能满足在稀疏基上只有 K 个非零系数这种严格稀疏的情况，但仍具有可压缩性，即如果信号的某种变换系数经排序后可以按指数级衰减趋近于 0，则信号也可以通过近似稀疏表示。因此，合理地选择稀疏基 $\boldsymbol{\Psi}$，使得信号具有尽可能少的稀疏系数，有利于提高信号的采集速度，减少存储、传输信号所占用的资源。常用的稀疏基有：正（余）弦基、小波基、chirplet 基以及 curvelet 基等[17]。

2. 压缩感知测量编码模型

在压缩感知框架中，并不是直接采集图像向量$\boldsymbol{x}$本身，而是将向量x投影到一组测量向量上，得到测量值$y_m =< \boldsymbol{x},\phi_m^{\mathrm{T}} >$，即图像向量$\boldsymbol{x}$的$M(M<N)$个线性映射投影到另一个向量集合$\boldsymbol{\Phi}=[\phi_1\ \phi_2 \cdots \phi_M]$，写成矩阵形式为：

$$\boldsymbol{y}=\boldsymbol{\Phi x} \tag{3-5-6}$$

式中，$\boldsymbol{x}$是$N\times1$维列向量；$\boldsymbol{y}$是$M\times1$维列向量，即压缩采样值；$\boldsymbol{\Phi}$是$M\times N$维测量矩阵。

将式（3–5–4）代入式（3–5–6）有：

$$\boldsymbol{y}=\boldsymbol{\Phi x}=\boldsymbol{\Phi\Psi\alpha}=\boldsymbol{\Theta\alpha} \tag{3-5-7}$$

式中，$\boldsymbol{\Theta}=\boldsymbol{\Phi\Psi}$是$M\times N$维矩阵，其示意图如图 3.5.8 所示。

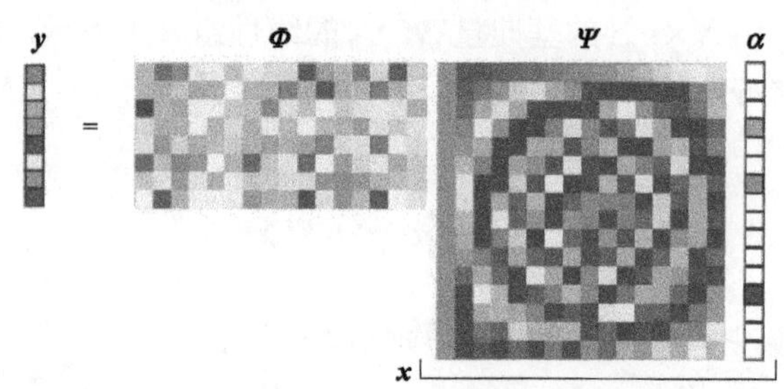

图 3.5.8 $\boldsymbol{y}=\boldsymbol{\Phi x}=\boldsymbol{\Phi\Psi\alpha}$示意图

由于测量值$\boldsymbol{y}$的维数M远小于信号维数N，因此从压缩采样$\boldsymbol{y}$中恢复图像$\boldsymbol{x}$（或$\boldsymbol{\alpha}$），即求解式（3–5–6）的逆问题是一个 NP–hard 问题，所以无法直接从M个测量值中求解出信号$\boldsymbol{x}$。但是由于式（3–5–7）中$\boldsymbol{\alpha}$是K稀疏的，即$\boldsymbol{\alpha}$中仅有K个非零系数，并且$K<M\ll N$，那么根据信号稀疏分解理论可以通过求解式（3–5–7）的逆问题得到稀疏系数$\boldsymbol{\alpha}$，再代回式（3–5–4）得到信号$\boldsymbol{x}$。Candès 等指出，为了保证算法的收敛性，使得K个系数能够由M个测量值准确地恢复[22, 23]，式（3–5–7）中的矩阵$\boldsymbol{\Theta}$必须满足受限等距准则（Restricted Isometry Property，RIP），即对于任意具有严格K稀疏的矢量$\boldsymbol{v}$，矩阵$\boldsymbol{\Theta}$都能保证如下不等式成立：

$$1-\varepsilon\leqslant\frac{\|\boldsymbol{\Theta v}\|_2}{\|\boldsymbol{v}\|_2}\leqslant1+\varepsilon \tag{3-5-8}$$

式中，$\varepsilon>0$。

受限等距准则的一种等价情况是测量矩阵$\boldsymbol{\Phi}$和稀疏矩阵$\boldsymbol{\Psi}$满足不相关的要求，即为了使信号完全重构，如果保证观测矩阵$\boldsymbol{\Phi}$和稀疏基$\boldsymbol{\Psi}$不相关，则$\boldsymbol{A}$在很大概率上满足受限等距性质。不相关是指稀疏基$\boldsymbol{\Psi}$的列向量不能稀疏地表示测量矩阵$\boldsymbol{\Phi}$的行向量，也就是说观测矩阵不会把两个不同的$\boldsymbol{K}$——稀疏信号映射到同一个采样集合中，因此观测矩阵中每M个列向量构成的矩阵都是非奇异的。由于$\boldsymbol{y}$是非零系数α_i对应$\boldsymbol{\Phi}$的K个列向量的线性组合，此时，只要确定$\boldsymbol{\alpha}$中K个非零系数α_i的位置，就可通过一个$M\times K$的线性方程组来求解这些非零项的具体值。因此，从压缩采样$\boldsymbol{y}$中恢复图像$\boldsymbol{x}$的关键是如何确定非零系数的位置来构造出一个可解的$M\times K$线性方程组。另外，测量值M的数目应大于$O\left[K\log\left(\frac{N}{K}\right)\right]$，从压缩采样$\boldsymbol{y}$中恢复$\boldsymbol{\alpha}$的非零集合才是可行的。

实际应用中，希望找到测量基$\boldsymbol{\Phi}$对任意的稀疏基$\boldsymbol{\Psi}$都满足不相关性。对于一维信号测量基$\boldsymbol{\Phi}$，选取服从高斯分布的基向量可满足与任意稀疏基$\boldsymbol{\Psi}$不相关的概率很高，还有Bernouli矩阵等。对二维图像，有文献提出采用能快速计算随机扰动的部分傅立叶变换矩阵和Hadamard矩阵等[21]。

3. 解码重构模型

上面已经描述了对信号进行恢复的条件，即当式（3–5–7）中的矩阵$\boldsymbol{\Theta}$满足受限等距准则时，压缩感知理论可先求解稀疏系数$\boldsymbol{\alpha}=\boldsymbol{\Psi}^{\mathrm{T}}\boldsymbol{x}$，然后代入式（3–5–4）将稀疏性为$K$的信号$\boldsymbol{x}$从$M$维压缩采样值$\boldsymbol{y}$中正确地恢复出来[17, 21, 24]。

受限等距准则为将稀疏性为K的信号$\boldsymbol{x}$从M维的压缩采样值$\boldsymbol{y}$中正确地恢复出来提供了理论依据，但是并没有说具体怎么恢复。由于式（3–5–7）中$M \ll N$，则存在无穷多个$\boldsymbol{\alpha}'$满足$\boldsymbol{y}=\boldsymbol{\Theta}\boldsymbol{\alpha}'$，且它们都依赖于$\mathbb{R}^N$中（$N-M$）维的超平面$\boldsymbol{H}:=\boldsymbol{N}(\boldsymbol{\Theta})+\boldsymbol{\alpha}$，对应于$\boldsymbol{\Theta}$的空集$\boldsymbol{N}(\boldsymbol{\Theta})$，其转换为真正的稀疏系数$\boldsymbol{\alpha}$。如果$\boldsymbol{y}=\boldsymbol{\Theta}\boldsymbol{\alpha}$，则对于空集$\boldsymbol{N}(\boldsymbol{\Theta})$中任意的向量$\boldsymbol{r}$有$\boldsymbol{y}=\boldsymbol{\Theta}(\boldsymbol{\alpha}+\boldsymbol{r})$。因此，需要在空集中寻找信号的稀疏系数向量$\boldsymbol{\alpha}$。

为了更清晰地描述压缩感知理论的信号重构问题，定义向量$\boldsymbol{\alpha}$的ℓ_p范数为：

$$\|\boldsymbol{\alpha}\|_p=\left(\sum_{i=1}^N|\alpha_i|^p\right)^{\frac{1}{p}} \tag{3–5–9}$$

当$p=0$时，得到ℓ_0范数，它实际上表示$\boldsymbol{\alpha}$中非零元素的个数，因此K稀疏向量的ℓ_0范数为K，即$\|\boldsymbol{\alpha}\|_0=K$。

最小化ℓ_2范数恢复：典型的求解这类逆问题的方法是最小二乘法，即在转换的空集$\boldsymbol{N}$中利用最小的ℓ_2范数选择向量：

$$\begin{gathered}\hat{\boldsymbol{\alpha}}=\min_{\alpha}\|\boldsymbol{\alpha}\|_2\\ \text{s.t.}\ \ \boldsymbol{y}=\boldsymbol{\Theta}\boldsymbol{\alpha}\end{gathered} \tag{3–5–10}$$

对于式（3–5–10）甚至有一个更为方便的封闭形式解$\hat{\boldsymbol{\alpha}}=\boldsymbol{\Theta}^{\mathrm{T}}\left(\boldsymbol{\Theta}\boldsymbol{\Theta}^{\mathrm{T}}\right)^{-1}\boldsymbol{y}$，

但是当向量$\boldsymbol{\alpha}$是K稀疏的，则ℓ_2最小化方法几乎不能得到该向量，得到的只是一个非稀疏的$\hat{\boldsymbol{\alpha}}$。

最小化ℓ_0范数恢复：由于ℓ_2范数不能反映信号的稀疏性，另一个方法就是在转换的空集N中搜索最稀疏的向量，即通过ℓ_0范数求解式（3–5–7）的最优化问题：

$$\begin{aligned}&\hat{\boldsymbol{\alpha}}=\min_{\alpha}\|\boldsymbol{\alpha}\|_0\\&\text{s.t. }\ \boldsymbol{y}=\boldsymbol{\Theta\alpha}\end{aligned}\tag{3–5–11}$$

可以看出，只要有$M=K+1$个独立同分布的高斯测量值，ℓ_0范数最优化就可以以较大的概率精确恢复该K稀疏信号，得到稀疏系数的估计，但是式（3–5–11）的求解是个NP–hard问题，并且在数值上是不稳定的。

最小化ℓ_1范数恢复：ℓ_1最小范数在一定条件下和ℓ_0最小范数具有等价性，可得到相同的解[25]。而压缩感知理论表明，可以从$M\geqslant cK\log\left(\dfrac{N}{K}\right)$个独立同分布的高斯测量值中精确地恢复$K$稀疏的向量，并且通过$\ell_1$最优化方法以较大的概率估计压缩的向量，那么式（3–5–7）转化为ℓ_1最小范数下的最优化问题为：

$$\begin{aligned}&\hat{\boldsymbol{\alpha}}=\min_{\alpha}\|\boldsymbol{\alpha}\|_1\\&\text{s.t. }\ \boldsymbol{y}=\boldsymbol{\Theta\alpha}\end{aligned}\tag{3–5–12}$$

ℓ_1最小范数下优化问题是一个凸优化问题，常用的解决方法有内点法和梯度投影法。相对梯度投影法，内点法速度慢，但是得到结果准确。对于二维图像，利用图像的梯度结构可采用整体部分（Total Variation，TV）最小化法。由于ℓ_1最小范数下的优化算法速度慢，目前常采用新的快速贪婪法以及各种改进算法，如匹配追踪法（Matching Pursuit, MP）和正交匹配追踪法（Orthogonal Matching Pursuit, OMP）、迭代阈值法等。

几何解释：图 3.5.9 给出了压缩感知问题在$\mathbb{R}^N$中的几何表示，可以形象化地描述为什么ℓ_1最优化要优于ℓ_2最优化[26]。首先，不难发现$\mathbb{R}^N$中所有K稀疏向量集合是一个高度非线性空间，包括所有K维超平面，沿坐标轴排列，如图 3.5.9（a）所示。因此，稀疏向量在$\mathbb{R}^N$中靠近坐标轴。为了形象化地描述为什么利用ℓ_2最优化恢复失败，转换的零空间$\boldsymbol{H}:=\boldsymbol{N}(\boldsymbol{\Theta})+\boldsymbol{\alpha}$是（$N-M$）维的超平面，并且由于在矩阵$\boldsymbol{\Theta}$中的随机性，该零空间是面向一个随机的角度，如图 3.5.9（b）所示，实际上，$N,M,K\geqslant 3$，因此只需要推断到高维空间即可。式（3–5–10）中ℓ_2最小化向量$\hat{\boldsymbol{\alpha}}$是在空间$\boldsymbol{H}$上与原始信号最接近的点，可以遍历超球面，直到其接触到$\boldsymbol{H}$后找到此点。由于$\boldsymbol{H}$方向的随机性，最接近的点$\hat{\boldsymbol{\alpha}}$将以最大的概率远离坐标轴，因此既不是稀疏的也不会接近于准确值$\boldsymbol{\alpha}$。与ℓ_2球相反，图 3.5.9（c）中的 ℓ_1 球是一些沿坐标轴并且非常尖的点（随着周围维数 N 的增长，这些点变得越来越尖）。因此，当遍历 ℓ_1 球时，首先会在靠近坐标轴的点上接触到转换的零空间 $\boldsymbol{H}$ ，它也恰恰是准确的稀疏向量 $\boldsymbol{\alpha}$ 。

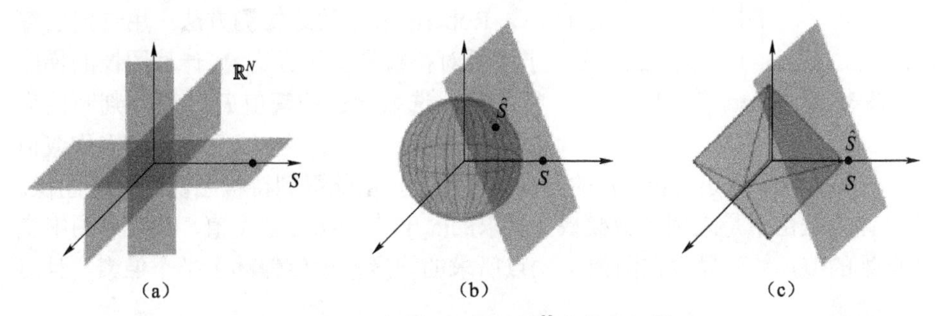

图 3.5.9　压缩感知问题在 $\mathbb{R}^N$ 中的几何描述

（a）最小化 ℓ_0 范数恢复；（b）最小化 ℓ_2 范数恢复；（c）最小化 ℓ_1 范数恢复

3.6　图像边缘检测

图像最基本的特征是边缘，边缘是图像一个属性区域和另一个属性区域的交接处，是区域属性发生突变的地方，也是图像信息最集中的地方。因此，图像的边缘提取在计算机视觉系统的初级处理中具有关键作用。

边缘提取首先检测出图像局部特性的不连续性，然后再将这些不连续的边缘像素连成完备的边界。边缘的特性是沿边缘走向的像素变化平缓，而垂直于边缘方向的像素变化剧烈。在诸多的边缘检测算法中，微分算子边缘检测是非常有用的工具。本节将较为详细地对几种图像边缘提取算子的原理进行阐述，如 Roberts、Sobel、Laplace、Canny 算子，并通过实验对它们进行对比分析。

1. Roberts 边缘检测算子

Roberts 算子是 1 阶导数算子，采用的是对角方向相邻的两个像素之差。定义 Robert 梯度为：

$$G_{\mathrm{R}} = \left|f(i,j) - f(i+1,j+1)\right| + \left|f(i+1,j) - f(i,j+1)\right| \tag{3-6-1}$$

用卷积模板来表示，式（3-6-1）变成：

$$G_{\mathrm{R}} = \left|G_x\right| + \left|G_y\right| \tag{3-6-2}$$

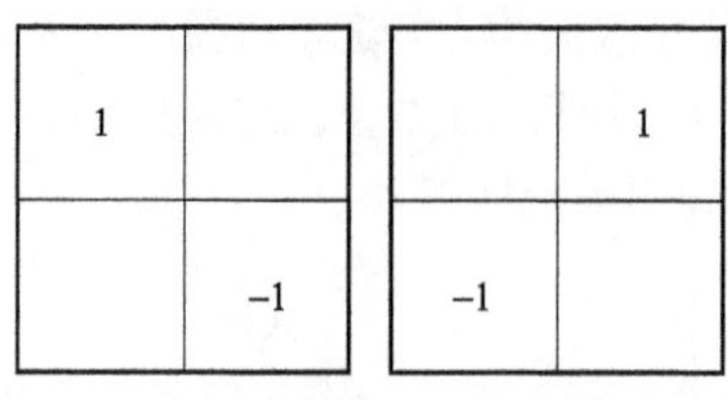

图 3.6.1　Roberts 算子模板

G_x 和 G_y 需要各用一个模板，所以需要两个模板组合起来以构成一个梯度算子，它是一个 2×2 的模板，如图 3.6.1 所示。

Roberts 算子边缘检测方法：用选定的算子模板对待检图像进行运算，计算图像的梯度幅度值，选取合适的阈值 T_h，逐点判断图像梯度幅度值，凡是满足 $g(x,y)>T_h$ 的点均取值为 1，其余不满足 $g(x,y)>T_h$ 的点均取值为 0。由此得到待检图像的边缘图像。

该方法由于是采用偶数模板，所求的 (x, y) 点处梯度幅度值，其实是图中交叉点处的值，从而导致在图像 (x, y) 点所求的梯度幅度值偏移了半个像素，且对噪声敏感。

用 Roberts 算子进行边缘检测的结果如图 3.6.2 所示，其中阈值选为 12。

（a）

（b）

图 3.6.2　Roberts 算子边缘检测（见彩插）

（a）原始图像；（b）Roberts 算子边缘检测的结果

2. Sobel 边缘检测算子

Sobel 边缘检测算子的原理是在 3×3 的邻域内做灰度加权和差分运算，利用像素点上下左右相邻点的灰度加权算法，依据在边缘点处达到极值这一现象进行边缘检测。

$$
\begin{aligned}
f_x(x,y)=&f(x+1,y-1)+2f(x+1,y)+f(x+1,y+1)-\\
&f(x-1,y-1)-2f(x-1,y)-f(x-1,y+1)
\end{aligned}
\tag{3-6-3}
$$

$$
\begin{aligned}
f_y(x,y)=&f(x-1,y+1)+2f(x,y+1)+f(x+1,y+1)-\\
&f(x-1,y-1)-2f(x,y-1)-f(x+1,y-1)
\end{aligned}
\tag{3-6-4}
$$

$$g(x,y)=\left|f_x\right|+\left|f_y\right| \tag{3-6-5}$$

Sobel 算子的模板如图 3.6.3 所示。

−1	0	1
−2	0	2
−1	0	1

1	2	1
0	0	0
−1	−2	1

图 3.6.3　Sobel 算子模板

采用 Sobel 算子进行边缘检测的结果如图 3.6.4 所示。

（a）

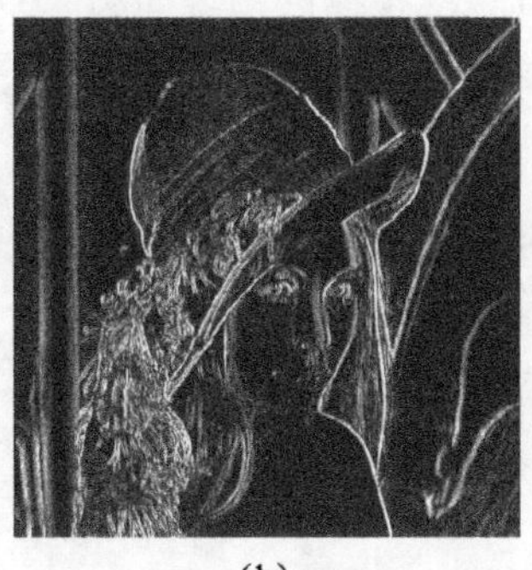

（b）

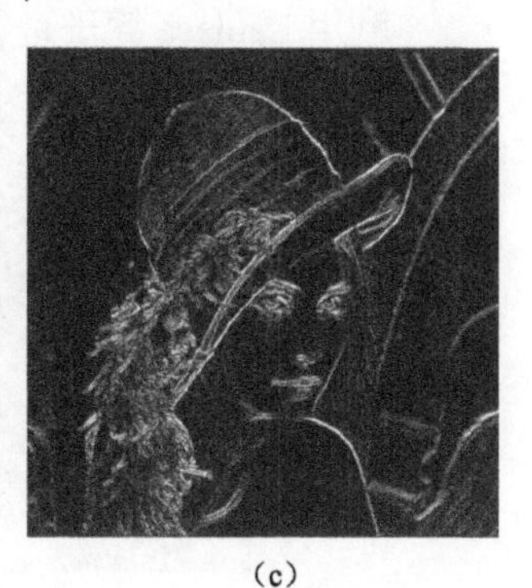

（c）

图 3.6.4　Sobel 算子边缘检测（见彩插）

（a）原始图像；（b）Sobel 对 X 方向边缘检测的结果；（c）Sobel 对 Y 方向边缘检测的结果

从实验结果可以看出，Sobel 算子检测到的边缘相比于 Roberts 算子的检测结果要连续一些，并且对于图像的细节检测能力更好。

Sobel 边缘检测不但产生较好的检测效果，由于引入了局部平均，对噪声的影响比较小。当使用较大邻域时，抗噪声特性会更好，但会增加计算量，得到的边缘较粗，边缘定位精度不够高。在精度要求不是很高时，Sobel 算子是一种较为常用的边缘检测方法。

3. Laplace 边缘检测算子

Laplace 算子是不依赖于边缘方向的 2 阶导数算子。

二维函数的 Laplace 算子定义为：

$$\nabla^2 f(x,y)=\frac{\partial^2 f}{\partial x^2}+\frac{\partial^2 f}{\partial y^2} \tag{3-6-6}$$

对于数字图像，其方程为：

$$S(i,j)=f(i-1,j)+f(i+1,j)+f(i,j+1)+f(i,j-1)-4f(i,j) \tag{3-6-7}$$

Laplace 算子模板如图 3.6.5 所示。

0	−1	0
−1	4	−1
0	−1	0

图 3.6.5　Laplace 算子模板

利用 Laplace 算子进行边缘检测的结果如图 3.6.6 所示。

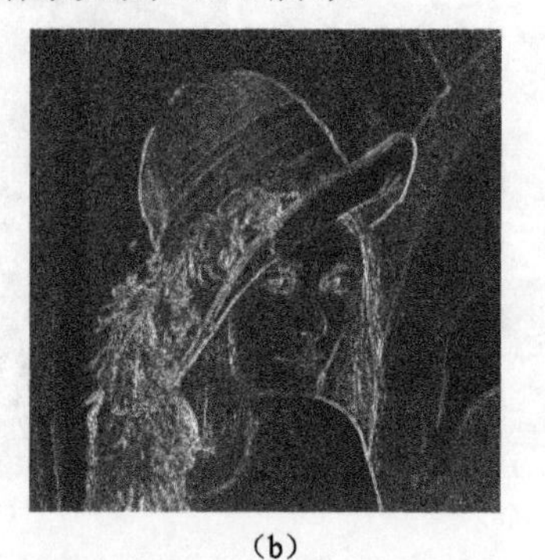

（a）　　（b）

图 3.6.6　Laplace 算子边缘检测（见彩插）

（a）原始图像；（b）Laplace 算子边缘检测的结果

Laplace 变换作为 2 阶微分算子对噪声特别敏感，并且会产生双边沿，不能检测边缘方向，故 Laplace 算子在图像边缘检测中只能起到第二位的作用。由图 3.6.6 可以看出，Laplace 算子的噪声明显比 Sobel 算子的噪声大，但其边缘比 Sobel 算子的边缘要细很多。

4. Canny 边缘检测算子

Canny 算子包含以下步骤：

（1）用高斯滤波器去除图像中的噪声。

（2）用高斯算子的 1 阶微分得到每个像素梯度的值 $\nabla f(x,y)$ 和方向 θ：

$$\nabla f(x,y)=\left[\left(\frac{\partial f(x,y)}{\partial x}\right)^2+\left(\frac{\partial f(x,y)}{\partial y}\right)^2\right]^{\frac{1}{2}} \tag{3-6-8}$$

$$\theta = \tan^{-1}\left[\frac{\partial f(x,y)}{\partial y}\bigg/\frac{\partial f(x,y)}{\partial x}\right] \qquad (3\text{-}6\text{-}9)$$

式中，$f(x, y)$为滤波后的图像。

（3）对梯度进行“非极大抑制”。在步骤（2）中确定的边缘点会导致梯度幅度图像中出现脊，用算法追踪所有脊的顶部，并将所有不在脊的顶部的像素设为 0，以便在输出中给出一条细线。

（4）双阈值化和边缘连接。使用两个阈值T_1和T_2，$T_1 < T_2$，数值大于T_2的脊像素称为强边缘像素，介于T_1和T_2之间的脊像素称为弱边缘像素。边缘阵列孔用高阈值得到，含有较少的假边缘，同时也损失了一些有用的边缘信息。边缘阵列的阈值较低，保留了较多信息。因此，以强边缘阵列为基础，用弱边缘阵列进行补充连接，得到边缘图像。

用 Canny 算子进行边缘检测的结果如图 3.6.7 所示。

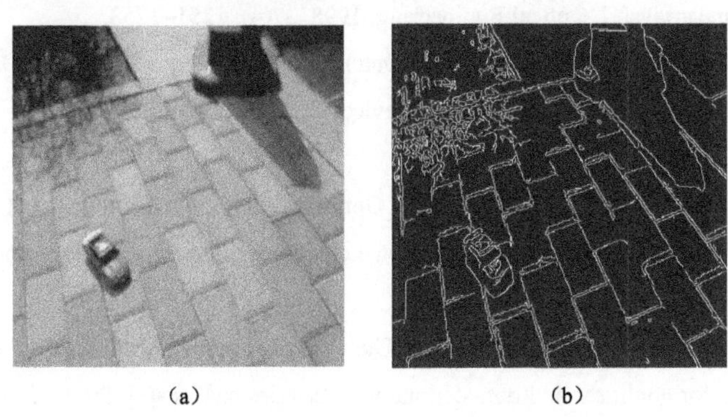

（a）　　　　　　　　　　（b）

图 3.6.7　Canny 算子边缘检测（见彩插）

（a）原始图像；（b）Canny 算子边缘检测的结果

Canny 算子在边缘检测方面获得了良好的效果，成为评价其他边缘检测方法的标准。Canny 算子边缘检测方法利用高斯函数的 1 阶微分，能在噪声抑制和边缘检测之间取得良好的平衡。

5. 实验结果分析

通过上述实验，对于基于梯度的边缘检测算子，其模板都比较简单，操作方便，但是得到的边缘较粗，算子对噪声敏感。Roberts 算子是 2×2 算子，对具有陡峭的低噪声图像响应最好。Sobel 算子是 3×3 算子，对灰度渐变和噪声较多的图像处理较好，与采用 2×2 模板的算子相比，采用 3×3 模板的算子的边缘检测效果较好，并且抗噪声能力更强。Laplace 算子对噪声比较敏感，并且产生了双像素宽度的边缘。Canny 得到的检测结果优于 Roberts 算子、Sobel 算子的检测结果，得到的边缘细节更丰富。实际应用中，采用基于梯度的算子和 Laplace 算子检测图像边缘前，通常都需要先对图像进行滤波平滑处理。

参 考 文 献

[1] 张秀彬，应俊豪. 视感智能检测[M]. 北京：科学出版社，2009.

[2] 李静，王军政，马立玲. 一种高精度 CCD 测试系统的非均匀性校正方法[J]. 北京理工大学学报, 2010, 30(4): 451–455.

[3] 李静，王军政，汪首坤，等. 基于经验模式分解的 CCD 器件自适应非均匀性校正方法研究[J]. 光学学报, 2010, 30(7): 2012–2016.

[4] 王庆有. 图像传感器应用技术[M]. 北京:电子工业出版社, 2003.

[5] Friedenberg A, Goldblatt I. Nonuniformity two-point linear correction errors in infrared focal plane arrays[J]. Optical Engineering, 1998, 37(4): 1251–1253.

[6] Liu Y X, Hao Z H. Research on the nonuniformity correction of linear TDI CCD remote camera[C]. Advanced Materials and Devices for Sensing and Imaging Ⅱ, Beijing, 2005, 5633: 527–535.

[7] Lasarte de M, Pujol J, Arjona M, et al. Optimized algorithm for the spatial nonuniformity correction of an imaging system based on a charge-coupled device color camera[J]. Applied Optics, 2007, 46(2): 167–174.

[8] Huang N E, Shen Z, Long S R, et al. The empirical mode decomposition and the Hilbert spectrum for nonlinear and non-stationary time series analysis[J]. Proceedings of the Royal Society of London, Series A, 1998, 454: 903–995.

[9] Li H, Xu S H, Li L Q. Dim target detection and tracking based on empirical mode decomposition[J]. Signal Processing: Image Communication, 2008, 23(10): 788–797.

[10] 孙洁娣，温江涛，靳世久. 基于 HHT 的管道监测系统中目标定位方法研究[J]. 仪器仪表学报, 2008, 29(12): 2492–2496.

[11] Liu Z X, Peng S L.Boundary processing of bidimensional EMD using texture synthesis[J]. IEEE Signal Processing Letters, 2005, 12(1): 33–36.

[12] 张广军. 视觉测量[M]. 北京：科学出版社, 2008.

[13] 杨必武，郭晓松. 摄像机镜头非线性畸变校正方法综述[J]. 中国图象图形学报, 2005, 10(3): 269–274.

[14] 王亚东，丁明跃，彭嘉雄. 一种基于摄像机模型的畸变图像校正方法[J]. 自动化学报, 1997, 23(5): 717–720.

［15］ 丁莹. 复杂环境运动目标检测若干关键问题研究[D]. 长春：吉林大学博士学位论文，2010.

［16］ http://zh.wikipedia.org/zh-cn/JPEG2000.

［17］ 喻玲娟，谢晓春. 压缩感知理论简介[J]. 电视技术, 2008, 32(12): 16–18.

［18］ 苏冬. 基于整数小波的图像压缩编码方法[D]. 重庆: 重庆大学硕士学位论文, 2004.

［19］ 杨燕翔，吴全玉. 谈目前最新静止图像压缩编码技术——JPEG2000[J]. 信息技术，2004, 28(10): 51–54.

［20］ Donoho D L. Compressed sensing[J]. IEEE Transactions on Information Theory, 2006, 52(4): 1289–1306.

［21］ 石光明，刘丹华，高大化. 压缩感知理论及其研究进展[J]. 电子学报，2009, 37(5): 1070–1081.

［22］ Candès E J. Compressive sampling[C]. Proceedings of the International Congress of Mathematicians, Marid Spain, 2006: 1433–1452.

［23］ Candès E J, Romberg J, Tao T. Robust uncertainty principles: Exact signal reconstruction from highly incomplete frequency information[J]. IEEE Transactions on Information Theory, 2006, 52(2): 489–509.

［24］ 张强. 基于雷达信号的稀疏表示[D]. 南京：南京理工大学硕士论文, 2009.

［25］ Baraniuk R G. A lecture on compressive sensing[J]. IEEE Signal Processing Magazine, 2007, 24(4): 118–121.

［26］ 李静. 基于图像的动态测试技术研究[D]. 北京：北京理工大学博士学位论文, 2011.

第 4 章

图像目标检测

对采集的图像预处理完毕后，下一步就是要对被测目标进行检测，即把运动目标从背景图像中分割提取出来。

4.1　基于阈值分割的目标检测

阈值分割法是一种简单有效的图像分割方法，基本思想是用一个或多个阈值将图像的灰度级分为几部分，灰度值在同一类的像素属于同一目标。阈值分割的结果在很大程度上依赖于阈值的选择。阈值分割的步骤是：首先确定合适的阈值，然后将图像像素的灰度值跟阈值进行比较，最后确定每个像素所属的类。

1. 直方图阈值法

直方图阈值法是基于一个直方图有两个波峰，然后就可以通过一个阈值 T 把目标从背景里提取出来。假设有一幅图像 $f(x,y)$，目标和背景由于具有不同的灰度级而形成两个波峰。这样我们就可以设定一个阈值 T，把目标从背景中提取出来。定义图像 $f(x,y)$ 的阈值 T：

$$f_T(x,y)=\begin{cases}1 & f(x,y)\geqslant T\\ 0 & f(x,y)<T\end{cases} \tag{4-1-1}$$

像素 1 代表目标，像素 0 代表背景。如果 T 仅与 $f(x,y)$ 有关，则阈值就称为全局的；如果 T 与 $f(x,y)$ 和相邻像素的特性有关，那么 T 被称为局部的；如果 T 和空间坐标 (x,y) 有关，则阈值被称为动态的。如果图像包含两个以上的区域，可以利用几个不同的阈值来进行分割。

2. 自适应阈值法

阈值选取是阈值分割的关键。阈值选取过高，则过多的目标点被误判为背景；阈值选取过低，又会使背景被误判为目标。现在还没有找到一种对所有图像都能有效分割的阈值选取方法。本小节介绍的自适应阈值分割算法可以根据采集图像的信息直接计算得到二值化阈值，无须人工设置，其流程如图 4.1.1 所示。

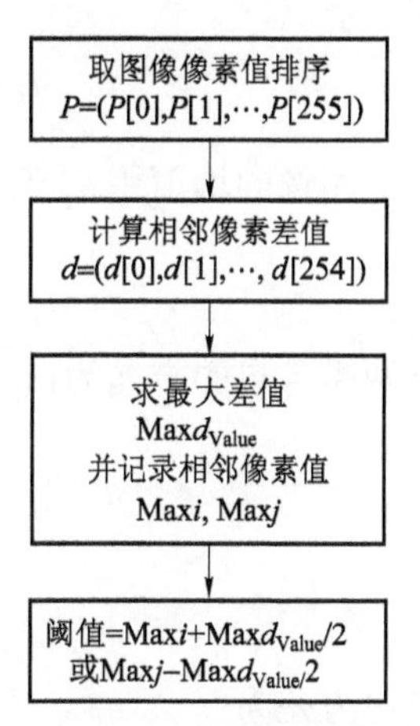

图 4.1.1　自适应阈值分割算法流程图

由图 4.1.1 可知，首先对图像中的每个像素值进行排序，遍历每个像素值，若存在对应的像素值，则置 $P[i]=1(i=0,1,\cdots,255)$；然后分别计算相邻两个像素值间的差值 $d[i]=P[i+1]-P[i](i=0,1,\cdots,254)$，并找出最大差值 $\mathrm{Max}d_{\mathrm{Value}}=\max(d[i])$，同时记录对应最大差值的两个相邻像素值 $\mathrm{Max}i,\mathrm{Max}j\left(\mathrm{Max}i<\mathrm{Max}j\right)$；然后以最大值减最大差值的 50%（最小值加最大差值的 50%，可根据实验确定）作为自适应阈值分割图像。利用此方法对每幅图像可以自适应地分离出图像中的目标。

3. *最大类间方差法*

最大类间方差法（Otsu）又称大津法，是日本学者大津展之在 1979 年提出的一种全局阈值选取法，是在最小二乘法原理的基础上推导出来的[1]。

给定一幅图像，用 L 个灰度等级[0，1，…，$L-1$]表示这幅图像。灰度等级为 i 的像素点的个数用 n_i 表示，归一化灰度直方图，然后把它看作是概率分布：

$$p_i=\frac{n_i}{N}$$
$$p_i\geqslant 0 \tag{4-1-2}$$
$$\sum_{i=0}^{L-1}p_i=1$$

根据阈值 t 把图像中的像素分为 C_1 和 C_2 两类，其中 C_1 类包含所有的像素点灰度值在$[0,1,\cdots,t]$范围内的像素点，C_2 类包含所有像素点灰度值在$[t+1,t+2,\cdots,L-1]$范围内的像素。这两类的灰度值分布概率为：

$$w_1=P_{\mathrm{r}}(C_1)=\sum_{i=0}^{t}p_i=w(t) \tag{4-1-3}$$

$$w_2=P_{\mathrm{r}}(C_2)=\sum_{i=t+1}^{L-1}p_i=1-w(t) \tag{4-1-4}$$

这两类的类均值为：

$$u_1=\sum_{i=0}^{t}iP_{\mathrm{r}}(i\,|\,C_1)=\sum_{i=0}^{t}\frac{ip_i}{w_1}=\frac{u(t)}{w(t)} \tag{4-1-5}$$

$$u_2=\sum_{i=t+1}^{L-1} iP_r(i\,|\,C_2)=\sum_{i=t+1}^{L-1}\frac{ip_i}{w_2}=\frac{u_r-u(t)}{w(t)} \tag{4-1-6}$$

整个图像的均值用 u_T 表示：

$$u_T=w_1u_1+w_2u_2=\sum_{i=0}^{L-1} ip_i \tag{4-1-7}$$

这两类各自的方差为：

$$\sigma_1^2=\sum_{i=0}^{t}(i-u_1)^2 p_i/w_1 \tag{4-1-8}$$

$$\sigma_2^2=\sum_{i=t+1}^{L-1}(i-u_1)^2 p_i/w_2 \tag{4-1-9}$$

类内方差为：

$$\sigma_w^2=\sum_{k=1}^{M} w_k\sigma_k^2 \tag{4-1-10}$$

类间方差为：

$$\sigma_B^2=w_1(u_1-u_T)^2+w_2(u_2-u_T)^2 \tag{4-1-11}$$

整个灰度等级的方差为：

$$\sigma_T^2=\sigma_w^2+\sigma_B^2=\sum_{i=0}^{L-1}(t-u_T)^2 p_i \tag{4-1-12}$$

Otsu 法通过最大化类间方差选择一个最佳的阈值，而实际上最大化类间方差等价于最小化类内方差，因为对于一幅图像来说，它的总方差（类内方差和类间方差之和）是一个常量。

利用 Otsu 法进行阈值分割的结果如图 4.1.2 所示，阈值选取 138。

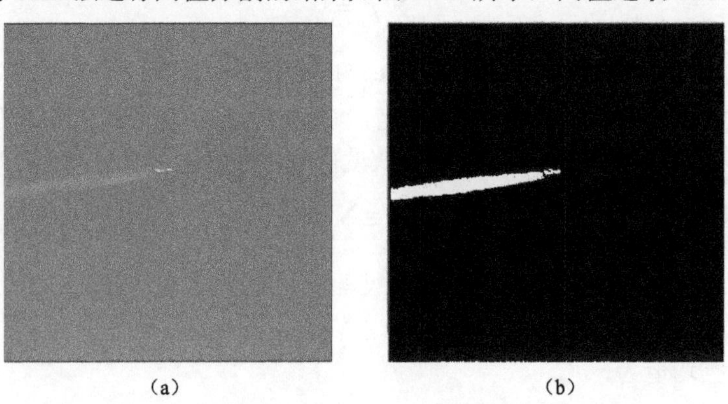

（a）　　　　（b）

图 4.1.2　Otsu 分割结果图

（a）原始图像；（b）Otsu 分割后的图像

由上述实验可知：由于 Otsu 算法得到的是全局最优解，所以当飞机和喷气灰度值相当时，用这种方法不能把两者分割出来。

4.2　基于颜色分割的目标检测

彩色图像的分割算法最常见的有直方图阈值法和颜色聚类法。直方图阈值法虽然最早被提出来，但由于色彩的不独立性，导致其应用受到了限制。颜色聚类法应用比较广泛，大致分为两种方式，即有监督方式和无监督方式。前者算法简单，但是颜色信息丢失严重；后者错误分割率低，但却无法确定聚类数目。在聚类算法中只有知道了聚类数才能进行聚类的有效性分析和算法复杂性判断。均值聚类是经典的无监督分类方法，不需要训练样本，只需迭代地执行分类算法。均值聚类最常见的方法有K–Mean、模糊C–Mean（Fuzzy C–Mean，FCM），这两种方法都具有直观、易于实现的特点，但都无法确定聚类数目。Lim 等把直方图阈值化和 FCM 相结合，用于彩色图像分割，试图解决自动确定聚类数目和中心点位置，但还没有办法摆脱直方图带来的缺陷[2]。林开颜等用分层减法聚类把图像聚类在一定数量的彩色相近子集[3]。Chen 等提出的一种新的模糊聚类算法，实现了自主聚类数确定，但这也增加了计算复杂度[4]。

本节从 HSI（Hue Saturation Intensity）空间特性出发，根据 HSI 空间 H 通道的色调分布特性，改进 K–Mean 算法划分区域，动态增加聚类数目，达到自动划分聚类数目的目的。其次考虑相邻像素间颜色差异较小的特性，选择在 K–Mean 定义初始聚类中心时，根据所有样本像素点到最原始聚类中心的距离大小来移动初始类中心，将初始聚类中心尽量分散在图像的整个颜色区间内，减少迭代次数，加快算法速度。

1. HSI 颜色空间

彩色图像分割时不仅需要恰当的分割方法，还需要与该方法相对应的颜色空间，不同的方法有与之相对应的最佳颜色空间[5]。物体的色度和饱和度是由构成物体的材料所具有的光线吸收和反射特性决定的。因此，在实际情况下根据色度和饱和度来分割图像是比较可靠的。所以根据颜色色度和饱和度建立的人眼视觉感知的颜色空间 HSI 成为颜色聚类中最常用的颜色空间。HSI 颜色空间是由其三个轴——Hue、Saturation、Intensity 来命名的，H 表示色调，S 表示饱和度，I 表示亮度，其模型如图 4.2.1 所示。

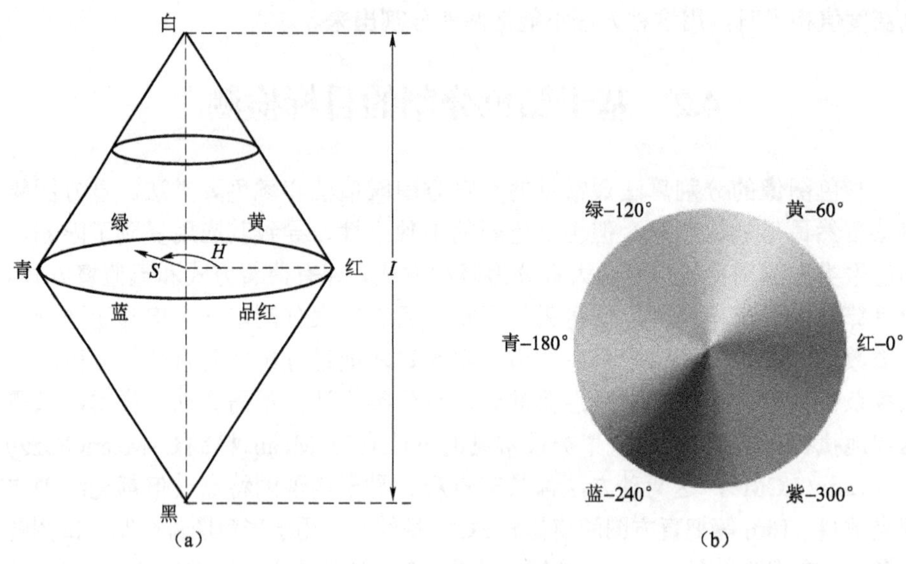

图 4.2.1 HSI 模型（见彩插）

（a）三维模型；（b）二维模型

在数字图像处理过程中，颜色都是通过 RGB 空间来表现的，所以在颜色聚类之前要进行颜色空间转换，将颜色从 RGB 空间转化到 HSI 空间。两者的转化公式如下：

$$\begin{cases} \alpha = \cos^{-1}\left[\dfrac{(R-G)+(R-B)/2}{\sqrt{(R-G)^2+(R-B)(G-B)}}\right] \\ H = \begin{cases} \alpha & B \leqslant G \\ 360-\alpha & B > G \end{cases} \\ S = 1 - \dfrac{3 \cdot \min(R,G,B)}{R+G+B} \\ I = (R+G+B)/3 \end{cases} \tag{4-2-1}$$

2. K–Mean 聚类算法

K–Mean 算法是一种基于样本相似性度量的间接聚类方法，其基本思想是：事先指定聚类数目 k，初始化 k 个聚类中心，通过相似性迭代把 n 个样本划分成 k 类。

具体过程是：先从 n 个数据对象中任意选择 k 个对象作为初始聚类中

心（一般为前 k 个样本点），其余样本点根据相似度（距离）分配到最近的类；然后重新计算聚类中心，循环迭代，直到样本在类之间没有移动行为为止。

3. 改进的 K–Mean 聚类

1）自动确定聚类数

HSI 颜色空间模型和其他颜色空间的不同在于 H 维是用圆周表示的，且该圆周上色调角之间的差值不能线性地表示颜色的差值，它在一定色度范围内的颜色值具有很高的相似性，而在另一些区域的颜色相似性却比较差。见图 4.2.1（b），H 维中红、绿、蓝三原色（0，120，240）附近的颜色色调相近度较高，而黄、青、紫（60，180，300）附近颜色相似度较低。根据这一特性，可以将 360 度范围划分为 6 个区域，这里将红、绿、蓝（0，120，240）这三个较宽的颜色色调区定为主色调区，而黄、青、紫（60，180，300）这三个较窄的色调区定为次色调区。然后通过距离远近来进行划分。如果聚类中心在主色调区，而该类中距离类中心最远的样本点不在同一色调区内，即该类中颜色有明显的差异，可以将该类自动划分为两类，新增加的聚类中心设定为最远距离样本点所在的位置。新的聚类便可以表示图像在该色调区内有样本点的分布。从图 4.2.1（b）中还可以看出主色调区和次色调区的宽度不一样，因此首先必须判断该聚类中心是在主色调区还是在次色调区，然后判断距离该中心的最大距离点是否在同一主次区，再进行聚类数目的自动增加。主次区的具体判断方法如表 4.2.1 所示。从表中可以看出，色调角整除 30 的商与整除 60 的商之和的奇偶性与色调主次区之分有一定联系。在主色调区内，如果聚类中心和同一类内样本点距离该类中心最大距离超过 60，则两者肯定不在同一主色调区内，即这两点的颜色一定有较大的差异，可以将其分为两类。同理，在次色调区内，如果该距离超过 30，两者有可能不在同一次色调区内，即使在同一区域内，由于次色调区的范围较窄，这两点的相似度也比较低，不应该划分为同一类，可以将该类分为两类，解决了大部分情况下聚类数目自动增加的问题，达到了在 K–Mean 算法迭代过程中自主划分类的目的。

表 4.2.1 主次色调区表

色调角度	0–30	30–60–90		90–120–150		150–180–210		210–240–270		270–300–330		330–360
除以 30 的商 a	0	1	2	3	4	5	6	7	8	9	10	11

续表

色调角度	0–30	30–60–90		90–120–150		150–180–210		210–240–270		270–300–330		330–360
除以60的商 b	0	0	1	1	2	2	3	3	4	4	5	5
$a+b$ 的奇偶	偶	奇		偶		奇		偶		奇		偶
色调区	主色调	次色调		主色调		次色调		主色调		次色调		主色调

2）加速聚类迭代

聚类中心初始化时，由于无法预知整幅图像的颜色分布情况，也就无法挑选最佳的聚类中心，一般选择最初读取的 k 个值作为聚类中心。但是在一幅图像中，相邻像素点的色调差异小，这样容易出现初始聚类中心不够分散，迭代收敛比较慢的情况。本节提出了加速迭代的方法，就是在进行第一次迭代分类后，先不计算新的聚类中心，而是根据类标识的奇偶性和各个类内中心最大距离来判定是将该类的中心移到最远距离的样本点还是保持不变，从而将初始化中心分散在整幅图像的色调范围内，减少迭代次数。

用上述方法处理样本集（X_1，X_2，…，X_n）的具体步骤如下：

（1）参数设置。设置参数 K，初始化每一个类的中心初值$\{C_1(i),C_2(i),\cdots,C_K(i)\}$，其中，$i$ 表示迭代次数，初始聚类中心设为最初读入的 k 个点，既有 $C_j=X_j$。

（2）类划分。计算每一个样本到聚类中心的距离 d，根据最小距离或者距离是否大于 300 进行对象类划分；然后记录同一类中样本点到类中的最大距离 $d_{\max}$ 和该样本点的索引号 label_j。

（3）聚类中心初始化。若索引号为偶数，则将中心 $C(0)$ 移到 $d_{\max}$ 样本点所在位置，否则保持不变。

（4）计算距离样本点到每一个类中的距离 d，根据最小距离进行类划分，将样本标识为 $X_{j,c}$，其中，j 表示第 j 个样本，c 表示它属于第 c 类，并且每一个类的计数器 count_j 加 1。

（5）聚类中心计算。计算每个聚类的中心（均值）。

（6）主色调区和次色调区判断。判断聚类中心除以 30 的商与除以 60 的商之和是奇数还是偶数；然后判断类内最大距离 $d_{\max}$ 是大于 30 还是大于 60。

（7）重复步骤（4）和（5），直到 k 没有变化为止。

（8）判断收敛。收敛判断准则是步骤（5）中是否有其他聚类中心的变化。

3）实验结果及分析

将本节所提改进的 K–Mean 算法和没有进行初始中心移动的算法进行实验比较。实验中，聚类数取 k=2,3，样本数分别取 n=40,100,300,900,10 000，样本为[0,360]范围内随机产生的均匀分布数据，每一组进行 10 次实验，结果如表 4.2.2 所示。表中，K 为聚类数，a 表示用本节的方法进行的实验，b 表示用原始的 K–Mean 进行的实验。由结果可知，由于 K–Mean 聚类算法的随机性，有可能出现中心移动迭代次数增加的现象，但出现的概率是比较低的，且随着样本数的增加，所提方法优于原始算法，可以减少迭代次数，加快迭代收敛。

表 4.2.2　中心移动聚类迭代次数

聚类数 K	2										3									
样本数 n	40		100		300		900		10 000		40		100		300		900		10 000	
实验方法 / 迭代次数 / 实验次数	a	b	a	b	a	b	a	b	a	b	a	b	a	b	a	b	a	b	a	b
①	5	5	5	8	3	3	9	9	9	17	4	5	13	13	9	11	5	8	20	25
②	2	7	4	3	5	8	10	10	12	12	7	7	6	11	3	13	19	27	13	13
③	5	5	4	6	7	7	8	8	13	13	4	6	2	5	7	11	15	15	13	16
④	2	8	2	5	4	6	5	10	10	10	2	4	7	7	12	12	14	16	26	27
⑤	6	5	2	7	2	11	7	8	6	12	4	5	4	8	4	8	13	13	19	19
⑥	2	3	3	4	6	8	8	8	8	16	3	3	4	7	7	8	22	29	20	20
⑦	2	5	2	4	7	10	7	9	8	8	6	5	12	12	16	15	4	7	22	27
⑧	4	3	4	4	11	9	7	10	13	13	3	7	5	6	11	5	15	16	16	20
⑨	2	8	2	6	6	9	3	7	10	12	5	7	10	11	14	15	5	8	23	24
⑩	9	9	3	3	3	8	7	7	10	15	5	5	5	4	9	12	8	14	11	19

另外，选择 K=2，样本数 n=8,40,100，随机均匀分布在[0,360]的样本集，对本节提出的自动确定聚类数方法进行实验。实验原始数据和实验结果采用半

径为 1 的极坐标来表示，角度大小表示样本值大小。图 4.2.2 为样本数分别为 8、40、100 的原始样本图，图 4.2.3 为用本节方法进行聚类的分布图。聚类的结果是：对应于样本数 8、40、100，K 的最终聚类数分别为 4、6、5。对比图 4.2.1（b）模型可以看出，在图 4.2.3（a）中，将原始的 2 类划分到红、黄、青、蓝 4 类；在图 4.2.3（b）中，将原始的 2 类划分到红、黄、绿、青、蓝、紫 6 类；在图 4.2.3（c）中，将原始 2 类划分到红、黄、绿、蓝、紫 5 类。由此可知，本节提出的自动分类方法是有效可行的。

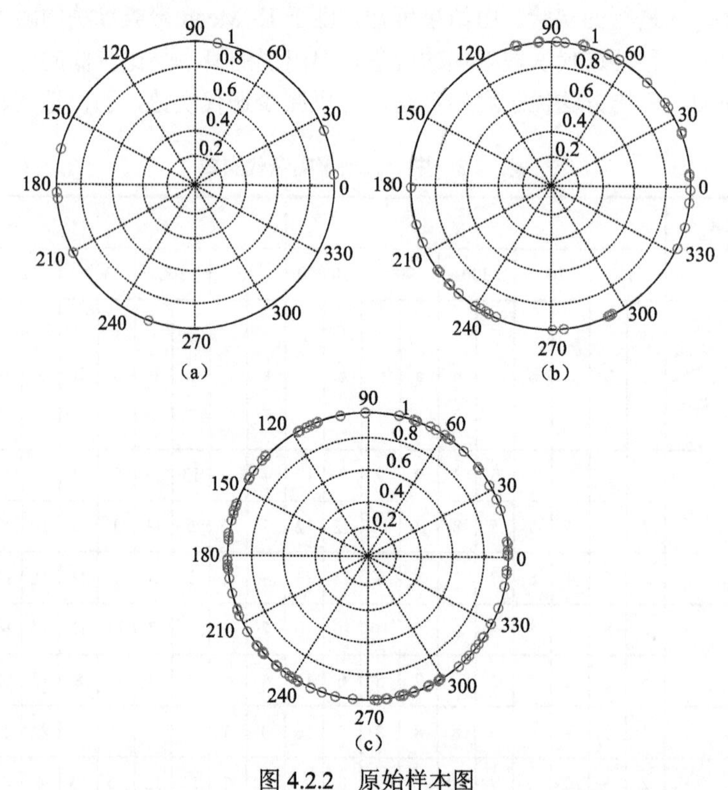

图 4.2.2 原始样本图

（a）样本数为 8；（b）样本数为 40；（c）样本数为 100

另外，分别用图 4.2.4 和图 4.2.5 两张分辨率为 512×512 的彩色图，对所提的改进算法进行验证。实验中，初始值聚类数 k 设定为 2。图 4.2.4 中把只有两个色调区域的辣椒图分为 2 类，并没有自动增加分类数；而对于图 4.2.5 颜色比较丰富的花束图，它将原始的 2 类拓展到 3 类。可以看出，应用改进的均值聚类方法可以不经过统计而对图像颜色进行恰当地自动分类。

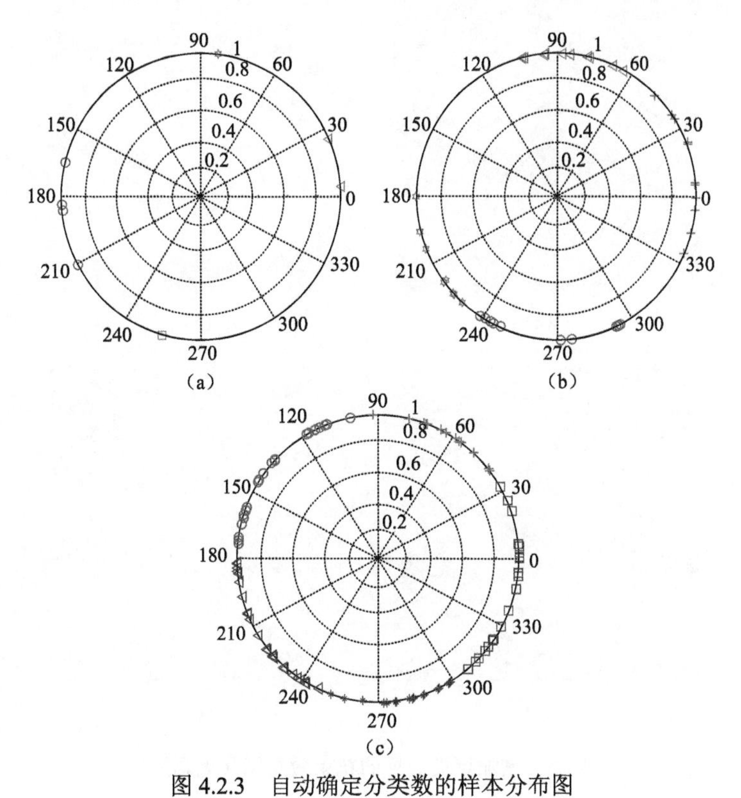

图 4.2.3　自动确定分类数的样本分布图

（a）样本数为 8；（b）样本数为 40；（c）样本数为 100

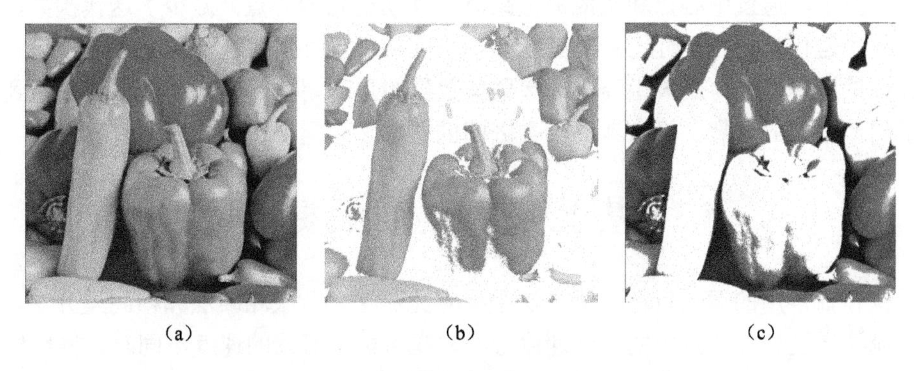

图 4.2.4　不增加聚类数目的辣椒效果图（见彩插）

（a）原始图；（b）第一类效果图；（c）第二类效果图

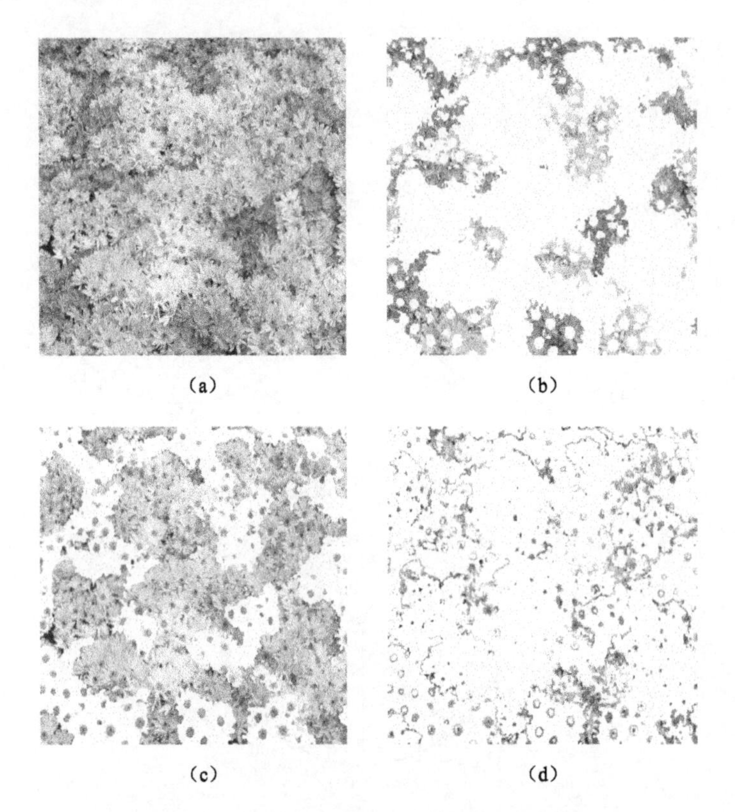

图 4.2.5 增加聚类数目的花束效果图（见彩插）

（a）原始图；（b）第一类效果图；（c）第二类效果图；（d）第三类效果图

实验表明，本节提出的改进的 K–Mean 彩色图像分割在不增加计算复杂度的情况下，通过中心点和类内最大距离，移动初始中心点，减少了迭代次数，加快了迭代收敛。同时还根据 HSI 颜色空间特性，对空间进行主次色调区间划分，然后根据类内最大距离，进行聚类数量的自动调整。但是该方法只考虑到了同一个类的分裂，没有考虑到类之间的合并，还需要进一步的研究。

4.3 基于运动信息的目标检测

目前常用的运动目标检测方法主要有光流法、背景相减法和帧间差分法。光流法通过计算场景中的二维速度分布，在目标与背景的速度不同时，将目标从背景中分割出来，能够检测独立运动对象。但光流场易受噪声干扰，而且运算耗时太多，很难满足应用的实时性要求。背景相减法，如 Stauffer 和 Grinson[6]

采用自适应背景混合模型利用高斯分布对背景进行建模；Haritaoglu 等[7]利用最小、最大强度值和最大时间差分为场景中的每个像素建模，周期性地更新背景。当目标和背景的灰度对比度较低时，背景消减法就会失效。帧间差分法采用检测相对运动物体的手段，由于两幅图像之间的时间间隔较短，使得差分图像受光线变化影响小，检测有效而稳定。但是仅凭帧间运动信息并不能精确检测运动目标轮廓，需要针对不同的应用场合，选择不同的主动轮廓模型提取运动目标及其外轮廓。

1. 对称差分法

对称差分法非常适合背景有动态变化的情况，具有计算简单、速度快的优点。但缺点是不能提取目标的全部运动特征，提取的运动目标中常常存在空洞，并且噪声较大。该方法另一个十分特殊且难以克服的缺点是被检测目标的运动速度不能太快，这是该算法需要多帧参与运算造成的，在多数应用场合该问题并不影响分割。

运动目标分割的视频序列一般包括静止背景和运动目标，为了将运动目标从静止背景中分离出来，对相邻两帧源图像进行差分，由于图像帧之间的显著差异，能快速地检测出目标的运动范围，连续三帧序列图像通过对称差分相“与”，能较好地检测出中间帧运动目标的形状轮廓[8]。本节利用这个特性，检测出中间帧的运动目标形状轮廓，并通过上一帧分割出的目标模板对差分结果进行修正，如图 4.3.1 所示。

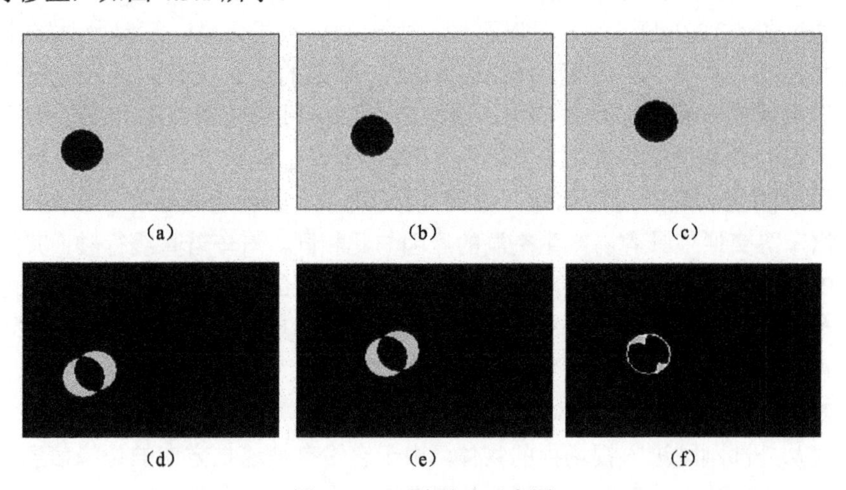

图 4.3.1　对称差分示意图

（a）f_1；（b）f_2；（c）f_3；（d）$|f_1-f_2|$；（e）$|f_3-f_2|$；（f）f_2 帧分割轮廓

视频序列连续三帧源图像中，运动目标（移动的圆角矩形）的边缘与帧差图像运动区域边缘具有强相关性。图 4.3.1（d）中，$|f_1-f_2|$包含第一帧与第二帧的运动目标边缘，图 4.3.1（e）中，$|f_3-f_2|$包含第三帧与第二帧的运动目标边缘，而在图 4.3.1（f）中，$|f_1-f_2|$与$|f_3-f_2|$相“与”只能得到左上与右下中灰色分割区域，这种情况是由于移动的圆形内部缺乏纹理造成的。必须将$|f_1-f_2|$和$|f_3-f_2|$做边缘检测，然后将两幅边缘检测后图像执行“与”操作，才可以得到图中完整轮廓。

2. 改进的对称差分方法

对称差分法及其他帧间差分方法在具有很多优点的同时，也有其缺点，如不能提取目标的全部运动特征，提取的运动目标中常常存在空洞，因此严重影响到分割质量，空洞的存在给后续的模式识别等工作造成很大影响。同时，该缺点也影响了算法应用的适应性，主要表现在智能监控系统中的应用，如在交通环境中汽车是主要的运动目标，汽车的分割空洞对系统性能有较大影响。

对运动物体分割算法而言，分割质量、通用性、计算量三个因素是评价分割算法性能的主要因素。因此，针对经常存在空洞的缺点进行改进，对于提高算法性能是十分必要的。

产生空洞的原因主要有：

1）与运动方向平行的边缘

通过图 4.3.2（d）、（e）可以看到，由于物体水平运动，运动物体的上下两边与运动方向平行，在两帧相减时，同一颜色的边缘及其附近的无纹理区域上同灰度的像素相减结果为 0。这个为 0 的区域因为与背景相减所形成的零值区域完全相同或非常接近而无法区分，刚好形成位置处在物体边缘的空洞。边缘的空洞现象无法弥补，如图 4.3.2 所示，因此造成最终分割失败。

汽车等交通工具容易产生空洞的原因与此相同。汽车若直线行驶，其两轮之间的下边沿与车顶的上边沿都是与运动方向平行的，在很大的速度范围内会产生车顶及车底的空洞现象，从而影响分割质量。其中，由于车顶的边缘较短且存在圆弧，所以比车底产生的空洞少。

2）视频图像边缘的物体

对从外部刚刚进入视场内的物体，由于它没有被遮挡方向的边缘信息，因此当自身内部缺少纹理时，则不能从现有信息中获得足够的分割能力，即出现了分割图像内部存在大量空洞面积的情况。当然，在解决此类问题时，也可采用图像边缘参与分割运算的思路解决，但是将一定程度上影响程序通用能力，

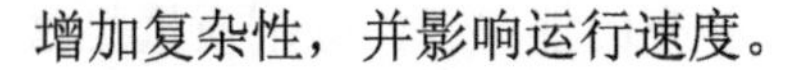
增加复杂性，并影响运行速度。

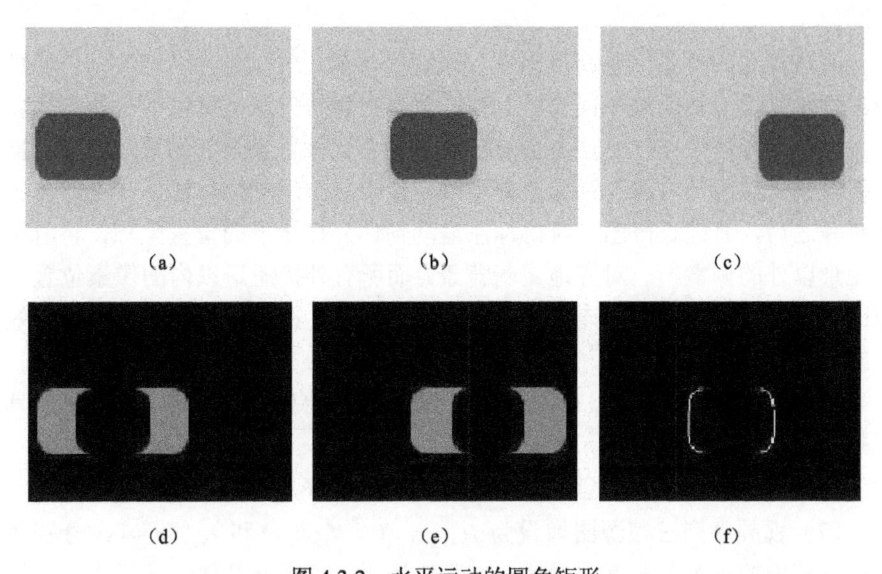

图 4.3.2　水平运动的圆角矩形

(a) f_1；(b) f_2；(c) f_3；(d) $|f_1-f_2|$；(e) $|f_3-f_2|$；(f) f_2 帧分割轮廓

3）被场景内部物体遮挡边缘的物体

通过实验发现，运动物体的边缘如果被拍摄场景内部物体遮挡，同样会产生以上空洞现象。如果一个从建筑物墙角转出的汽车或行人，则可以发现该场景会与 2）中提及的十分相似。

以上情况在安防和交通监控等应用场合中经常出现。场景中汽车总是前后方向运动的情况较多，转弯较少。在目标检测中既要考虑运动物体出现在视频画面中间位置，又要考虑它们出现在边缘及四角的情况。

通过分析运动物体分割时的边缘缺失和空洞产生的原因，缺乏内部纹理的运动物体在上述三种情况下会出现边缘缺失。其根本原因是：经过帧间差分后，往往只能得到运动物体的边缘轮廓；而如果边缘被遮挡，或者在差分时自身相减成为“0”，即与背景相减后的情况相似，则物体中间的空洞无法填充，并且由于没有边缘包围而变成了边缘的空洞，从而造成分割边缘缺失。

因此，借助背景差分（减背景）算法，即通过减背景算法将空洞处的内容予以填补，防止出现空洞。这样在分割时能够利用的信息量就会增加。由对称差分算法提供的边缘信息与减背景算法提供的内部像素值信息共同参与运动物体分割，在信息量加大并且可以相互补充的情况下，分割质量得以提高。

改进算法的背景信息获得原理与减背景相似，由程序始终维护一个背景模型。初始背景选为视频序列的第 1 帧。背景更新的方法是每帧都更新：当场景内没有检测出运动物体时，由当前帧全部像素代替背景全部像素，相当于重建全新背景；当场景内通过对称差分步骤初步检测出运动物体时，在连通算子运算步骤之后，通过获得已经获得标注运动物体外接矩形的位置坐标，将所有外接矩形以外的像素一一对应地更新背景，而所有外接矩形以内的像素位置所对应的背景像素不予更新。该种背景模型步骤简单，在配合对称差分算法时效果较好。

当镜头稳定（无抖动）情况下，改进算法的流程图如图 4.3.3 所示，具体步骤如下：

（1）获得背景模型信息，初始背景选为视频序列的第 1 帧。

（2）视频序列三帧源图像设为 $f_{k-n}(x,y)$、 $f_k(x,y)$ 和 $f_{k+n}(x,y)$ ，分别计算两帧源图像的绝对差灰度图像（在实际应用中，可根据具体情况适当调整间隔帧数 n ，不一定要选取相邻帧）：

$$\begin{aligned} d_{(k-n,k)}(x,y) &= \left| f_k(x,y) - f_{k-n}(x,y) \right| \\ d_{(k,k+n)}(x,y) &= \left| f_{k+n}(x,y) - f_k(x,y) \right| \end{aligned} \tag{4-3-1}$$

（3）对以上两个绝对差灰度图像，分别进行 3×3 的中值滤波。中值滤波后图像中的随机噪声被有效消除。这是因为邻域中亮度值发生随机突变的像素，经过排序后，要么排在队列的队首，要么排在队列的队尾，而中心像素的新值是取自队列中位的像素值。许多图像经过中值滤波处理后都能得到较好的视觉效果，该算法计算速度较快而且较好地保留了原图像的边缘信息，故常被采用。

（4）对滤波后的两个绝对差灰度图像，使用基于图像差距度量的阈值选取方法分别选取适当阈值，对图像进行二值化。

（5）图像“与”操作。当取一定阈值后得到两个绝对差二值图像 $b_{(k-n,k)}(x,y)$ 和 $b_{(k,k+n)}(x,y)$ 。在每一个像素位置，对两个绝对差二值图像进行图像“与”操作，得到对称差分结果二值图像 $B_{(k)}(x,y)$ ，即为 k 帧源图像中运动目标从背景中分离的初步结果。

（6）形态学操作。当第 k 帧源图像中运动目标从背景中分离出初步结果后，各种不同算法的处理流程在后续步骤中有所不同。都从不同角度对差分结果进行了必要的填充或修正。其中，形态学操作是一种较好的方法。通过形态学的腐蚀、膨胀等操作，可以将背景残留小噪声清除，并且平滑被分割物边缘。填充操作可以将被分割物体内部空洞填充，但不能弥补其边缘出现的缺失现象。对形态学操作来说，选取合适大小的结构元素很重要，因为它涉及滤噪效果和平滑效果。过大的算子会损坏边缘，使边缘倾向圆滑。

（7）连通算子操作。运用连通算子进行连通区域标记，并通过计算各被标记的运动区域的面积，可以将面积小于某一预设阈值的区域删除，即通过此项操作除去小面积噪声。

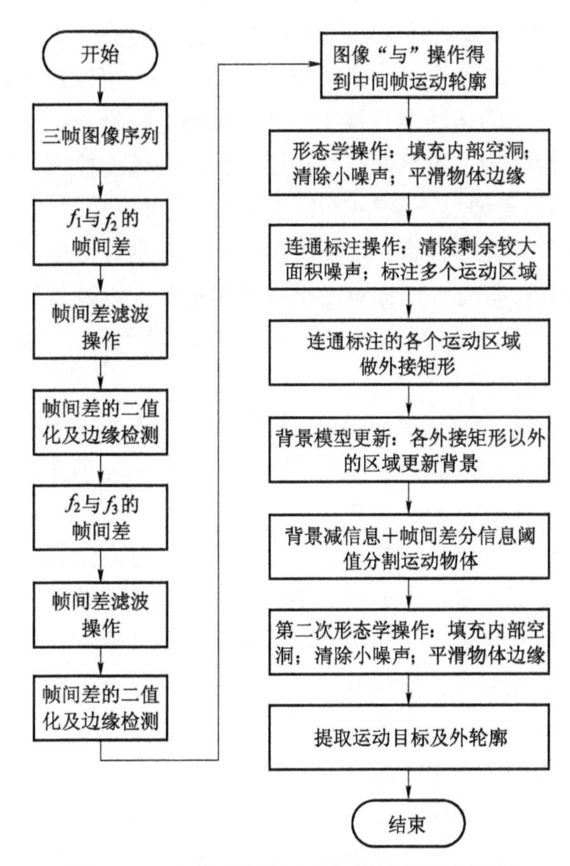

图 4.3.3　改进对称差分分割算法基本流程图

（8）连通标注的各个运动区域做外接矩形。外接矩形是背景更新的例外区域，因为矩形内像素属于运动物体的可能性大，所以排除在背景更新外。

(9) 背景模型更新。各外接矩形以外的区域更新背景，外接矩形以内作为可能的物体运动区域不予更新背景。

(10) 运用减背景法获得运动物体信息与帧间差分组合。

(11) 进行第二次形态学操作。

(12) 提取运动目标。

3. 实验分析

1）对称差分典型算法实验结果

图 4.3.4 为包含形态多变目标序列图像提取运动目标检测结果。其中图 4.3.4（a)、(b)、(c）为视频序列中相隔一帧的三帧图像，对复杂背景下的图像进行运动目标检测，噪声较大。图 4.3.4（d）为前两帧的帧间差分图。图 4.3.4（e）为后两帧的帧间差分图。从图 4.3.4（d）和（e）可以观察到，运动的物体左下方区域被检测出的运动信息很少。观察原图可以发现，这是由于该部分属于阴影与目标连接区域，像素值非常接近，因此在帧差检测中没有检测到差分信息。图 4.3.4（f）是通过图 4.3.4（d）和（e）差分结果进行二值化后相“与”得到的二值图像[49]，其中心高亮区域的位置和轮廓刚好对应第二帧中的运动物体。需要注意的是，有时会在背景上出现零星噪声，以及目标内部和下边缘的空洞。图 4.3.4（g）为通过形态学的“开”“膨胀”“腐蚀”“填充”操作后的结果。

形态学操作起到了清除部分噪声、填充大部分内部空洞和平滑运动目标外部边缘的作用。但是，未能清除较大面积噪声，也未能填充目标对象中左下方的空洞。

图 4.3.4（h）为对称差分算法对该序列的目标提取结果。因算法本身的性能原因，目标的左下方有一个分割的空洞（或称为边缘缺失）。通过实验可知：只有使用较大的形态学算子（结构元素）才能减小该空洞，但不易消除它。因为在使用大的结构元素时会产生并存的副作用：被检测运动物体的边缘被过渡地平滑了。

基于三帧对称差分法进行运动目标分割与其他算法比较有很多优点：它的计算速度快，物理意义明确，适应背景变化场合；相对两帧差分而言，允许被检测物体运动的速度较快，噪声敏感，但可以处理，便于硬件电路实现实时检测。该方法的缺点是不能提取目标的全部运动特征，提取的运动目标中常常存在空洞。

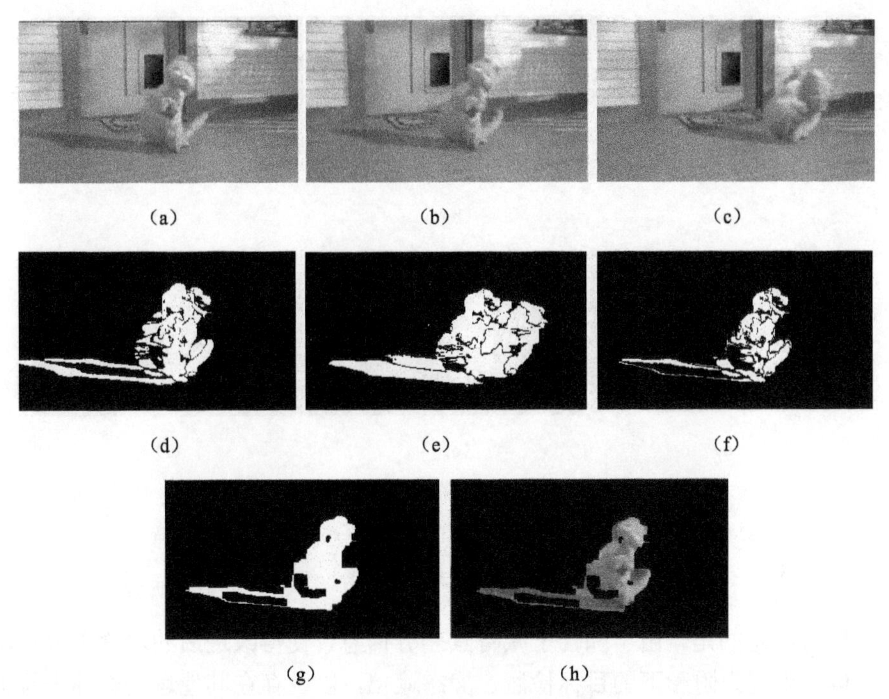

图 4.3.4　对称差分法在图像序列中的测试结果（见彩插）

（a）第一帧；（b）第二帧；（c）第三帧；（d）$|f_1-f_2|$；（e）$|f_3-f_2|$；

（f）二值化结果；（g）形态学处理结果；（h）目标提取结果

2）改进对称差分法实验效果

图 4.3.5 为改进算法的运算过程及各主要步骤结果。图 4.3.5（a）为三帧视频序列的中间帧。图 4.3.5（b）为二、三帧差分，可发现强烈的背景噪声，该噪声在实验中的表现是由于背景变化而产生的。图 4.3.5（c）为经过形态学除噪声、平滑边缘、填充内部空洞后，再经连通算子去处较大噪声后的结果，该图的边缘空洞现象十分明显，与上一实验情况相符。从图 4.3.5（e）中可以发现，帧间差分结果中丢失的空洞信息在减背景信息中完整地存在。图 4.3.5（e）的减背景信息及原对称差分信息综合在一起，经过典型的阈值分割、滤波、除噪、形态学操作、连通操作，得到运动区域新的分析结果，再根据图 4.3.5（f）分割提取出运动物体。至此，得到优于原算法的，没有空洞、边缘缺失的良好分割结果。对比图 4.3.5（b）和（e）可以看到，增加背景信息后目标左右两边的无空洞分割效果，结论是改进算法完全消除了运动目标分割中出现的分割空洞。

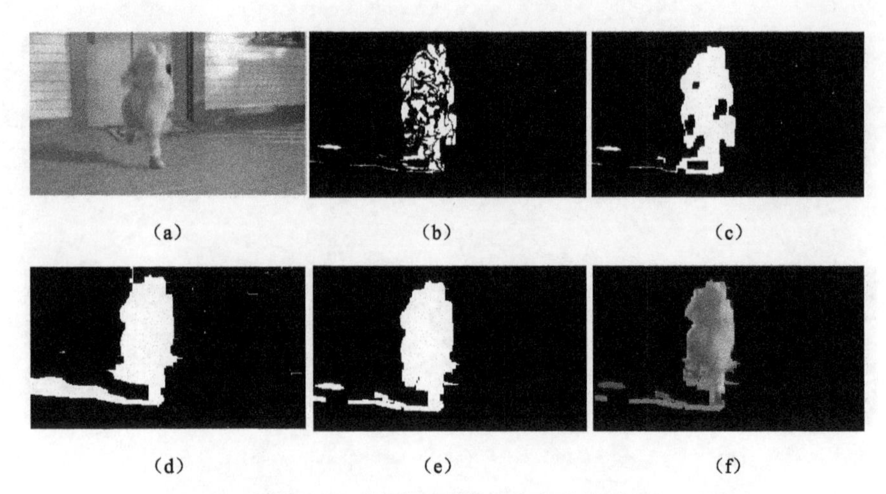

图 4.3.5 改进对称差分法实验结果

（a）原图像中间帧；（b）帧间差分二值化结果；（c）形态学及连通处理；

（d）减背景信息；（e）改进算法处理后结果；（f）分割提取结果

值得注意的是，由于综合了减背景差分信息，使得改进后的对称差分算法更稳健，表现为阴影下的目标检测、静态遮挡，以及存在其他运动物体干扰的情况下，仍然能准确地检测所需的运动目标。

（1）阴影下的目标检测指运动目标从光照充足区域运动至场景中其他物体阴影区域中的检测，目标进入阴影区域后，与其邻近阴影区域的对比度降低，目标本身的纹理特征也会被削弱，增加了目标检测的难度，容易造成目标边缘的缺失，如图 4.3.6（b）所示。改进后的算法保存了目标大部分信息，提取到车的完整轮廓，如图 4.3.6（c）所示。

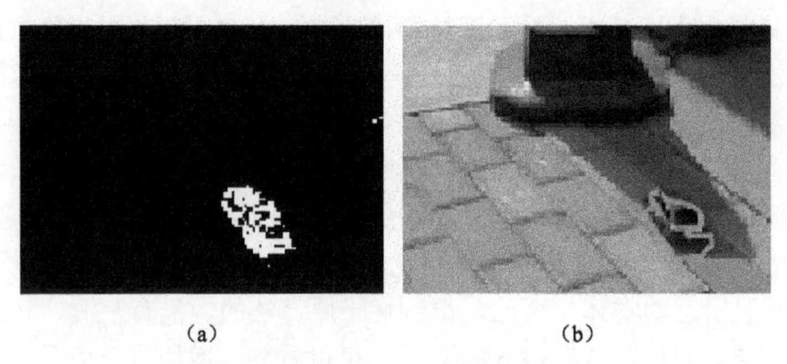

图 4.3.6 阴影下目标检测实验效果

（a）对称差分法提取效果；（b）根据（a）模板提取到的轮廓

（c）　　　　　　　　（d）

图 4.3.6　阴影下目标检测实验效果（续）

（c）改进对称差分法提取效果；（d）根据（c）模板提取到的轮廓

（2）静态遮挡是指运动目标的边缘被拍摄场景内部物体遮挡的情况，同样容易产生空洞和边缘缺失现象，如图 4.3.7（a）和（b）所示。当车经过遮挡物时，部分运动信息被遮挡，使用对称差分算法容易造成检测失败。而减背景法对运动信息非常敏感，当目标从遮挡区域进入视场时，遮蔽方向的边缘信息能很好地获取。因此，本节提出的算法能稳定地检测出小车，如图 4.3.7（d）～（f）所示。

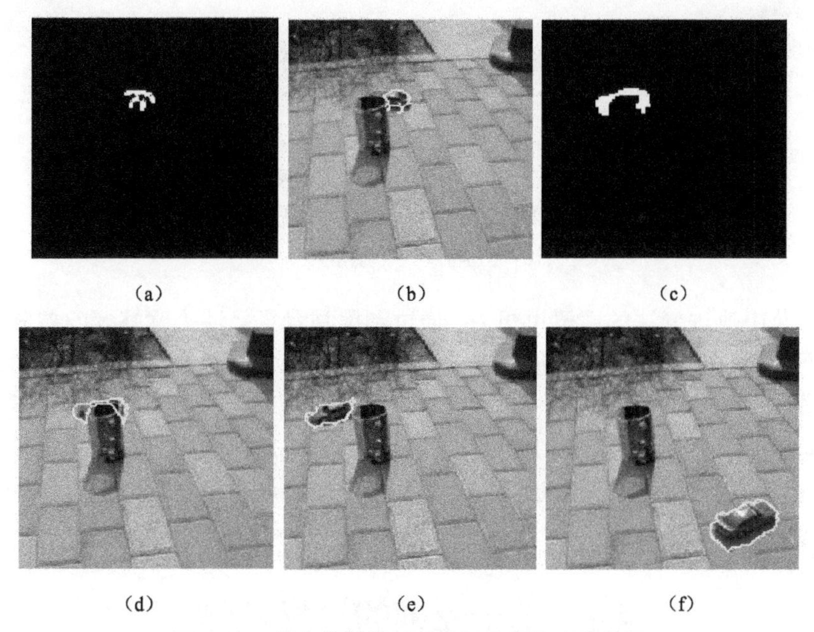

（a）　　　　（b）　　　　（c）

（d）　　　　（e）　　　　（f）

图 4.3.7　静态遮挡情况下目标检测的实验结果

（a）对称差分法提取效果；（b）提取到的轮廓；（c）改进对称差分法提取效果；

（d）提取到的轮廓一；（e）提取到的轮廓二；（f）提取到的轮廓三

（3）当存在其他运动物体时，不能只根据运动信息检测目标，需要加入目标的其他特征，如颜色、大小（连通面积）、圆形度及周长等。本实验中，选择与目标具有相同颜色的干扰物，同时加入了判断目标面积大小的操作。如图4.3.8，在蓝色小车运动时，将蓝色的小球抛入视场。由于是在阳光下拍摄的场景，抛入的小球有运动阴影存在，相当于视场中有两个运动干扰物。实验证明，连通性操作使改进算法仍能准确地提取小车轮廓，不受蓝色小球的干扰，如图4.3.8（b）和（c）所示。由于本实验只用于验证算法的稳健性，并非能处理所有干扰情况下的目标检测，但基本思想是一致的，必要时融合其他特征来识别目标，排除干扰。

（a）　　　　（b）　　　　（c）

图 4.3.8　运动物体干扰实验（见彩插）

（a）运动物体干扰检测结果一；（b）运动物体干扰检测结果二；

（c）运动物体干扰检测结果三

本节中改进算法的主要思想为：通过利用减背景算法来弥补帧间差分分割算法不能提取的目标运动特征，提取的运动目标中常常存在空洞。同时加入连通性操作，使改进算法具有一定抗干扰性。将“减背景”信息与“对称差分”信息融合起来分割视频序列中的运动物体。本节采用图像序列进行了实验，证明改进算法完全达到了消除边缘空洞的目的，最后从三种实际情况中验证了算法的稳健性。

4.4　基于轮廓的目标检测

在图像处理和计算机视觉中，往往需要用复杂的轮廓来表达真实图像中的目标对象，以作为图像后续处理（如边缘检测、图像匹配、区域分割、三维重建、刚性及非刚性目标的跟踪等）的基础。传统的图像轮廓提取大多是根据像素的灰度值或灰度相关参数获得所需的边缘轮廓线。然而在实际应用中，由于受到噪声、量化误差以及灰阶梯度等方面的影响，得到的图像轮廓线一般是不光滑的，带有小而密集的不规则锯齿或毛刺，这不符合自然对象的实际情况，而且会给进一步的图像识别、特征提取以及三维重建带来困难。更为严重的是这种仅基于图像本身的信息进行的轮廓提取往往由于欠缺约束条件而成为病态的，得不到确定的解。Kass 等在 1987 年的第一届计算机视觉国际会议上提出的活动轮廓模型为这一难题的解决带来了新的思路。活动轮廓模型按其轮廓曲线的表达形式不同，可分为参数活动轮廓模型（又称 Snake 模型）和几何活动轮廓模型两种。

4.4.1　基于改进 Snake 模型的目标检测

1. Snake 模型的原理

本小节主要对 Snake 模型的基本原理和方法进行论述，给出活动轮廓模型基本表达式，分析其方程中各部分能量物理意义，并给出能量最小化过程中传统求解方法。

1）Snake 模型的数学描述

Snake 模型在图像的目标边界附近给出一条封闭的初始轮廓曲线，轮廓曲线的能量由内部能量和外部能量两部分组成[9]。最小化能量时产生内力和外力，轮廓曲线在自身的内力和由图像数据产生的外力共同作用下运动（变形），运动的最终结果是使轮廓曲线与图像中目标边界或与图像中期望检测到的特征形状相一致。Snake 模型的轮廓曲线 C 可定义为 $X(s)=(x(s),y(s))$ 的集合，其中，$X(s)$ 是轮廓曲线 C 上的二维坐标点，s 为归一化的弧长，取值为 $0\leqslant s\leqslant 1$。轮廓曲线 C 的能量为：

$$E(C)=E_{\text{int}}+E_{\text{ext}} \tag{4-4-1}$$

通过最小化能量，轮廓曲线沿能量降低方向演化。内部能量 E_{int} 产生内力，使轮廓曲线伸缩、弯曲；外部能量 E_{ext} 产生外力，使轮廓曲线朝着图像中目标的边界运动。轮廓曲线内部能量函数定义为：

$$E_{\text{int}}(X(s))=\frac{1}{2}\int_0^1\left[\alpha(s)\left|\frac{\partial X(s)}{\partial s}\right|^2+\beta(s)\left|\frac{\partial^2 X(s)}{\partial^2 s}\right|^2\right]\mathrm{d}s \tag{4-4-2}$$

1 阶微分 $\frac{\partial X(s)}{\partial s}$ 表达的是轮廓曲线长度的变化率，若使轮廓曲线内部能量 E_{int} 最小，就意味着曲线长度收缩。系数 $\alpha(s)$ 可以控制轮廓曲线以较快或较慢的幅度进行收缩，轮廓曲线就像一根具有弹力、长度可变的绳子，系数 $\alpha(s)$ 的值越大，轮廓曲线收缩得越快，所以称 $\alpha(s)$ 为弹力系数。2 阶微分 $\frac{\partial^2 X(s)}{\partial^2 s}$ 表达的是曲率向量，系数 $\beta(s)$ 控制着轮廓曲线沿着法线方向朝目标边界运动的速度，这一项使得轮廓曲线的运动就如同一根刚体绳子的运动，在运动的过程中要保持光滑和原有的形状，并且长短不发生变化。如果 $\beta(s)$ 值很大，轮廓曲线就会变得很僵硬而不容易发生弯曲；如果 $\beta(s)$ 值较小，就会容许轮廓曲线发生弯曲生成一个角，所以称 $\beta(s)$ 为强度系数。若使轮廓曲线内部能量 E_{int} 最小，轮廓曲线就应当变得尽量光滑，减小曲率的变化。

分别调整弹力系数 $\alpha(s)$ 和强度系数 $\beta(s)$，使得轮廓曲线获得合适的弹性和强度，轮廓曲线就可以在自身的内力和由图像数据产生的外力共同作用下运动到目标边界。当轮廓曲线到达目标边界时，希望轮廓曲线外部能量函数也达到较小的值。对于一幅灰度图像 $I(x,y)$，轮廓曲线外部能量函数定义为：

$$E_{\text{ext}}(X(s)) = \int_0^1 \varepsilon(X(s))\mathrm{d}s \tag{4–4–3}$$

$$\varepsilon(X(s)) = -\left|\nabla I(x,y)\right|^2 \tag{4–4–4}$$

或

$$\varepsilon(X(s)) = -\left|\nabla\left[G_\sigma(x,y) * I(x,y)\right]\right|^2 \tag{4–4–5}$$

式中，$G_\sigma(x,y)$ 是标准差为 σ 的二维高斯函数；∇ 是梯度算子 $\left[\frac{\partial}{\partial x},\frac{\partial}{\partial y}\right]$；* 是二维图像卷积算子。

对于仅是由一些黑色或白色线条组成的图像，用式（4–4–6）代替式（4–4–4），式（4–4–7）代替式（4–4–5）：

$$\varepsilon(X(s)) = -I(x,y) \tag{4–4–6}$$

或

$$\varepsilon(X(s)) = -G_\sigma(x,y) * I(x,y) \tag{4–4–7}$$

用 $\boldsymbol{G}_\sigma * \boldsymbol{I}$ 来代替 $\boldsymbol{I}$ 能平滑图像，可以降低计算图像梯度的噪声。轮廓曲线外部能量函数除定义为式（4–4–4）～式（4–4–7）外，还可以根据具体应用设计为其他表达式。

根据前面对内部能量和外部能量的叙述，可以写出轮廓曲线完整的能量数学表达式：

$$E(X(s))=\frac{1}{2}\int_0^1\left[\alpha(s)\left|\frac{\partial X(s)}{\partial s}\right|^2+\beta(s)\left|\frac{\partial^2 X(s)}{\partial^2 s}\right|^2\right]\mathrm{d}s+\int_0^1\varepsilon(X(s))\mathrm{d}s \quad (4\text{–}4\text{–}8)$$

Snake 模型具有 Laplace 算子、阈值化、区域生长等基于数据驱动图像分割方法所无法比拟的优点：① 图像数据、初始估计、目标边界及基于知识的约束统一于参数活动轮廓模型能量函数中；② 经适当初始化后，参数活动轮廓模型能够自动地收敛到能量极小值状态；③ 尺度σ 由大到小（由粗到精）的极小化能量，可以极大地扩展捕获区域（初始轮廓曲线可远离目标边界）和降低计算复杂度。

2）能量最小化基本求解算法

Kass 提出，将图像特征提取公式化为一个能量函数，通过求解这个能量函数的极小值，能够使问题得以解决。根据变分原理，使轮廓曲线能量式（4–4–8）最小化，得欧拉–拉格朗日方程：

$$\frac{\partial}{\partial s}\left(\alpha(s)\frac{\partial X(s)}{\partial s}\right)-\frac{\partial^2}{\partial s^2}\left(\beta(s)\frac{\partial^2 X(s)}{\partial^2 s}\right)-\nabla\varepsilon(X(s))=0 \quad (4\text{–}4\text{–}9)$$

式（4–4–9）实际上是一个力平衡方程：

$$F_{\text{int}}+F_{\text{ext}}=0 \quad (4\text{–}4\text{–}10)$$

其中

$$F_{\text{int}}=\frac{\partial}{\partial s}\left(\alpha(s)\frac{\partial X(s)}{\partial s}\right)-\frac{\partial^2}{\partial s^2}\left(\beta(s)\frac{\partial^2 X(s)}{\partial^2 s}\right) \quad (4\text{–}4\text{–}11)$$

$$F_{\text{ext}}=-\nabla\varepsilon(X(s))=-\left[\frac{\partial\varepsilon}{\partial x},\frac{\partial\varepsilon}{\partial y}\right] \quad (4\text{–}4\text{–}12)$$

内力 F_{int} 控制轮廓曲线的伸展和弯曲，外力 F_{ext} 引导轮廓曲线朝着期望的目标边界运动，一般称 $F_{\text{ext}}=-\nabla\varepsilon$ 为高斯外力或高斯外力场，基于高斯外力的 Snake 模型为高斯力 Snake 模型。写成动态形式如下：

$$\gamma(s)\frac{\partial X(s,t)}{\partial t}=\frac{\partial}{\partial s}\left(\alpha(s)\frac{\partial X(s,t)}{\partial s}\right)-\frac{\partial^2}{\partial^2 s}\left(\beta(s)\frac{\partial^2 X(s,t)}{\partial^2 s}\right)-\nabla\varepsilon(X(s,t)) \quad (4\text{–}4\text{–}13)$$

$$X(s,0)=X^0\text{（轮廓曲线初始位置）} \quad (4\text{–}4\text{–}14)$$

$$\frac{\partial X(s,t)}{\partial t}\Big|_{t=0}=0\text{（初始速度为 0）} \quad (4\text{–}4\text{–}15)$$

$$X(0,t)=X(1,t)\text{（封闭性）} \quad (4\text{–}4\text{–}16)$$

式中，$\gamma(s)$为阻尼系数；式（4–4–14）为轮廓曲线初始位置X^0；式（4–4–15）表明轮廓曲线运动初始速度为0；式（4–4–14）和式（4–4–15）为式（4–4–13）的初始条件；式（4–4–16）表明轮廓曲线是封闭的。当式（4–4–13）的解$X(s,t)$趋于平稳时，$\dfrac{\partial X(s,t)}{\partial t}$（记为$X_t(s,t)$）趋于0，此时可以得到式（4–4–9）的平稳解。

利用有限差分法来求解Snake模型的能量函数式，有限差分法仅需要Snake模型轮廓曲线上相邻采样节点数据值参与运算，计算量较小。设轮廓曲线上采样节点数为H，任一采样节点$i=1,2,\cdots,H$，节点i在空间上1阶微分$\dfrac{\partial X(s,t)}{\partial t}$（记为$X_s(s,t)$）和2阶微分$\dfrac{\partial^2 X(s)}{\partial^2 s}$（记为$X_{ss}(s,t)$）的近似值（差分），以及在时间上1阶微分$\dfrac{\partial X(s,t)}{\partial t}$（记为$X_t(s,t)$）的近似值（差分）如下：

$$\frac{\partial X(s,t)}{\partial s} \Leftrightarrow \frac{X_{i+1}-X_i}{h} \tag{4–4–17}$$

$$\frac{\partial^2 X(s,t)}{\partial s^2} \Leftrightarrow \frac{X_{i+1}-2X_i+X_{i-1}}{h^2} \tag{4–4–18}$$

$$\frac{\partial X(s,t)}{\partial t} \Leftrightarrow \frac{X_i^n - X_i^{n-1}}{\Delta t} \tag{4–4–19}$$

式中，X_{i+1}为节点$i+1$的采样值；X_i为节点i的采样值；X_{i-1}为节点$i-1$的采样值；h是图像x和y两个方向上的等间隔采样距离；Δt为时间采样间隔；X_i^n为节点i在第n次迭代时的数值；X_i^{n-1}为节点i在第$n-1$次迭代时的数值。

用有限差分的方法离散化式（4–4–13），则方程的形式转化为：

$$\gamma\frac{X_i^n - X_i^{n-1}}{\Delta t} = \frac{1}{h^2}[\alpha_{i+1}(X_{i+1}^n - X_i^n) - \alpha_i(X_i^n - X_{i-1}^n)] - \frac{1}{h^4}[\beta_{i-1}(X_{i-2}^n - 2X_{i-1}^n + X_i^n)] - 2\beta_i(X_{i-1}^n - 2X_i^n + X_{i+1}^n) + \beta_{i+1}(X_i^n - 2X_{i+1}^n + X_{i+2}^n) + F_{\text{ext}}(X_i^{n-1}) \tag{4–4–20}$$

式中，γ为阻尼系数；$\alpha_i = \alpha(ih)$；$\beta_i = \beta(ih)$。

通常，外力F_{ext}定义在离散区域上，任意位置X_i的F_{ext}值可以通过附近的外力值进行二次线性插值得到。若α和β与轮廓曲线样节点位置无关，则

$$h^4 a = -\beta$$

$$h^4 b = 4\beta + h^2\alpha$$

$$h^4 d = -6\beta - 2h^2\alpha$$

$$\boldsymbol{A} = \begin{bmatrix} d & b & a & & & & a & b \\ b & d & b & a & & & & a \\ a & b & d & b & a & & & \\ & a & b & d & b & a & & \\ & & & & \cdots & & & \\ & & & a & b & d & b & a \\ a & & & & a & b & d & b \\ b & a & & & & a & b & d \end{bmatrix}$$

式（4–4–20）可以写成如下紧凑矩阵形式：

$$\begin{aligned} &\frac{\boldsymbol{X}^n - \boldsymbol{X}^{n-1}}{\tau} = \boldsymbol{A}\boldsymbol{X}^n + F_{\text{ext}}(\boldsymbol{X}^{n-1}) \\ &\boldsymbol{F}_{\text{ext}} = [F_x, F_y] = -\left[\frac{\partial \varepsilon}{\partial x}, \frac{\partial \varepsilon}{\partial y}\right] \end{aligned} \tag{4–4–21}$$

式中，$\tau = \Delta t / \gamma$。

H 是轮廓曲线上采样点的数目，$\boldsymbol{X}^n = (x(s), y(s))^n$，$\boldsymbol{X}^{n-1}$ 和 $\boldsymbol{F}_{\text{ext}}(X^{n-1})$ 是 H 行两列的矩阵，$\boldsymbol{A}$ 是 H 行 H 列的矩阵。式（4–4–21）可以通过应用式（4–4–22）反复迭代求出数值解。

$$\boldsymbol{X}^n = (\boldsymbol{I}_{\text{d}} - \tau \boldsymbol{A})^{-1}\left[\boldsymbol{X}^{n-1} + \tau \boldsymbol{F}_{\text{ext}}(\boldsymbol{X}^{n-1})\right] \tag{4–4–22}$$

$\boldsymbol{I}_{\text{d}}$ 矩阵为单位矩阵，矩阵 $\boldsymbol{I}_{\text{d}} - \tau\boldsymbol{A}$ 的逆矩阵可以通过 LU 分解得到。对于参数 α、β 不变的情况，分解过程仅需要进行一次，计算复杂度为 $O(H^3)$。

2. 基于改进 Snake 模型的目标检测方法

对于目标的轮廓提取，其精确度直接决定目标检测的精确程度。

目标的轮廓提取一般通过基于序列图像差分来获取初始轮廓。差分法是利用运动信息检测目标的，由于阴影也会随着目标的运动而运动，所以会经常将目标连同阴影一并提取，造成目标形状扭曲，目标连接和目标数估计错误等影响，甚至错误地将阴影当成目标，从而使得阴影也成为“姿态”的一部分。因此，将目标对象与阴影分离，是提取运动目标精确轮廓亟待解决的问题。本节提出一种新的基于 Snake 模型的目标轮廓精确提取算法，能准确提取运动目标轮廓，并分离目标对象与阴影。

1）运动阴影特性的分析

当前，由于图像序列中运动目标检测与提取在精度和实时性上的要求都在不断增加，进而目标检测中的阴影问题就越发突出，因此，近年来阴影检测成为智能监控系统研究的一个热点。在视频图像中，阴影包含了场景中目标的形状和相互间位置关系的线索，提供了描述场景的大量重要信息。但同时阴影的存在给许多目标检测带来了麻烦，使得分割出来的目标与真实目标的形状和颜色产生了很大的偏差，特别是运动目标的投射阴影常常会造成基于目标外形、颜色和纹理等特征的跟踪算法产生错误的结果，甚至是丢失目标，并且这种来自底层的错误信息在目标跟踪和行为分析等高层处理中是无法识别与消除的。因此，消除检测中运动目标的阴影并提取真实的目标区域，对整个视频跟踪检测系统的工作至关重要。

本小节对阴影检测的研究基于以下条件：

（1）摄像机是静止的，即背景是静止的。

（2）光线足够强，即保证当前场景与背景的差异，或者相邻帧之间的差别足够大，可以检测到运动区域。

（3）背景是平坦的，阴影可以平滑覆盖背景。

从目前的技术和算法研究进程看，将阴影与目标区分开来并非易事。人的视觉系统区分阴影和目标是很容易的，可是用计算机来分辨阴影却是非常复杂的事情。因为阴影与目标一样有着两种重要的视觉特征：第一，阴影和目标一样，通常都与背景存在明显的不同，一般都被检测为前景；第二，目标与其投射的阴影具有相同的运动特征，因此阴影检测十分困难，将目标与阴影分离是实际应用系统中必须解决的问题。阴影分为两类：自身阴影和投射阴影。自身阴影是目标表面未被光源直接照射而形成的暗区域，该区域对目标检测的影响不大；投射阴影是指在光线照射方向上由于目标遮挡而形成背景中的暗区域，投射阴影是现在阴影检测和消除研究的重点。根据目标的受光情况，一幅二维图像可划分为几个互不相交的区域，即目标区（Object Area）、背景区（Background Area）、自身阴影区（Self-Shadow Area）和投射阴影区（Cast-Shadow Area）。阴影区域由两部分组成：本影区域和投射阴影区域。本节主要关注运动目标投射阴影区域的检测，而静态投射阴影，如场景中树的阴影等，通常当作背景考虑。

2）利用 Snake 模型分割运动目标与阴影

Snake 模型很少用于动态目标的分割。因为与静态目标分割相比，动态目标分割需多考虑一个非常关键的因素，即实时性。然而 Snake 算法是一种复杂的迭代算法，计算量较大，一般情况下很难满足动态系统的需要。由于 Snake 模型对初始轮廓非常敏感，初始轮廓越接近待分割的目标边界，Snake 算法迭代次数就越少，因而分割所耗费的时间就越短。而且，初始轮廓越靠近待分割目标的真实轮廓，收敛效果就越好。

Snake 模型进行分割的主要原理是先提供待分割目标的一个初始轮廓曲线，并对其定义一个能量函数，使轮廓沿能量降低的方向靠近。当能量函数达到最小值的时候，提供的初始轮廓便收敛到图像中目标的真实轮廓，从而达到分割的目的。然而得到待分割目标的初始轮廓也非易事，特别当图像边缘模糊、目标复杂或与其他目标靠得比较近时，其初始轮廓更不易确定。因此本节通过改进对称差分算法来获取初始轮廓。但由于阴影也会随着目标的运动而运动，所以会经常将目标连同阴影一并提取，需要进一步分割阴影。

图像序列中阴影检测在不同应用场合，产生了不同的算法。目前，阴影检测的方法大致分为两类[10]，分别为基于阴影属性的方法和基于阴影模型的方法。基于阴影属性方法也叫无模型方法，利用目标或阴影的空域、时域和光谱等特征，如目标的灰度特性、颜色特性[11, 12]以及几何位置等对目标和阴影进行区分。区分时也可以依据检测参数的不同，分为基于确定性参数的方法和基于统计特性的方法。基于确定性参数的方法快速、简单；基于统计特性的方法则需要依据多帧像素在时间、空间上的统计特性，划分当前像素的类别，实现起来比较复杂。基于阴影模型的方法[13, 14]根据光照特性和三维模型来检测阴影的精确位置，该方法检测效果最好，但通常在特定场景下使用，而且算法复杂度高，实时性较差。本节算法是根据全局信息更容易处理的思想而提出，具有简单、容易实现的特点。

当各种信息共存于图像时，由于受到其余信息干扰，使分辨具体的局部信息变得异常困难，如目标跟其阴影间的差异信息。而对于运动区域，目标对象与其阴影之间的差异则为全局信息，更容易分辨。根据此思想，首先要进行阴影信息的提取。源图像$I(x,y)$经过改进 Snake 模型一次提取后，产生控制点向量$\boldsymbol{V}=[v_1\ v_2\ \cdots\ v_n]$，其中$v_i=[x_i\ y_i]$，由$\boldsymbol{V}$记录前景区域$\phi$的边界，如图 4.4.1（b）粗线所示。通过控制点向量$\boldsymbol{V}$建立模板$R(x,y)$：

$$R(x,y)=\begin{cases}1 & I(x,y)\in\phi\\0 & I(x,y)\in\overline{\phi}\end{cases} \tag{4-4-23}$$

式中，ϕ为可标注前景；$\overline{\phi}$为可标注背景。此时前景ϕ包含目标对象$T(x,y)$和阴影区域$C(x,y)$，在此基础上进行后续分割。

光源通常处于目标对象的上方，因此多数情况下处于地表的目标对象下方会出现阴影。根据这一原则提取阴影信息。选取目标对象$T(x,y)$下方与阴影区域

$C(x,y)$ 连接处附近的阴影像素点为种子点 $v_{\min}$， $v_{\min} \in S$ ，即位于图像中最下方的控制点作为一致性判断的标准，如图 4.4.1（b）右下方标注的圆点所示。

（a）　　（b）

（c）　　（d）

图 4.4.1　基于改进 Snake 模型的阴影分割方法

（a）源图像；（b）经过改进 Snake 模型第一次分割后的效果及选取的阴影种子点 $v_{\min}$ ；

（c）前景图 $\mathrm{fore}(x,y)$ ，提取局部差异信息；（d）经过改进 Snake 模型第二次分割后，

Snake 曲线越过阴影与背景边界，准确提取出车辆轮廓

接下来将局部信息提升为全局信息。选定 $v_{\min}$ 后，根据标识模板 $R(x,y)$ ，将向量 $v_{\min}$ 所指像素点的颜色值 $\mathrm{col}=[r(v_{\min}),g(v_{\min}),b(v_{\min})]$ 赋给背景区域 $\overline{\phi}$ ，获得纯粹的前景图 $\mathrm{fore}(x,y)$ ，如图 4.4.1（c）所示。

$$\mathrm{fore}(x,y)=\begin{cases}\mathrm{Src}(x,y) & I(x,y)\in\phi\\ v_{\min} & I(x,y)\in\overline{\phi}\end{cases} \tag{4-4-24}$$

根据阴影区域 C 的灰度级集中在一个小范围内的特性，可以将前景图 $\mathrm{fore}(x,y)$ 转换成灰度图像 $\mathrm{gray}(x,y)$ 。为了过滤阴影区域，对 $\mathrm{gray}(x,y)$ 进行基于阈值的区域分割：

$$\mathrm{Bin}(x,y)=\begin{cases}\mathrm{Max\_value} & |\mathrm{gray}(x,y)-v_{\min}|>\mathrm{threshold}\\ \mathrm{Min\_value} & |\mathrm{gray}(x,y)-v_{\min}|<\mathrm{threshold}\end{cases} \tag{4-4-25}$$

将 $\mathrm{Bin}(x,y)$ 中的封闭轮廓作为 Snake 模型的初始轮廓。通过上述前景扩大

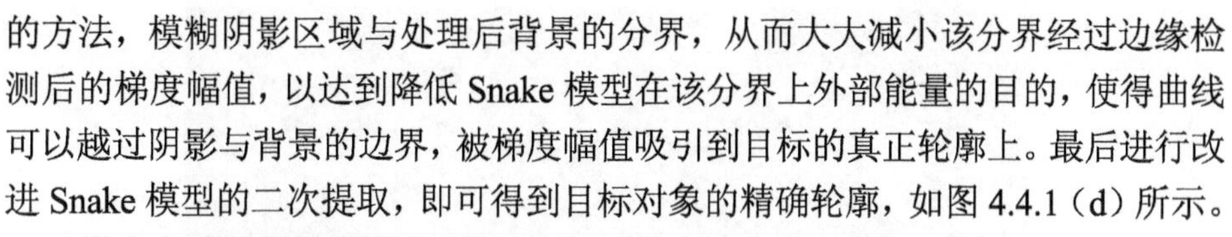

的方法，模糊阴影区域与处理后背景的分界，从而大大减小该分界经过边缘检测后的梯度幅值，以达到降低 Snake 模型在该分界上外部能量的目的，使得曲线可以越过阴影与背景的边界，被梯度幅值吸引到目标的真正轮廓上。最后进行改进 Snake 模型的二次提取，即可得到目标对象的精确轮廓，如图 4.4.1（d）所示。

提出方法的算法流程如下：

（1）根据视频的具体情况，选择视频中的间隔帧数为 $n=2$，获取模型的初始轮廓线。同时还记录当前帧和帧序列图像 $F_{i-3}(x,y)$、$F_i(x,y)$ 和 $F_{i+3}(x,y)$ 进行对称差分操作，获得运动区域 $W_o(x,y)$，作为 Snake 第一帧的差分结果 $\mathrm{img}_{|i-1|}(x,y)$，用于修正后续轮廓。

（2）进行改进 Snake 模型的第一次分割，获得只包含目标对象及其阴影的前景图 $\mathrm{fore}(x,y)$。

（3）对图像分割目标和阴影，得到目标对象 $T(x,y)$ 和阴影 $C(x,y)$。

（4）进行形态学膨胀操作，填补目标内部及其轮廓上的小缝隙和细长弯口。

（5）将当前帧运动区域模板和 $\mathrm{img}_{|i-1|}(x,y)$ 相交取其交集，修正膨胀后的目标区域 $T'(x,y)$。

（6）进行改进 Snake 模型的第二次分割，提取目标对象的精确轮廓。

3）实验结果与分析

为了验证算法的有效性，选用包含单个姿态多变运动目标的视频序列进行实验。采用的视频为 29 fps，图像分辨率为 320×240。

首先对视频序列采用改进对称差分算法获取 Snake 模型的初始轮廓，然后运用原始 Snake 模型对图像序列进行分割，效果如图 4.4.2 所示。从图中可看出，提取的轮廓多处未能准确收敛到目标的凹陷边界上，而且大范围的阴影被当作目标的一部分一并提取，严重影响了检测精度。因此，必须进一步分离目标与阴影。

采用改进后的 Snake 模型对图像序列进行分割，获得了更精确的轮廓点，使处理后得到轮廓线比分离阴影前的轮廓线更贴近目标边界，包络得更紧密，如图 4.4.3 所示。

视频共 350 帧，其中 345 帧能准确地分离目标和阴影，准确率达 98.6%，处理速度为 24～28 fps。实验结果表明，该方法能在复杂背景下有效地快速分离目标和阴影。由于提出方法在阴影消除步骤上，算法复杂度较低，所以和传统的基于颜色空间（HSV）的阴影消除方法相比，速度有较大提高，如表 4.4.1 所示。

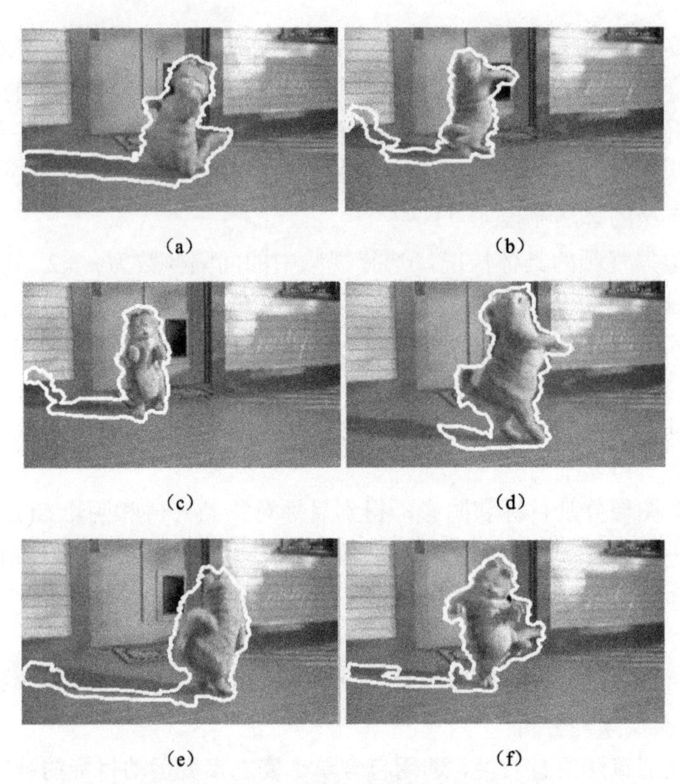

图 4.4.2 利用原始 Snake 模型对图像序列进行分割后的效果

（a）第 10 帧；（b）第 59 帧；（c）第 103 帧；（d）第 198 帧；（e）第 223 帧；（f）第 335 帧

图 4.4.3 利用改进后的 Snake 模型对图像序列进行两次分割后的效果（见彩插）

（a）第 10 帧；（b）第 59 帧；（c）第 103 帧；（d）第 198 帧

图 4.4.3　利用改进后的 Snake 模型对图像序列进行两次分割后的效果（续）（见彩插）

（e）第 223 帧；（f）第 335 帧

表 4.4.1　改进后的 Snake 模型和基于 HSV 阴影分割算法实验结果对比

方　法	处理速度/fps	分割准确率/%
改进后的 Snake 模型阴影分割方法	24～28	98.6
基于 HSV 阴影分割算法	15～18	96.7

本节针对因差分法引入的运动阴影问题，提出了一种在静态背景下基于 Snake 模型提取目标精确轮廓的方法，同时利用 Snake 模型控制点的位置信息，分离目标对象和阴影。算法既利用了图像的全局信息确定前景，又利用了局部信息分离阴影。实验证明，提出的算法能准确地分离目标和阴影，提取运动目标的精确轮廓，并具有较强的抗干扰能力。经过验证，处理速度至少能达到 24～28 fps，能够满足多数情况下的实时性要求。

4.4.2　基于水平集的目标检测

水平集方法具有拓扑无关性的显著特点，在曲线演化的过程中能够自动地处理拓扑形状的变化，从而容易实现对多个运动目标的检测，并且能够得到完整的闭合轮廓。因此，基于水平集的轮廓提取方法被越来越多地应用到目标检测和跟踪领域，并具有较好效果。

目标和阴影彼此相连会对目标轮廓的检测造成干扰。本小节提出基于改进水平集方法的目标检测算法，可以消除阴影干扰，获得目标的完整轮廓线。

1. 水平集模型

水平集是 Hamilition–Jacobi 方程的一种数值解法，是一种用欧拉方法求解隐式偏微分方程的具体实现方法。它用三维空间曲面中的零水平集代替图像空间中的二维曲线。在目标轮廓提取的过程中，曲面变化时，零水平曲线也随之变化，即图像空间的二维曲线也随之演变，演变至目标轮廓处停止，从而检测出目标的轮廓，并通过曲线的拓扑结构的变化解决多个目标的轮廓获取问题。水平集模型可用于图像去噪、增强、图像分割、图像恢复和运动目标跟踪等方面。

1）基本模型

最初由 Osher 和 Sethian [15] 提出的水平集方法是被用来描述热力学方程下的火苗外形变化过程，后来被广泛地应用于图像处理领域。其主要思想是将曲线、曲面和图像的演化表示为更高维数的超平面水平集的演化问题，水平集的演化速度受该曲线或曲面的曲率等因素的牵制。

构造水平集函数 $\varphi(x,y,t)$，零水平集则是水平集函数曲面 $(x,y,\varphi(x,y,t))$ 上满足 $\varphi(x,y,t)=0$ 的曲线 $u(t)$，如图 4.4.4 所示，即

$$u(t)=\{\varphi(x,y,t)=0\} \tag{4-4-26}$$

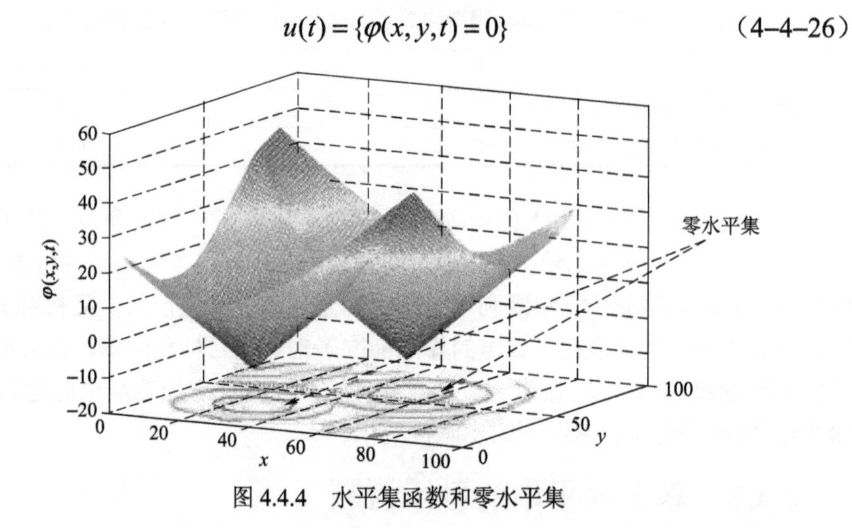

图 4.4.4　水平集函数和零水平集

如图 4.4.4 所示，平面闭合曲线被水平集方法隐含地表达为三维连续函数曲面 $\varphi(x,y)$ 的一个具有相同函数值的同值曲线。一般使用符号距离函数（Signed Distance Function，SDF）来构造水平集函数的初值，即：

$$\varphi(x,y,0)=\begin{cases} d(x,y,u(0)) & (x,y)\in u^{+} \\ 0 & (x,y)\in u \\ -d(x,y,u(0)) & (x,y)\in u^{-} \end{cases} \tag{4-4-27}$$

式中，$d(x,y,u(0))$ 为点 (x,y) 到曲线 $u(0)$ 的距离；u^{+} 为图像平面上由 $u(t)$ 围成的区域的内部；u^{-} 为图像平面上由 $u(t)$ 围成的区域的外部。

这样就完成了二维曲线到三维空间的映射。水平集模型就是对三维 $\boldsymbol{\varphi}$ 曲面演化获得的 $\boldsymbol{\varphi}$ 值，通过式（4-4-26）得到二维平面中的曲线 $u(t)$。

由于任一时刻的 $\varphi(x,y,t)$ 只与 x,y 有关，即等价于：

$$\frac{\mathrm{d}\boldsymbol{\varphi}}{\mathrm{d}t}=0$$

对$\boldsymbol{\varphi}$求偏微分，展开得：

$$\frac{\mathrm{d}\boldsymbol{\varphi}}{\mathrm{d}t}=\frac{\partial\boldsymbol{\varphi}}{\partial t}+\frac{\partial\boldsymbol{\varphi}}{\partial x}\frac{\partial x}{\mathrm{d}t}+\frac{\partial\boldsymbol{\varphi}}{\partial y}\frac{\partial y}{\mathrm{d}t}=\boldsymbol{v}\cdot\nabla\boldsymbol{\varphi}+\frac{\mathrm{d}\boldsymbol{\varphi}}{\mathrm{d}t}=0 \tag{4-4-28}$$

式中，$\boldsymbol{v}=\left(\frac{\mathrm{d}x}{\mathrm{d}t},\frac{\mathrm{d}y}{\mathrm{d}t}\right)$为速度项；$\nabla\boldsymbol{\varphi}=\left(\frac{\partial\varphi}{\partial x},\frac{\partial\varphi}{\partial y}\right)$为梯度项。

对于零水平集函数$u(t)=\{\varphi(x,y,t)=0\}$，同样满足：

$$\frac{\partial\boldsymbol{u}}{\partial t}=-\boldsymbol{v}\cdot\nabla\boldsymbol{u}$$

在曲线的演化过程中，只有法线方向$\overline{N}$上的速度才能影响曲线的形状，如果用$F\cdot\overline{N}$表示速度$\boldsymbol{v}$，则有：

$$\frac{\partial\boldsymbol{u}}{\partial t}=-F\cdot\overline{N}\cdot\nabla\boldsymbol{u}$$

而$\overline{N}=-\frac{\nabla\boldsymbol{u}}{\|\nabla\boldsymbol{u}\|}$，则曲线演化方程为：

$$\frac{\partial\boldsymbol{u}}{\partial t}=F\cdot\|\nabla\boldsymbol{u}\| \tag{4-4-29}$$

式中，$F=F(L,G,I)$，为速度函数。

F一般与三个因素有关：① 曲线的局部几何性质（L），如曲率、法矢量等；② 曲线的全局性质（G），如曲线的形状、长度等；③ 独立于演化曲线的因素（I），如图像的梯度向量流场、人为添加的外力场等。

这样，曲线演化方程就变成了一种 Hamilton–Jacobi 类型的偏微分方程初值问题：

$$\begin{cases}\frac{\partial\phi}{\partial t}+F|\nabla\phi|=0\\ \phi(x,y,t=0)=\phi_0(x,y)\end{cases} \tag{4-4-30}$$

从式（4–4–30）不难发现，水平集模型的零水平集曲线进化过程其实就可以看作是速度函数F约束下曲线的扩展或收缩过程。当$F=0$时，曲线停止演化；$F<0$时，曲线往内收缩；$F>0$时，曲线往外扩展，从而收缩（扩张）到希望的目标轮廓处。在分割处理中，将图像目标的边缘梯度与速度函数F相关联，即在梯度最大的时候将F设为近似零值，引导曲线向边缘收敛，最终停留在目标的轮廓上。

2）快速水平集

在水平集众多的实现方法中，主要的困难是水平集函数需要按照式（4–4–27）不断进行重新初始化。如果对整个函数进行更新，显然在零水平集以外很远的地方是没有必要的，为此提出了窄带法（Narrow Band）[16]，其基本思想就是只重新更新零水平集周围很窄的一个带状区域。该方法的核心内容是窄带的动态更新和窄带内符号函数的构建，这样符号函数构建的点数少了，可却要花费时间构建窄带，计算量还是很大。

快速水平集是由 Shi[17]提出的一种优化方法。此方法在求解水平集时不需要解偏微分方程，同时也不需要每次对水平集进行符号函数构造，因此减少了计算量，速度也有所提高。

快速水平集演化步骤如下所示：

（1）初始化：按式（4–4–30）初始化水平集函数ϕ和循环链表L，计算L上的每一点的F值，规定最大迭代次数N。

（2）收缩过程：遍历现存链表L，对L上任一点p，若$F(p)>0$，则把p从L中删除，$\phi(p)=D$，同时遍历p的四邻域，若四邻域中任一点的水平集函数$\phi<0$，则将它加入L，令其$\phi=0$；重新计算新链表L上每一点的F值。

（3）膨胀过程：遍历现存链表L，对L上任一点p，如果$F(p)<0$，则把p从L中删除，$\phi(p)=-D$，同时遍历p的四邻域，若四邻域中任一点的水平集函数$\phi>0$，则把它加入L，令其$\phi=0$；重新计算新链表L上每一点的F值。

（4）若L上任意一点F值都不大于 0 或迭代次数达到N，结束演化，否则转步骤（2）继续迭代。

该算法不需要采用传统的迎风格式解偏微分方程，也不需要每次对水平集进行符号函数构造，只须对链表上的点进行计算，因此计算量大大减少，速度也大大提高。

2. 多信息融合的快速水平集方法

1）基于直方图的统计势能

水平集算法中的速度函数F决定曲线膨胀和收缩，是曲线能否准确停止在目标边界的关键。图像的统计势能充分反映出像素的全局分布，因此采用统计势能来决定F值。

设图像I由一个目标和背景组成，把图像的直方图用两个高斯分布表示，第一高斯分布近似目标的灰度分布，第二高斯分布近似背景的灰度分布，于是得到下列灰度分布函数：

$$G_{\text{obj}}(I)=c_1\exp\left[-\left(\frac{I-\mu_1}{\sigma_1}\right)^2\right] \tag{4-4-31}$$

$$G_{\text{back}}(I)=c_2\exp\left[-\left(\frac{I-\mu_2}{\sigma_2}\right)^2\right] \tag{4-4-32}$$

图像 I 中的任何一点 (x,y) 的像素灰度值 $i(x,y)$ 属于背景和前景的概率分别为：

$$P_{\text{o}}(i)=\frac{G_{\text{obj}}(i)}{G_{\text{obj}}(i)+G_{\text{back}}(i)}$$

$$P_{\text{b}}(i)=\frac{G_{\text{back}}(i)}{G_{\text{obj}}(i)+G_{\text{back}}(i)}$$

定义判断函数：

$$P(i(x,y))=\ln P_{\text{o}}(i(x,y))-\ln P_{\text{b}}(i(x,y)) \tag{4-4-33}$$

定义统计图像势能：

$$E_{\text{s}}=\iint\left|P(i(x,y))\right|\text{d}x\text{d}y \tag{4-4-34}$$

当点处于目标边缘时，$P(i(x,y))=0$，$E_{\text{s}}=0$ 最小；当曲线位于目标区域内部时，$P(i(x,y))>0$，推动曲线向正确边界扩展；当曲线位于背景区域时，$P(i(x,y))<0$，推动曲线向正确边界收缩。可见图像统计势能是从灰度分布的总体特性来考虑，克服了依赖于图像局部梯度的速度函数在弱边缘处不能发挥作用的缺点，适用于有梯度和没有梯度的图像检测。由此可见，最小化能量方程式（4–4–34）就是水平集演化曲线的进化过程：

$$\phi_{\text{o}}=\arg\min E[I,\phi] \tag{4-4-35}$$

式中，$E[I,\phi]=\frac{\mu}{2}\int\text{d}s+E_{\text{s}}$。

由最陡下降法得到曲线进化方程为：

$$\frac{\partial\phi}{\partial t}=-\frac{\partial E[I,\phi]}{\partial\phi}=\left\{\frac{1}{2}\left[\ln\frac{\sigma_{\text{o}}^2}{\sigma_{\text{b}}^2}+\left(\frac{(i-\mu_{\text{b}})^2}{\sigma_{\text{b}}^2}-\frac{(i-\mu_{\text{o}})^2}{\sigma_{\text{o}}^2}\right)\right]-\mu\cdot\kappa\right\}|\nabla\phi| \tag{4-4-36}$$

改进后速度函数 F 为：

$$F=\frac{1}{2}\left[\ln\frac{\sigma_{\text{o}}^2}{\sigma_{\text{b}}^2}+\left(\frac{(i-\mu_{\text{b}})^2}{\sigma_{\text{b}}^2}-\frac{(i-\mu_{\text{o}})^2}{\sigma_{\text{o}}^2}\right)\right]-\mu\cdot\kappa \tag{4-4-37}$$

式中，κ 为曲线曲率；μ 为边界描述子。

通过计算式中 F 值，实现曲线的演化。

2）快速水平集与运动信息的融合

为了避免对整个图像平面进行分割，减少运算量，提高算法速度，本小节利用对称三帧差分法来解决这些问题。对称差分法保留了图像差分运算结构的特点，由于处理时使用当前帧的前后三帧进行运算，在整个跟踪过程中可以克服目标形状、背景亮度变化和噪声影响，可靠地捕捉目标形状，即使在复杂背景下同样可以准确快速地检测出当前帧的运动窗口。

$$d_{i-n}(x,y)=\left|F_{i-n}(x,y)-F_i(x,y)\right| \tag{4-4-38}$$

$$d_{i+n}(x,y)=\left|F_i(x,y)-F_{i+n}(x,y)\right| \tag{4-4-39}$$

式中，$F_{i-n}(x,y)$、$F_i(x,y)$ 和 $F_{i+n}(x,y)$ 分别表示第 $i-n$ 帧、第 i 帧和第 $i+n$ 帧图像。

在实际应用中，在不清楚噪声的情况下，可根据具体情况适当调整间隔帧数 n，不一定要选取相邻帧。分别以 $d_{i-n}(x,y)$、$d_{i+n}(x,y)$ 差分图像的平均值 T_1、T_2 为阈值，对它们进行二值化处理：

$$\begin{aligned}T_1&=\frac{1}{MN}\sum_{x=0}^{N-1}\sum_{y=0}^{M-1}d_{i-n}(x,y)\\W_{if}(x,y)&=\begin{cases}1 & d_{i-n}(x,y)\leqslant T_1\\0 & d_{i-n}(x,y)>T_1\end{cases}\end{aligned} \tag{4-4-40}$$

$$\begin{aligned}T_2&=\frac{1}{MN}\sum_{x=0}^{N-1}\sum_{y=0}^{M-1}d_{i+n}(x,y)\\W_{ib}(x,y)&=\begin{cases}1 & d_{i+n}(x,y)\leqslant T_2\\0 & d_{i+n}(x,y)>T_2\end{cases}\end{aligned} \tag{4-4-41}$$

若以第一帧作为改进对称差分法中的背景模型，将当前帧和第一帧相减，得到背景减信息：

$$d_i(x,y)=\left|F_i(x,y)-F_1(x,y)\right| \tag{4-4-42}$$

$$T_{ib}=\frac{1}{MN}\sum_{x=0}^{N-1}\sum_{y=0}^{M-1}d_i(x,y) \tag{4-4-43}$$

$$W_b(x,y)=\begin{cases}1 & d_i(x,y)\leqslant T_{ib}\\0 & d_i(x,y)>T_{ib}\end{cases} \tag{4-4-44}$$

从两次差值图像及背景减信息中恢复运动信息：

$$W_o(x,y)=W_{if}(x,y)\cap W_{ib}(x,y)\cap W_b(x,y) \tag{4-4-45}$$

并计算其掩模图像 $N(x,y)$：

$$N(x,y)=\begin{cases}1 & \text{Num}>n, W_0(x,y)=1\\ 0 & \text{其他}\end{cases} \tag{4-4-46}$$

式中，Num 为邻域中被判断为前景像素的个数；n 取经验值 4。

根据式（4-4-37）的速度函数 F，对其作做一步改进。融合式（4-4-46）获得的运动信息后的速度函数 F_1 为：

$$F_1=\frac{1}{2}\left[\ln\frac{\sigma_o}{\sigma_b}+\left(\frac{(i-\mu_b)^2}{\sigma_b^2}-\frac{(i-\mu_o)^2}{\sigma_o^2}\right)\right]*N(x,y)-\mu\bullet\kappa \tag{4-4-47}$$

利用快速水平集在变化区域的一个小窗口范围内进行运动信息的提取，有效提高了算法速度。但是通常情况下，由于运动信息不仅包含真正的运动目标，同时也包含了随着运动目标而运动的阴影，因此需要进一步分离目标对象与阴影。

3）快速水平集与阴影信息的融合

针对存在阴影的目标检测，容易造成相邻目标的连接，从而造成目标的形状扭曲和数目估计错误等情况。提出的算法利用目标与阴影的局部信息，可对带有阴影的目标进行精确检测。

针对上述公路智能监控中出现的情况，将提出的单目标检测及其阴影分离算法扩展为多维，即多目标检测，算法同样是根据全局信息更容易处理的思想而提出，具有简单、容易实现的特点。

当各种信息共存于图像时，由于受到其余信息干扰，使分辨具体的局部信息变得异常困难，如目标跟其阴影间的差异信息。而对于运动区域，目标对象与其阴影之间的差异则为全局信息，更容易分辨。根据此思想，首先要进行阴影信息的提取。源图像 $I(x,y)$ 经过快速水平集一次提取后，产生演化曲线所包含的连通区域由下列向量表示：$\boldsymbol{\Omega}=[\boldsymbol{\Omega}_1,\boldsymbol{\Omega}_2,\cdots,\boldsymbol{\Omega}_{n_o}]$，其中 n_o 表示连通区域的个数。

$$\boldsymbol{\Omega}_i=[\varphi_{i1},\varphi_{i2},\cdots,\varphi_{im_i}] \qquad i\in n_o \tag{4-4-48}$$

式中，m_i 表示在第 i 个连通区域边界曲线的像素点个数；$\varphi_{ij}=[x_{ij},y_{ij},z_{ij}]$ 表示某个像素点的坐标及其颜色信息，其中 $z_{ij}=[R_{ij},G_{ij},B_{ij}]$ 表示该像素点上三个颜色分量；向量 $\boldsymbol{\Omega}$ 记录变化区域 W_o 的边界，并通过掩模图像 $N(x,y)$ 区分了变化区域 W_o 和背景区域 W_b，此时 W_o 包含 n_o 个运动目标体，在此基础上进行后续分割。

由于光源总是处于目标车辆的上方，多数情况下处于地表的目标对象下方会出现阴影区域。根据这一原则提取阴影信息，选取 n_o 个像素点作为演化曲线 $\boldsymbol{\Omega}$ 所包含 n_o 个连通区域的阴影种子点，即图像中每个连通区域边界上处于最下方的像素点：

$$\varphi_{ig}=[x_{ig},y_{ig},z_{ig}] \qquad y_{ig}=\min\left\{y_{i1},y_{i2},\cdots,y_{im_i}\right\} \qquad i\in n_{\mathrm{o}} \tag{4-4-49}$$

然后取n_{o}个种子点平均值来表征阴影的颜色信息，并作为下一步骤的一致性判断的标准：

$$Z_{\mathrm{g}}=\frac{1}{n_{\mathrm{o}}}\sum_{i=0}^{n_{\mathrm{o}}-1}z_{ig} \tag{4-4-50}$$

下一步是将局部信息提升为全局信息。根据标识模板$N(x,y)$，将向量Z_{g}的颜色值$[R_{\mathrm{g}},G_{\mathrm{g}},B_{\mathrm{g}}]$赋给背景区域$W_{\mathrm{b}}$，获得纯粹的前景图$Q(x,y)$：

$$Q(x,y)=\begin{cases}I(x,y) & I(x,y)\in\Omega\\ Z_{\mathrm{g}} & I(x,y)\notin\Omega\end{cases} \tag{4-4-51}$$

根据阴影的灰度级集中在一个小范围内的特性，可以将前景图像$Q(x,y)$转换成灰度图像$Q'(x,y)$，同时Z_{g}经过灰度化线性变换后变为Z_{g}'。为了过滤阴影区域，对$Q'(x,y)$进行基于阴影灰度阈值的区域分割，δ取 10，并再次建立掩模图像$\mathrm{Bi}(x,y)$：

$$\mathrm{Bi}(x,y)=\begin{cases}1 & \left|Q'(x,y)-Z_{\mathrm{g}}'\right|\leqslant\delta\\ 0 & \left|Q'(x,y)-Z_{\mathrm{g}}'\right|>\delta\end{cases} \tag{4-4-52}$$

根据式（4-4-37）的速度函数F，融合目标对象与阴影差异信息后的速度函数F_2为：

$$F_2=\frac{1}{2}\left[\ln\frac{\sigma_{\mathrm{o}}}{\sigma_{\mathrm{b}}}+\left(\frac{(i-\mu_{\mathrm{b}})^2}{\sigma_{\mathrm{b}}^2}-\frac{(i-\mu_{\mathrm{o}})^2}{\sigma_{\mathrm{o}}^2}\right)\right]\mathrm{Bi}(x,y)-\mu\cdot\kappa \tag{4-4-53}$$

采用融合了目标对象与阴影差异信息的速度函数，可以使演化曲线越过变化区域与背景区域的边界，被吸引到目标的真正轮廓上，实现分割多目标对象和阴影的目的。

4）实验结果

针对公路监控中的常见问题，将算法扩展至提取多目标精确轮廓上。在公路监控实际应用中，由于傍晚太阳高度角低和车流量大的问题，常出现目标和目标的投影彼此相连的情况，真实的多个目标易被计算机识别为单一目标来提取。

本小节针对上述实际情况，特别选用傍晚拍摄的公路监控视频进行实验，车辆阴影面积较大，经常出现粘连的情况，如图 4.4.5（a）所示。采用的视频为 29 fps，图像分辨率为 320×240。

首先对视频序列［图 4.4.5（a）］利用对称差分法提取运动信息，如图 4.4.5（b）所示，然后进行快速水平集一次分割，演化过程如图 4.4.5（c）所示，经过迭代，融合运动信息的快速水平集最终收敛效果如图 4.4.5（d）所示。从图中可看出，提取到的轮廓虽然已包含了多个目标车辆，但是大面积的阴影也被当作目标的一部分一并提取。同时，由于阴影的存在使得相邻车辆被同一轮廓线提取，即错误地将其检测为一个目标，严重影响了检测精度。

（a）　（b）　（c）　（d）

图 4.4.5　快速水平集一次提取效果图

（a）源图像；（b）对称差分法提取运动信息；（c）演化过程效果；
（d）融合运动信息的快速水平集提取效果

对视频进行目标和阴影分离，如图 4.4.6 所示。融合阴影信息后的水平集演化曲线不再受阴影区域的干扰，根据真正的目标信息，成功分裂成多个轮廓曲线，收敛到目标的真正轮廓上，如图 4.4.6（d）所示。从图 4.4.6（c）中可以看出，由于马路上斑马线与其邻近的阴影像素值差异较大，处理后仍然有阴影残留在后续处理的图像中，对曲线收敛造成一定的影响。但由于连通性操作，面积较小的斑马线被作为噪声除去，因此并不影响最终收敛效果。

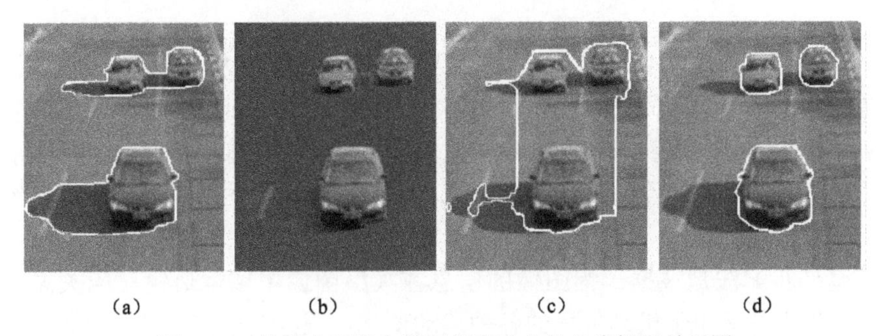

（a）　（b）　（c）　（d）

图 4.4.6　快速水平集与阴影信息融合的分步提取效果图

（a）选取阴影种子点；（b）前景图；（c）演化过程效果；（d）改进算法效果

在选取监控视频中，一共415帧，其中403帧能准确地检测目标车辆，准确率达97.2%，处理速度为24 fps。傍晚多车辆阴影连接的情况是比较常见的，如图4.4.7所示，本小节提出的方法在多车辆情况下均能够检测成功。

（a）

（b）

图4.4.7 快速水平集与阴影信息融合的实验效果图

（a）车辆监控视频图像一；（b）车辆监控视频图像二

实验结果表明，该方法能在复杂背景下有效地快速分离目标和阴影。此外，如图4.4.7所示，由于采用快速水平集进行收敛，提高了算法的运算速度，本算法中快速水平集的迭代一般小于10次。该方法的处理速度为24 fps，能够满足实际应用中的实时性要求。

4.5 基于特征匹配的目标检测

基于特征匹配的目标检测方法主要是根据图像间的相关信息来检测目标，即在两幅或者多幅不同视点的图像中寻找同一目标的特征。特征匹配的精度及效率直接影响视觉跟踪方法的准确性及实时性。其中，特征可以是目标灰度信息、颜色、纹理、边缘、角点、形状等。常用的匹配方法有模型匹配、特征匹配及特征点匹配等。

模型匹配法是根据一幅图像的信息在模型图像中搜索最优对应关系的过程。其优点是适用于机动目标的各种运动变化，跟踪精度高，抗干扰能力强。

特征匹配法在图像匹配跟踪中占有很重要的地位，其主要思想是：首先提取图像中的特征属性，其次对特征属性进行运算，然后在下一幅图像中搜索该运算结果，从而实现目标的定位与跟踪。通过图像的特征提取，可以大大减少噪声、灰度变化、形变和遮挡的影响，提取的特征点包含图像的最重要信息，匹配精度较高，并且能够大大减少图像包含的信息量，从而能够加快运算速度，实现实时性。正是由于基于特征的图像匹配算法有如上的特点，所以基于特征的匹配方法越来越受到广泛关注。

特征点匹配法主要有基于不变量局部描述算子和基于统计学习方法的特征匹配方法。基于不变量局部描述算子的特征匹配方法主要包括尺度旋转不变图像特征 SIFT(Scale Invariant Features Transform)、PCA-SIFT、SURF (Speeded Up Robust Features)等。基于统计学习方法的特征匹配方法有 PCA(Principal Component Analysis)、高斯混合模型(Gaussian Mixture Models)、随机树(Randomized Trees)、随机蕨(Random Ferns)等。此类方法采用有监督的机器学习方法将宽基线特征匹配问题转化为模式分类问题，首先需要使用已知的样本集合对系统进行训练，利用完成训练的系统对未知的样本进行分类，即可实现特征的归类匹配。

4.5.1　基于直方图匹配的目标检测

1. *直方图匹配方法*

目标的特征表示通常采用直方图来描述。假设得到的目标和模板的直方图分别为 $H_1(i)$ 和 $H_2(i)$，其中 i 为直方图的柱。常用的描述两个直方图相似程度的方法有以下四种[18]。

（1）相关法。

$$d_{\text{correl}}(H_1,H_2)=\frac{\sum_i H_1'(i)\cdot H_2'(i)}{\sqrt{\sum_i H_1'(i)\cdot H_2'(i)}} \tag{4-5-1}$$

式中，$H_k'(i)=H_k(i)-(1/N)\left(\sum_j H_k(j)\right)$，且 N 等于直方图中 bin 的个数。

对于相关法，数值越大则匹配程度越高。完全匹配时数值为 1，完全不匹配时数值是–1，数值为 0 则表示无关联（随机组合）。

（2）卡方法（chi-square）。

$$d_{\text{chi-square}}(H_1,H_2)=\sum_i \frac{(H_1(i)-H_2(i))^2}{H_1(i)+H_2(i)} \tag{4-5-2}$$

对于 chi-square，数值越小的匹配程度越高。完全匹配时值为 0，完全不匹配时为无限值（依赖于直方图的大小）。

（3）直方图相交法。

$$d_{\text{intersection}}(H_1,H_2)=\sum_i \min(H_1(i)-H_2(i)) \tag{4-5-3}$$

对于直方图相交法，数值越大表示匹配越好。如果两个直方图都被归一化到 1，则完全匹配时值为 1，完全不匹配时值为 0。

（4）Bhattacharyya 距离法。

$$d_{\text{Bhattacharyya}}(H_1,H_2)=\sqrt{1-\sum_i \frac{\sqrt{H_1(i)\cdot H_2(i)}}{\sum_i H_1(i)\cdot\sum_i H_2(i)}} \tag{4-5-4}$$

对于 Bhattacharyya 匹配，数值越小则匹配程度越高，完全匹配时值为 0，完全不匹配时值为 1。

2. 目标的直方图描述

假设目标中心位于 x_0，目标区域包含了 n 个像素点 $\{x_i\} i=1,2,\cdots,n$，特征直方图的柱数(bin)为 m。目标模型的特征值即为直方图每一柱的数值 q_u，其概率密度估计为：

$$\hat{q}_u=C\sum_{i=1}^{n} k\left(\left\|\frac{x_i^s-x_0}{h}\right\|^2\right)\delta[b(x_i^s)-u] \tag{4-5-5}$$

式中，$k(x)$ 为核函数的轮廓函数，为了削弱目标区域周围背景像素对目标特征模型的影响，利用 $k(x)$ 对中心的像素赋予高的权值，而远离中心的像素只能获得一个较小的权值；$\delta(x)$ 是 Delta 函数，$\delta[b(x_i^s)-u]$ 的作用是判断目标前景区域中像素 x_i 的颜色值是否属于第 u 个柱；C 是一个归一化系数，使得 $\sum_{u=1}^{m} q_u=1$，通常取

$$C=\frac{1}{\sum_{i=1}^{n} k\left(\left\|\frac{x-x_i}{h}\right\|^2\right)} \tag{4-5-6}$$

在视频序列里每帧图像中可能包含目标的区域称为候选区域，其中心坐标设为 y，以此为核函数的中心，h 为核函数带宽，区域中像素用 $\{x_i\} i=1,2,\cdots,n_h$ 表示，参照目标特征模板的表达式，目标候选模型可以表示为：

$$\hat{p}_u(y)=C_h\sum_{i=1}^{n_h} k\left(\left\|\frac{x_i^s-y}{h}\right\|^2\right)\delta[b(x_i^s)-u] \tag{4-5-7}$$

式中，$C_h = \dfrac{1}{\sum_{i=1}^{n_h} k\left(\left\| \dfrac{y - x_i}{h} \right\|^2\right)}$，是归一化常数。

3. 目标的颜色直方图匹配方法

选择 RGB 空间中的颜色直方图来描述目标的颜色特征[24]。颜色直方图的柱数 $m = 8\times8\times8$，分别表示 R、G、B 每个颜色通道的等级。设目标中心为 $x_0 = (x, y)$，目标区域中所有的像素集合为 $\{x_i\}_{i=1,2,\cdots,n}$，目标的特征值为直方图中每一柱的值，记为：

$$q_{c,u} = C_{c,h} \sum_{i=1}^{n} k\left(\left\| \frac{x_i - x_0}{h} \right\|^2\right) \delta\left[b(x_i) - u_c\right] \tag{4-5-8}$$

式中，函数 $b(x): R^2 \to \{1, 2, \cdots, m\}$ 用于将每个像素划分到不同的柱中；$C_{c,h}$ 为归一化常数；δ 为 Delta 函数；$k(x)$ 为高斯核函数，定义为：

$$k(x) = \begin{cases} \mathrm{e}^{-\beta\left\|\frac{x}{h}\right\|^2} & \|x\| < h \\ 0 & \|x\| \geqslant h \end{cases} \tag{4-5-9}$$

得到目标的直方图后，需要构造目标特征模板与备选模板之间的似然函数。然后计算目标图像与模板图像颜色直方图的 Bhattacharyya 系数检测出目标。

为了简化计算，$\hat{p}_u(y)$ 与 $\hat{q}_u$ 之间 Bhattacharyya 相关系数 $\hat{\rho}(y)$ 可定义为：

$$\hat{\rho}(y) \equiv \rho[p(y), q] = \sum_{u=1}^{m} \sqrt{p_u(y)\hat{q}_u} \tag{4-5-10}$$

Bhattacharyya 系数的取值范围为 0～1，$\hat{\rho}(y)$ 越大表示两个向量越相似，而在图像跟踪中 $\hat{\rho}(y)$ 最大的候选区域就被认为是当前帧中目标的位置。

4.5.2　基于模板匹配的目标检测

模板匹配用于在源图像 ***S*** 中寻找定位给定目标图像 ***T***，即模板图像。其原理是通过一些相似度准则来衡量两个图像块之间的相似度 Similarity（***S***，***T***）。该方法常用于一些平面图像处理，如印刷中的数字、工业零器件等小尺寸目标图像识别分类。

模板匹配中，源图像和模板图像可以是二值图像、灰度图像、彩色图像。

一般而言，模板匹配有两种使用场景：

（1）如果源图像 ***S*** 与模板图像 ***T*** 大小（高和宽）一致，则直接使用相似度计算公式对这两个图像进行相似度计算。

（2）如果源图像 $\boldsymbol{S}$ 的尺寸大于模板图像 $\boldsymbol{T}$，则在 $\boldsymbol{S}$ 中匹配 $\boldsymbol{T}$ 时，需要滑动匹配窗口，即模板图像的大小，计算模板图像与该窗口对应的图像区域之间的相似度。对整张 $\boldsymbol{S}$ 图像滑动完后，得到多个匹配结果。这里，有两种方式获取匹配结果：一种是返回所有匹配结果中的最佳匹配结果（最小值或最大值，依相似度计算方式而定）；另一种是设定一个阈值，大于或小于该阈值的匹配结果都认为是有效的匹配。

以 8 位图像（其 1 个像素由 1 个字节描述）为例，模板 $\boldsymbol{T}$（$m \times n$ 个像素）叠放在被搜索图 $\boldsymbol{S}$（$W \times H$ 个像素）上平移，模板覆盖被搜索图的那块区域称为子图 $\boldsymbol{S}_{ij}$。i，j 为子图左上角在被搜索图 S 上的坐标。搜索范围是：$1 \leqslant i \leqslant W-m$，$1 \leqslant j \leqslant H-n$。

通过比较 $\boldsymbol{T}$ 和 $\boldsymbol{S}_{ij}$ 的相似性，完成模板匹配过程。衡量模板 T 和子图 S_{ij} 的匹配程度，可采用 SSD（Sum of Square Difference）和 SAD（Sum of Absolute Difference）方法：

$$\mathrm{SSD}(i,j)=\mathrm{Max}\left(\sum_{m=1}^{M}\sum_{n=1}^{N}\left[S_{ij}(m,n)-T(m,n)\right]^2\right) \tag{4-5-11}$$

$$\mathrm{SAD}(i,j)=\mathrm{Min}\left(\sum_{m=1}^{M}\sum_{n=1}^{N}\left|S_{ij}(m,n)-T(m,n)\right|\right) \tag{4-5-12}$$

SAD 算法比较简单，但是鲁棒性较差，为了解决这个问题，同时兼顾实时性，模板匹配中的相关系数法可以很好地适应这些要求：相关系数（r）是一种数学距离，可以用来衡量两个向量的相似程度。它起源于余弦定理 $\cos(A)=(a^2+c^2-b^2)/2bc$。如果两个向量的夹角为 0°（对应 r=1），说明它们完全相似；如果夹角为 90°（r=0），则它们完全不相似；如果夹角为 180°（r=–1），则它们完全相反。把余弦定理写成向量的形式：

$$\cos(A)=\langle b,c\rangle/(|b|*|c|) \tag{4-5-13}$$

即

$$\cos(A)=(b_1c_1+b_2c_2+\cdots+b_nc_n)/\sqrt{(b_1^2+b_2^2+\cdots+b_n^2)(c_1^2+c_2^2+\cdots+c_n^2)} \tag{4-5-14}$$

式中，分子表示两个向量的内积，分母表示两个向量的模相乘。

在实际应用中，更常用的是去均值相关系数，它在式（4–5–10）的基础上还要在分子分母减去各个向量的均值：

$$r=\frac{\sum(x_i-\overline{x})(y_i-\overline{y})}{\sqrt{\sum(x_i-\overline{x})^2}\sqrt{\sum(y_i-\overline{y})^2}} \tag{4-5-15}$$

模板大小的确定往往是一个经验值，紧贴目标轮廓的模板或者包含太多背景的模板都不好。前者的模板太小，它对目标的变化太敏感，会很容易丢失目标；后者正相反，目标变化的时候算法却没有反应。一般而言，目标所占模板的比例在 30%～50%为佳。

如图 4.5.1 所示，在原始大图中定位到小模板图（lena 的眼睛），使用模板匹配时的滑动过程如图 4.5.2 所示，滑动完整张大图后，得到一张包含所有匹配结果的图，如图 4.5.3 所示。图 4.5.3 中的一个像素位置代表了一次模板匹配的结果。

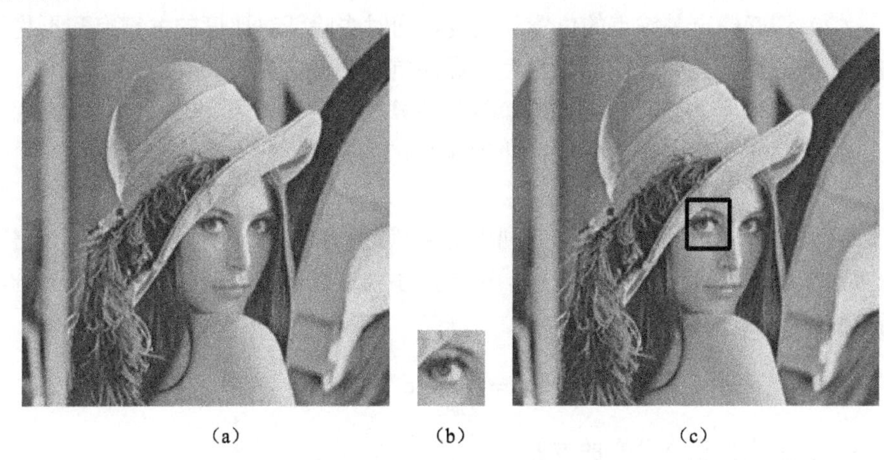

（a）　（b）　（c）

图 4.5.1 模板匹配实验结果

（a）原始图像；（b）模板图像；（c）匹配结果图像

图 4.5.2　模板匹配过程

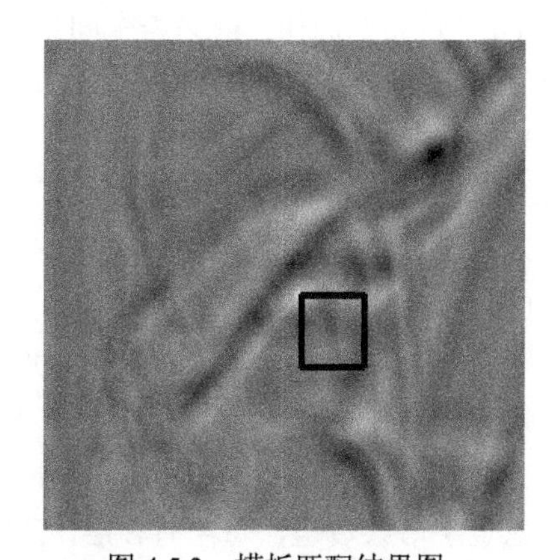

图 4.5.3　模板匹配结果图

4.5.3 基于 SIFT 的目标检测

SIFT 方法是由 David Lowe 于 1999 年提出的局部特征描述子，并于 2004 年进行了更深入的发展和完善[19, 20]。SFIT 算法首先在尺度空间进行特征检测并确定关键点（Key Points）的位置和关键点所处的尺度，然后使用关键点邻域梯度的主方向作为该点的方向特征，以实现算子对尺度和方向的无关性。一幅图像 SIFT 特征向量的生成算法共包括四步[21]：

（1）检测尺度空间极值点，初步确定关键点位置和所在尺度。

（2）精确确定关键点的位置和尺度，同时去除低对比度的关键点和不稳定的边缘响应点，以增强匹配稳定性、提高抗噪声能力。

（3）为每个关键点指定方向参数，使算子具备旋转不变性。

（4）关键点描述子的生成，即生成 SIFT 特征向量。

1. 尺度空间的生成

尺度空间理论的主要思想是利用高斯核对原始图像进行尺度变换，获得图像多尺度下的尺度空间表示序列，对这些序列进行尺度空间特征提取。二维高斯核的定义如下：

$$G(x,y,\sigma)=\frac{1}{2\pi\sigma^2}\mathrm{e}^{-(x^2+y^2)}/2\sigma^2 \tag{4-5-16}$$

式中，σ 为高斯正态分布的方差。

对于二维图像 $I(x,y)$，在不同尺度下的尺度空间表示 $L(x,y)$ 可由图像与高斯核 $G(x,y,\sigma)$ 的卷积得到：

$$L(x,y,\sigma)=G(x,y,\sigma)*I(x,y) \tag{4-5-17}$$

式中，*是卷积操作；(x,y)是空间坐标；σ 是尺度坐标，其值越小表示该图像被平滑得越少，其值越大表示该图像被平滑得越多。大尺度对应于图像的概貌特征，小尺度对应于图像的细节特征。因此，选择合适的尺度因子是建立尺度空间的关键。为了有效地在尺度空间检测到稳定的关键点，提出了高斯差分尺度空间（DOG scale-space），利用不同尺度的高斯差分核与图像卷积生成：

$$\begin{aligned}D(x,y,\sigma)&=(G(x,y,k\sigma)-G(x,y,\sigma))*I(x,y)\\&=L(x,y,k\sigma)-L(x,y,\sigma)\end{aligned} \tag{4-5-18}$$

DOG 算子计算简单，是尺度归一化 LoG 算子的近似。图像金字塔的构建：图像金字塔共 O 组，每组有 S 层，下一组的图像由上一组图像降采样得到。

1）空间极值点检测

为了寻找尺度空间的极值点，每一个采样点要和它所有的相邻点比较，看其是否比它的图像域和尺度域的相邻点大或者小。如图 4.5.4，中间的检测点和它同尺度的 8 个相邻点及上下相邻尺度对应的 9×2 个点，共 26 个点比较，以确保在尺度空间和二维图像空间都检测到极值点。

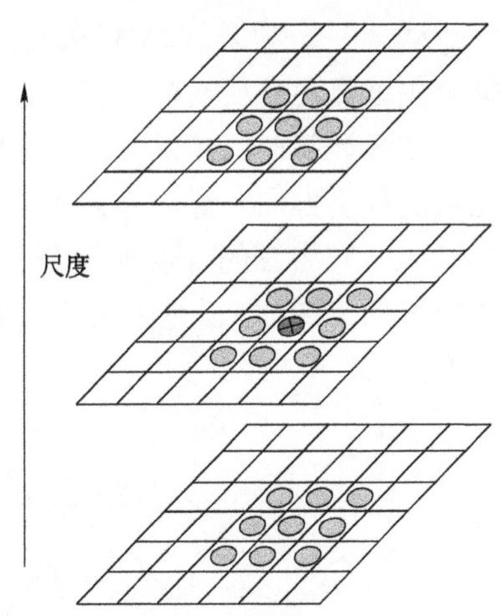

图 4.5.4　DOG 尺度空间局部极值检测

2）精确确定极值点位置

通过拟合三维二次函数以精确确定关键点的位置和尺度（达到亚像素精度），同时去除低对比度的关键点和不稳定的边缘响应点（因为 DOG 算子会产生较强的边缘响应），以增强匹配稳定性、提高抗噪声能力。边缘响应的去除是根据一个定义不好的高斯差分算子的极值在横跨边缘的地方有较大的主曲率，而在垂直边缘的方向有较小的主曲率。主曲率通过一个 2×2 的 Hessian 矩阵 $\boldsymbol{H}$ 求出，令 α 为最大特征值，β 为最小特征值，则

$$\boldsymbol{H}=\begin{bmatrix} D_{xx} & D_{xy} \\ D_{xy} & D_{yy} \end{bmatrix}$$

$$\begin{aligned} \mathrm{Tr}(\boldsymbol{H}) &= D_{xx}+D_{yy}=\alpha+\beta \\ \mathrm{Det}(\boldsymbol{H}) &= D_{xx}D_{yy}-(D_{xy})^2=\alpha\beta \end{aligned} \tag{4-5-19}$$

导数由采样点相邻差估计得到。

$\boldsymbol{D}$ 的主曲率和 $\boldsymbol{H}$ 的特征值成正比，令 $\alpha=\gamma\beta$，则

$$\frac{\mathrm{Tr}(\boldsymbol{H})^2}{\mathrm{Det}(\boldsymbol{H})}=D_{xx}+D_{yy}=\frac{(\alpha+\beta)^2}{\alpha\beta}=\frac{(\gamma\beta+\beta)^2}{\gamma\beta\beta^2}=\frac{(\gamma+1)^2}{\gamma} \tag{4-5-20}$$

式（4–5–16）单增，故可由限制式（4–5–16）的值来达到限制比值 γ 的目的，进而达到过滤边缘响应点的作用。

3）关键点方向分配

利用关键点邻域像素的梯度方向分布特性为每个关键点指定方向参数，使算子具备旋转不变性。

$$\begin{aligned} m(x,y) &= \sqrt{(L(x+1,y)-L(x-1,y))^2+(L(x,y+1)-L(x,y-1))^2} \\ \theta(x,y) &= \arctan[(L(x+1,y)-L(x-1,y))/(L(x,y+1)-L(x,y-1))] \end{aligned} \tag{4-5-21}$$

式（4–5–17）为 (x, y) 处梯度的模值和方向公式。其中，L 所用的尺度为每个关键点各自所在的尺度。

实际计算时，在以关键点为中心的邻域窗口内采样，并用直方图统计邻域像素的梯度方向。梯度直方图的范围是 0～360°，其中每 10° 为一个柱，总共 36 个柱。直方图的峰值则代表了该关键点处邻域梯度的主方向，即作为该关键点的方向。图 4.5.5 是采用 7 个柱时，使用梯度方向直方图为关键点确定主梯度方向。

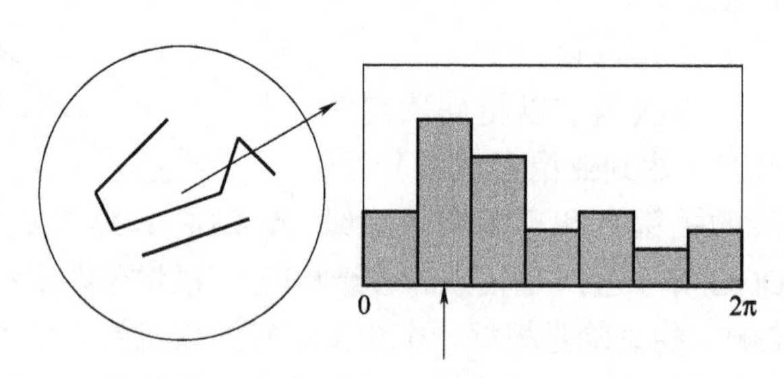

图 4.5.5　由梯度方向直方图确定主梯度方向

在梯度方向直方图中，当存在另一个相当于主峰值 80%能量的峰值时，则将这个方向认为是该关键点的辅方向。一个关键点可能会被指定具有多个方向（一个主方向，一个以上辅方向），这可以增强匹配的鲁棒性。

至此，图像的关键点已检测完毕，每个关键点有三个信息：位置、所处尺度、方向。由此可以确定一个 SIFT 特征区域。

4）生成 SIFT 特征向量

首先将坐标轴旋转为关键点的方向，以确保旋转不变性。

接下来以关键点为中心取 8×8 的窗口。图 4.5.6（a）的中央黑点为当前关键点的位置，每个小格代表关键点邻域所在尺度空间的一个像素，箭头方向代表该像素的梯度方向，箭头长度代表梯度模值，图中圈代表高斯加权的范围（越靠近关键点的像素梯度方向信息贡献越大）。然后在每 4×4 的小块上计算 8 个方向的梯度方向直方图，绘制每个梯度方向的累加值，即可形成一个种子点，如图 4.5.6（b）所示。图中，一个关键点由 2×2 共 4 个种子点组成，每个种子点有 8 个方向向量信息。这种邻域方向性信息联合的思想增强了算法抗噪声的能力，同时对于含有定位误差的特征匹配也提供了较好的容错性。

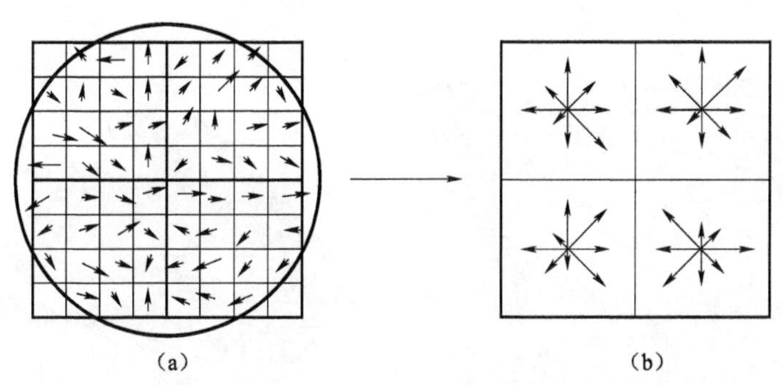

(a)　　　　　　　　(b)

图 4.5.6　由关键点邻域梯度信息生成特征向量

(a) 图像梯度；(b) 关键点特征向量

实际计算过程中，为了增强匹配的稳健性，Lowe 建议对每个关键点使用 4×4 共 16 个种子点来描述，这样对于一个关键点就可以产生 128 个数据，即最终形成 128 维的 SIFT 特征向量。此时 SIFT 特征向量已经去除了尺度变化、旋转等几何变形因素的影响，再继续将特征向量的长度归一化，则可以进一步去除光照变化的影响。

2. SIFT 特征向量的匹配

首先，进行相似性度量。所谓相似性度量是指用什么来确定待匹配特征之间的相似性，它通常是某种代价函数或者是距离函数的形式，一般采用各种距离函数作为特征的相似性度量，如欧氏距离、马氏距离等。

其次，消除错配。无论采用哪种特征描述符和相似性判定度量，错配都难以避免。这一步主要做的就是根据几何或光度的约束信息去除候选匹配点中的错配。一般利用 RANSAC 随机抽样一致性算法去除错误的匹配点对，得到最佳匹配点。通过对最佳匹配点的特征向量进行匹配，最后得到图像特征向量的匹配。

3. 实验结果

当两幅图像的 SIFT 特征向量生成后，采用关键点特征向量的欧式距离来作为两幅图像中关键点的相似性判定度量。取图像 1 中的某个关键点，并找出其与图像 2 中欧式距离最近的前两个关键点，在这两个关键点中，如果最近的距离除以次近的距离小于某个比例阈值，则接受这一对匹配点。降低这个比例阈值，SIFT 匹配点数目会减少，但更加稳定。针对 lena 图像的实验结果如图 4.5.7 所示，分别为对原始图像和旋转后的图像检测到的关键点特征向量，图 4.5.7（a）检测到的关键点为 1 088 个，图 4.5.7（b）检测到的关键点为 1 345 个。图 4.5.8 为两幅图像匹配后的实验结果，共有 683 个匹配点。

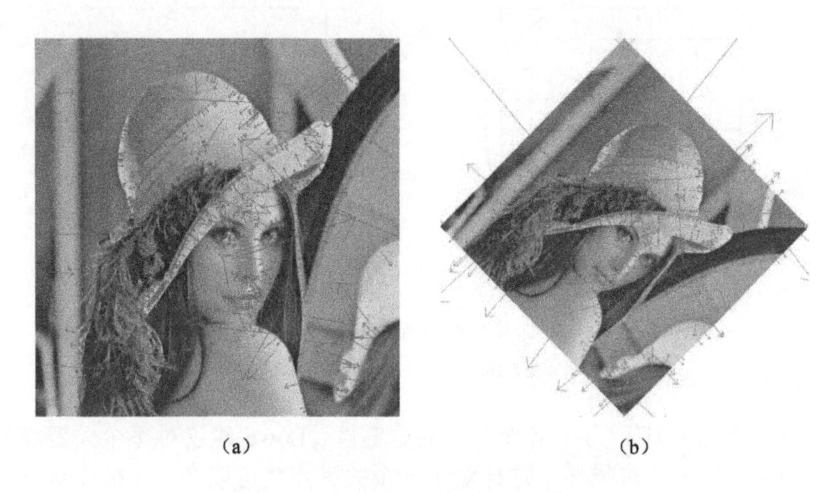

图 4.5.7 关键点特征向量（见彩插）

(a) 原始图像；(b) 旋转后的图像

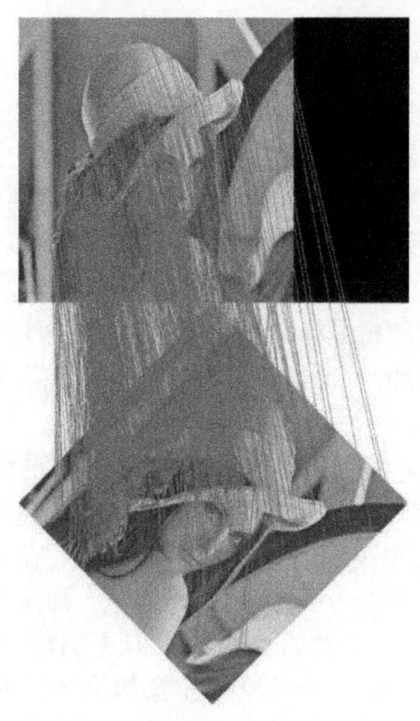

图 4.5.8 图像匹配结果（见彩插）

4.6　目标位置计算

图像测试系统中，在目标检测出后，需要得到目标在图像中的精确位置。本节主要介绍以下目标位置计算方法。

4.6.1　基于图像矩的目标位置计算

设图像以灰度形式表示为 $f(x,y)$，$x=1,2,\cdots$，$m, y=1,2,\cdots,n$，其中，m 和 n 分别为摄像机所采图像的行像素数和列像素数。阈值过程为

$$F(x,y)=\begin{cases} f(x,y) & f(x,y)\geqslant T \\ 0 & f(x,y)<T \end{cases} \tag{4-6-1}$$

式中，T 为自适应阈值。

目标中心点的计算实际上就是计算阈值处理后目标图像的 0 阶矩和 1 阶矩[22]，即

$$x_0=\frac{\sum_{x=1}^{m}\sum_{y=1}^{n}F(x,y)x}{\sum_{x=1}^{m}\sum_{y=1}^{n}F(x,y)}$$

$$y_0=\frac{\sum_{x=1}^{m}\sum_{y=1}^{n}F(x,y)y}{\sum_{x=1}^{m}\sum_{y=1}^{n}F(x,y)} \tag{4-6-2}$$

此方法也称为重心法。目前基于此方法有一些改进的形式，如带阈值的重心法、平方加权重心法，以及高斯加权重心法等。

重心法的优点在于充分利用了目标中每一点的灰度值，计算方法简单、速度快，如果背景灰度值较小，目标灰度值较高，则重心法可以获得较高的定位精度，但是实际图像中目标特征的情况较为复杂，如亮背景或暗目标、目标和背景的灰度值都比较高等，其抗噪声性能较差，并且该算法受目标形状影响比较大。

4.6.2　基于多次曲线拟合的目标位置计算

拟合法是一种基于最小二乘准则的数学方法，当目标的特征是椭圆或直线

时，提取目标的边界点进行最小二乘拟合，从而确定目标的中心位置。首先采用数据点对目标图像进行一次曲线拟合，然后去掉曲线内或曲线周围 95%以外的点，再进行一次曲线拟合，这样可以消除目标图像周围随机点带来的拟合误差。

1. 基于椭圆拟合的目标位置计算

椭圆拟合法涉及两个过程：一是目标边缘点的检测；另一个则是对目标边缘点进行椭圆拟合，以确定椭圆的中心。

首先对图像进行自适应阈值分割得到二值化图像，然后对二值图像运用连通算子进行连通区域标记，并通过计算各标记区域的面积，可以将面积小于或大于某一预设阈值的区域删除，即通过此项操作除去小面积噪声和其他干扰，并获得目标边界点的坐标。

获得目标的边界点后，进行椭圆拟合以确定椭圆的中心，设椭圆图像曲线的一般表达式为：

$$ax^2+bxy+cy^2+dx+ey+f=0 \tag{4-6-3}$$

记 $\boldsymbol{a}=[a\ b\ c\ d\ e\ f]$，设 $(x_i,y_i)\ (i=1,2,\cdots,N)$ 为椭圆轮廓上的 N 个测量点，根据最小二乘原理，求目标函数：

$$F(\boldsymbol{a},x_i,y_i)=\sum_{i=1}^{N}(ax_i^2+bx_iy_i+cy_i^2+dx_i+ey_i+f) \tag{4-6-4}$$

的最小值来确定参数 a、b、c、d、e 和 f。由极值原理，欲使 F 为最小，则

$$\frac{\partial F}{\partial a}=\frac{\partial F}{\partial b}=\frac{\partial F}{\partial c}=\frac{\partial F}{\partial d}=\frac{\partial F}{\partial e}=\frac{\partial F}{\partial f}=0 \tag{4-6-5}$$

用线性方程组求解算法，如牛顿–高斯法、Levenberg-Marquardt 等可求解得到椭圆参数 a、b、c、d、e 和 f 的值。则精确的中心点 (X_c,Y_c) 为：

$$X_c=\frac{2cd-be}{b^2-4ac}$$

$$Y_c=\frac{2ae-bd}{b^2-4ac}$$

$$b^2-4ac\neq 0 \tag{4-6-6}$$

根据最小二乘原理，建立椭圆拟合的数学模型，用所有测量点到理想椭圆的距离平方和为最小这一准则来确定理想椭圆的参数[23]。该方法速度快、准确度高。

基于椭圆拟合的椭圆形目标中心位置提取效果如图 4.6.1 所示。原始图像

如 4.6.1（a）所示，采集的图像中存在其他干扰目标；对图像进行自适应阈值分割得到二值化图像，然后经过轮廓检测得到三个轮廓，如图 4.6.1（b）所示；根据预设阈值对所得轮廓进行选择得到目标的真实轮廓，并进行椭圆拟合得到目标的中心位置（用“+”号标出），如图 4.6.1（c）所示。

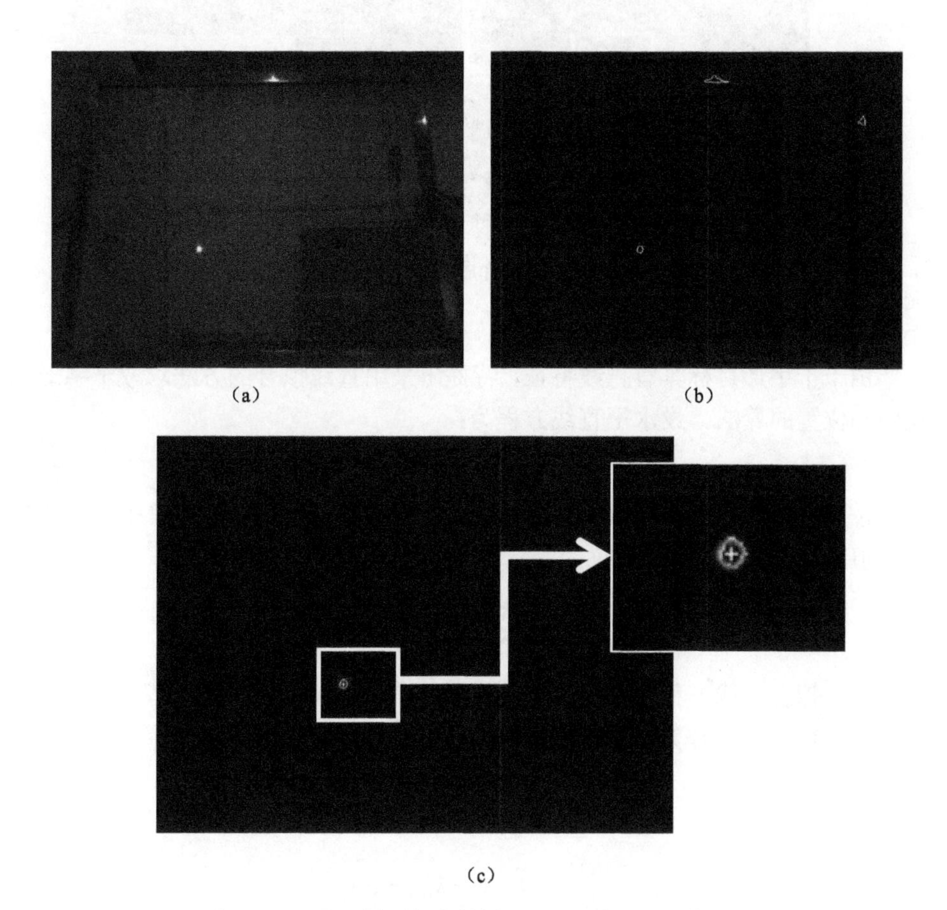

（a）　　（b）

（c）

图 4.6.1　基于椭圆拟合的椭圆形光斑中心位置提取

（a）原始图像；（b）轮廓检测结果；（c）目标中心位置提取结果

由图 4.6.1（c）可明显看出，椭圆拟合曲线边缘存在随机点影响光斑的中心位置精度，根据多次曲线拟合原理，去除边缘随机点，再次进行椭圆拟合得到如图 4.6.2 所示的两次曲线拟合后的光斑精确中心位置图像。

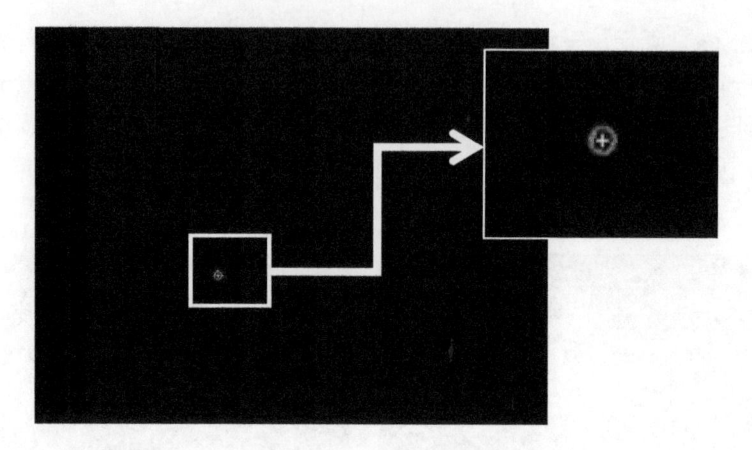

图 4.6.2　两次曲线拟合后的椭圆形光斑中心位置

2. 基于直线拟合的目标位置计算

由于十字形目标具有直线特征，特提出采用直线拟合的方法求取十字形光斑中心位置的算法。设水平直线方程为：

$$y = k_1 x + b_1 \tag{4-6-7}$$

按最小二乘法的求解方法，拟合直线与采集曲线相应点的偏差平方和达到最小值，数字表达式为：

$$\phi(k_1, b_1) = \sum_{i=1}^{N} (y_i - k_1 x_i - b_1)^2 \tag{4-6-8}$$

确定拟合直线方程中 k_1 和 b_1 两个常量的值，则确定了直线方程。因此，式（4–6–6）中 k_1 和 b_1 作为变量并分别求偏导数得：

$$\begin{aligned} \frac{\partial \phi}{\partial k_1} &= 2\sum_{i=1}^{N} (y_i - k_1 x_i - b_1) x_i \\ \frac{\partial \phi}{\partial b_1} &= 2\sum_{i=1}^{N} (y_i - k_1 x_i - b_1) \end{aligned} \tag{4-6-9}$$

令偏导数分别为 0，并整理得：

$$\begin{aligned} &\sum_{i=1}^{N} x_i y_i - k_1 \sum_{i=1}^{N} x_i^2 - b_1 \sum_{i=1}^{N} x_i = 0 \\ &\sum_{i=1}^{N} y_i - k_1 \sum_{i=1}^{N} x_i - N b_1 = 0 \end{aligned} \tag{4-6-10}$$

式中，x_i, y_i 为采样点坐标值；N 为采样点个数。

经计算求得$\sum_{i=1}^{N}x_i$、$\sum_{i=1}^{N}y_i$、$\sum_{i=1}^{N}x_iy_i$、$\sum_{i=1}^{N}x_i^2$的值，代入式（4–6–8）可得k_1和b_1，然后可得到拟合直线方程$y=k_1x+b_1$。同理可得竖直直线的方程$y=k_2x+b_2$，两方程联立，得交点坐标即为十字形目标中心点的坐标(X_c,Y_c)：

$$X_c=\frac{b_1-b_2}{k_2-k_1}$$

$$Y_c=\frac{k_2b_1-k_1b_2}{k_2-k_1} \tag{4–6–11}$$

$$k_1\neq k_2$$

基于直线拟合的十字形光斑图像中心提取如图 4.6.3 所示。为了减小运算量，图中只选取了光条两端某一段长度的像素位置用于两次直线拟合，十字形光斑图像的中心点即两条直线的交点已在图中标出。

图 4.6.3　基于直线拟合的十字形光斑图像中心提取

在测试过程中，十字形光斑会旋转一定角度或中心位置会偏离图像中心，图 4.6.4 给出了光斑图像中心发生严重偏离的情况，选取一部分采样点用来直线拟合，可以准确地得到光斑的中心位置。

图 4.6.4 光斑图像中心发生严重偏离

4.6.3 基于能量的目标位置计算

曲线拟合法的中心定位精度更高，并且不受灰度对称性的影响。但是该方法需要较多的样本数据点，计算量大，尤其是上述直线拟合方法，如果仅选择光条两端一部分数据点参与拟合，则会影响中心点定位精度，如果采用光条上全部的点，又会影响处理速度。考虑到目标的像素点分布特征，特提出基于能量的目标图像中心位置提取算法。

1. 光源能量分布数学模型

光源的能量分布可用理想的高斯模型来描述，如图 4.6.5 所示。其能量（光强）分布数学模型为[24]：

$$E(x,y)=E_{\max}\exp\left[-\frac{(x-x_c)^2}{2a_x^2}-\frac{(y-y_c)^2}{2a_y^2}\right] \tag{4-6-12}$$

式中，$E_{\max}$ 为能量，即光强最大值；x_c, y_c 为发光点能量中心坐标，亦为函数的极大值点；a_x, a_y 分别是光源所形成光强分布的两轴。

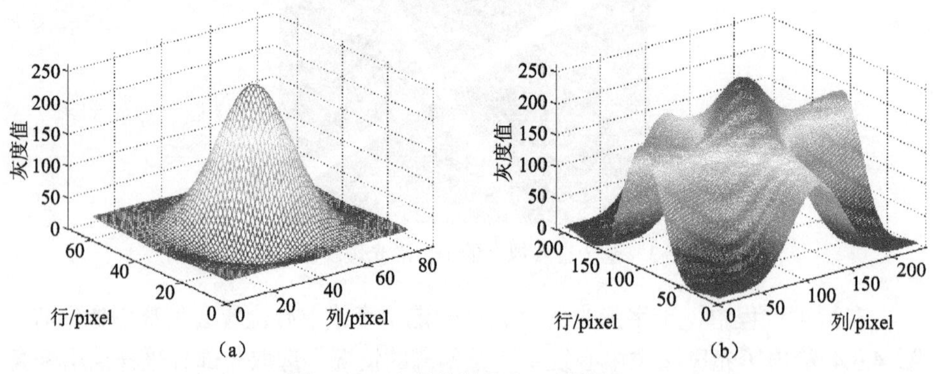

图 4.6.5 光源能量分布（见彩插）

（a）圆形光源；（b）十字光源

2. 目标图像数学模型

摄像机成像模型采用针孔成像模型，如图 3.4.6 所示。空间任何一点 P 在图像中的投影位置 p 为光心 O 与 P 点的连线 OP 与图像平面的交点。设 $\boldsymbol{P}=[x \quad y \quad z]^{\mathrm{T}}$ 为光源在 $Oxyz$ 下的三维坐标，且 z 为常数，设其为 z_0；$\boldsymbol{p}=[u \quad v \quad 1]^{\mathrm{T}}$ 为以 mm 为单位的光斑图像点的齐次坐标。以世界坐标系表示的 $\boldsymbol{P}$ 点坐标与其投影点 $\boldsymbol{p}$ 的坐标 (u,v) 的关系为：

$$s\boldsymbol{p}=s\begin{bmatrix}u\\v\\1\end{bmatrix}=\boldsymbol{M}_1\boldsymbol{M}_2\begin{bmatrix}x\\y\\z\\1\end{bmatrix}=\boldsymbol{M}_1\boldsymbol{M}_2\boldsymbol{P}=\boldsymbol{MP} \tag{4-6-13}$$

式中，s 为某一常数；$\boldsymbol{M}$ 为 3×3 的投影矩阵；$\boldsymbol{M}_1$ 为摄像机内参数矩阵；$\boldsymbol{M}_2$ 为摄像机外参数矩阵。

由式（4–6–12）可得光源的能量中心点 (x_c, y_c) 在摄像机像平面上的点为 $s\boldsymbol{p}_0=\boldsymbol{MP}_0$，其中，$\boldsymbol{P}_0=[x_c \quad y_c \quad z_0]^{\mathrm{T}}$，$\boldsymbol{p}_0=[u_0 \quad v_0 \quad 1]^{\mathrm{T}}$。

又由式（4–6–13）得：

$$\boldsymbol{P}=s\boldsymbol{M}^{-1}\boldsymbol{p} \tag{4-6-14}$$

将式（4–6–14）带入式（4–6–12）可得光源点在摄像机像平面上的图像灰度分布函数：

$$E'(x,y)=E'_{\max}\exp\left[-\frac{(s\boldsymbol{m}_1\boldsymbol{p}-x_c)^2}{2a_x^2}-\frac{(s\boldsymbol{m}_2\boldsymbol{p}-y_c)^2}{2a_y^2}\right] \tag{4-6-15}$$

式中，$E'_{\max}$ 为光斑图像灰度极大值；$\boldsymbol{m}_1$、$\boldsymbol{m}_2$ 分别为 $\boldsymbol{M}^{-1}$ 的第一行和第二行构成的行向量。

经验证，根据能量中心点的透视投影不变量原理，光源的能量中心在摄像机像平面上对应的像点就是目标图像灰度分布函数的极大值点[25]。

3. 基于 Hessian 矩阵的目标图像像素级中心提取

设 n 元函数 $f(x)\triangleq f(x_1,x_2,\cdots,x_n)$ 对所有变元都有 1 阶与 2 阶连续偏导数，称 n 个 1 阶偏导数构成的 n 维列向量为 $f(x)$ 的梯度，记作

$$\nabla f(x)\triangleq\begin{pmatrix}\dfrac{\partial f(x)}{\partial x_1}\\ \dfrac{\partial f(x)}{\partial x_2}\\ \vdots\\ \dfrac{\partial f(x)}{\partial x_n}\end{pmatrix} \tag{4-6-16}$$

称 n^2 个 2 阶偏导数构成的 n 阶对称矩阵为 $f(x)$ 的 Hessian 矩阵[26, 27]，记为 $H(x)$，即

$$H(x) \triangleq \begin{pmatrix} \dfrac{\partial f(x)}{\partial x_1^2} & \dfrac{\partial f(x)}{\partial x_1 \partial x_2} & \cdots & \dfrac{\partial f(x)}{\partial x_1 \partial x_n} \\ \dfrac{\partial f(x)}{\partial x_2 x_1} & \dfrac{\partial f(x)}{\partial x_2^2} & \cdots & \dfrac{\partial f(x)}{\partial x_2 \partial x_n} \\ \vdots & \vdots & & \vdots \\ \dfrac{\partial f(x)}{\partial x_n \partial x_1} & \dfrac{\partial f(x)}{\partial x_n \partial x_2} & \cdots & \dfrac{\partial f(x)}{\partial x_n^2} \end{pmatrix} \tag{4-6-17}$$

称满足 $\nabla f(x_0)=0$ 的点 x_0 为函数 $f(x)$ 的驻点（或临界点）。利用多元函数的泰勒展开式，当 x_0 为 $f(x)$ 的驻点时，略去高阶项，可以得到

$$f(x_0+\Delta x)-f(x_0)\approx\frac{1}{2!}(\Delta x)'H(x_0)(\Delta x) \tag{4-6-18}$$

式中，$\Delta x=(\Delta x_1,\Delta x_2,\cdots,\Delta x_n)'$。

式（4–6–18）右端是一个 n 元二次型，其矩阵即 $f(x)$ 在 x_0 点的 Hessian 矩阵，故可给出如下关于多元函数极值点的充分条件：

定理 4.6.1 设 n 元函数 $y=f(x)$ 对所有变元具有 1 阶及 2 阶连续偏导数，则 x_0 是 $f(x)$ 极小值点的充分条件为 $\nabla f(x_0)=0$，$H(x_0)>0$，即 x_0 为 $f(x)$ 的驻点且 $H(x_0)$ 正定；x_0 是 $f(x)$ 极大点值的充分条件 $\nabla f(x_0)=0$，$H(x_0)<0$，即 x_0 为 $f(x)$ 的驻点且 $H(x_0)$ 负定。

对于图像灰度分布函数 $f(x,y)$，结合定理 4.6.1 知，在像素坐标点 (x_0,y_0) 达到极大值的充分条件表示为：

$$\frac{\partial f(x_0,y_0)}{\partial x}=\frac{\partial f(x_0,y_0)}{\partial y}=0$$

$$H(x_0,y_0)=\begin{pmatrix} \dfrac{\partial^2 f(x_0,y_0)}{\partial x^2} & \dfrac{\partial^2 f(x_0,y_0)}{\partial x \partial y} \\ \dfrac{\partial^2 f(x_0,y_0)}{\partial y \partial x} & \dfrac{\partial^2 f(x_0,y_0)}{\partial y^2} \end{pmatrix}<0$$

由定理知对称矩阵 $\boldsymbol{A}$ 为负定（即 $-\boldsymbol{A}$ 为正定）的充要条件是奇数阶主子式为负，而偶数阶主子式为正，因此有 $H(x_0,y_0)$ 的 1 阶主子式：

$$\frac{\partial^2 f(x_0,y_0)}{\partial x^2}<0$$

2 阶主子式：

$$\begin{vmatrix} \dfrac{\partial^2 f(x_0,y_0)}{\partial x^2} & \dfrac{\partial^2 f(x_0,y_0)}{\partial x \partial y} \\ \dfrac{\partial^2 f(x_0,y_0)}{\partial y \partial x} & \dfrac{\partial^2 f(x_0,y_0)}{\partial x^2} \end{vmatrix} = \frac{\partial^2 f(x_0,y_0)}{\partial x^2} \cdot \frac{\partial^2 f(x_0,y_0)}{\partial y^2} - \left[\frac{\partial^2 f(x_0,y_0)}{\partial x \partial y}\right]^2 > 0$$

利用 Hessian 矩阵将多元函数极值问题应用于对目标图像灰度分布函数的 2 阶方向导数进行分析，可以确定目标图像灰度分布曲面的像素级中心点（即极值点）的求解条件。

对于 $H(x_0,y_0) = \begin{pmatrix} \dfrac{\partial^2 f(x_0,y_0)}{\partial x^2} & \dfrac{\partial^2 f(x_0,y_0)}{\partial x \partial y} \\ \dfrac{\partial^2 f(x_0,y_0)}{\partial y \partial x} & \dfrac{\partial^2 f(x_0,y_0)}{\partial y^2} \end{pmatrix} = \begin{pmatrix} r_{xx} & r_{xy} \\ r_{yx} & r_{yy} \end{pmatrix}$，可利用相应微分形式的高斯核与原图像进行卷积得到，其中，$r_{xx}, r_{xy}, r_{yx}, r_{yy}$ 分别为图像灰度分布函数 $f(x,y)$ 关于 x、y 的 2 阶偏导数，即

$$r_{xx} = g_{xx}(x,y) \otimes f(x,y)$$
$$r_{xy} = g_{xy}(x,y) \otimes f(x,y)$$
$$r_{yy} = g_{yy}(x,y) \otimes f(x,y)$$

其中

$$g(x,y) = \frac{1}{2\pi\sigma^2} \mathrm{e}^{-\frac{x^2+y^2}{2\sigma^2}}$$

$$g_{xx}(x,y) = \frac{\partial^2 g(x,y)}{\partial x^2} = \frac{x^2-\sigma^2}{2\pi\sigma^6} \mathrm{e}^{-\frac{(x^2+y^2)}{2\sigma^2}}$$

$$g_{xy}(x,y) = \frac{\partial^2 g(x,y)}{\partial x \partial y} = \frac{xy}{2\pi\sigma^6} \mathrm{e}^{-\frac{(x^2+y^2)}{2\sigma^2}}$$

$$g_{yy}(x,y) = \frac{\partial^2 g(x,y)}{\partial y^2} = \frac{y^2-\sigma^2}{2\pi\sigma^6} \mathrm{e}^{-\frac{(x^2+y^2)}{2\sigma^2}}$$

式中，σ 为高斯函数均方差，它控制平滑效果。

4. 基于分层搜索插值的目标图像亚像素中心求取

由 Hessian 矩阵推导出的判定条件确定光斑图像像素级中心位置后，为了提高提取精度，获得更精确的中心位置，特在该像素的邻域内确定其亚像素位置。

设目标图像中心的像素位置为 (x_0,y_0)，则亚像素位置必在 (x_0,y_0) 的邻近区

域内，即(x_0+s,y_0+t)，在邻域内利用三次插值得到像素灰度分布，该分布的极大值点即为目标中心所在位置，则该点处灰度沿各方向的1阶导数为0，即

$$r_x(x,y)=g_x(x,y)\otimes f(x,y)=0$$

$$r_y(x,y)=g_y(x,y)\otimes f(x,y)=0$$

在亚像素位置点(x_0+s,y_0+t)的邻域内用于搜索子像素位置的极小值条件为

$$\min(r_x^2(x,y)+r_y^2(x,y))|_{(x,y)\in(x_0+s,y_0+t)}$$

为了提高搜索速度，采用分层搜索方式，如图4.6.6所示。

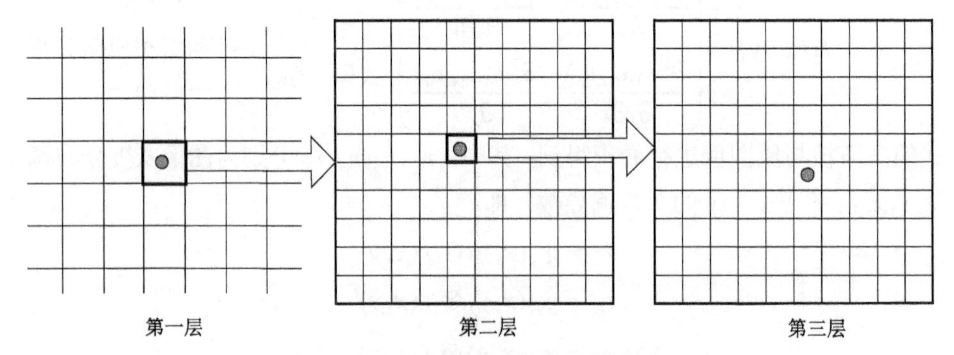

图4.6.6　中心位置分层搜索亚像素提取

对目标的像素级位置(x_0,y_0)，利用三次插值计算该像素点$[-1,1]\times[-1,1]$邻域内子像素级位置点的灰度值，插值间隔为0.1像素。在此基础上根据式$\min(T(x_0+s,y_0+t))|_{(s,t)\in[-1,1]\times[-1,1]}$在这些亚像素级点中搜索目标中心位置，设搜索后的位置点为(x_1,y_1)。再次利用三次插值确定(x_1,y_1)的$[-0.1,0.1]\times[-0.1,0.1]$像素邻域内亚像素级位置点的灰度值，插值间隔为0.01像素，然后再根据$\min(T(x_0+s,y_0+t))|_{(s,t)\in[-0.1,0.1]\times[-0.1,0.1]}$在新的亚像素级位置点中搜索目标中心位置，经过几次迭代后，即可确定目标图像中心的亚像素位置，达到较高的位置精度[27–29]。

5. 实验结果与分析

基于能量的目标图像中心位置提取效果如图4.6.7所示，左侧分别为圆形光斑和十字形光斑的原始图像，右侧是图像中光斑对应的能量分布图。由图4.6.7（a）～（c）可很明显地看出局部能量极大值即光斑的中心，图4.6.7（d）和（e）则是具有高斯模型特征的局部能量极大值为光斑的中心位置。由图4.6.7可以看出，十字形光斑在图像中的位置不断发生变化，并且还会发生旋转，甚至出现偏离视场的情况等，因此不适于采用曲线拟合法等常用方法，文中利

用基于能量的图像中心提取算法具有较强的抗干扰性。

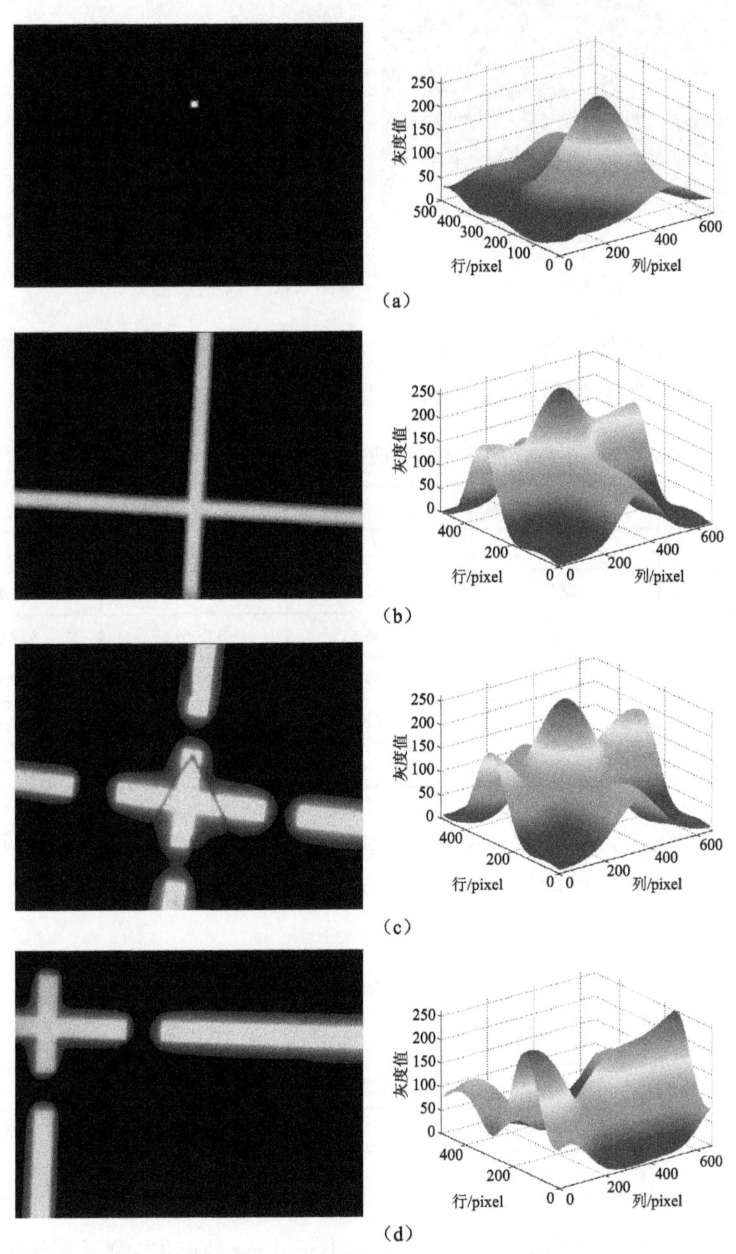

图 4.6.7　光斑图像能量分布图（见彩插）

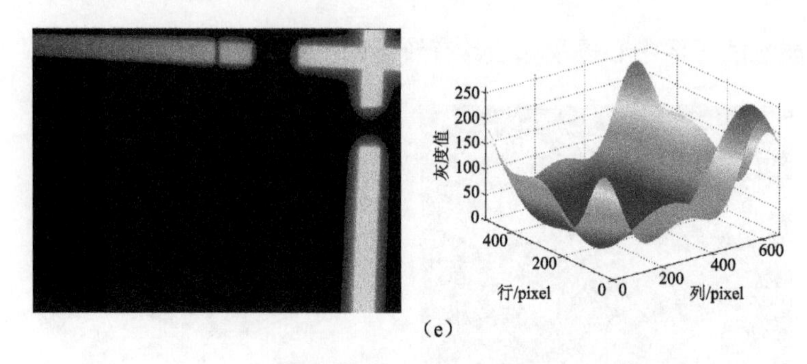

（e）

图 4.6.7 光斑图像能量分布图（续）（见彩插）

确定光斑图像像素级中心位置后，为了提高提取精度，获得更精确的中心位置，进行分层搜索插值得到光斑图像的亚像素级中心位置，如表 4.6.1 所示。

表 4.6.1 图 4.6.7 中各光斑对应的像素级和亚像素级中心位置

光斑图像	像素级中心位置		亚像素级中心位置	
	X	Y	X	Y
（a）	327	157	327.549	156.183
（b）	338	325	338.612	324.068
（c）	321	289	320.085	289.915
（d）	59	141	59.376	140.128
（e）	608	52	608.535	52.761

表 4.6.2 给出了多次曲线拟合方法和能量法对 100 幅图像进行处理的提取精度和所耗时间。比对结果表明，能量法在提取精度和所耗时间方法均优于多次曲线拟合法。

表 4.6.2 算法提取精度与所耗时间比对

图像	最大提取误差/pixel		100 幅图像平均处理时间/ms	
	曲线拟合法	能量法	曲线拟合法	能量法
椭圆形图像	0.53	0.081	2.5	2.48
十字形图像	0.86	0.063	9.8	3.8

能量法对规则目标图像的处理时间均小于 4 ms，则动态测试系统的处理时间取 CCD 采集、计算机读取数据时间和图像处理时间两者中较大者。

参考文献

［1］刘东菊. 基于阈值的图像分割算法的研究［D］. 北京：北京交通大学硕士学位论文，2009.

［2］Lim Y W, Lee S U. The color image segmentation algorithm based on the threshold and the fuzzy c-mean techniques[J]. Pattern Recognition, 1990, 23(9): 935–952.

［3］Lin K Y, Xu L H, Wu J H. A fast fuzzy C-Mean clustering for color image segmentation[J]. Journal of Image and Graphics, 2004, 9(2): 159–163.

［4］Chen T Q, Lu Y. Color image segmentation-An innovative approach[J]. Pattern Recognition, 2002, 35(2): 395–405.

［5］林开颜，吴军辉，徐立鸿. 彩色图像分割方法综述[J]. 中国图像图形学报，2005，10（1）：1–10.

［6］Stauffer C, Grinson W E L. Adaptive background mixture models for real-time tracking[C]. In Proceeding of IEEE Conference on Computer Vision and Pattern Recognition, Fort Collins, 1999: 246–252.

［7］Hartaohu I, Harwood D, Davis L S. W4: Real-time surveillance of people and their activities［J］. IEEE Transactions on Pattern Analysis and Machine Intelligence, 2000, 22(8): 809–830.

［8］刘振霞. 一种自动分割视频对象的新方法[J]. 空军工程大学学报：自然科学版，2006，26(2)：3.

［9］Kass M, Witkin A, Terzopoulos D. Snakes: Active contour models[J]. International Journal of Computer Vision, 1987, 1(4): 321–331.

［10］Prati A, Mikie I, Trivedi M M, et al. Detecting moving shadows: algorithms and evaluation[J]. IEEE Transactions on Pattern Analysis and Machine Intelligence, 2003, 25(7): 918–923.

［11］Shan Y, Yang F. Color space selection for moving shadow elimination[C]. In Proceeding of 2007 Fourth International Conference on Image and Graphics Chengdu, 2007: 496–501.

［12］张丽，李志能. 基于阴影检测的 HSV 空间自适应背景模型的车辆追踪检测[J]. 中国图象图形学报，2003，8(7)：778–782.

［13］Cucchinara R, Grana C, Piccardi M, et al. Detecting moving objects, ghosts, and shadows in video streams[J]. IEEE Transaction on Pattern Analysis and Machine Intelligence, 2003, 25(10): 1337–1342.

［14］Xu D, Li X L, Liu Z K, et al. Cast shadow detection in video segmentation[J]. Pattern Recognition Letters, 2005, 26(1): 91–99.

［15］ Osher S, Sethian J A. Fronts propagating with curvature–dependent speed: algorithms based on Hamilton–Jacobi formulations[J]. Journal of Computational Physics, 1988, 79: 12–49.

［16］ 李俊. 基于曲线演化的图像分割方法及应用[D]. 上海：上海交通大学博士学位论文，2001.

［17］ Shi Y G, Karl W C. A fast level set method without solving PDEs[J]. In Proceeding of IEEE International Conference on Acoustics, Speech, and Signal Processing, 2005, 2: 97–100.

［18］ 于任琪，刘瑞祯. 学习 OpenCV[M]. 北京：清华大学出版社，2009.

［19］ Lowe D G. Object recognition from local scale-invariant features[C]. International Conference on Computer Vision, Corfu, Greece, 1999: 1150 –1157.

［20］ Lowe D G. Distinctive image features from scale-invariant keypoints[J]. International Journal of Computer Vision, 2004, 60(2): 91–110.

［21］ 傅卫平，秦川，刘佳，等. 基于 SIFT 算法的图像目标匹配与定位[J]. 仪器仪表学报，2011, 32(1): 163–169.

［22］ 何东健，耿楠，张义宽. 数字图像处理[M]. 西安：西安电子科技大学出版社，2003.

［23］ 刘书桂，李蓬，那永林. 基于最小二乘原理的平面任意位置椭圆的评价［J］. 计量学报，2002，23(4): 245–247.

［24］ Quine B M, Tarasyuk V, Mebrahtu H, et al. Determining star-image location: A new sub–pixel interpolation technique to process image centroids[J]. Computer Physics Communications, 2007, 177(9): 700–706.

［25］ Wei Z Z, Gao M, Zhang G J, et al. Sub–pixel extraction method for the center of light–spot image[J]. Opto–Electronic Engineering, 2009, 36(4): 7–12.

［26］ Chen K, Wang Y C,Yang R. Hessian matrix based saddle point detection for granules segmentation in 2D image[J]. Journal of Electronics, 2008, 25(6): 728–736.

［27］ 张贤达. 矩阵分析与应用[M]. 北京：清华大学出版社，2008.

［28］ Hermosilla T, Bermejo E, Balaguer A, et al. Non-linear fourth-order image interpolation for subpixel edge detection and localization[J]. Image and Vision Computing, 2008, 26(9): 1240–1248.

［29］ 张广军. 视觉测量[M]. 北京：科学出版社，2008.

第 5 章

图像目标跟踪

目标跟踪是计算机视觉领域中的经典问题，被广泛应用于视频监控、人机交互、视频会议系统等领域。现有方法往往通过提取目标的不变性特征（如颜色、纹理、轮廓等），与运动预测的方法相结合进行跟踪，在较好的跟踪环境中能够很好地跟踪目标。但是这些特征往往对光照及背景变化比较敏感，在目标的特征发生剧烈变化或周围环境有较大变化时，这些算法通常不能较好地观测目标的运动，从而限制了其应用范围。在这种环境中也可以通过较丰富的目标描述、有效的预测等综合方案来改善，描述方法有利用形状和颜色相结合的混合模型等，预测方案大都采用粒子滤波、概率数据联合滤波器等。这些算法通常首先建立或学习目标的模型，然后用来跟踪，如有较大幅度的姿态变化，或环境发生变化的情况，模型不会适应目标特征的变化。此外，还有很多算法都假设图像是通过静止的摄像机采集得到的，因此易导致跟踪算法性能不稳定。在建立鲁棒的视觉跟踪器时都需要考虑这些问题。

目标跟踪的主要问题可归结为难以处理目标的变化。内在的变化包括姿态和形状变化，外在的变化主要有光照变化、摄像机视场变化和遮挡等。由于跟踪问题的特性，有必要研究一种鲁棒的算法来适应这种变化。

5.1　基于混合高斯背景建模的目标跟踪

5.1.1　混合高斯背景建模

混合高斯背景建模（Gaussian Mixture Model，GMM）是一种半参数的多维概率密度函数估计的方法，使用 K 个高斯模型来表征图像中各个像素点的特征。通过对每个分布的参数（均值、方差、权重）进行在线学习更新，能够很好地适应场景的缓慢变化，特别是有微小重复运动的场合。

混合高斯模型的建模方法：假设同帧图像中某个像素点的观测值与其他像素点的观测值相互独立，不同采样时刻像素点的观测值也相互独立且具有相同的分布，该分布则由 K 个独立的高斯分量构成[1]。定义当前像素点的概率密度函数为 K 个高斯模型概率密度函数的加权之和 $P(X_i)$：

$$P(X_i)=\sum_{i=1}^{K}w_{i,t}G_i(X_t,\mu_{i,t},\sigma_{i,t}) \tag{5-1-1}$$

其中

$$G_i(X_t,\mu_{i,t},\sigma_{i,t})=\frac{1}{(2\pi)^{\frac{n}{2}}\left|\sigma_{i,t}\right|^{\frac{1}{2}}}\mathrm{e}^{-\frac{1}{2}(X_t-\mu_{i,t})^{\mathrm{T}}\left[\sum(X_t-\mu_{i,t})\right]^{-1}} \tag{5-1-2}$$

式中，$w_{i,t}$ 为 t 时刻第 i 个高斯分布概率密度函数的权值；n 表示 X_t 的维数，当对灰度图像用高斯模型建模时，n=1。

高斯背景建模的算法流程如图 5.1.1 所示。

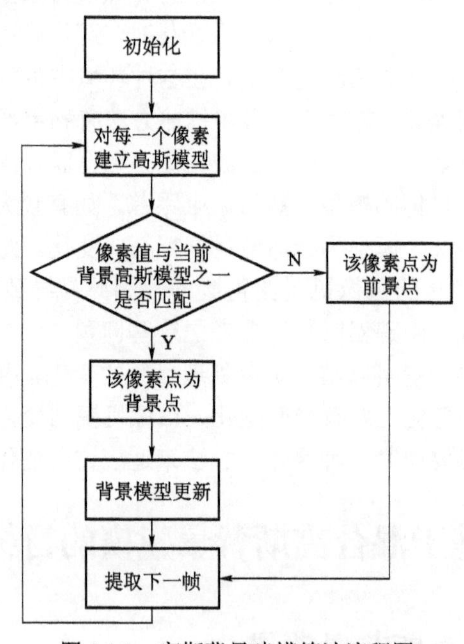

图 5.1.1　高斯背景建模算法流程图

算法主要包括图像预处理、混合高斯模型的建立、前景目标的提取、模型参数的更新四个部分。

1）图像预处理

图像预处理包括图像滤波、边缘信息的提取。

2）混合高斯模型的建立

混合高斯模型的建立包括初始化与匹配校验两部分。

初始化：取第一帧图像的像素值对混合高斯模型中某个高斯分布的均值进行初始化，对该高斯分布的权值赋予较大值，其余高斯模型赋较小权值，权重相等，相应高斯分布的均值取为 0，混合高斯模型中所有高斯函数的方差取相等的较大初始值。

实验中将混合高斯模型中第一个分布的权系数初始化为 1，其他每个高斯分布的权系数都初始化为 0，均值向量都初始化为 0，协方差赋予一个较大的初始值“V_0=2*params.std_threshold^2，params.std_threshold=2.5”。

匹配校验：对图像帧的每个像素值 X 和它对应的混合高斯模型进行匹配检验，当 X 与第 i 个高斯分布 G_i 均值的距离小于其标准差的 2.5 倍时，则定义该 G_i 与 X_t 匹配。

3）前景目标的提取

不满足与背景模型匹配的像素点判决为前景点，取值为当前帧所对应像素点的值，并进行形态学滤波处理。

4）模型参数的更新

高斯模型的均值 $\mu_{i,j}$、协方差矩阵 $\sigma_{i,j}$、权系数 $w_{i,j}$ 根据 X_t 与混合高斯模型是否匹配进行更新：

（1）如果 X_t 与混合高斯模型中至少一个高斯分布匹配，那么参数按如下规则更新：

对于不匹配的高斯分布，均值 $\mu_{i,j}$ 和协方差矩阵 $\sigma_{i,j}$ 不变。对于匹配的高斯分布 G_i 的均值和协方差矩阵，更新如下：

$$\mu_{i,j} = (1-\rho)\cdot\mu_{i,j} + \rho\cdot X_t \tag{5-1-3}$$

$$\sigma_{i,t} = (1-\rho)\cdot\sigma_{i,t-1} + \rho\cdot\mathrm{diag}\,[(X_t-\mu_{i,t})^{\mathrm{T}}(X_t-\mu_{i,t})] \tag{5-1-4}$$

式中，$\rho = \alpha\cdot G_i(X_t \mid \mu_{i,t-1}, \sigma_{i,t-1})$。

（2）如果 X_t 与混合高斯模型中任一高斯分布都不匹配，则将最不可能代表背景模型的高斯分布 G_i 参数重新赋值，其中，$j = \min\{w_{i,t-1}\}, i = 1,2,\cdots,k$。将 K 个模型中 $w_i/|\sigma_i|$ 最小的模型参数更新为：

$$w_{i,t} = w_0 \tag{5-1-5}$$

$$\mu_{j,t} = X_t \tag{5-1-6}$$

$$\sigma_{j,t} = \sigma_0^2\cdot\boldsymbol{I} \tag{5-1-7}$$

式中，w_0 是一个预先给定的较小正值；$\boldsymbol{I}$ 为单位阵。

（3）对所有 K 个高斯分布在时刻 t 的权系数 $w_{i,t}$ 更新：

$$w_{i,j} = (1-\alpha)\cdot w_{i,t-2} + \alpha\cdot(M_{i,t}) \tag{5-1-8}$$

若 t 时刻 X_t 与 G_t 匹配，$M_{i,t}=1$，否则为 0，不匹配时权值衰减。

这使得场景内新出现的静止目标可能被吸收为背景，若新出现的像素值是短暂的，则此像素值对应高斯分布的权重会减弱，最后被另一个新出现的运动目标像素代替。

5.1.2 实验结果分析

为了验证该算法的有效性，以两个视频为测试对象：一个是地面上小车运动的视频，一个是动物园对大熊猫监控的视频。

1）跟踪小车的实验结果

图 5.1.2～图 5.1.5 中，图（a）均是高斯背景建模后获得的二值化前景图，图（b）均是找到的前景轮廓，图（c）均是最终的跟踪结果图。

（1）跟踪初期，视频的前几帧的跟踪结果如图 5.1.2 所示。

（a）　（b）　（c）

图 5.1.2　小车跟踪结果一

（2）跟踪一段时间后的跟踪结果如图 5.1.3 所示。

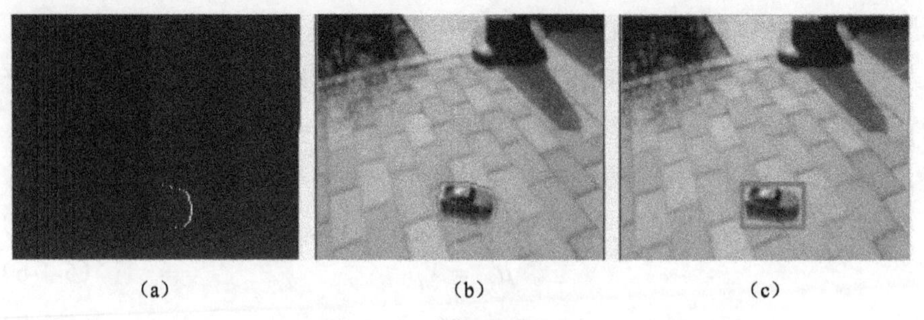

（a）　（b）　（c）

图 5.1.3　小车跟踪结果二

（3）进入阴影区域的跟踪结果如图 5.1.4 所示。

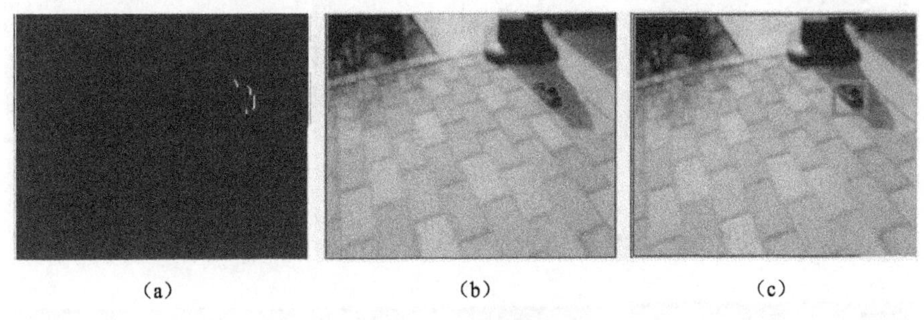

(a)　　(b)　　(c)

图 5.1.4　小车跟踪结果三

（4）有干扰时的跟踪结果如图 5.1.5 所示。

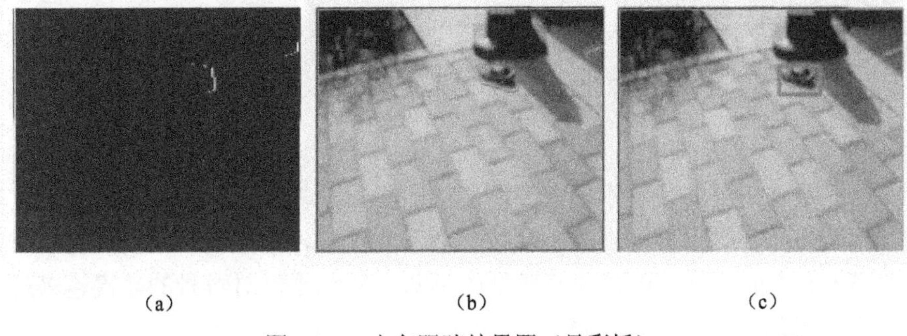

(a)　　(b)　　(c)

图 5.1.5　小车跟踪结果四（见彩插）

2）跟踪熊猫的实验结果

（1）初始跟踪结果如图 5.1.6 所示。

图 5.1.6　熊猫跟踪结果一

（2）当检测出干扰时的跟踪结果如图 5.1.7 所示。

图 5.1.7 熊猫跟踪结果二

（3）增加约束条件的跟踪结果如图 5.1.8 所示。

图 5.1.8 熊猫跟踪结果三（见彩插）

3）实验结果分析

（1）跟踪小车的实验中，在高斯建模的初始几帧，由于背景模型还没有较为准确地建立，所以检测出的小车位置会发生偏差，不准确，会出现像小车跟踪图 5.1.2 中的情况，但是随着模型的不断更新完善，对背景的建模越来越准确，所以跟踪效果也越来越好。

（2）场景中，如果出现轻微干扰，如小车跟踪中的图 5.1.5 以及熊猫跟踪图 5.1.7，在其轮廓图中均出现了非目标物的轮廓，但是可以通过一些其他的约束条件去除，本书中采用轮廓面积这一条件进行去除。当轮廓面积小于一定范围时，忽略该轮廓，可以得到较好的跟踪结果。

（3）与单高斯模型相比，混合高斯模型用多个单高斯函数描述多模态的场景背景，可以通过用一个新学习的分布替代旧的高斯分布，所以能够很好地处理规律变化的动态背景。

总的来说，高斯背景建模对于背景变化缓慢的场景比较适用。但是，它也存在局限性：混合高斯模型在环境光线突变的情况下虽能保持良好的环境背景，但其不能将突变的光线吸收为背景，并将其归为背景像素点，从而造成了前景运动目标的误检，这极大地限制了它的实际应用性。

5.2　基于 Camshift 的目标跟踪

Camshift（Continuously Apative Meanshift）是 Meanshift 算法的修改，基本原理是以跟踪目标的色彩信息为特征，将这些信息计算处理后投影到下一帧图像中，计算出该图中的目标，用该图作为新的源图，分析下一帧图像，重复这个过程就可实现目标跟踪。在每次搜索前，将搜寻窗口的初始值设为移动目标当前的位置和大小，由于搜寻窗就在移动目标可能出现的区域附近，搜索时可以节省大量时间，所以 Camshift 算法具有良好的实时性。同时 Camshift 算法通过颜色匹配找到运动目标，在运动过程中，颜色信息变化不大，所以 Camshift 算法具有良好的鲁棒性。

5.2.1　Meanshift 算法

1. *颜色直方图*

常见的颜色空间有：RGB、CMYK、YCrCb（YUV）、HSV。在 Meanshift 算法中用到了 HSV 空间，下面重点介绍 HSV 空间。

HSV 空间将亮度（V）、色度（H）及饱和度（S）分开。当需要对彩色图像进行分析时，直接利用能够反映颜色本质特征的色度和饱和度比较好。HSV 颜色空间的模型如图 5.2.1 所示。

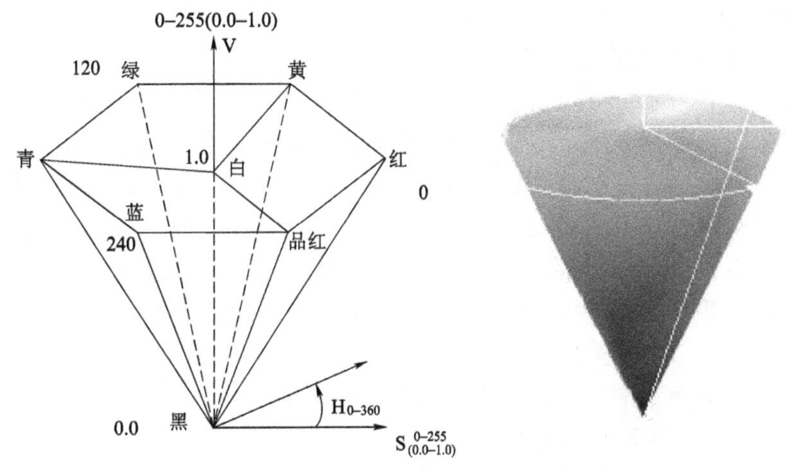

图 5.2.1　HSV 颜色空间示意图

Meanshift 算法是一种无参的根据目标颜色进行聚类分析的算法，处理的对象一般是视频图像，受外界光照影响较大，所以在 HSV 空间内计算颜色直方图是一个比较好的选择[2]。

2. 直方图的反向投影

将原始视频图像通过颜色直方图转换到颜色概率分布图像的过程被称为直方图反向投影（Histogram Back Projection）。

设 $\{x_i\}_{i=1,2,\cdots,n}$ 为目标所在区域的点集。m 为颜色分辨率，$\hat{q}_u\,(u=1,2,\cdots,m)$ 表示颜色在目标模式中出现的概率，定义映射 $c:R^2 \to \{1,2,\cdots,m\}$，它表示的意义是：对于像素点 x_i^*，对应颜色值的索引值为 $c(x_i^*)$，则对于每种颜色值在目标区域出现的概率为：

$$\hat{q}_u = \sum_{i=1}^{n} \delta[c(x_i^*) - u] \tag{5-2-1}$$

式中，δ 是 Kornecker 函数。

将 $\hat{q}_u$ 归一化到 0～255，公式表示如下：

$$\left\{ \hat{p}_u = \min\left(\frac{255}{\max(\hat{q})} \hat{q}_u, 255 \right) \right\}_{u=1,2,\cdots,m} \tag{5-2-2}$$

这样就将颜色值在目标区域出现的概率值 $\hat{q}_u$ 从 $[0,\max(q)]$ 映射到 $[0,255]$。用 $\hat{p}_u$ 代替对应图像中的像素值，就形成直方图反向投影，即颜色概率分布图像。在颜色概率分布图像中的像素用来度量某种可能性的值，这种可能性表示的是运动目标出现在此像素所在位置的概率。

3. Meanshift 的算法实现

在起始帧，Meanshift 算法需要通过鼠标确定一个包含目标特征的区域，成为被跟踪的目标区域。对初始帧中目标区域内所有的像素点，需要计算特征空间中每个特征值的概率，成为候选目标模型的描述。以后每帧图像中可能存在目标的候选区域中对每个特征值的计算就是对候选模型的描述。一般选择使用 Bhattacharyya 系数作为相似性函数，利用相似性函数度量目标模型与候选模型的相似性，通过反复迭代最终在当前候选帧中得到目标最优位置。

Meanshift 算法的实现过程包括以下几个步骤：

（1）初始化搜索窗的大小和位置。

（2）计算搜索窗的质心。

（3）设置新搜索窗的中心为上一次搜寻过程得到的质心。

（4）重复步骤（2）和（3）直到收敛（或质心移动距离小于设定阈值）。

对于离散的二维概率分布图像，搜索窗内的质心可以通过计算搜索窗内的矩来获得到：

（1）计算搜索窗内的 0 阶矩：

$$M_{00}=\sum_x\sum_y I(x,y) \quad (5\text{-}2\text{-}3)$$

（2）计算搜索窗内沿水平方向和垂直方向的 1 阶矩：

$$M_{10}=\sum_x\sum_y xI(x,y) \quad (5\text{-}2\text{-}4)$$

$$M_{01}=\sum_x\sum_y yI(x,y) \quad (5\text{-}2\text{-}5)$$

（3）搜索窗的质心：

$$x_c=\frac{M_{10}}{M_{00}}, \quad y_c=\frac{M_{01}}{M_{00}} \quad (5\text{-}2\text{-}6)$$

式中，$I(x,y)$ 表示色彩概率分布图像中位于（x,y）的像素的值。搜寻过程结束时，质心所在的位置就是被跟踪目标这一时刻所在的位置。

5.2.2　基于高斯建模和 Camshift 的目标跟踪

1. Camshift 算法原理

Meanshift 算法作用于静态概率分布，而 Camshift 算法作用于动态概率分布。在连续的视频图像中，运动目标的大小和位置变化导致相应概率分布的动态变化。

（1）计算搜索窗的 2 二阶矩：

$$M_{20}=\sum_x\sum_y x^2I(x,y)$$
$$M_{02}=\sum_x\sum_y y^2I(x,y) \quad (5\text{-}2\text{-}7)$$
$$M_{11}=\sum_x\sum_y xyI(x,y)$$

（2）假设：

$$a=\frac{M_{20}}{M_{00}}-x_c^2$$

$$b=2\left(\frac{M_{11}}{M_{00}}-x_c y_c\right) \tag{5-2-8}$$

$$c=\frac{M_{02}}{M_{00}}-y_c^2$$

（3）下一帧搜索窗的宽度 w 和高度 h 分别为：

$$w=\sqrt{\frac{(a+c)+\sqrt{b^2+(a-c)^2}}{2}}$$

$$h=\sqrt{\frac{(a+c)+\sqrt{b^2+(a-c)^2}}{2}} \tag{5-2-9}$$

搜索窗移动的方向 θ 为：

$$\theta=\frac{1}{2}\tan^{-1}\left(\frac{b}{a-c}\right) \tag{5-2-10}$$

2. Camshift 算法实现步骤

Camshift 算法流程如图 5.2.2 所示，步骤如下：

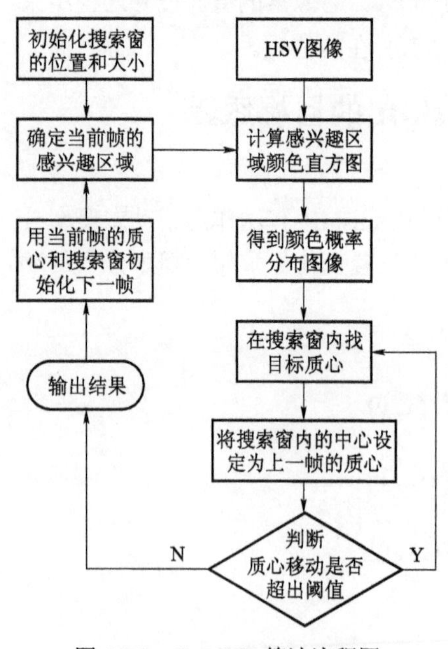

图 5.2.2 Camshift 算法流程图

（1）初始化二维搜索窗位置。

（2）使用 Meanshift 进行目标检测，保存最后搜索窗的位置和质心。

（3）在下一帧图像中，使用（2）中保存的值重新初始化搜索窗大小和位置。

（4）重复步骤（2）和（3），直到收敛（或质心移动距离小于设定的阈值）。

用 Camshift 算法对特定颜色的目标进行跟踪时，不必计算所有像素点的颜色概率分布，只需计算比搜索窗大一些的区域内像素点的概率分布，因此可以减少计算量，提高了 Camshift 算法处理过程中的运算速度，保证跟踪过程中的实时性。

3. 基于高斯建模和 Camshift 算法的目标跟踪

对于目标跟踪的算法，很多是通过手动选取初始的跟踪目标，这对自动化要求越来越高的今天，采用手工选取跟踪目标的方法在实用性方面受到很大限制，目标跟踪方法应该具有自动选取目标、自动跟踪的能力。

据此，本节提出了结合高斯建模和 Camshift 的算法。算法分为两部分：第一部分是在前两帧图像中利用高斯建模的方法，识别出运动目标，找到轮廓后，用矩形框标识，然后提取出感兴趣区域的颜色直方图，这样就避免了手工选取跟踪目标；第二部分是利用 Camshift 算法对后面连续帧中的目标进行跟踪。

5.2.3　实验结果分析

由于只在第 1 帧和第 2 帧间进行高斯建模，得到的模型还不准确。目标运动变化的区域是两个位置间的或区域，对青蛙玩具视频检测得到的结果如图 5.2.3 所示。

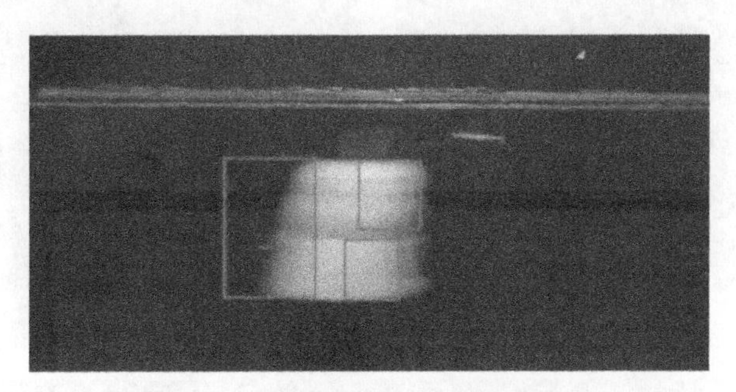

图 5.2.3　建模得到的感兴趣区域图

对图 5.2.3 中的三个区域跟踪效果进行对比分析，结果如图 5.2.4～图 5.2.7 所示。

（1）区域一的跟踪效果如图 5.2.4 所示。

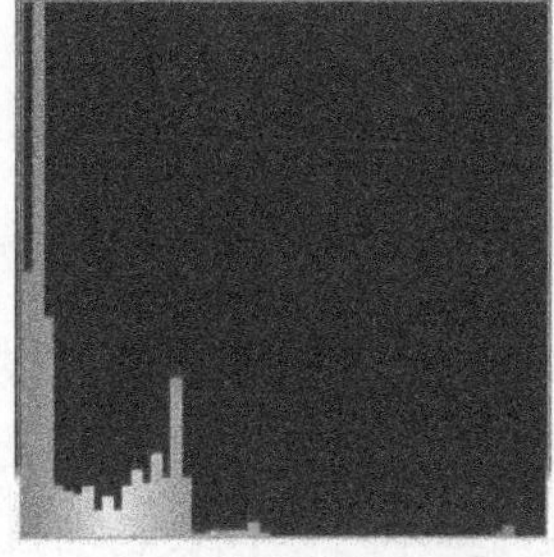
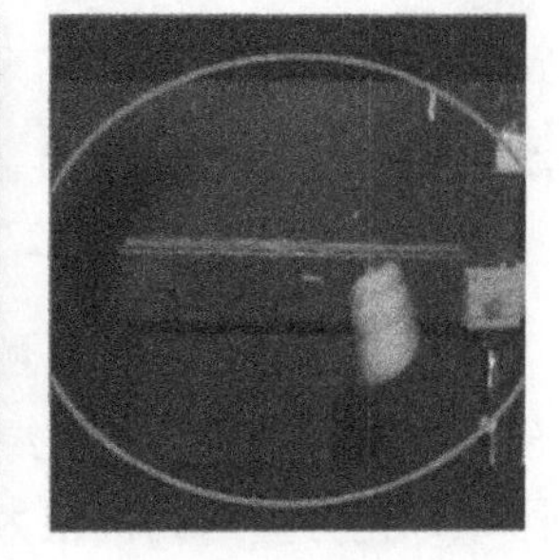

图 5.2.4　区域一的跟踪效果图

（2）区域二的跟踪效果如图 5.2.5 所示。

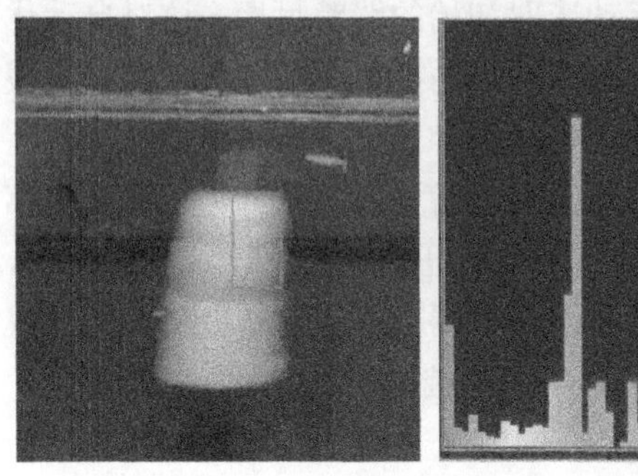
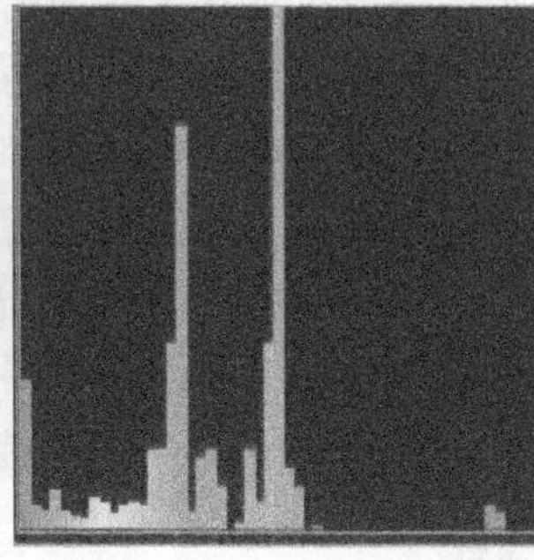
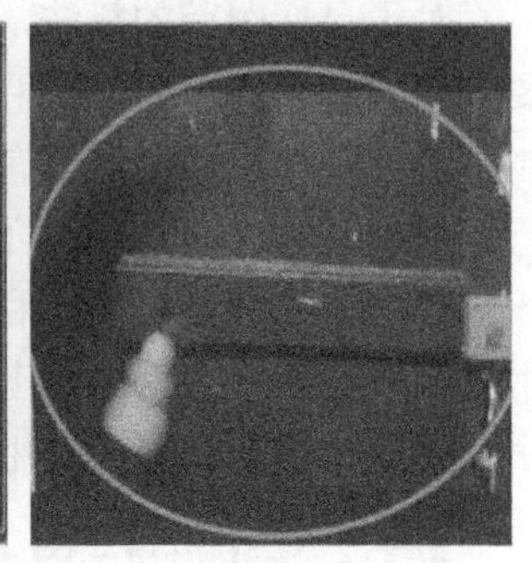

图 5.2.5　区域二的跟踪效果图

（3）区域三的 H 分量直方图如图 5.2.6 所示，跟踪效果如图 5.2.7 所示。

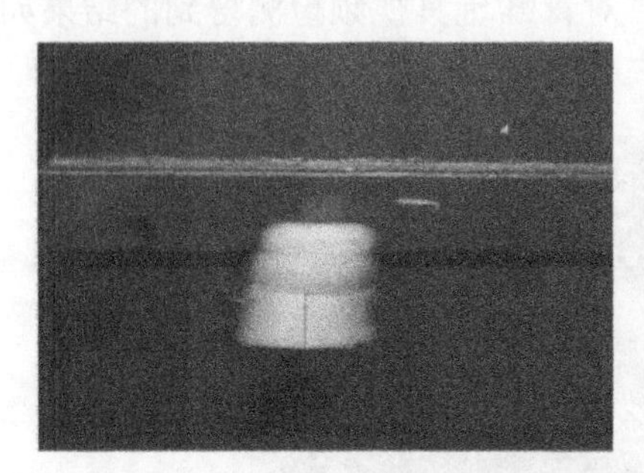
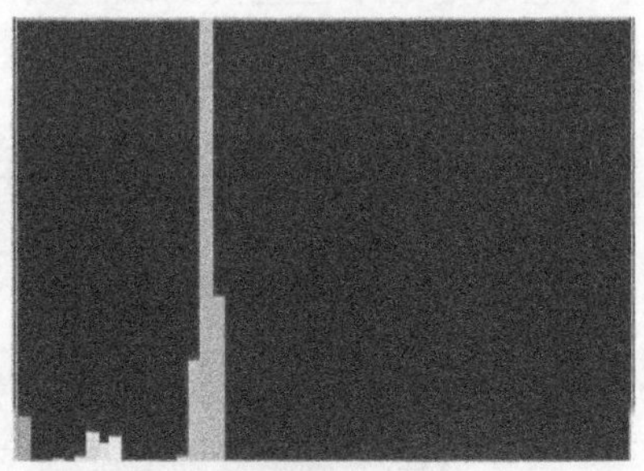

图 5.2.6　区域三的 H 分量直方图

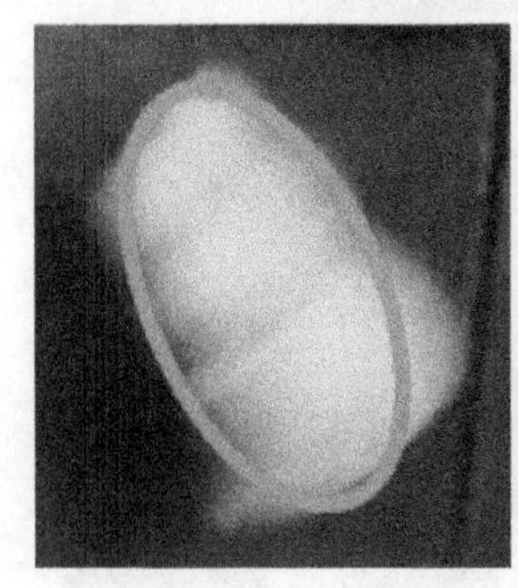
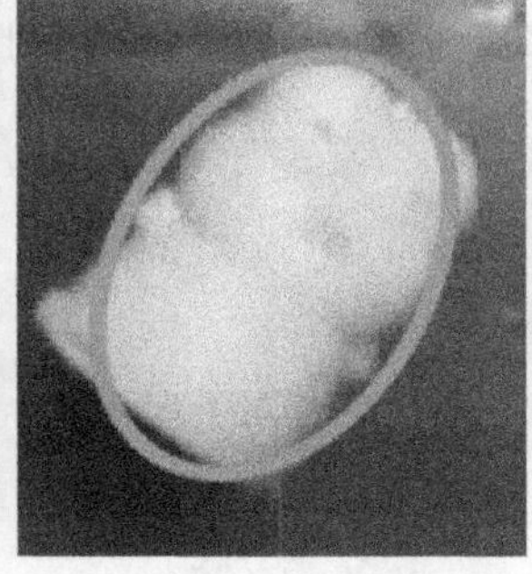
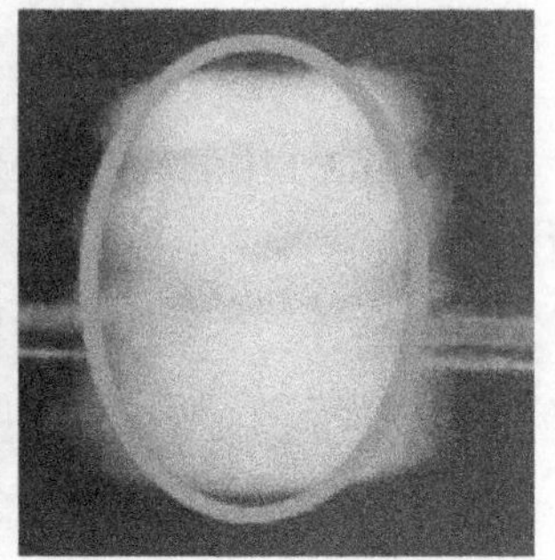

图 5.2.7　区域三的跟踪效果图（见彩插）

从跟踪效果来看，区域一、区域二之所以会跟踪失败，是因为这两个区域 H 分量中红色分量太多，绿色分量太少，不能代表运动目标的颜色特征。第三个区域绿色分量的比例很大，基本可以代表运动目标的颜色特征。所以为了有效地提取能够代表运动目标的颜色分量，这三个矩形框中选择第三个最小框作为感兴趣区域，用来提取 H 分量，跟踪效果良好。

第 1 帧中感兴趣区域的获取对这个算法的成功与否起到决定性的作用。从效果来看，当目标发生形变或者角度发生改变的时候，Camshift 均可以较好地跟踪。

5.3　基于多特征融合与前景概率的目标跟踪

在基于特征搜索的图像跟踪框架中，最核心的问题之一就是目标特征的选择。如何构造一个稳定而有效的特征模板已经成为当前研究的热点问题。尽管在一些跟踪环境中，这些特征都能取得比较好的跟踪效果，但是在实际的复杂跟踪场景中，光照条件、目标尺度和姿态、拍摄角度等因素都在持续变化中，基于单个视觉特征的跟踪算法往往适应能力有限，难以取得良好的跟踪性能。近年来，研究人员提出了利用多种视觉信息融合进行目标跟踪，充分利用不同特征在不同条件下的互补性，更好地适应了场景及光照条件的变化，实现更为稳定的跟踪结果。

大量的研究成果表明，多种特征相互融合的目标跟踪算法也确实是提高跟踪性能的一种有效途径。Isard 等[3]将肤色特征与人手的局部轮廓相结合，并应用到了 ICONDENSATION 算法中，使得跟踪算法在目标快速运动时更为稳定；Li 等[4]利用目标的颜色、结构和边缘信息构建粒子滤波算法中的似然模型，并实现了跟踪；Xu[5]在人的头部跟踪中同时利用了颜色及梯度特征；Leichter 等[6]站在更高的角度，建立了一种概率融合机制，可以用来融合多种独立的跟踪算法，只要这些算法是建立在概率密度估计的前提下，大量的眼、人体、头部跟踪等实验验证了其融合机制的有效性；Spengler 等[7]将一种基于多特征自组织的跟踪算法与粒子滤波相结合，形成了初步的自适应融合策略，实现了多假设跟踪；Shen 等[8]则建立了一种多特征权重自适应调节算法，并将其应用到了粒子滤波算法中。

上述的研究成果中，大多数是将特征融合与概率性定位方法相结合，实现目标跟踪。因为概率跟踪算法可以独立计算每个特征的似然度，并分别为不同的粒子赋予不同的权重，最后估计出目标状态的概率密度估计，所以算法结构简单，易于实现。然而在确定性定位算法中，需要根据目标特征模板构造唯一的消耗函数，因而在确定性跟踪算法中实现特征融合相对而言要复杂一些。

Collins 等[9]将一种多特征选择机制嵌入在 Meanshift 跟踪算法中，在 RGB 颜色空间中通过不同的组合构造了 49 种颜色特征，通过在线选择的方式，动态选择对目标及背景区分度高的特征，并应用到 Meanshift 跟踪算法中。虽然本质上只利用了目标的颜色信息，但其思想可用于多特征融合。王永忠等[10]提出了一种基于多特征自适应融合的 Meanshift 跟踪框架，利用目标特征的子模型集合构造目标的多特征描述，并通过线性加权的方法将多个目标的特征集成在 Meanshift 算法中。虽然实现了特征权重的自适应调整，但调整过程中需要参照目标区域周围的颜色分布差异，增加了额外的计算量。Jaideep 等[11]将颜色直方图与边缘直方图进行组合，实现了光强变化条件下目标的稳定跟踪，但还是采用了直接融合的方式，没有考虑各种特征的权重。

本节在已有的研究成果基础上，设计了一种基于 Sigmod 函数的自适应特征融合的目标跟踪算法。将目标特征向量统一带入目标消耗函数中，并进行泰勒展开，将与目标坐标有关项提取出来，利用 Meanshift 算法进行优化计算，最终迭代收敛至消耗函数最大处，即认为是目标所在位置。利用收敛位置对应不同特征的相关系数，引入 Sigmod 函数，动态调整不同特征的权重，实现目标的自适应融合。另外，为了解决不规则目标跟踪时目标特征模板中背景像素的干扰，提出了前景概率函数，并将其应用于 Meanshift 跟踪框架中，分析前景概率函数对跟踪收敛性的影响，实现了基于前景概率函数的目标尺度调整及特征更新。

5.3.1 特征选择

颜色特征作为使用最多的一种特征，在描述形变目标时非常适合，更重要的是它对于平面旋转、非刚体和部分遮挡很稳定，但是颜色特征不包含目标像素的任何空间信息。为了弥补颜色特征的不足，本小节采用了纹理特征来补充描述目标的形状信息。在图像处理和计算机视觉领域，纹理已被普遍认为是一种重要的视觉特征，它描述了图像具有的局部不规则而全局又呈现某种规律的物理现象。纹理特征相对于边缘特征抗干扰能力更强，同样不受全局灰度变化影响。因此本小节选择颜色特征与纹理特征来共同描述目标。

1. 颜色特征

为了选择最理想的颜色特征，Maggio 等[12]对 8 个常用的颜色空间进行了评估，分别包括 RGB、rgb、rg、CIELab、XYZ、YCbCr、HSV-D、HSV-UC。将每个维度分为 10 柱，总柱数为 1000 的特征模型包括：RGB、rgb、CIELab、XYZ、YCbCr、HSV-D；110 柱的特征模型为 HSV-UC；100 柱的特征模型为 rg。因为 Meanshift 的参数不相关性，被选作收敛工具。被用作测试的数据样本包括人脸、机车、监控视频等。为了量化各种特征跟踪结果差异，定义：

$$\mathrm{OD}(i)=1-\frac{2\mathrm{TP}(i)}{\mathrm{Card}(A_{\mathrm{c}}(i))+\mathrm{Card}(A_{\mathrm{gt}}(i))} \tag{5-3-1}$$

式中，$\mathrm{TP}(i)$ 为每一帧中真实目标像素个数；$A_{\mathrm{gt}}(i)$ 和 $A_{\mathrm{c}}(i)$ 分别为背景区域与备选区域；$\mathrm{OD}(i)$ 越高则表示跟踪准确性越低，反之则表示跟踪性能更好。针对同一目标跟踪实验，各种颜色特征跟踪精度比较结果如图 5.3.1 所示。

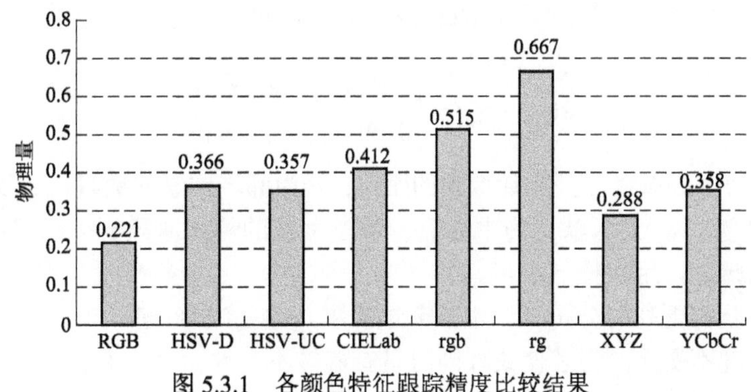

图 5.3.1 各颜色特征跟踪精度比较结果

虽然在部分实验中，HSV-D 及 HSV-UC 接近甚至好于 RGB 模型，但是考虑到颜色空间转换的计算量，以及总的跟踪效果，RGB 仍然是最优的选择。特别要指出的是，RGB 跟踪器在所有实验中没有出现丢失目标的现象。因而，本小节选择 RGB 空间中的颜色直方图来描述目标颜色特征。

2. 纹理特征

在纹理特征上，本小节选择了 Ojala 等[13]提出的 LBP 纹理。LBP 纹理是一种简单的灰度纹理统计特征，通过比较中心像素与其相邻像素灰度值的大小来描述目标纹理。LBP 的基本模式是对像素点与四邻域点的灰度值进行比较，获取四位二进制码来表示其纹理特征。LBP 的定义也易扩展[14]，常用的是八位 LBP 纹理特征，也就是将中心像素与八邻域的点进行比较，生成八位二进制码，如图 5.3.2 所示。

图像的 LBP 纹理特征计算公式如下：

$$\mathrm{LBP}_{P,R}(y_{\mathrm{c}})=\sum_{p=1}^{P-1}s(g_p-g_{\mathrm{c}})2^p \tag{5-3-2}$$

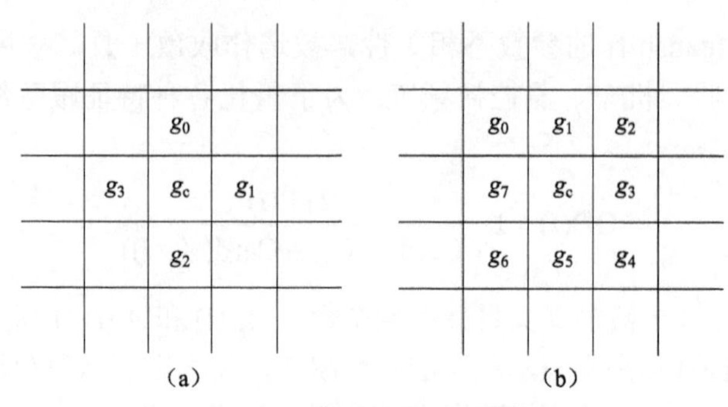

图 5.3.2 两种常用 LBP 模式

（a）四位 LBP ；（b）八位 LBP

$$s(g_p - g_c) = \begin{cases} 1 & \text{abs}(g_p - g_c) \geqslant \text{th} \\ 0 & \text{abs}(g_p - g_c) < \text{th} \end{cases} \quad (5\text{-}3\text{-}3)$$

式中，R 为中心像素与其相邻像素的距离；P 为邻域像素的数目；g_c 为中心点 y_c 的灰度值；g_p 表示以 y_c 为中心点、半径为 R 的领域内第 p 个相邻点的灰度值；th 为阈值，用来控制噪声。

为了获得更高的分辨率，本小节选择了八位 LBP 纹理。但是式（5-3-2）只具有尺度不变性，为了使纹理同时具有旋转不变性，可对上述二值模式按一定规律进行旋转，即将其二进制串码按位右移。旋转不变 LBP 可表示为 $\text{LBP}_{P,R}^{ri}$：

$$\text{LBP}_{P,R}^{ri} = \min\{\text{ROR}(\text{LBP}_{P,R}, i) \mid i = 0,1,\dots,P-1\} \quad (5\text{-}3\text{-}4)$$

式中，$\text{ROR}(\text{LBP}_{P,R}, i)$ 表示对 $\text{LBP}_{P,R}$ 右移 i 位。

$\text{LBP}_{P,R}^{ri}$ 将原来的 256 种纹理模式合并成 36 种，其中频率出现最高的 9 种模式成为 Uniform 模式，对应的模式值为 0～8，记为 $\text{LBP}_{s,1}^{uni}$，定位为：

$$\text{LBP}_{s,1}^{uni}(x_c, y_c) = \begin{cases} \sum_{p=0}^{7} s(g_p - g_c) & U(\text{LBP}_{s,1}) \leqslant 2 \\ 9 & \text{其他} \end{cases} \quad (5\text{-}3\text{-}5)$$

式中，$U(\text{LBP}_{s,1}) = |s(g_7 - g_c) - s(g_0 - g_c)| + \sum_{p=1}^{7} |s(g_p - g_c) - s(g_{p-1} - g_c)|$，表示跳变次数。本小节选择柱数为 9 的 $\text{LBP}_{P,R}^{ri}$ 直方图来描述目标局部空间特征。

5.3.2 基于 Sigmod 函数的特征融合跟踪算法

1. 目标特征建模

本小节选择了 RGB 空间中的颜色直方图来描述目标的颜色特征，$\text{LBP}_{P,R}^{ri}$ 用来描述目标的局部特征。

1）RGB 特征模型

颜色直方图的柱数 $m = 8\times8\times8$，分别表示 R、G、B 每个颜色通道的等级。设目标中心为 $x_0 = (x, y)$，目标区域中所有的像素集合为 $\{x_i\}_{i=1,2,\cdots,n}$，目标的特征值为直方图中每一柱的值，记为：

$$q_{\mathrm{c,u}} = C_{\mathrm{c,h}} \sum_{i=1}^{n} k\left(\left\|\frac{x_i - x_0}{h}\right\|^2\right)\delta[b(x_i) - u_{\mathrm{c}}] \tag{5-3-6}$$

式中，函数 $b(x): R^2 \to \{1,2,\cdots,m\}$ 用于将每个像素划分到不同的柱中；$C_{\mathrm{c,h}}$ 为归一化常数；δ 为 Delta 函数；$k(x)$ 为高斯核函数，定义为：

$$k(x) = \begin{cases} \mathrm{e}^{-\beta\left\|\frac{x}{h}\right\|^2} & \|x\| < h \\ 0 & \|x\| \geqslant h \end{cases} \tag{5-3-7}$$

2）$\mathrm{LBP}_{s,1}^{\mathrm{un}i}$ 特征模型：

正如前文所述，采用柱数为 9 的 $\mathrm{LBP}_{s,1}^{\mathrm{un}i}$ 直方图来描述目标局部结构信息。计算纹理特征之前将彩色图像转换为灰度图像，计算方法如式（5-3-5）所示。与 RGB 特征相同，为了削弱边界中背景像素的干扰，同样采用高斯核函数对直方图进行加权，加权后 $\mathrm{LBP}_{s,1}^{\mathrm{un}i}$ 特征模型为：

$$q_{\mathrm{l,u}} = C_{\mathrm{l,h}} \sum_{i=1}^{n} k\left(\left\|\frac{x_i - x_0}{h}\right\|^2\right)\delta[b(x_i) - u_{\mathrm{l}}] \tag{5-3-8}$$

2. 松耦合特征融合

设 $p_{\mathrm{c,u}}(y)$、$p_{\mathrm{l,u}}(y)$ 为目标备选区域的颜色特征向量与纹理特征向量，其计算方法与特征模板相同，即

$$p_{\mathrm{c,u}}(y) = C_{\mathrm{c,h}} \sum_{i=1}^{n_{\mathrm{h}}} k\left(\left\|\frac{x_i^s - y}{h}\right\|^2\right)\delta[b(x_i^{\mathrm{s}}) - u_{\mathrm{c}}] \tag{5-3-9}$$

$$p_{\mathrm{l,u}}(y) = C_{\mathrm{l,h}} \sum_{i=1}^{n_{\mathrm{h}}} k\left(\left\|\frac{x_i^s - y}{h}\right\|^2\right)\delta[b(x_i^{\mathrm{s}}) - u_{\mathrm{l}}] \tag{5-3-10}$$

式中，x_i^s 为候选区域中的像素集合。

设 ρ_{c}、ρ_{l} 分别为颜色特征与纹理特征模板与备选区域的 Bhattacharyya 相关系数，其定义为：

$$\rho(y) = \rho[p(y), q] = \sum_{u=1}^{m} \sqrt{p_{\mathrm{u}}(y) q_{\mathrm{u}}} \tag{5-3-11}$$

令 $\rho(y)$ 为组合特征的 Bhattacharyya 相关系数，其定义为：

$$\rho(y)=\frac{1}{2}\rho_{\rm c}(y)+\frac{1}{2}\rho_{\rm l}(y) \tag{5-3-12}$$

即

$$\rho(y_0)=\frac{1}{2}\left(\sum_{u_{\rm c}}\sqrt{p_{\rm c,u}(y_0)q_{\rm c,u}}+\sum_{u_{\rm l}}\sqrt{p_{\rm l,u}(y_0)q_{\rm l,u}}\right) \tag{5-3-13}$$

将式（5-3-13）在 y_0 处进行泰勒展开，并忽略 3 阶以上项，得：

$$\begin{aligned}\rho(y)\approx&\frac{1}{2}\left(\frac{1}{2}\sum_{u=1}^{u_{\rm c}}\sqrt{p_{\rm c,u}(y_0)q_{\rm c}}+\frac{1}{2}\sum_{u=1}^{u_{\rm c}}p_{\rm c,u}(y)\sqrt{\frac{q_{\rm c}}{p_{\rm c,u}(y_0)}}\right)+\\&\frac{1}{2}\left(\frac{1}{2}\sum_{u=1}^{u_{\rm l}}\sqrt{p_{\rm l,u}(y_0)q_{\rm l}}+\frac{1}{2}\sum_{u=1}^{u_{\rm l}}p_{\rm l,u}(y)\sqrt{\frac{q_{\rm l}}{p_{\rm l,u}(y_0)}}\right)\end{aligned} \tag{5-3-14}$$

将式（5-3-14）中与 y 无关的项提取出来，令 $\rho'(y)$ 表示剩余与 y 相关的各项之和，得：

$$\rho'(y)=\frac{1}{4}\sum_{u=1}^{u_{\rm c}}p_{\rm c,u}(y)\sqrt{\frac{q_{\rm c}}{p_{\rm c,u}(y_0)}}+\frac{1}{4}\sum_{u=1}^{u_{\rm l}}p_{\rm l,u}(y)\sqrt{\frac{q_{\rm l}}{p_{\rm l,u}(y_0)}} \tag{5-3-15}$$

令 $K(\bullet)=k\left(\left\|\frac{x_i^5-y}{h}\right\|^2\right)$，式（5-3-9）和式（5-3-10）可表示为：

$$p_{\rm c,u}(y)=C_{\rm c,h}\sum_{i=1}^{u_{\rm h}}K(\bullet)\delta[b(x_i^{\rm s})-u_{\rm c}] \tag{5-3-16}$$

$$p_{\rm l,u}(y)=C_{\rm l,h}\sum_{i=1}^{n_{\rm h}}K(\bullet)\delta[b(x_i^{\rm s})-u_{\rm l}] \tag{5-3-17}$$

将 $p_{\rm c,u}(y)$、 $p_{\rm l,u}(y)$ 带入式（5-3-15）得：

$$\begin{aligned}\rho'(y)=&\frac{1}{4}\sum_{u=1}^{u_{\rm c}}p_{\rm c,h}\sum_{i=1}^{u_{\rm h}}K(\bullet)\delta[b(x_i^{\rm s})-u_{\rm c}]\sqrt{\frac{q_{\rm c}}{p_{\rm c,u}(y_0)}}+\\&\frac{1}{4}\sum_{u=1}^{u_{\rm l}}p_{\rm l,h}\sum_{i=1}^{u_{\rm h}}K(\bullet)\delta[b(x_i^{\rm s})-u_{\rm c}]\sqrt{\frac{q_{\rm l}}{p_{\rm l,u}(y_0)}}\end{aligned} \tag{5-3-18}$$

令 $w_i^{\rm c}=\sum_{u_{\rm c}}\delta[b(x_i^{\rm s})-u_{\rm c}]\sqrt{\frac{q_{\rm c,u}}{p_{\rm c,u}(y_0)}}$，$w_i^{\rm l}=\sum_{u_{\rm l}}\delta[b(x_i^{\rm s})-u_{\rm l}]\sqrt{\frac{q_{\rm l,u}}{p_{\rm l,u}(y_0)}}$，式(5-3-18)

可写为：

$$\rho'(y)=\frac{C_{\mathrm{c,h}}}{4}\sum_i w_i^{\mathrm{c}}K(\bullet)+\frac{C_{\mathrm{l,h}}}{4}\sum_i w_i^{\mathrm{l}}K(\bullet) \tag{5-3-19}$$

或

$$\rho'(y)=\sum_i w_i K(\bullet) \tag{5-3-20}$$

其中

$$w_i=\frac{w_i^{\mathrm{c}}C_{\mathrm{c,h}}}{4}+\frac{w_i^{\mathrm{l}}C_{\mathrm{l,h}}}{4} \tag{5-3-21}$$

求取目标区域的问题转换为求取最大化式（5-3-14）中的 $\rho(y)$ 的问题，即最大化 $\rho'(y)$ 。通过求取 $\rho'(y)$ 的 Meanshift 向量，逐步将 y 迁移到 $\rho(y)$ 最大化区域。$\rho'(y)$ 的均值迁移向量为：

$$m_{\mathrm{h},G}(y)=y_1-y_0=\frac{\sum_{i=1}^{n_{\mathrm{h}}}x_i w_i g\left(\left\|\frac{y_0-x_i}{h}\right\|^2\right)}{\sum_{i=1}^{n_{\mathrm{h}}}w_i g\left(\left\|\frac{y_0-x_i}{h}\right\|^2\right)}-y_0 \tag{5-3-22}$$

即

$$y_1=\frac{\sum_{i=1}^{n_{\mathrm{h}}}x_i w_i g\left(\left\|\frac{y_0-x_i}{h}\right\|^2\right)}{\sum_{i=1}^{n_{\mathrm{h}}}w_i g\left(\left\|\frac{y_0-x_i}{h}\right\|^2\right)} \tag{5-3-23}$$

式中，$g(x)=-k'(x)$ 。

3. 基于 Sigmod 函数的特征权重自适应

上面提出的直接特征融合策略中颜色特征与纹理特征的权重输出相互独立，之间没有影响。虽然这种融合策略充分考虑到目标的表观特征与内部结构特征对目标的描述更为准确，但是当一种特征失效时，其所占权重并未受到影响，也就是说一种特征失效对目标定位精度的影响没有得到抑制。为了提高融合算法的稳定性，本小节提出一种基于 Sigmod 函数与 Bhattacharyya 系数的自适应融合策略，根据两类特征在当前帧中的可靠性动态调整对应特征的权重，可靠性高的特征获得更大的权重，反之亦然。

如式（5-3-21）所示，每个像素的权重 w_i 为两类特征权重之和，这里为两种特征分别引入可靠性指数 λ_c 和 λ_l，且满足：

$$\lambda_c + \lambda_l = 1 \tag{5-3-24}$$

组合特征的 Bhattacharyya 相关系数重新定义为：

$$\rho(y) = \lambda_c \rho_c(y) + \lambda_l \rho_l(y) \tag{5-3-25}$$

式（5-3-21）可写为：

$$w_i = \lambda_l \frac{w_i^l C_{l,h} \rho_l(y_0)}{2} + \lambda_c \frac{w_i^c C_{c,h} \rho_c(y_0)}{2} \tag{5-3-26}$$

显然，通过调整特征可靠性指数 λ_c 和 λ_l 可改变颜色特征与纹理特征的影响力。

在目标跟踪过程中，通常满足一个假设，目标状态的变化在短时间内是缓慢的，在此基础之上，本小节通过比较在上一帧中收敛处两类特征的 Bhattacharyya 系数来调整其各自的可靠性指数：在前一时刻相关系数高的特征在当前帧进行定位时获得更大的权重，反之亦然。

设 rh_{k-1}^c、rh_{k-1}^l 分别为 $k-1$ 时刻颜色特征与纹理特征的 Bhattacharyya 系数，令

$$\gamma_k = \log \frac{\text{rh}_{k-1}^c}{\text{rh}_{k-1}^l} \tag{5-3-27}$$

γ_k 的取值反映了两种特征可靠性大小的比值：当颜色特征可靠性与纹理特征相同时，$\gamma_k = 0$；若前者可靠性高于后者，$\gamma_k > 0$；若前者可靠性低于后者，$\gamma_k < 0$。但很显然 γ_k 的取值是无界的，而可靠性指数 λ_c、λ_l，取值范围为[0,1]，为此本小节引入 Sigmod 函数来对 γ_k 进行加权，其取值即为颜色特征的可靠性指数 γ_c：

$$\lambda_{c,k} = 1 - \frac{1}{1 + e^{-\frac{\lambda k}{b}}} \tag{5-3-28}$$

式中，b 用来控制斜率，其影响如图 5.3.3 所示。

在得到 $\lambda_{c,k}$ 与 $\lambda_{l,k}$ 后，将其带入式（5-3-18）得：

$$\begin{aligned} \rho'(y) = & \frac{1}{2} \lambda_c \sum_{u=1}^{u_c} C_{c,h} \sum_{i=1}^{n_h} K(\bullet) \delta[b(x_i^s) - u_c] \sqrt{\frac{q_c}{p_{c,u}(y_0)}} + \\ & \frac{1}{2} \lambda_l \sum_{u=1}^{u_l} C_{l,h} \sum_{i=1}^{u_h} K(\bullet) \delta[b(x_i^s) - u_c] \sqrt{\frac{q_l}{p_{l,u}(y_0)}} \end{aligned} \tag{5-3-29}$$

可得出式（5-3-19）的扩展形式为：

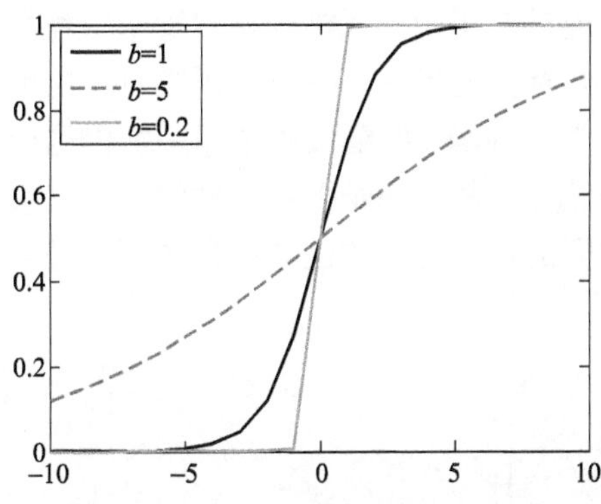

图 5.3.3　*b* 对 Sigmod 函数斜率的影响

$$\rho'(y)=\lambda_1\frac{C_{\mathrm{l,h}}}{2}\sum_i w_i^{\mathrm{l}}K(\bullet)+\lambda_{\mathrm{c}}\frac{C_{\mathrm{c,h}}}{2}\sum_i w_i^{\mathrm{c}}K(\bullet) \tag{5-3-30}$$

以式（5-3-29）为目标函数进行 Meanshift 迭代，最终可得到位移序列 y 的收敛位置，在 k 时刻跟踪结束。在跟踪收敛后，重新计算 k 两种特征的相关系数 $\mathrm{rh}_k^{\mathrm{c}}$ 、$\mathrm{rh}_k^{\mathrm{l}}$ 以及可靠性指数 $\lambda_{\mathrm{c},k+1}$ 、$\lambda_{\mathrm{l},k+1}$ ，作为下一时刻两种特征的权重带入 Meanshift 迭代。

4. 算法流程

在上述内容的基础上得出完整的跟踪算法流程：

（1）在第 1 帧中初始化选择目标位置 y_0 ，并根据式（5-3-6）和式（5-3-8）目标区域计算其 RGB 特征模板 $q_{\mathrm{c,u}}$ 和 $\mathrm{LBP}_{s,1}^{\mathrm{uni}}$ 特征模板 $q_{\mathrm{l,u}}$ 。

（2）令 $\lambda_{\mathrm{c}}=\lambda_1=0.5$ 。

（3）迭代过程：

① 获取新的一帧图像，并在上一时刻收敛点 y_k 处利用式（5-3-9）和式（5-3-10）计算目标备选特征向量 $p_{\mathrm{c,u}}(y_0)$、 $p_{\mathrm{l,u}}(y_0)$；② 按照样本权重定义计算目标备选区域像素权重 w_i^{c} 、 w_i^{l} ；③ 通过式（5-3-26）对两种权重进行自适应融合，得到 w_i ；④ 通过式（5-3-22）和式（5-3-23）计算出下一备选区域，中心为 y_1 ；⑤ 利用式（5-3-25）计算 y_1 处相关系数 $\rho(y_1)$ ；⑥ 若 $\rho(y_1)<\rho(y_0)$ ，则令 $y_1=\frac{1}{2}(y_0+y_1)$，并再次计算 $\rho(y_1)$ ；⑦ 若满足收敛条件，则结束当前帧中的跟踪，并且计算 λ_{c} 、 λ_1 ；否则令 $y_0=y_1$ ，返回步骤②。

5.3.3 前景概率函数

在跟踪过程中，通常使用矩形或椭圆搜索窗来覆盖目标。当目标外观对称时，能够较好地覆盖目标；但当目标外形不规则时，由于跟踪窗口内包含部分背景像素导致特征模型不准确，匹配过程中跟踪窗内也会包含大量非目标的像素点。空中目标种类繁多，其外观难以用常规的核窗口覆盖，如图 5.3.4 所示。目前，几乎所有跟踪器的设计都只关注了前景区域的像素特征，而没有利用背景信息[15–17]。

图 5.3.4 空中目标

针对这类问题，本小节提出一种基于前景概率函数的目标跟踪算法。利用图像中的前景区域及附近背景的颜色概率分布建立前景概率函数，对目标区域中所有的像素点反向投影加权，削弱跟踪窗口中背景像素的作用。在均值迁移算法的框架上引入前景概率权重，目标特征模板更准确，在迭代过程中收敛速度更快，提高了跟踪器的性能。并且，可以根据前景窗口中像素的权重分布，在一个跟踪单元结束之后，通过直接计算对跟踪窗口的尺度进行调整，并同时修正目标特征模板。

1. 前景概率函数定义

视觉跟踪中，所跟踪的目标必须在视觉上能够与背景区分开。在所选择的两种特征中，$\mathrm{LBP}_{s,1}^{\mathrm{uni}}$ 特征模板主要用来描述目标的结构特征，而且其特征值只有 9 个，因而本小节选择在 RGB 颜色空间下利用目标前景与背景区域的差异构造前景概率函数。

首先计算出目标区域与其邻域背景区域的颜色直方图，分别为 H_{o} 和 H_{b}，目标区域中每个像素颜色在 H_{o} 和 H_{b} 中所占比重为：

$$p_{\mathrm{o}}(x_i)=\frac{h_{\mathrm{o}}(u\delta[b(x_i-u)])}{\sum_{i=0}^{\mathrm{bins}}h_{\mathrm{o}}(i)}$$
$$p_{\mathrm{b}}(x_i)=\frac{h_{\mathrm{b}}(m\delta[b(x_i-m)])}{\sum_{i=0}^{\mathrm{bins}}h_{\mathrm{b}}(i)} \tag{5-3-31}$$

式中，h_{o}、h_{b} 分别为两个直方图中的柱；bins 为直方图柱数；$\delta(x)$ 用来判断像素属于直方图中的哪一柱；$p_{\mathrm{o}}(x_i)$ 和 $p_{\mathrm{b}}(x_i)$ 分别为像素 x_i 的颜色在前景背景直方图中所占的比重。目标区域中的像素属于目标的概率，即前景概率函数定义为：

$$L(x_i)=\log\frac{p_{\mathrm{o}}(x_i)}{p_{\mathrm{b}}(x_i)} \tag{5-3-32}$$

前景概率函数 $L(x_i)$ 能够客观地反映一个像素点属于前景的概率，若数值越大则表明该像素属于目标的可能性越高。但很明显，计算出的概率系数有可能出现负数，并且是无界的，若直接用其对前景区域进行加权会对计算带来诸多不便。为此，同样引入了 Sigmod 函数对前景像素进行加权，假设 $L(x_i)$ 为某一个像素点的前景概率，则该像素权重为：

$$\lambda(x_i)=1-\frac{1}{1+\exp\frac{-(L(x_i)-a)}{b}} \tag{5-3-33}$$

$\lambda(x_i)$ 是一个连续的单调增函数，式（5-3-33）中 a 用来控制前景像素概率的置信区间，b 用来控制加权函数的斜率。

图 5.3.5 中被跟踪的目标为直升机，实线矩形为目标跟踪窗口，虚线矩形与目标窗口之间的区域为背景区域，图 5.3.5（b）中白色表示前景概率高的像素，该实验中，$a=0$，$b=1$。

(a)

(b)

图 5.3.5 前景概率分布图

(a) 跟踪目标图；(b) 跟踪目标前景概率分布图

当目标与背景差别较大时，前景概率函数能够有效地剔除前景区域中的背景点，而实际跟踪环境中很有可能出现干扰目标，甚至与背景接近的情况，导致的结果就是前景颜色概率分布与背景区别不大，即 $p_o(x_i) \approx p_b(x_i)$。此时前景概率 $L(x_i) \to 0$，前景区域中像素的权重 $\lambda(x_i)$ 也都趋向于同一个值，基于前景概率函数的目标特征模板则退化为普通的基于核函数的颜色概率分布，跟踪器的性能趋近于传统的目标跟踪算法。在跟踪过程中，权重参数 a、b 确定之后，样本加权的准则始终保持一致，不会影响跟踪算法的收敛性。

在得到了跟踪窗口内像素的前景概率权重 $\lambda(x_i)$ 后，将其带入目标颜色特征模板，得：

$$q_{c,u} = C_{c,h} \sum_{i=1}^{n} \lambda(x_i) k\left(\left\|\frac{x_i - x_0}{h}\right\|^2\right) \delta[b(x_i) - u_c] \tag{5-3-34}$$

假设目标候选位置的中心为 y，则候选区域特征向量为：

$$p_{c,u}(y) = C_{c,h} \sum_{i=1}^{n_h} \tilde{\lambda}(x_i) k\left(\left\|\frac{y - y_i}{h}\right\|^2\right) \delta[b(y_i) - u_c] \tag{5-3-35}$$

式中，参数 $C_{c,h}$、h 等定义与式（5-3-6）中相同；$\tilde{\lambda}(x_i)$ 为候选区域像素的前景概率权重。

在得到了目标特征模板向量与候选目标特征向量后，可直接将式（5-3-34）与式（5-3-35）带入式（5-3-29）中，得：

$$\begin{aligned}\rho'(y) = &\frac{1}{2}\lambda_c \sum_{u=1}^{n_c} C_{c,h} \sum_{i=1}^{n_h} \tilde{\lambda}(x_i) K(\bullet) \delta[b(x_i^s) - u_c] \sqrt{\frac{q_c}{p_{c,u}(y_0)}} + \\ &\frac{1}{2}\lambda_l \sum_{u=1}^{u_l} C_{l,h} \sum_{i=1}^{n_h} K(\bullet) \delta[b(x_i^s) - u_c] \sqrt{\frac{q_l}{p_{l,u}(y_0)}}\end{aligned} \tag{5-3-36}$$

利用 Meanshift 迭代流程，求取最大化 Bhattacharyya 区域，即目标区域。

2. 跟踪窗口的尺度调整与特征更新

在跟踪过程中，目标的尺度、姿态都会发生变化，目标特征也会发生相应的变化，因此需要同步地对跟踪窗口的尺寸以及目标的特征模型进行调整。为了调整跟踪窗口大小，通常采用三次迭代，比较相关系数大小，选出最佳的尺度，三次迭代中跟踪窗口的尺度分别为 0.9h、h、1.1h，这样做缺点很明显，计算量增加了两倍左右。在特征更新算法中，几乎所有更新算法都难以避免背景像素的干扰。

1）跟踪窗口尺度调整

在进行尺度调整时，通常认为目标在短时间内尺度、形态、光照条件是有限的。在这样的前提下，一个跟踪单元结束后，跟踪窗口完全覆盖或大部分覆盖了所跟踪的目标。按照前文所述，重新计算跟踪窗口周围的背景颜色分布以及前景概率函数 $L'(x_i)$，并按式（5-3-33）计算前景区域中像素的前景概率权重 $\lambda'(x_i)$。设 c 为目标的概率质心，s 为概率分布图的尺度，则有：

$$c = \frac{1}{\sum_{i=1}^{n} \lambda_i'} \sum_{i=1}^{n} x_i \lambda_i' \qquad (5\text{-}3\text{-}37)$$

$$s = \sqrt{\frac{1}{\sum_{i=1}^{n} \lambda_i'} \sum_{i=1}^{n} (x_i - c)^2} \qquad (5\text{-}3\text{-}38)$$

新的窗口尺度可以调整为：

$$h' = h \times \frac{s_{\mathrm{n}}}{s_{\mathrm{o}}} \qquad (5\text{-}3\text{-}39)$$

式中，h' 为新的窗宽；s_{n} 和 s_{o} 分别为相邻两个时刻的尺度。

通过窗口内加权像素坐标的均值还能得到更精确的目标位置。

2）模板更新策略

大多数目标跟踪任务中，由于尺度、姿态、光照等变化的影响，无法保证目标的初始特征模板在一段时间之后依然准确。因此，必须对目标的特征模型进行调整。在得到了新的目标尺寸后，利用本小节定义的前景概率函数对新的窗口内所有像素加权，并且计算目标的加权直方图，如式（5-3-34），假设 p_t 为 t 时刻目标特征向量，q_t 为 t 时刻目标特征模板，则新的模板定义为：

$$q_{t+1} = \begin{cases} \beta q_t + \mathrm{e}^{-\alpha[1-\rho(q_t, p_t)]} p_t & \rho(q_t, p_t) > \mathrm{th}_0 \\ q_t & \text{其他} \end{cases} \qquad (5\text{-}3\text{-}40)$$

式中，q_{t+1}为新的特征模板；$\beta = 1 - e^{-\alpha[1-\rho(q_t, p_t)]}$；$\alpha$为正实数，决定了特征模板的更新率，实验中取 10；th_0为更新阈值，即当q_t与p_t之间的相关系数小于某个值时则不更新模板，实验中取 0.6。

通过式（5-3-15）可知，若两个特征向量相关性越高，则更新越快，反之亦然。一定程度上实现了自适应的调整特征模板，避免了固定阈值造成的问题[18]。

5.3.4 实验结果分析

本节主要涉及两方面的工作：颜色与纹理的自适应融合以及基于前景概率函数的目标跟踪。为了验证本节算法的有效性，设计的实验主要包括光照条件变化、目标尺度变化、混杂背景下目标跟踪。选择的测试视频主要来源于 SPEVI 数据库（Surveillance Performance Evaluation Initiative Datasets）、欧洲 CANTATA 项目数据库（Content Aware Networked systems Towards Advanced and Tailored Assistance Datasets）、PETS 数据库（Performance Evaluation of Tracking and Surveillance），以及一些高校的测试视频库。另外，为了验证对空中目标跟踪的有效性，选用的测试视频为历届亚洲航展及欧洲范保罗航展的视频。

1. 光照变化下的目标跟踪实验

在进行光照变化下目标跟踪实验之前，对 RGB 特征与$LBP_{s,1}^{uni}$对光照的影响进行了定量分析，实验中以阿帕奇视频中一帧图像为例，实验结果如图 5.3.6 所示，图 5.3.6（a）中矩形内为所跟踪目标。光照的变化在图像上的反应可以用所有像素值乘以一个系数来模拟，图 5.3.6（b）为收敛区域 Bhattacharyya 相关系数与光亮系数之间的关系。$LBP_{s,1}^{uni}$特征的最小值为 0.92，而 RGB 模型的匹配程度随着光照变化衰减较严重。

（a）

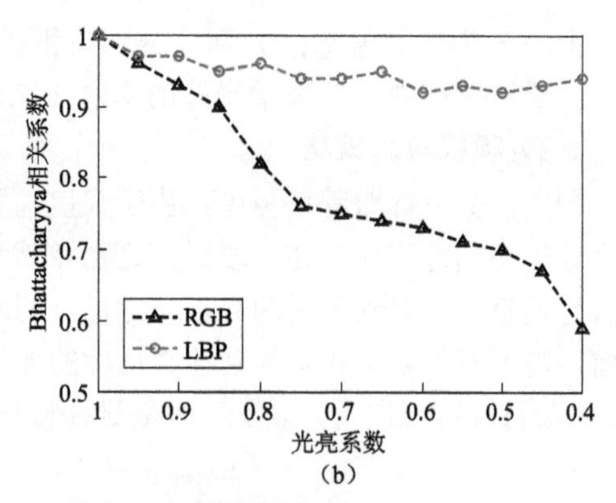

（b）

图 5.3.6 光照变化对 Bhattacharyya 相关系数的影响

（a）被测图片；（b）实验曲线

1）女主持眼睛跟踪

视频共 300 帧，分辨率为 352×288。在视频的第 100～210 帧加入随机亮度干扰，所跟踪目标为女主持的左眼，实验选取了视频中第 79、103、121、145、163、187、205、247 帧，分别采用基于颜色、纹理以及两种特征自适应融合的方法对目标进行跟踪。实验中核函数选择了高斯核。

单独采用颜色特征与纹理特征的跟踪结果如图 5.3.7 所示，其中白色矩形为颜色特征跟踪结果，黑色矩形为纹理特征跟踪结果。在前 100 帧中，目标的运动范围比较小，室内的光照也没发生变化，颜色特征与纹理特征都能较好地跟踪目标；而在第 100～210 帧加入随机亮度干扰后，颜色特征的稳定性受到影响，基于颜色的跟踪算法丢失了目标，而基于纹理的跟踪算法工作更为稳定。本节提出的基于两类特征自适应融合的跟踪算法实验结果如图 5.3.8 所示，图中黑色矩形为跟踪窗口。可以看出，两类特征自适应融合后，跟踪更为稳定，跟踪器始终能够锁定目标。

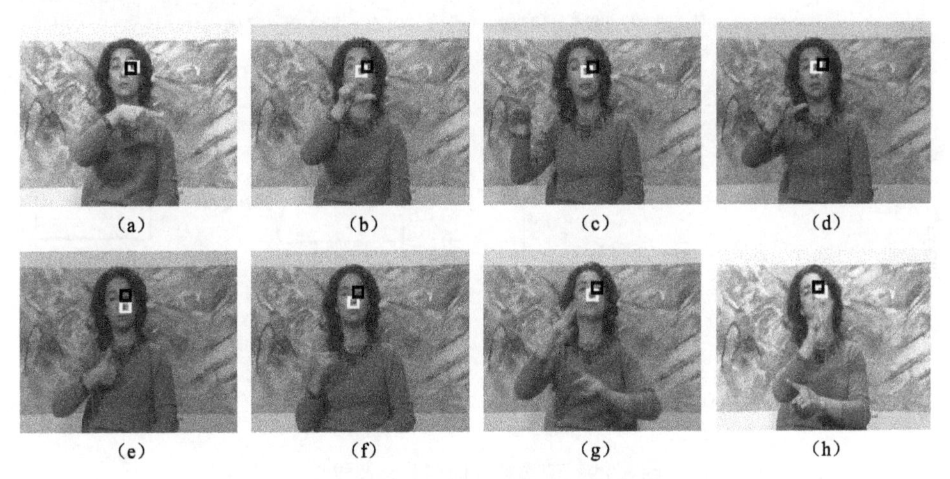

图 5.3.7　基于颜色特征与纹理特征的目标跟踪结果

（a）第 79 帧；（b）第 103 帧；（c）第 121 帧；（d）第 145 帧；

（e）第 163 帧；（f）第 187 帧；（g）第 205 帧；（h）第 247 帧

为了表明融合算法自适应调节特征权重的特性，图 5.3.9 描绘了跟踪过程中两类特征的 Bhattacharyya 相关系数及权重变化。显然当光照条件发生变化时，颜色特征的匹配程度急剧降低，而纹理特征依然稳定，在自适应权重调节的作用下，纹理特征获得更高的权重，跟踪也没有丢失；当光照条件复原后，颜色特征的权重也恢复到初始水平。

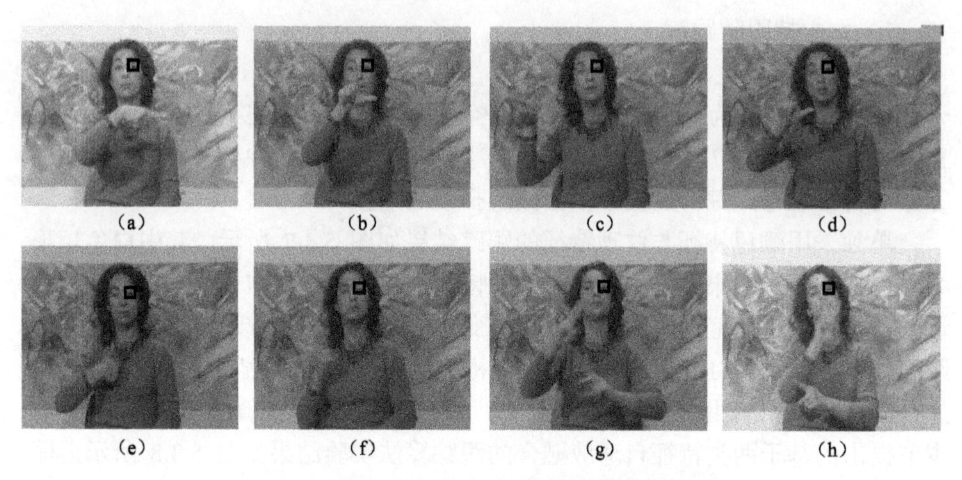

图 5.3.8 基于两类特征自适应融合的目标跟踪结果

（a）第 79 帧；（b）第 103 帧；（c）第 121 帧；（d）第 145 帧；

（e）第 163 帧；（f）第 187 帧；（g）第 205 帧；（h）第 247 帧

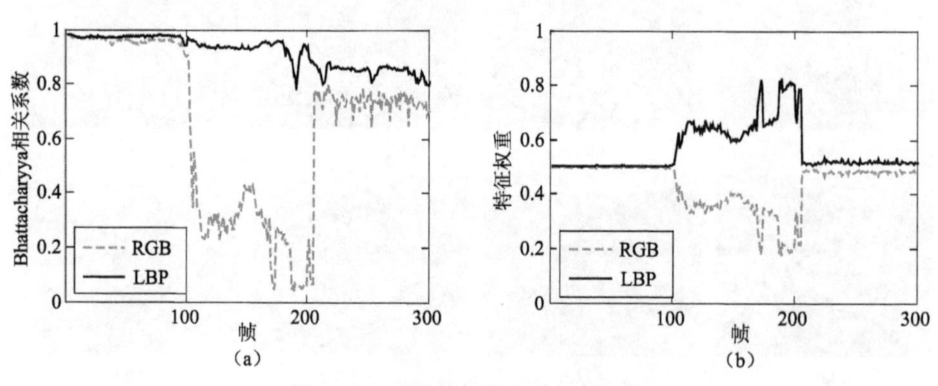

图 5.3.9 两类特征的相关性及权重

（a）Bhattacharyya 相关系数曲线；（b）特征权重曲线

2）室内男子脸部跟踪

视频序列共 909 帧，分辨率为 720×576，所跟踪目标为男子的脸部。实验选取了视频中第 60、90、160、198、213、288、318、379 帧，分别采用颜色、纹理及本节提出的融合方法对目标进行跟踪实验。视频中目标光照条件始终处于变化中，并且伴随着非平面转动。

单独采用颜色特征与纹理特征的跟踪结果如图 5.3.10 所示，白色矩形为颜色特征跟踪结果，黑色矩形为纹理特征跟踪结果。采用基于两类特征自适应融合的跟踪算法实验结果如图 5.3.11 所示，显然该算法的跟踪效果更理想。跟踪过程中 Bhattacharyya 相关系数曲线与特征权重分配如图 5.3.12 所示。

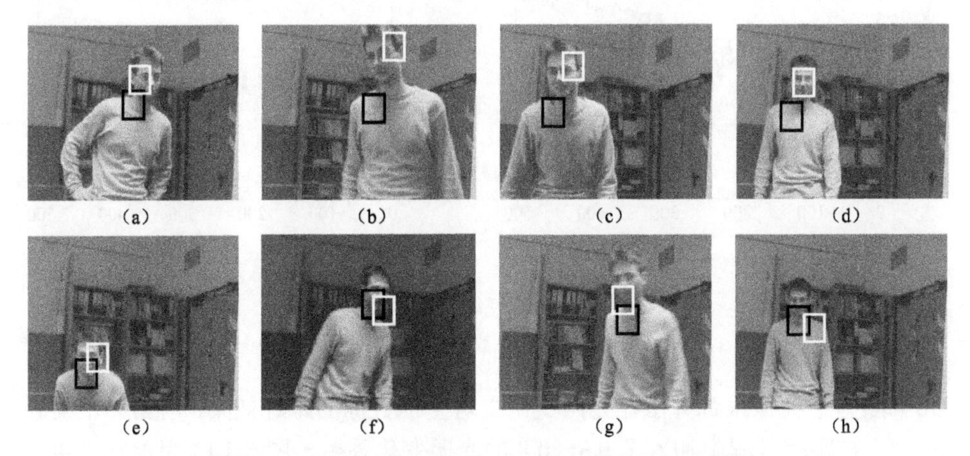

图 5.3.10 基于颜色特征与纹理特征的目标跟踪结果

(a) 第 60 帧；(b) 第 90 帧；(c) 第 160 帧；(d) 第 198 帧；

(e) 第 213 帧；(f) 第 288 帧；(g) 第 318 帧；(h) 第 379 帧

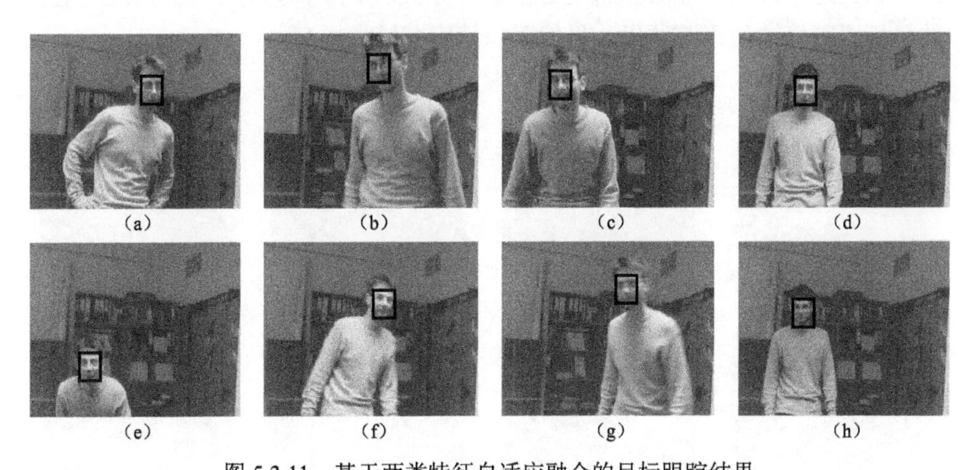

图 5.3.11 基于两类特征自适应融合的目标跟踪结果

(a) 第 60 帧；(b) 第 90 帧；(c) 第 160 帧；(d) 第 198 帧；

(e) 第 213 帧；(f) 第 288 帧；(g) 第 318 帧；(h) 第 379 帧

3）空中目标跟踪

为了验证组合特征目标跟踪算法的有效性，对范保罗航展中一段直升机视频进行实验。视频共 101 帧，实验选取了其第 13、24、35、46、57、68、79、

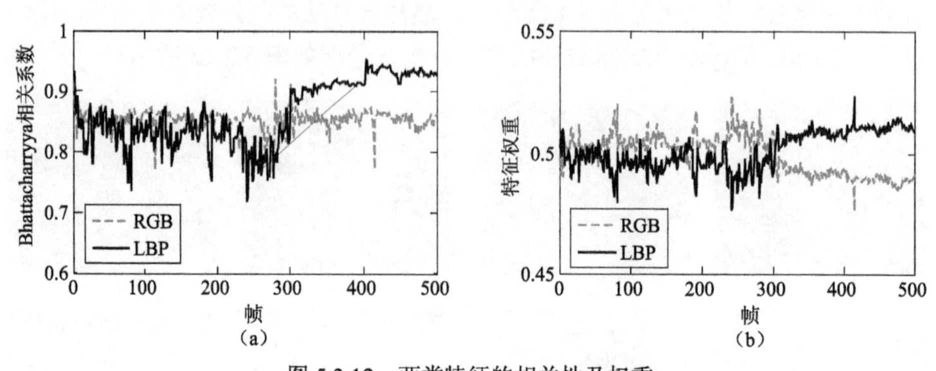

图 5.3.12 两类特征的相关性及权重

（a）Bhattacharyya 相关系数曲线；（b）特征权重曲线

90 帧。为了模拟跟踪算法在光照变化中对空中目标的跟踪效果，与第一个实验相同，在跟踪过程中加入了 0.3～0.8 的光照变化系数。图 5.3.13 为单独采用颜色特征与纹理特征的跟踪结果，图中白色矩形为颜色特征跟踪窗，黑色矩形为纹理特征跟踪窗。目标在运动过程中没有发生旋转运动，纹理特征较为稳定，因此相比之下纹理特征跟踪结果更稳定。图 5.3.14 为基于组合特征自适应融合的目标跟踪算法的跟踪结果，显然跟踪精度有较大提高。

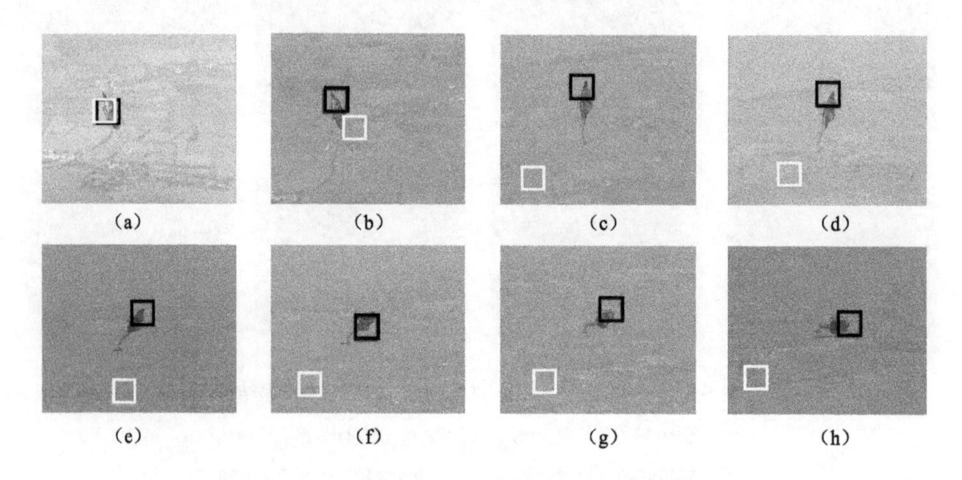

图 5.3.13 基于颜色特征与纹理特征的目标跟踪结果

（a）第 13 帧；（b）第 24 帧；（c）第 35 帧；（d）第 46 帧；

（e）第 57 帧；（f）第 68 帧；（g）第 79 帧；（h）第 90 帧

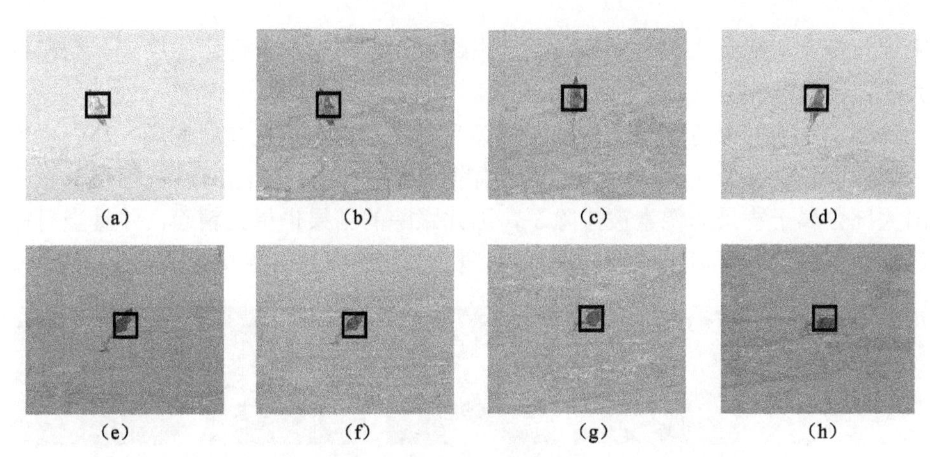

图 5.3.14 基于两类特征自适应融合的目标跟踪结果

（a）第 13 帧；（b）第 24 帧；（c）第 35 帧；（d）第 46 帧；

（e）第 57 帧；（f）第 68 帧；（g）第 79 帧；（h）第 90 帧

2. 基于前景概率函数的目标跟踪实验

在上一小节的实验中，目标外形相对规则，且尺度变化范围较小，因而采用了固定的窗口对目标进行跟踪。而在更多的跟踪场景中，目标外观并不规则，且尺度容易发生变化，为了在对不规则目标进行跟踪时得到更精确的目标模型，并且在跟踪过程中自适应地调节跟踪窗口尺度及目标特征模板，本节提出了基于前景概率函数的目标跟踪算法。

为了验证基于前景概率函数的目标跟踪算法的有效性，在多组视频中进行了测试，并与传统的均值迁移算法进行了对比。在测试视频中，选择了目标与背景区分度较好的橄榄球视频来验证该算法在尺度变化与更新方面的优越性，另外选择了一组目标频繁受到干扰的视频来验证算法的收敛性。

1）跟踪橄榄球运动员

橄榄球比赛测试视频分辨率为 480×320。在目标初始化时，手动选取目标，图 5.3.15 中的黑色矩形框为跟踪窗口，也就是当前帧中的结果。实验中，背景区域为环绕目标的 30 个像素范围内，在实验结果中用白色矩形表示。

实验中，将基于前景概率函数的目标跟踪算法与传统的均值迁移算法进行比较，实验结果如图 5.3.15 和图 5.3.16 所示，图中包含了视频的第 177、221、333、389、479 帧。在前 150 帧中，目标运动幅度很小，两个跟踪器都运行正常；从第 210 帧开始，目标尺度开始发生变化，并且有干扰目标出现（另一名球员），传统的均值迁移算法中采用了 Collins[19] 提出的三组迭代取最优的方式来更新窗宽，结果如图 5.3.16 所示，跟踪窗口始终收敛于目标的局部，而没有完全覆盖目标。

图 5.3.15 中黑色跟踪框内的图像为目标前景概率的反向投影图，其中黑色区域的前景概率低于 0.2，白色区域由前景概率高的像素组成，从图中可以看出大部分属于背景的像素被排除了，因此跟踪的结果也更为精确，并且当目标尺度变大时跟踪窗口也能较好地覆盖目标，如第 389、479 帧。

（a） （b） （c） （d） （e）

图 5.3.15 基于前景概率函数的跟踪结果（见彩插）

（a）第 177 帧；（b）第 221 帧；（c）第 333 帧；（d）第 389 帧；（e）第 479 帧

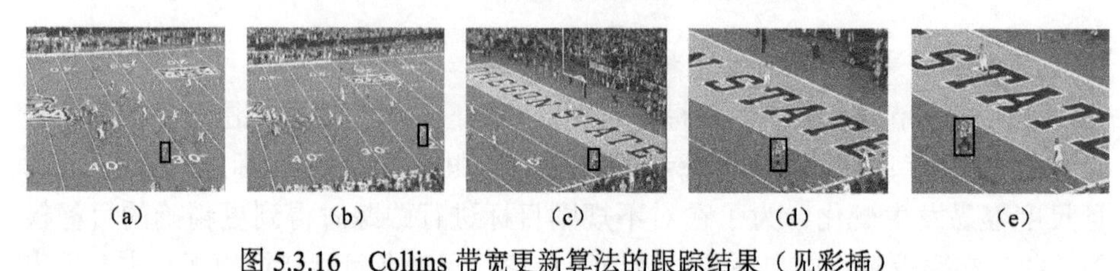

（a） （b） （c） （d） （e）

图 5.3.16 Collins 带宽更新算法的跟踪结果（见彩插）

（a）第 177 帧；（b）第 221 帧；（c）第 333 帧；（d）第 389 帧；（e）第 479 帧

采用前景概率反向投影后排除了大部分背景像素，目标的模型也更为准确。图 5.3.17 为采用前景概率反向投影前后 Bhattacharyya 相关系数分布。图 5.3.17（a）为所跟踪目标与跟踪窗位置，右下角是放大的目标；图 5.3.17（b）为直接计算目标模板后对应的相关系数分布图；图 5.3.17（c）为采用前景概率反向投影加权后目标特征模板对应的相关系数分布。图中，红色区域为相关系数高的区域，蓝色区域为相关系数较小的区域。很明显，图 5.3.17（c）中相关系数高的区域更为集中，并且非目标区域的相关系数得到抑制，目标周围梯度更大，在有些情况下，也能排除一些相似目标的干扰。

2）航展直升机视频跟踪

为了验证基于前景概率的目标跟踪算法在空中目标跟踪中的效果，以亚洲航展中阿帕奇直升机的一段视频进行实验。视频序列共 259 帧，实验选取了视频中的第 10、22、37、51、65、74、85、97 帧，实验结果如图 5.3.18 所示。图中黑色矩形为基于前景概率权重的目标跟踪窗口，白色矩形为背景区域的选

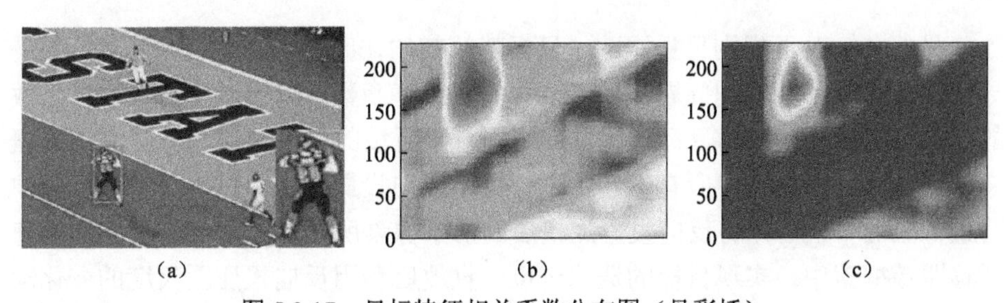

（a）　（b）　（c）

图 5.3.17　目标特征相关系数分布图（见彩插）

（a）测试图像；（b）投影前相关系数分布；（c）投影后相关系数分布

择范围。跟踪窗口内像素值代表了其前景概率的高低，其中黑色区域为前景概率值较低的区域。实验结果表明本节提出的前景概率目标跟踪算法有效，并且能够有效地调整跟踪窗口的尺度。

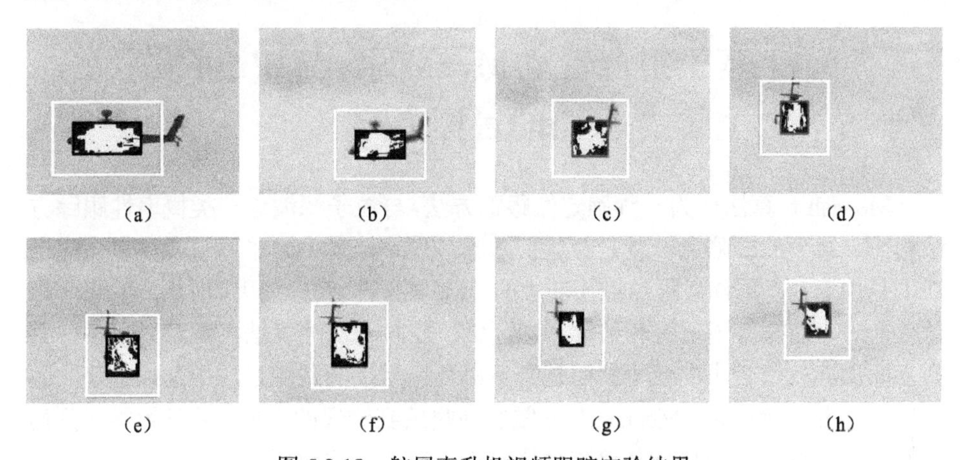

（a）　（b）　（c）　（d）

（e）　（f）　（g）　（h）

图 5.3.18　航展直升机视频跟踪实验结果

（a）第 10 帧；（b）第 22 帧；（c）第 37 帧；（d）第 51 帧；

（e）第 65 帧；（f）第 74 帧；（g）第 85 帧；（h）第 97 帧

本节的主要工作是从两方面提高跟踪器的性能：多特征融合以及精确的特征模型提取。针对光照条件变化下的目标跟踪时，单一视觉特征描述目标不充分、不稳定的特点，提出了一种基于多特征自适应融合的跟踪方法。该算法利用目标的颜色特征与纹理特征描述目标，利用两类特征之间的互补性，提高了光照变化场景下目标跟踪的可靠性。在跟踪过程中，对两类特征分别赋予一个权重系数，并利用上一时刻收敛位置两类特征的相关系数调整其权重，实现了特征权重的自适应调整。实验结果表明：当光照条件发生剧烈变化及目标发生平动或转动时，跟踪器依然能够稳定地覆盖目标。

另外，针对不规则目标跟踪，目标特征初始化时难以去除背景像素干扰，导致特征模板不准确的问题，提出一种前景概率函数，以及基于前景概率函数的目标跟踪算法。根据目标区域及其周围背景区域的颜色概率分布建立前景概率函数，对目标区域中所有像素点进行概率反向投影加权，以削弱目标区域中背景像素的干扰。并将反向投影加权后的前景像素所构成的目标特征引入均值迁移跟踪框架中，实现目标的迭代定位。收敛后利用反向投影图尺度的变化动态调整跟踪窗口尺度，并根据相关系数的变化调整目标模型，为长时间稳定跟踪提供保障。实验结果表明：采用前景概率函数反向投影后目标模型更为准确，当目标尺度发生变化时能够有效地调整跟踪窗宽，在整个测试过程中都能准确地覆盖目标。虽然在复杂环境中前景概率函数的作用有所削弱，但跟踪性能始终优于传统的均值迁移跟踪算法。

5.4 基于组合带宽 Meanshift 与加速收敛策略的目标跟踪

Meanshift 算法作为一种确定性跟踪方法，与粒子滤波这一类概率性跟踪方法相比，最大的缺陷之一就是对遮挡敏感，当遮挡发生时难以自我恢复。这个缺陷是由于其“单峰”跟踪特征造成的。Meanshift 算法在跟踪时始终沿着“峰值”前进，而抛弃了所有相关性小的区域；而粒子滤波算法在跟踪过程中，并不立即抛弃权值较小的粒子，而是给予机会在后续的跟踪过程中加以验证。因此当目标发生遮挡时，Meanshift 非常容易收敛到错误的区域，并且始终受到局部峰值的干扰，即使目标从遮挡中恢复也难以再次跟踪。

从计算速度最优的角度，本节选择 Meanshift 算法作为跟踪的主框架，则其局部收敛的问题就无法避免。在解决这一类问题时，现有的技术大多是采用预测滤波与确定性计算相结合的方式实现。Comaniciu[20] 首先将卡尔曼滤波引入均值迁移算法，利用目标的轨迹预测目标的运动趋势，提前将迭代起始点移动到预测位置，当目标发生短时遮挡时能够有效地避免跟踪失败，但这类算法依赖目标的运动模型，在动态跟踪中，运动轨迹包含了背景的运动，因此估计的效果往往不佳；姚红革等[21] 根据目标特征的匹配程度判断是否有遮挡发生，当遮挡发生后不断在目标区域的四邻域内搜索新的匹配区域，当遮挡物尺度较小时效果较好，但改进程度有限；Maggio 等[22] 将目标区域划分成若干子块，分别对这些子块进行跟踪，并根据每个子块跟踪结果的加权估计目标的位置，在目标发生局部遮挡时这样做很有效，但当发生全局遮挡后跟踪也会丢失，并且无法自我恢复。与此类似的还有 Zhu[23]、Jaideep[24] 等提出的改进算法。

显然采用估计算法与 Meanshift 相结合的方式能够在一定程度上解决遮挡问题，但是能力有限，并且一旦收敛到了错误的区域就无法从中恢复。本节从 Meanshift 算法中带宽选择的角度出发，提出一种基于组合带宽的 Meanshift 迭代过程：利用大带宽的平滑作用避开局部概率模式的干扰，依靠小带宽进行精确定位，最终收敛到真实的目标区域；并且针对组合带宽需要更多计算区域而造成计算量增加的问题，在前人工作的基础上，证明了高斯 Meanshift（Gaussian Meanshift）过程是一种二次边界优化算法，并将边界优化算法中的 over-relaxed 优化策略引入到目标跟踪中；在边界优化算法收敛条件的约束下，根据采用 over-relaxed 策略前后相关系数的变化，自适应地调整 over-relaxed 加速方程中的学习率，实现了高斯 Meanshift 过程的自适应加速。

5.4.1 组合带宽 Meanshift

从核密度估计的定义可知，密度估计就是计算每个采样点对估计点的平均贡献。由于核函数是对称的，因此也可以理解为以采样点为中心，核窗宽内所有样本点对该点的影响。

在核密度估计中，一个关键的参数就是核函数的带宽矩阵。在统计实验中发现，带宽矩阵确定的情况下，不同核函数对估计误差的影响很小，起决定性影响的就是带宽矩阵。对于相同的核函数，采用小带宽时，参与估计的样本点也较小，得到的密度分布则较为粗糙，但在采样点足够充分时，小带宽的估计结果更逼近真实密度分布；当带宽过大时，大量采样点对估计产生影响，密度估计也更为平滑，但估计误差也会随之增加。

通过分析带宽对概率密度估计的影响可以得到一个基本的结论：小带宽估计精度高，容易受局部模式影响；大带宽滤波性能强，估计误差大。在目标跟踪中，通常满足一个条件：所跟踪目标备选区域的表观特征与目标特征模板似然度最高，也就是在匹配系数分布图中占据峰值，从密度估计的角度来说，目标跟踪也就是要搜索到全局的概率密度峰值，而并不关注局部峰值的影响。在此基础上，本小节提出一种基于组合带宽的均值迁移过程。

1. 组合带宽概率密度估计

在引入组合带宽均值迁移过程之前，首先要定量分析带宽对概率密度估计的影响。以一维数据样本的概率密度估计为例，样本分布为：

$$0.28N(0.4,0.3)+0.48N(-0.4,0.3)+0.14N(-2,0.5)+0.1N(2,0.3) \tag{5-4-1}$$

设定一组单调递减核窗宽序列 $h=(300,200,100,70)$，核函数为高斯核，即

$$k(x)=\exp\left(-\left\|\frac{x_i-x}{h}\right\|^2\right) \tag{5-4-2}$$

对于带宽序列中的每一项，分别用高斯核进行密度估计，结果如图 5.4.1 所示。

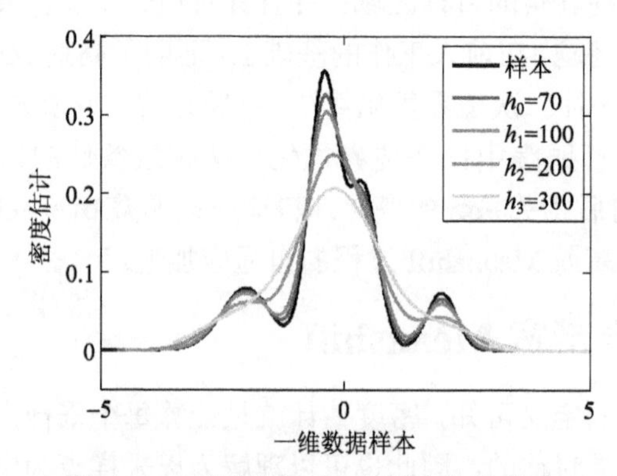

图 5.4.1　不同带宽对应的概率密度估计

显然，当 $h_3=300$ 时，概率密度只有唯一的最大模式，无论从哪开始迭代都能移动到唯一的峰值上；而最优带宽为 $h_0=70$，估计结果最为精确。在样本数据中，随机选择一个点作为起始点，若要找到全局密度的顶峰，依次沿着每个带宽序列的梯度进行“爬坡”计算即可。

在二维的样本空间中进行概率密度估计也与此相同，通过多带宽的均值迁移迭代，最终能够收敛到全局概率密度模式，并且能够避开局部峰值的影响。理论上只要带宽序列足够多，就能从任意采样点开始收敛到全局峰值。而图像跟踪的本质，实际上就是在二维的样本分布中找到匹配程度最高的区域，也就是图像区域中匹配系数的峰值。在图像跟踪中，相似目标或复杂背景的干扰反映在相似系数的密度分布中就是局部峰值对最大峰值的干扰。因此，在二维空间中使用足够多的带宽序列进行“峰值”搜寻，也能避开局部峰值模式的干扰，收敛到全局最大模式。本小节将这种基于组合带宽的全局概率密度模式搜索思想与 Meanshift 相结合，形成了一种自适应步长的全局密度搜索算法。

2. 组合带宽 Meanshift 算法

令 h_d（$d=D,D-1,\cdots,0$）为单调递减的一组带宽，其中 h_0 为最优带宽，在跟踪中为目标的真实尺度，通常 $h_D \gg h_0$。与这一组带宽相对应的一组核密

度函数为 $\hat{f}_{h_D}K(\bullet), \hat{f}_{h_{D-1}}K(\bullet), \cdots, \hat{f}_{h_0}K(\bullet)$。根据上一节的分析，当 h_D 足够大，d 的递减过程足够充分时，一定能得到唯一的概率密度峰值，也就是说从样本空间中随机选择一个起始点，即使距离峰值的几何距离非常远，仍然能够收敛到唯一的峰值模式上。在搜索峰值的方法上，选择 Meanshift 迭代过程。

基于组合带宽的 Meanshift 迭代过程为：

（1）根据目标尺度确定带宽序列 h_d（$d = D, D-1, \cdots, 0$），其中 h_0 为目标尺度。

（2）以上一帧图像中目标迭代收敛位置作为当前起始位置，并利用最大带宽进行迭代计算，得到收敛概率模式 $\hat{f}_{h_D}K(\bullet)$，坐标为 $\hat{x}_{h_D}$。

（3）依次对每个带宽 h_d 用 Meanshift 进行迭代收敛运算，起始点选择上一带宽的收敛位置，最终得到 $\hat{x}_{h_0}$ 全局概率模式收敛点。

对上述的一维数据样本进行组合带宽 Meanshift 迭代，实验结果如图 5.4.2 所示。其中迭代的起始点可以从任意一点出发，选择的起始点为 (3.5,0)，箭头所指位置为每个带宽作用下的收敛位置。显然，在均值迁移的作用下，逐渐逼近了全局概率密度的峰值。

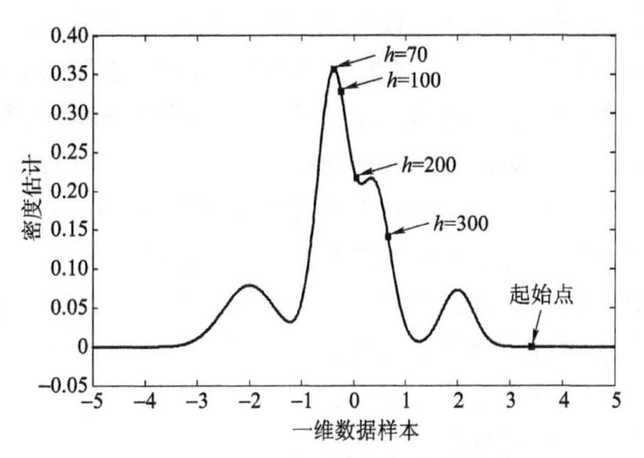

图 5.4.2　不同带宽对应的概率密度估计

虽然基于组合带宽的 Meanshift 算法能够有效地找到全局最优模式，但其带来的额外运算量也不能忽视：带宽 h_d 越大，参与计算的样本也越多，而且由于收敛条件的限制，带宽序列包含的项数越多，收敛所需要的迭代次数也越多。

5.4.2　自适应 over-relaxed 加速均值迁移

显然，基于组合带宽的 Meanshift 迭代过程是一种性能与效率的折中：组合带宽越丰富，则跟踪器的稳定性与自我恢复能力越强，但引入额外计算量也越大，并且会造成迭代次数的增加。在对空中目标进行跟踪时，重要的性能指标之一就是计算速度。因此，很有必要提高 Meanshift 算法的计算速度，并且这也成为当前研究的一个热点问题。

作为一种统计迭代算法，Meanshift 迭代实时性与选用的核函数直接相关，文献［25］中分析了不同的核函数对计算精度与收敛速度的影响。常用的核函数包括均匀核、Epanechnikov 核和高斯核[26]，但是其收敛速度各有不同。均匀核与 Epanechnikov 核收敛速度快，但计算精度不高；高斯核函数计算精度高，应用范围最广，但其收敛路径平滑，收敛速度也较慢。为了得到更快的收敛速度，一些研究者对高斯 Meanshift 进行了深入的研究，并提出通过减少迭代次数和降低每次迭代的计算量来提高算法的效率。Zhang 等[27]将数据集模糊机制带入高斯 Meanshift 算法中，通过不断地更新数据集减少迭代过程中样本点的个数；杨斌等[28]在 Meanshift 算法中引入数据集的动态更新机制，每次迭代后将数据集更新到新的数据点，减少参与计算的样本数量，降低计算量；Georgescu 等[25]使用局部敏感散列（Locality Sensitive Hashing）来减少寻找局部峰值的计算量，尽管这种方法在高维聚类分析中取得了很好的结果，但是在低维数据分析，如图像跟踪中并没有取得类似的提升。

在对 Meanshift 算法的研究过程中，研究人员也研究了 Meanshift 与其他优化算法之间的关系。Carreira-perpinan[29]证明了高斯 Meanshift 算法是一种极大似然估计（Expectation Maximization，EM）。在 Shen[30]和 Salakhutdinov 等[31]的论文中，提出了一种 over-relaxed 策略来提高边界优化算法的速度。这些研究成果建立起了高斯 Meanshift 与边界优化算法之间的联系，受 Salakhutdinov 成果的启发，将 over-relaxed 策略引入到 Meanshift 目标跟踪算法中，实现了超线性收敛，并且根据相关系数的变化自适应调整 over-relaxed 中的学习率，避免了固定学习率加速跟踪中出现的震荡现象。

1. 高斯 Meanshift 收敛率

在介绍 Meanshift 理论时已经提到，Meanshift 向量指向了概率密度函数的梯度方向，而 Meanshift 算法就是沿着概率密度梯度方向的自适应爬坡过程。

定理 5.4.1 核函数为 $G(\cdot)$，影子核为 $K(\cdot)$ 的 Meanshift 算法能够找到核密度估计 $G(\cdot)$ 的峰值，步长为：

$$M_h(x)=\frac{h^2}{2}\frac{\nabla\hat{f}_K(x)}{\hat{f}_G(x)} \tag{5-4-3}$$

式(5-4-3)表明，在 x 点处用核函数 $G_h(x)$ 计算得到的 Meanshift 向量 $M_h(x)$ 正比于归一化的概率密度估计 $\hat{f}_K(x)$ 的梯度，归一化因子为 x 点处核函数 $G_h(x)$

的密度估计，因此 Meanshift 向量 $M_h(x)$ 始终指向概率密度增加的最大方向。这也证明了 Meanshift 是一个自适应步长爬坡过程，虽然其收敛率优于一些传统固定步长的梯度上升算法，并且不用指定迭代步长，但其始终只能达到线性收敛。

2. 高斯 Meanshift 与二次边界优化

虽然 Meanshift 算法是一种自适应步长的梯度上升算法，但是从边界优化算法的角度来看，Meanshift 只是一种固定样本的边界优化算法，其收敛速度没有经过优化。文献［25］也证明了固定样本的高斯迭代算法是一种特殊的 EM 过程，其结论也可知其收敛率是线性的。

边界优化算法在模式识别与机器学习领域已经得到了广泛关注。通过建立具有特殊结构的目标函数（Cost Function），并利用该结构，得到目标函数的边界函数（Bound Function），并对边界进行优化，求解目标函数[25, 32]。

定义 5.4.1 设 $q(x)$ 为目标函数，$x \in X$。若存在函数 $p(x)$ 在切点 x_0 处满足 $q(x_0) = p(x_0)$，在其他点满足 $p(x) \leqslant q(x)$，则 $p(x)$ 称作 $q(x)$ 的边界函数。

若边界函数 $p(x)$ 与目标函数 $q(x)$ 相切，并且最大化边界函数 $p(x)$ 的计算量小于直接计算目标函数 $q(x)$，则可以根据 $p(x)$ 构造边界优化算法。

定理 5.4.2 高斯核密度估计 $f(x)$ 的边界函数为[28]：

$$p(x) = a - \frac{(2\pi)^{-d/2}}{h^{d+2}} \sum_{i=1}^{n} w_i \exp\left(\left\|\frac{x_0 - x_i}{h}\right\|^2\right) \left\|\frac{x - x_i}{h}\right\|^2 \qquad (5\text{-}4\text{-}4)$$

式中，a 为常数；h 为带宽；w_i 为样本权重；x_i 为样本；x_0 为估计点。

定理 5.4.3 高斯核 Meanshift 算法能最大化边界函数 $p(x)$，即高斯核 Meanshift 算法是二次边界优化算法。

定理 5.4.3 的证明参见文献［32］。上述两条定理的证明架起了高斯 Meanshift 与边界优化算法之间的桥梁，也使得在高斯 Meanshift 中使用边界优化加速策略成为可能。

3. over-relaxed 加速与收敛条件

研究人员已对边界优化算法，特别是 EM 算法的加速收敛展开了大量的研究。在 Salakhutdinov 等[31]的研究中，提出了一种 over-relaxed 策略，通过增加收敛步长，实现加速收敛。over-relaxed 均值迁移迭代公式为：

$$x^{(k+1)} = x^{(k)} + \beta[m(x^{(k)}) - x^{(k)}] = x^{(k)} + \beta M(x^{(k)}) \qquad (5\text{-}4\text{-}5)$$

式中，$M(x^{(k)})$ 为均值迁移向量；参数 β 为学习率，当 $\beta = 1$ 时，over-relaxed 均值迁移则演变为标准均值迁移；当 $\beta > 1$ 时，会加速上升，Xu 等[33]证明了在

$2>\beta>0$ 时，收敛可以保证。但若想设定一个固定的更新率，则有可能在接近最优模式时由于收敛条件的原因出现震荡，而且实现起来也比较困难，然后求解最优化的 β 计算量又太大。

4. 自适应学习率的 over-relaxed 均值迁移

根据 over-relaxed 收敛条件，Shen 等[34]建立了一个简单的自适应 over-relaxed 边界优化过程：在学习率中引入递增参数 α，根据加速前后目标函数的观测值动态调整学习率 β，具体步骤如下：

（1）首先设置学习率 $\beta=(1+\alpha)\beta$，递增参数 $1>\alpha>0$。

（2）利用均值迁移算法计算一步迭代后迁移向量 $m_G(x'_{k+1})=x'_{k+1}-x_k$，其中 x' 为迁移后的坐标，再计算 over-relaxed 均值迁移向量 $m_G(x''_{k+1})=x''_{k+1}-x_k$。

（3）如果 $\rho[p(x''_{k+1}),q]>\rho[p(x'_k),q]$ 则令 $\beta=(1+\alpha)\beta$，$x_{k+1}=x''_{k+1}$；否则令 $x_{k+1}=x'_{k+1}, \beta=1$。

（4）令 $x_k=x_{k+1}$，重复执行步骤（2），直到满足收敛条件。

其中，$\rho(\bullet)$ 为目标函数，在图像跟踪中取 Bhattacharyya 距离。这种方法直观且行之有效，但在实验过程中，仍然会出现震荡问题。为此，本小节根据迭代过程中 Bhattacharyya 的变化提出一种自适应学习率的 over-relaxed Meanshift 过程。

同样，令 $\rho[p(x_k),q]$ 为 x_k 处的 Bhattacharyya 相关系数，q 为目标特征模板，令 $\gamma_{k+1}=\rho[p(x_{k+1}),q]/\rho[p(x_k),q]$，$\gamma_{k+1}$ 代表了相关系数的变化程度，下标数字为迭代序号。在迭代过程中 $\gamma_1,\gamma_2,\cdots,\gamma_k$ 为单调递减过程，最终收敛到 1。本小节提出的自适应 over-relaxed Meanshift 加速策略流程为：

（1）设定学习率 $\beta=1$，计算初始点 x_k 处的相关系数 $\rho[p(x_k),q]$。

（2）计算 x_k 处均值迁移向量 $m_G(x'_{k+1})$，$m_G(x'_{k+1})=x'_{k+1}-x_k$。若 $\rho[p(x'_{k+1}),q]>\text{th}_0$，或 $m_G(x'_{k+1})<\varepsilon$，则迭代收敛。

（3）若收敛条件未满足，则令 $x_{k+1}=x_k+\beta m_G(x'_{k+1})$。

（4）计算 x_{k+1} 处 Bhattacharyya 相关系数 $\rho[p(x_{k+1}),q]$ 和 γ_{k+1}。

① 若 $\gamma_{k+1}<1$，令 $\beta=1$，$x_{k+1}=x'_{k+1}$；② 若 $2>\gamma_{k+1}\geqslant 1$，令 $\beta=\gamma_{k+1}$，$x_{k+1}=x'_{k+1}$；③ 若 $\gamma_{k+1}\geqslant 2$，令 $\beta=2$，$x_{k+1}=x'_{k+1}$。

（5）重新开始迭代，直到满足收敛条件。

5.4.3 跟踪算法流程

根据 5.4.1 小节和 5.4.2 小节所述的组合带宽 Meanshift 算法与自适应 over-relaxed 加速策略，一种具有全局概率密度搜索能力的目标跟踪算法流程如下：

（1）跟踪初始化：在当前帧中确定目标所在位置，并建立目标特征模板，$q_u = C\sum_{i=1}^{n} k(\|x_i\|^2)\delta[b(x_i - u)]$，根据目标尺度选择带宽序列，$h_d(d = D, D-1, \cdots, 0)$。

（2）迭代过程：

① 计算目标备选区域特征向量 $p_u(x_k) = C_h \sum_{i=1}^{nh} k\left(\left\|\frac{x_k - x_i}{h_D}\right\|^2\right)\delta[b(y_i - u)]$，带宽 h 选择最大带宽 h_D；② 利用自适应 over-relaxed Meanshift 计算出当前带宽下收敛位置 x_D；③ 选择下一带宽，从上一收敛位置开始，重复 Meanshift 迭代过程；④ 在最优带宽 h_0 下，设 x_k 为收敛点列，若满足收敛条件 $\rho[p(x_k), q] > \text{th}_0$ 或 $m_G(x_k) < \varepsilon$，迭代结束；否则继续执行 over-relaxed Meanshift。

（3）当前帧中跟踪结束，获取新一帧图像并返回步骤（2）。

5.4.4　实验结果分析

本节提出了一种基于组合带宽 Meanshift 的全局概率模式搜索算法，并将边界优化算法中的 over-relaxed 加速策略引入跟踪算法中，实现了超线性收敛。为了验证提出的跟踪算法的有效性，分别做了静态目标定位实验与动态目标跟踪实验。静态目标定位实验在相同条件下比较了基于组合带宽全局概率搜索的目标跟踪算法与单一带宽均值迁移算法的定位效果，以及对采用 over-relaxed 加速前后迭代次数的比较。动态目标跟踪实验中，同样将算法与传统均值迁移算法的效果和实时性进行了对比。

在实验中选择的核函数均为高斯核，即 $G(\|x\|) = \exp(-\|x_i - x / h\|^2)$，目标跟踪框架如 5.3 节所述，不再赘述。

1. 目标定位实验

1）静态定位实验

传统 Meanshift 算法适用于目标位置偏移不大的情况下，本实验的目的就是在不提高时耗的前提下提高算法的稳定性。为了验证本节算法的全局概率搜索能力，在每幅测试图片中选择了 5 个远离真实目标的位置作为迭代的起始点，固定带宽的均值迁移算法实验结果如图 5.4.3 所示，图中圆点为迭代起始点，白色实线为收敛路径，黑色矩形为收敛区域。显然，虽然有个别测试点能够收敛到目标区域之外，大部分测试点都收敛到了错误的区域。

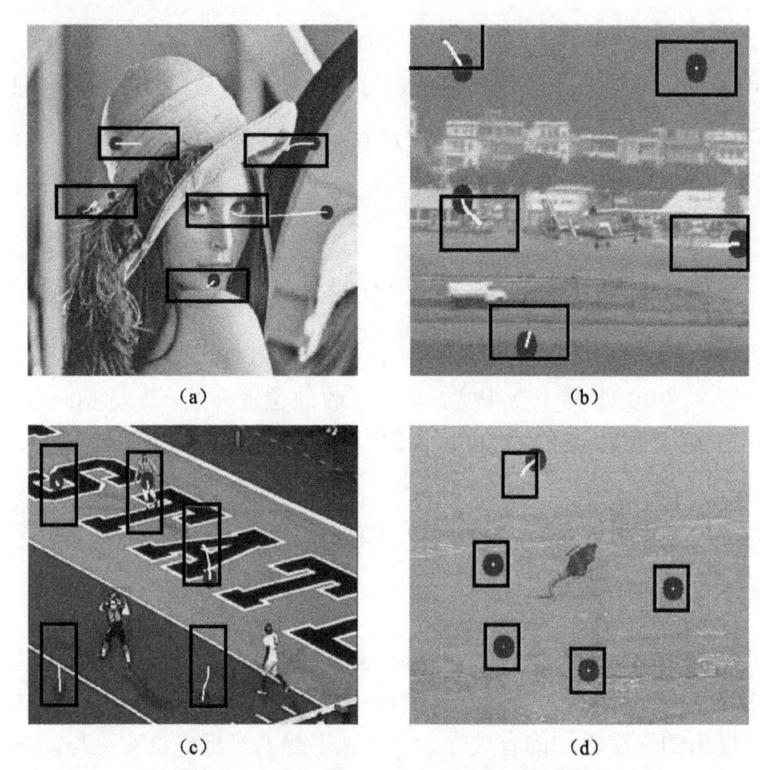

图 5.4.3 固定带宽均值迁移算法收敛结果

（a）测试图像 1；（b）测试图像 2；（c）测试图像 3；（d）测试图像 4

采用全局带宽搜索均值迁移算法实验结果如图 5.4.4 所示，带宽序列为 $h_d=(3h_0\ \ 2h_0\ \ h_0)$，其中 h_0 为目标尺度。每幅测试图像中搜索的起始点和图 5.4.3 中一样，从图中可以看到，每一个测试点都成功收敛到了真实的目标区域。为了说明全局概率搜索中带宽序列的作用，以图 5.4.4（c）为例进行说明。图 5.4.5 为三个带宽下，特征向量与目标模板的匹配分布图。显然在 $h_2=3h_0$ 的平滑作用下将部分局部峰值的影响削弱了，即使迭代起始位置距离目标真实位置很远，也能被引导至全局峰值的附近，再通过 h_1 和 h_0 的作用最终收敛到真实目标位置。

采用组合带宽跟踪后，跟踪器的稳定性得到了提高，但是也增加了额外的计算量。本节采用 over-relaxed 策略提高迭代速度，表 5.4.1 中的数据为图 5.4.4 中四幅测试图片中每个测试点收敛所需要的迭代次数，显然采用 over-relaxed 策略后迭代次数有了大幅度减少。

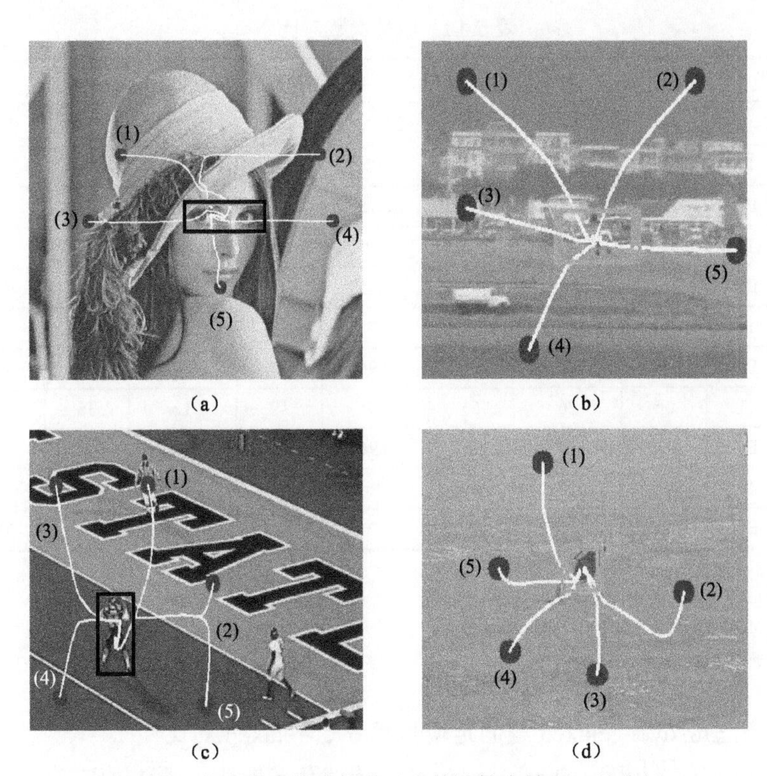

图 5.4.4　全局带宽搜索均值迁移算法搜索结果（见彩插）

（a）测试图像 1；（b）测试图像 2；（c）测试图像 3；（d）测试图像 4

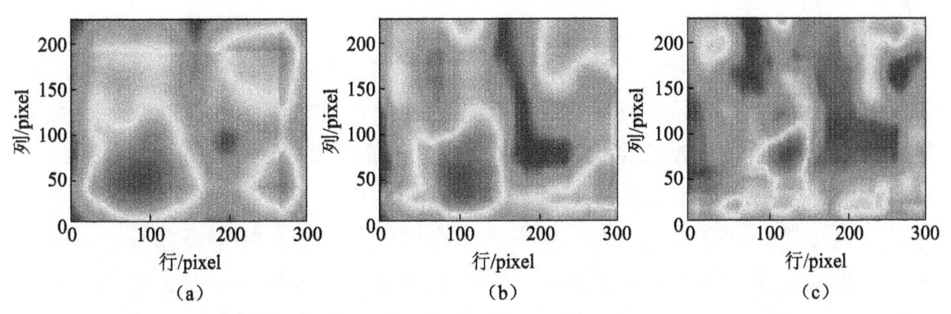

图 5.4.5　三个带宽下，特征向量与目标模板的匹配分布图（见彩插）

（a）$3h_0$；（b）$2h_0$；（c）h_0

表 5.4.1 收敛次数对比

图序号		(a)		(b)		(c)		(d)	
算法		MS	OR-MS	MS	OR-MS	MS	OR-MS	MS	OR-MS
P1	IT	61	22	67	17	55	21	29	15
	BC	0.95	0.95	0.95	0.95	0.97	0.97	0.97	0.97
P2	IT	63	17	45	19	47	21	37	19
	BC	0.95	0.95	0.95	0.95	0.97	0.97	0.95	0.97
P3	IT	50	19	60	23	58	19	35	21
	BC	0.95	0.95	0.95	0.96	0.97	0.97	0.95	0.96
P4	IT	56	26	53	27	49	17	36	21
	BC	0.95	0.97	0.95	0.96	0.96	0.97	0.96	0.97
P5	IT	53	22	67	26	56	25	32	17
	BC	0.95	0.97	0.96	0.97	0.95	0.95	0.95	0.95

注：MS 表示均值迁移；
OR-MS 表示 over-relaxed 均值迁移；
IT 表示迭代次数；
BC 表示 Bhattacharyya 系数。

2）自适应 over-relaxed 与固定增长率 over-relaxed 对比

在 Shen 等[34]提出的 over-relaxed 边界优化策略中，通过加速前后目标函数的变化增加或减少学习率，幅度 $\alpha = 0.25$。在实际跟踪过程中，通常收敛条件有两个：① 相关系数大于某个阈值 $\mathrm{rh} \geqslant \mathrm{th0}$；② 相邻两次迭代步长小于某个阈值 $\|y_{k+1} - y_k\| < \varepsilon$。在实验中，相关系数阈值 $\mathrm{th0} = 0.95$，步长阈值 $\varepsilon = 1$。从表 5.4.1 中可以发现，定位实验由于定位目标截取于被测图像，即被测图中理论上存在相关系数为 1 的位置，因此起作用的收敛条件往往是第 1 条。而在实际跟踪中，由于目标的表观特征在持续变化中，特征匹配程度有限，绝大部分时间里起作用的收敛条件是第 2 条。在固定增长率 over-relaxed 中，若加速后的相关系数提高了，则在下一次跟踪中增加迭代步长，在概率密度变化平滑的区域确实是一种有效的策略，但在概率密度变化频繁，特别是在接近真实目标区域时，会导致学习率频繁抖动，最终在真实目标区域附近发生震荡。实验结果如图 5.4.6 所示。图中，蓝色矩形为迭代起始位置，绿色为收敛位置，而黄色矩形表示梯度上升过程。图 5.4.6（a）为固定增长率 over-relaxed 实验结果，迭代次数为 17；图 5.4.6（b）为自适应 over-relaxed 算法实验结果，迭代次数为 10。显然，自适应学习率 over-relaxed 收敛过程更为平滑。

（a）　　　　　　　　（b）

图 5.4.6　固定增长率 over-relaxed 与自适应 over-relaxed 算法比较（见彩插）

（a）固定增长率 over-relaxed；（b）自适应 over-relaxed

2. 目标跟踪实验

如前文所述，现有跟踪算法在快速目标跟踪过程中效果不理想的原因在于：① 受局部模式影响，只适用于目标运动较慢的跟踪场合；② 跟踪目标丢失后难以恢复。这些缺陷都是由均值迁移算法的局部最优思想引起的。本节提出基于组合带宽的 Meanshift 算法目的在于赋予跟踪器一定的抗干扰和自我恢复能力。实验中，分别对测试视频与空中目标进行了实验验证。特别地，在空中目标跟踪实验中，分别对快速运动目标、短暂消失目标、遮挡目标进行了实验验证。

1）橄榄球运动员头部跟踪

图 5.4.7 和图 5.4.8 中矩形为迭代收敛区域。实验选取了视频中第 110、120、130、160、170、180、190、200 帧，带宽序列为 $h_d=(3h_0\ \ 2h_0\ \ h_0)$。图 5.4.7 为单一带宽 Meanshift 跟踪结果，图 5.4.8 为本节提出的组合带宽 Meanshift 跟踪结果。从第 160 帧开始，目标受到局部遮挡，并且持续了将近 10 帧，单一带宽均值迁移算法收敛到了错误的区域，并且没能恢复。采用本节算法后，定位的准确性也有所提高，如第 130、160 帧；当目标发生局部遮挡时，定位也受到一定的影响，但当遮挡消失后能够从遮挡中恢复，如第 170、190 帧。

（a）　　　　（b）　　　　（c）　　　　（d）

图 5.4.7　单一带宽 Meanshift 跟踪结果（见彩插）

（a）第 110 帧；（b）第 120 帧；（c）第 130 帧；（d）第 160 帧

图 5.4.7 单一带宽 Meanshift 跟踪结果（续）（见彩插）

（e）第 170 帧；（f）第 180 帧；（g）第 190 帧；（h）第 200 帧

图 5.4.8 组合带宽 Meanshift 跟踪结果（见彩插）

（a）第 110 帧；（b）第 120 帧；（c）第 130 帧；（d）第 160 帧；

（e）第 170 帧；（f）第 180 帧；（g）第 190 帧；（h）第 200 帧

与静态定位实验相同，图 5.4.9 为采用 over-relaxed 加速策略前后迭代次数的对比。显然在同一段视频序列中采用 over-relaxed 加速策略后，收敛迭代次数大大减少了，特别是在起始点距离目标较远的情况下，通过 over-relaxed 加速后迭代次数的减少尤为明显。

2）篮球跟踪

本实验中所跟踪目标为篮球。跟踪过程中，目标运动较快，在运动过程中有相似颜色的干扰，实验结果如图 5.4.10 所示，实验选择了视频中的第 1、10、20、30、40、50、60、70 帧，图中黄色矩形为固定带宽 Meanshift 跟踪结果，而白色矩形为组合带宽 Meanshift 跟踪结果，带宽序列为 $h_d=(4h_0\ \ 3h_0\ \ 2h_0\ \ h_0)$。显然当目标经过类似颜色区域时，目标的周围出现了相关系数的局部峰值，而

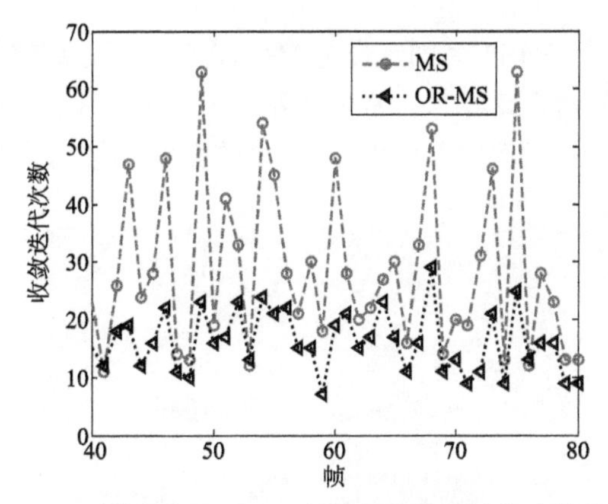

图 5.4.9　采用 over-relaxed 加速策略前后迭代次数比较

由于目标运动较快，固定带宽 Meanshift 跟踪器收敛到了局部峰值上，丢失了目标，而组合带宽跟踪器则在较大的范围内收敛到了真实的目标区域。

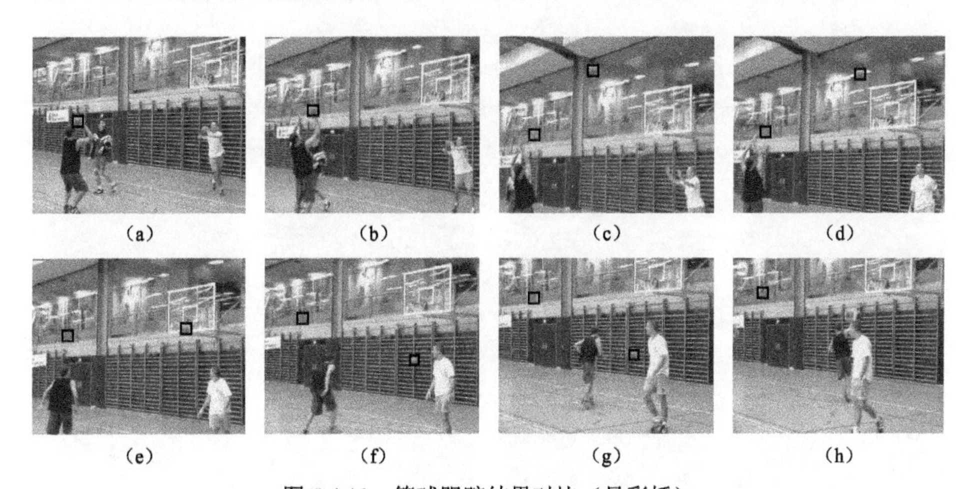

图 5.4.10　篮球跟踪结果对比（见彩插）

（a）第 1 帧；（b）第 10 帧；（c）第 20 帧；（d）第 30 帧；

（e）第 40 帧；（f）第 50 帧；（g）第 60 帧；（h）第 70 帧

3）空中目标跟踪 I

通常，空中目标机动性能较强，即使距离很远，在相邻帧之间也可能会出现非常大的位移。在实验视频 I 中，目标运动速度非常快，分别利用固定带宽 Meanshift 与组合带宽 Meanshift 算法对目标进行跟踪，实验结果中包含了视频的第 35、37、39、41、45、50、53、60 帧，跟踪过程中，目标的特征稳定，也没有经过任何遮挡。图 5.4.11 为固定带宽 Meanshift 目标跟踪结果，图 5.4.12 为组合带宽 Meanshift 目标跟踪结果，带宽序列为 $h_d = (4h_0 \ \ 3h_0 \ \ 2h_0 \ \ h_0)$ 。从第 50 帧开始，固定带宽的跟踪窗口由于受到局部峰值的影响，丢失了目标，并且未能恢复。

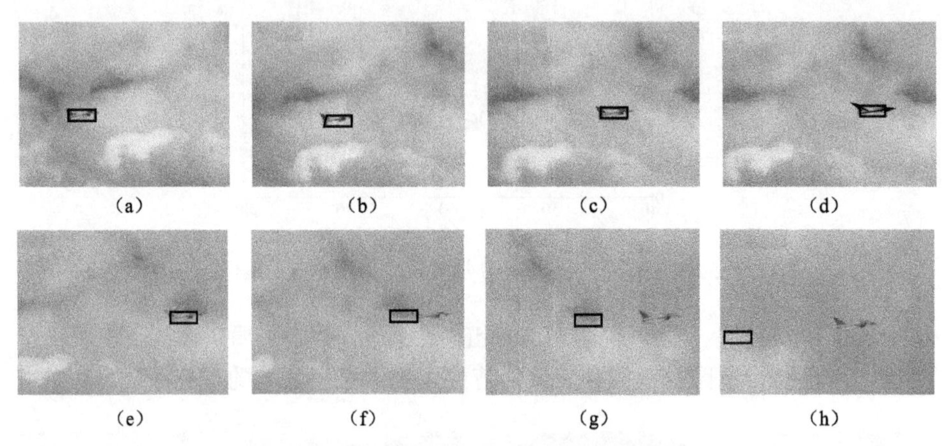

图 5.4.11 固定带宽 Meanshift 目标跟踪结果 I

（a）第 35 帧；（b）第 37 帧；（c）第 39 帧；（d）第 41 帧；
（e）第 45 帧；（f）第 50 帧；（g）第 53 帧；（h）第 60 帧

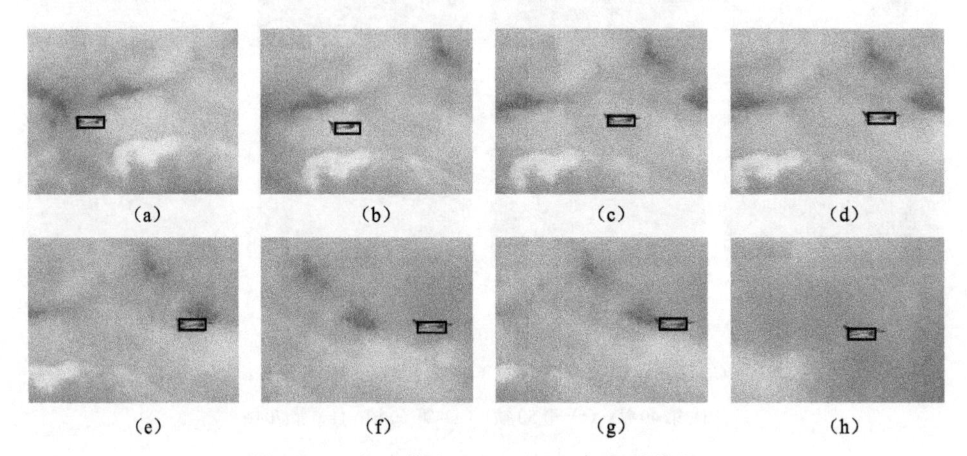

图 5.4.12 组合带宽 Meanshift 目标跟踪结果 I

（a）第 35 帧；（b）第 37 帧；（c）第 39 帧；（d）第 41 帧；
（e）第 45 帧；（f）第 50 帧；（g）第 53 帧；（h）第 60 帧

4）空中目标跟踪 II

受拍摄者操作的影响，视频中目标出现了长时间的丢失。实验结果中包含了视频的第 295、300、305、310、408、409、412、415 帧，从第 303 帧开始直到第 405 帧，目标消失。与上一实验相同，图 5.4.13 为固定带宽 Meanshift 目标跟踪结果，矩形为跟踪窗口，从第 305 帧丢失目标后收敛到了错误的局部峰值上，但当目标重新出现后，跟踪窗口受搜索范围的限制，无法恢复对目标的跟踪。图 5.4.14 为组合带宽 Meanshift 目标跟踪结果，带宽序列为 $h_d = (3h_0 \ \ 2h_0 \ \ h_0)$。当目标重新出现后，搜索窗口立刻恢复了对目标的跟踪。

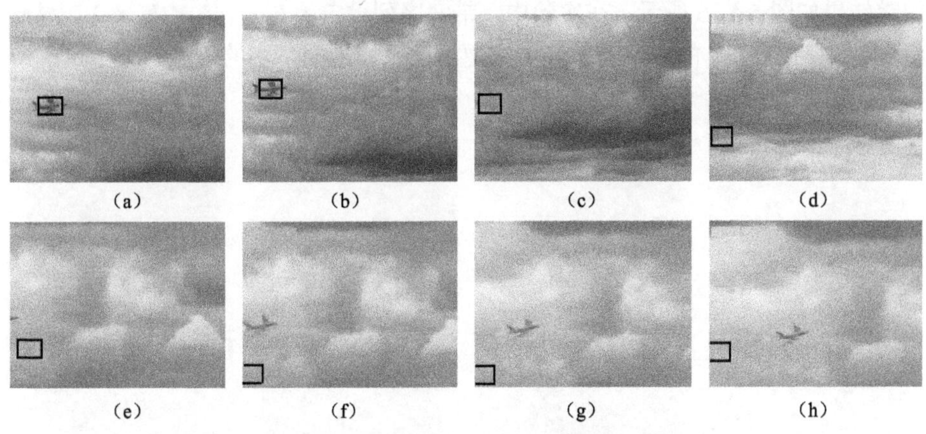

图 5.4.13　固定带宽 Meanshift 目标跟踪结果 II

（a）第 295 帧；（b）第 300 帧；（c）第 305 帧；（d）第 310 帧；
（e）第 408 帧；（f）第 409 帧；（g）第 412 帧；（h）第 415 帧

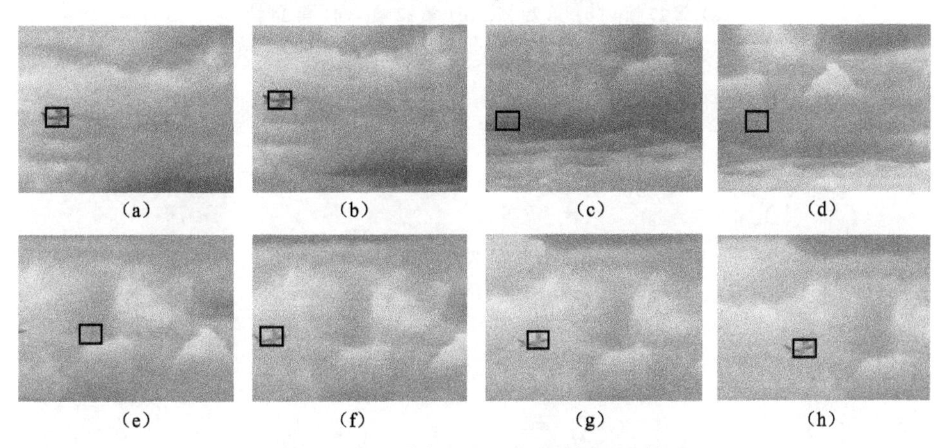

图 5.4.14　组合带宽 Meanshift 目标跟踪结果 II

（a）第 295 帧；（b）第 300 帧；（c）第 305 帧；（d）第 310 帧；
（e）第 408 帧；（f）第 409 帧；（g）第 412 帧；（h）第 415 帧

5）空中目标跟踪III

在前文中提到，空中目标也会频繁发生遮挡，为了验证组合带宽 Meanshift 算法在遮挡中的表现，选择的视频III中目标出现短暂的全局遮挡。视频分辨率为 320×240，实验结果中包含了视频的第 27、29、32、34、39、41、43、48 帧，目标在运动过程中发生了完全遮挡。固定带宽 Meanshift 跟踪结果如图 5.4.15 所示，当目标从遮挡中恢复后，显然跟踪器无法自我恢复。采用组合带宽 Meanshift 跟踪结果如图 5.4.16 所示。在实验中，带宽序列设定为 $h_d=(4h_0\ \ 2h_0\ \ h_0)$，显然组合带宽 Meanshift 的跟踪器有能力在更远的区域捕捉真实的目标。

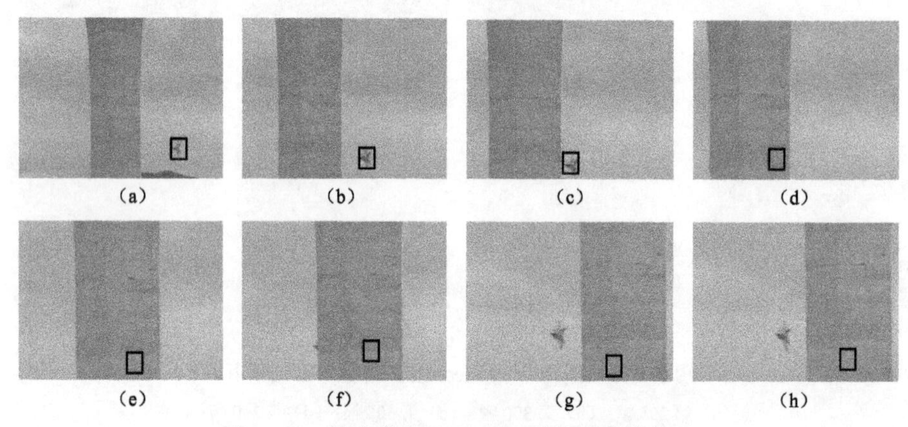

图 5.4.15　固定带宽 Meanshift 目标跟踪结果III

（a）第 27 帧；（b）第 29 帧；（c）第 32 帧；（d）第 34 帧；（e）第 39 帧；（f）第 41 帧；（g）第 43 帧；（h）第 48 帧

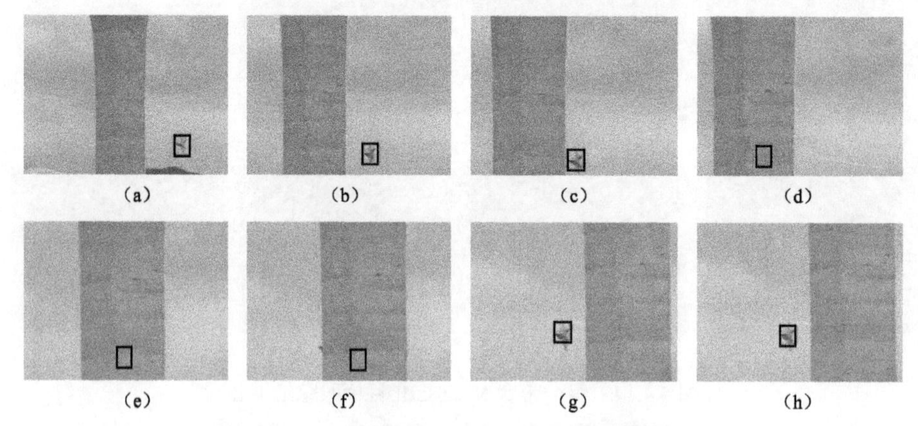

图 5.4.16　组合带宽 Meanshift 目标跟踪结果III

（a）第 27 帧；（b）第 29 帧；（c）第 32 帧；（d）第 34 帧；（e）第 39 帧；（f）第 41 帧；（g）第 43 帧；（h）第 48 帧

为了展示搜索窗口在目标出现后恢复跟踪的过程，也为了对比固定增长率 over-relaxed 与自适应学习率 over-relaxed 加速策略对收敛路径的影响，图 5.4.17 与图 5.4.18 分别为采用固定增长率 over-relaxed 加速策略与本节提出的自适应 over-relaxed 加速策略的部分收敛路径。图中圆点为跟踪起始点，白色实线为收敛路径。固定增长率 over-relaxed 加速需要 24 次实现收敛，自适应学习率 over-relaxed 加速只需要 11 次就能完成收敛。

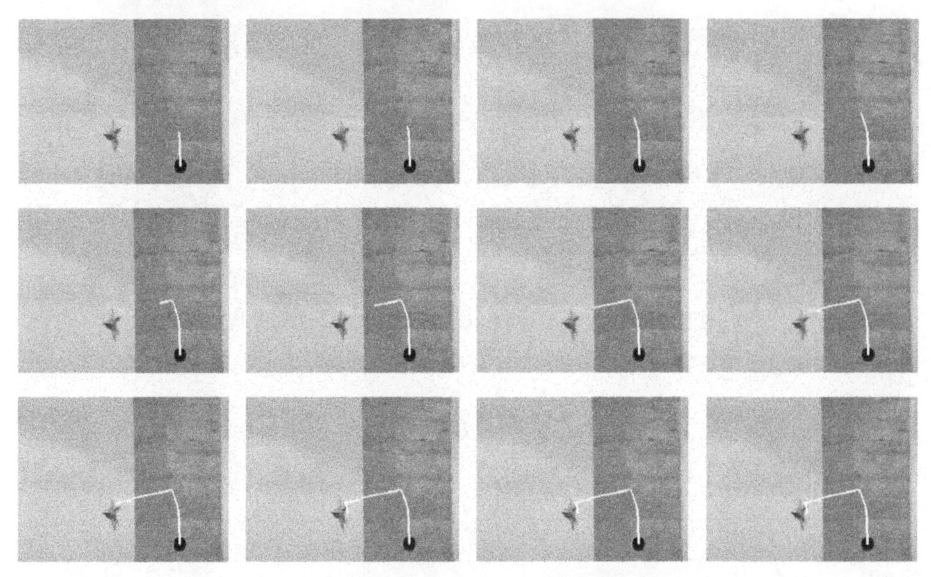

图 5.4.17　固定增长率 over-relaxed 加速策略的收敛过程

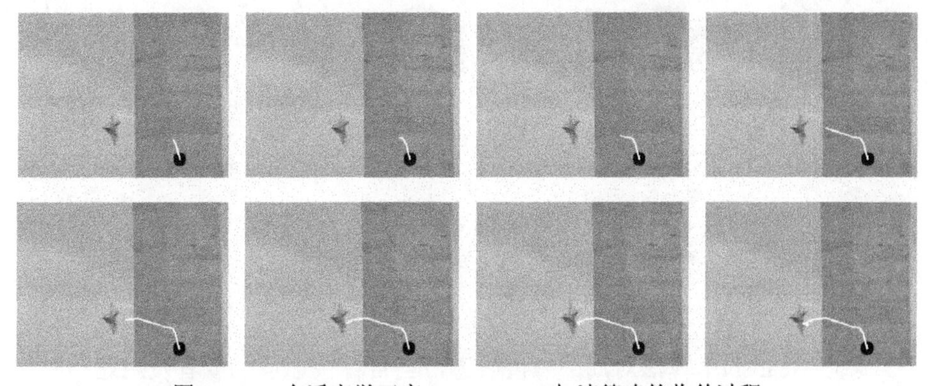

图 5.4.18　自适应学习率 over-relaxed 加速策略的收敛过程

图 5.4.19 详细展示了两种 over-relaxed 收敛策略的收敛过程，图中黑实线矩形为搜索窗口的起始位置，黑虚线矩形为收敛位置，而白色矩形表示了每次

迭代的运动过程。两种 over-relaxed 加速策略虽然收敛的路径有所不同，但从图中可以看出，固定增长率 over-relaxed 加速策略在逼近目标真实位置时出现了很多白色矩形叠加在一起，这是由于较大的学习率造成迭代过程中出现“震荡”现象；而采用自适应学习率 over-relaxed 加速策略后收敛的路径更为平滑，而且在接近目标真实位置时，学习率迅速降低，很快实现了收敛。

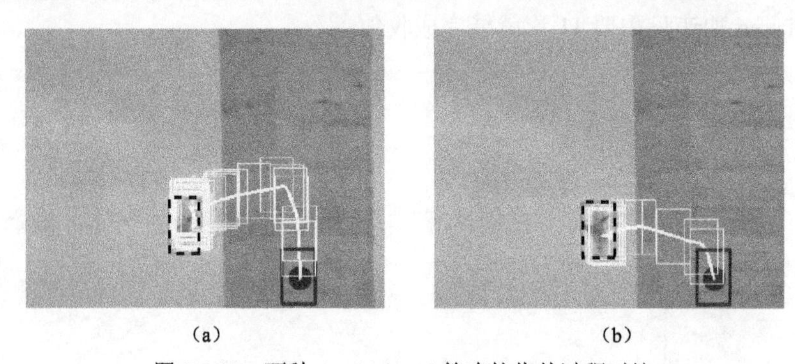

（a）　　　　　　（b）

图 5.4.19　两种 over-relaxed 策略的收敛过程对比

（a）固定增长率 over-relaxed 收敛过程；（b）自适应学习率 over-relaxed 收敛过程

在跟踪过程中，收敛位置的相关系数曲线与两种 over-relaxed 策略所需要的迭代次数如图 5.4.20 所示。

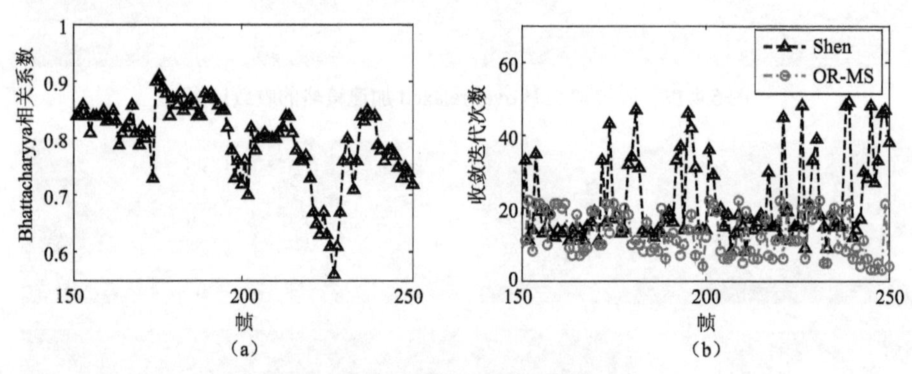

（a）　　　　　　（b）

图 5.4.20　跟踪过程相关系数及收敛次数对比

（a）相关系数曲线；（b）迭代次数对比

传统 Meanshift 算法对局部峰值敏感，当目标快速运动或者发生遮挡时，容易丢失目标，并且无法自我恢复。为了解决这类问题，赋予跟踪器一定的全局搜索以及自我恢复能力，本节提出了一种基于组合带宽的目标跟踪算法。在迭代过程中，充分利用大带宽的平滑作用及小带宽的精确定位能力，将两者有机结合，在目标区域存在多个局部概率峰值干扰时准确地定位目标。实验结果证明，基于组合带宽的 Meanshift 算法在跟踪快速目标以及发生短时遮挡的目标时，性能优于传统的固定带宽 Meanshift 跟踪器。

由于组合带宽 Meanshift 算法不可避免地会引入一部分额外的计算量，为了提高跟踪算法的收敛速度，在前人的研究基础之上，分析了 Meanshift 算法与边界优化算法之间的关系，在此基础之上，将边界优化算法中的 over-relaxed 加速策略引入到目标跟踪中，实现了超线性收敛。为了克服固定增长率 over-relaxed 在接近最优模式时容易发生震荡的缺陷，本节还提出了一种基于 Bhattacharyya 相关系数的自适应学习率 over-relaxed 加速策略，在接近概率密度峰值时将收敛速度降为线性收敛，获得了更为平滑的收敛路径，也减少了迭代次数。

5.5　基于滤波器组的特征估计与模型更新的目标跟踪

在短时跟踪任务中，大都假设目标外观在跟踪过程中保持不变。在跟踪过程中，利用先验知识或者从第一帧图像中提取出目标的表观模型，并且在后续的图像序列中搜寻与该模型最匹配的区域，从而实现跟踪的目的。当目标的表观模型非常稳定，或者其特征模型参数非常明确时，这样做能够取得较好的跟踪效果，但是在长时间的跟踪任务中，目标表观模型的变化是不可避免的，形变、视角变化、遮挡、光照变化等都会影响其表观特征，如图 5.5.1 所示，因

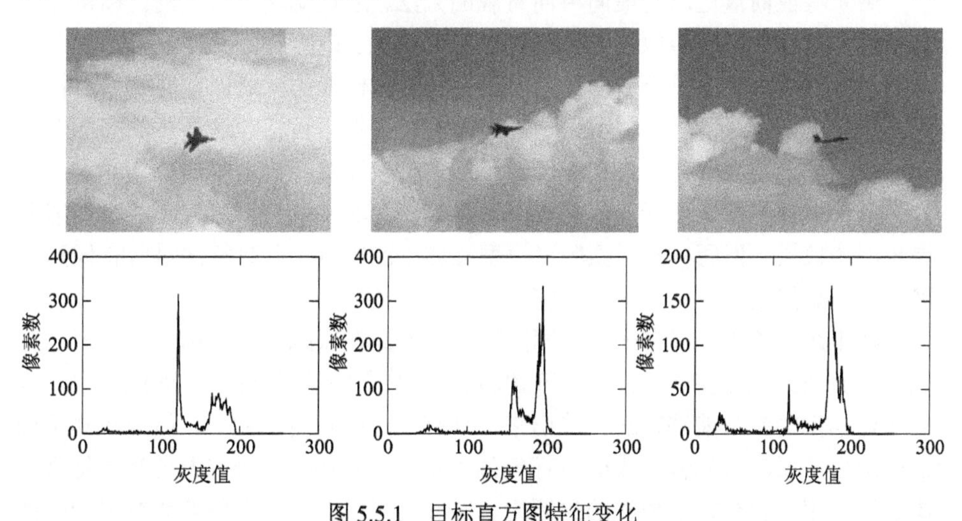

图 5.5.1　目标直方图特征变化

此无论采用何种跟踪算法，设计一种目标外观模型的更新方法成为共同关注的热点问题[35-37]。当前解决这类问题的方式主要有三种：构造混合表观模型、后验特征向量更新、特征向量预测。

Torre 等[38]提出利用奇异值分解（SVD）构造目标的表观特征基，他们采用了最近观测值相似的训练图像构造特征基。与其相同，Hager 等[39]建立了一种灰度表面模型，利用多种光照条件下的目标表观特征构造一组流明基（Illumination Base），用于反映光照的变化，这种方法在光照变化时有较好的效果，但需要大量的训练样本，并且难以跟踪旋转运动的目标。Lim 等[40]提出了一种改进方案，他们利用扩展奇异值分解调整表观特征基，并将其线性组合起来以反映表观的最新变化，他们在形变、光照变化、尺度变化时都取得了较好的跟踪结果。但这类算法有个共同的缺点，就是容易出现“模板漂移”。模板漂移是指当目标受到遮挡或干扰物的影响时，噪声信息会融入目标的表观信息中，导致目标模板不准确。Jepson 等[41]提出一种自适应纹理表观模型（WSL 模型），他们利用三个混合分量 W、S 和 L 来描述目标表面的变化。其中，W 分量描述目标外观快速变化的特征，S 分量描述目标外观的稳定特征，它的变化是缓慢的，L 分量描述目标外观的异常变化量。这三个分量构成了一个混合高斯模型，其参数用 EM 算法进行更新。这类算法在处理光照变化、姿态变化时都取得了较好的结果，但这些基于单个像素点建模的方法不能反映像素点之间的空间关系，也就是说表观模型不能“辨别”被跟踪目标，因此这类方法有利于建模背景而不利于目标跟踪。

后验特征向量更新是最简单而直观的方法，通过比较当前时刻目标特征向量与特征模板之间的相似程度修正目标特征模板。Ross 等[42]提出了一种同时维护两个目标模板的更新算法。他们在更新目标模板的同时保留原始的目标模板，在发生模型漂移后，利用原始目标模板重新搜索目标。这类算法的问题在于当目标外观发生变化后，利用原始目标模型也无法找到目标的位置。本节内容受目标模板自适应更新算法启发，这类算法对非刚性目标进行跟踪时能够取得较好的效果，但同样难以摆脱“模型漂移”的困扰，并且算法对所有像素一视同仁，显然这种更新方法是不完善的。

在上述算法中，都有一个共同的特点，就是在跟踪后对目标特征模板进行统一的更新。虽然在 Jepson[41]和 Zhang 等[43, 44]提出的混合表观模型中，混合高斯模型的参数能够在线计算出来，具有一定的自适应能力，但是在其跟踪框架中也需要对目标特征模板进行整体更新。近几年来，研究人员开始将预测滤波算法用于目标特征模板的更新中。Nguyen[45]首次将卡尔曼滤波用于图像上的模板更新，他对模板中每个像素赋予一个卡尔曼滤波器来修正像素值的变化，每个像素都独立更新，最后获得最优的目标特征模板，但在他的论文中只是简单讨论了模板更新算法，而没有提及跟踪算法，若将其用于 Meanshift 跟踪算法，其实时性难以满足。在此基础上，Chang[46]与 Peng[47, 48]提出了基于卡尔曼滤波器组的 Meanshift 模板更新算法：将目标在特征空间中特征值的概率作为模板信息，用滤波器估计特征子空间中每个特征值概率的变化，并依据滤波器残差的变化确定相应的模板更新策略。实验证明该算法在目标姿态变化、光照变化下依然取得了较好的跟踪效果。但考虑到卡尔曼滤波对系统模型及滤波参数的依赖性较强，场景不断变化，难以得到一个精确的系统状态方程，本节提出一种基于粒子滤波器组的核直方图模型更新策略。

在目标的特征直方图中共包含了 m 个柱，将每一柱的值在整个跟踪过程中的变化看作一个随机过程，每个特征值之间不相关，通过对每个特征值单独赋予一个滤波器来估计其变化，并参照目标的“特征模型”及“观测模型”输出一个可供下次收敛中使用的“当前模型”。利用“当前模型”与“观测模型”之间的滤波残差动态调整粒子滤波器中的噪声参数，目的在于提高估计精度。在跟踪过程中，目标难免会遭遇到遮挡等突发干扰的影响，若不做任何判断，持续更新模型势，必会将干扰物的表观特征引入目标“当前模型”中，影响跟踪精度。为此，本节利用滤波残差与观测相关系数来判断目标是否发生异常突变，并在表观突变情况下停止目标特征模板的更新。

5.5.1 粒子滤波理论

粒子滤波（Particle Filter，PF）是一种离散逼近贝叶斯后验概率密度的计算方法。通常粒子代表传播过程中的一种可能情况，也就是一种状态；而滤波是估计目标的当前状态。在估计理论中，粒子滤波是指利用目标的观测数据及前一时刻的后验概率来估计目标的当前后验概率密度。

粒子滤波的叫法很多，如条件概率密度传播算法（Condensation Conditional Density Propagation）、SIS、SIR，一种更为普遍的叫法为序列蒙特卡罗方法（Sequential Monte Carlo Methods），也就是通过非参数化的蒙特卡罗模拟方法来实现递推贝叶斯滤波，适用于任何能用状态空间模型表示的非线性系统，以及传统滤波方法，如卡尔曼、EKF 等无法表示的非线性系统，其估计精度可以逼近最优估计。一般来说，PF 以蒙特卡罗模拟方法来实现递推贝叶斯滤波的计算量大于卡尔曼滤波等数学方程求解形式，但 PF 可以并行计算，并且随着计算机硬件性能的提高，PF 逐渐成为一种更具实用价值的滤波技术。

本小节首先介绍求解目标状态后验概率密度的贝叶斯滤波理论，随后引出PF算法。

1. 贝叶斯滤波原理

贝叶斯滤波原理是利用系统状态转移模型预测状态的先验概率密度，再使用观测值来进行修正，得到后验概率密度。这样，通过观测数据 $z_{1:k}$ 来推测系统状态 x_k 取不同值时的置信度 $p(x_k \mid z_{1:k})$，由此获得状态的最优估计，其基本步骤分为预测和更新。

假设已知概率密度的初始值 $p(x_0 \mid z_0) = p(x_0)$，递推过程分为两个步骤：

1）预测

根据系统状态转移模型，推导先验概率，即实现 $p(x_{k-1} \mid z_{k-1}) \to p(x_k \mid z_{k-1})$。

设在 $k-1$ 时刻，$p(x_{k-1} \mid z_{k-1})$ 是已知的，对于1阶马尔科夫过程，有

$$p(x_k \mid z_{1:k-1}) = \int p(x_k \mid x_{k-1}) p(x_k \mid z_{1:k-1}) \mathrm{d}x_{k-1} \tag{5-5-1}$$

式（5-5-1）所得为 k 时刻的先验概率，其中不包含 k 时刻的观测值，通过状态转移概率 $p(x_k \mid x_{k-1})$ 得到。

2）更新

根据系统观测模型，在获得 k 时刻的观测值 z_k 后，实现先验概率密度至后验概率密度的推导，即 $p(x_k \mid z_{1:k-1}) \to p(x_k \mid z_{1:k})$

获得观测值 z_k 后，由贝叶斯公式 $p(b \mid a) = \dfrac{p(a \mid b) p(b)}{p(a)}$ 有

$$p(x_k \mid z_{1:k}) = \frac{p(z_{1:k} \mid x_k) p(x_k)}{p(z_{1:k})} \tag{5-5-2}$$

式中，$p(z_{1:k} \mid x_k) = p(z_k, z_{1:k-1} \mid x_k); p(z_{1:k}) = p(z_k, z_{1:k-1})$。

带入式（5-5-2）得：

$$p(x_k \mid z_{1:k}) = \frac{p(z_k, z_{1:k-1} \mid x_k) p(x_k)}{p(z_k, z_{1:k-1})} \tag{5-5-3}$$

另外，由条件概率定义 $p(a,b) = p(a \mid b) p(b)$ 得：

$$p(z_k, z_{1:k-1}) = p(z_k \mid z_{1:k-1}) p(z_{1:k-1}) \tag{5-5-4}$$

由联合分布概率公式 $p(a,b \mid c) = p(a \mid b,c) p(b \mid c)$ 得：

$$p(z_k, z_{1:k-1} \mid x_k) = p(z_k \mid z_{1:k-1}) p(z_{1:k-1} \mid x_k) \tag{5-5-5}$$

又由贝叶斯公式得：

$$p(z_{1:k-1} \mid x_k) = \frac{p(x_k \mid z_{1:k-1})p(z_{1:k-1})}{p(x_k)} \tag{5-5-6}$$

将式（5-5-4）～式（5-5-6）带入式（5-5-3）得：

$$p(x_k \mid z_{1:k}) = \frac{p(z_k \mid z_{1:k-1}, x_k)p(x_k \mid z_{1:k-1})p(z_{1:k-1})p(x_k)}{p(z_k \mid z_{1:k-1})p(z_{1:k-1})p(x_k)} \tag{5-5-7}$$

由观测量相互独立得：

$$p(z_k \mid z_{1:k-1}, x_k) = p(z_k \mid x_k) \tag{5-5-8}$$

将式（5-5-8）带入式（5-5-7）得：

$$p(x_k \mid z_{1:k}) = \frac{p(z_k \mid x_k)p(x_k \mid z_{1:k-1})}{p(z_k \mid z_{1:k-1})} \tag{5-5-9}$$

式中，$p(z_k \mid x_k)$ 表示系统状态转移前后的相似程度，称为似然（Likelihood）；$p(x_k \mid z_{1:k-1})$ 为先验概率（prior）；$p(z_k \mid z_{1:k-1})$ 一般是个归一化常数。

贝叶斯递推通过预测和更新构成了一个由先验概率 $p(x_{k-1} \mid z_{1:k-1})$ 推导至后验概率 $p(x_k \mid z_{1:k})$ 的递推过程，是一种理论上的求解后验概率的递推方法，实际上由于预测的积分难以实现，因此在某些限制条件下，产生了一些可实现的方法。PF 就是使用最为广泛的一种离散贝叶斯递推方法。

2. 粒子滤波

粒子滤波的核心思想是采用足够多的随机样本来逼近真实概率分布，是一种线性系统的蒙特卡罗采样方法。相比于 EKF 与 UKF，其优势在于可以处理非线性、非高斯的问题，对状态变量没有限制。一般来说，粒子滤波的步骤主要包括三步：蒙特卡罗离散化、重要性采样以及序列重要性采样。

1）蒙特卡罗离散化

蒙特卡罗离散化的本质就是用随机状态近似积分逼近真实概率分布，即从后验概率密度 $p(x_k \mid z_{1:k})$ 中进行 N 次随机采样，得到 N 个粒子，后验概率密度近似表达为

$$\hat{p}(x_k \mid z_{1:k}) \approx \frac{1}{N}\sum_{i=1}^{N}\delta(x_k - x_k^i) \tag{5-5-10}$$

根据蒙特卡罗仿真离散化原理，函数 $g(\cdot)$ 的数学期望为

$$E(g(x_{0:k})) = \int g(x_{0:k})p(x_{0:k} \mid z_{1:k})\mathrm{d}x_{0:k} \tag{5-5-11}$$

可以用

$$\bar{E}(g(x_{0:k}))=\frac{1}{N}\sum_{i=1}^{N}g(x_{0:k}^{i})\tag{5-5-12}$$

来近似。显然，根据大数定理，当N足够大时，$\bar{E}(g(x_{0:k}))$收敛于$E(g(x_{0:k}))$。

2）重要性采样

蒙特卡罗离散化说明任意概率密度都可以用采样与该密度分布的粒子逼近，并且当采样数足够大时，积分概率密度能满足任意精度的逼近。但在实际中，由于真实的后验概率密度是不可知的（如当前的气候，因为任意温度计都存在误差），因此在计算中通常从一个近似的后验概率密度中采样粒子，而这个已知的概率密度被称为建议分布（Proposal Distribution）$q(x_{0:k}\mid z_{1:k})$。

由式（5-5-11）得：

$$E(g(x_{0:k}))=\int g(x_{0:k})\frac{p(x_{0:k}\mid z_{1:k})}{q(x_{0:k}\mid z_{1:k})}q(x_{0:k}\mid z_{1:k})\mathrm{d}x_{0:k}\tag{5-5-13}$$

由贝叶斯公式得：

$$p(x_{0:k}\mid z_{1:k})=\frac{p(z_{1:k}\mid x_{0:k})p(x_{0:k})}{p(z_{1:k})}\tag{5-5-14}$$

将式（5-5-14）带入式（5-5-13）得：

$$\begin{aligned}E(g(x_{0:k}))&=\int g(x_{0:k})\frac{p(z_{1:k}\mid x_{0:k})p(x_{0:k})}{p(z_{1:k})q(x_{0:k}\mid z_{1:k})}q(x_{0:k}\mid z_{1:k})\mathrm{d}x_{0:k}\\&=\int g(x_{0:k})\frac{w_k(x_{0:k})}{p(z_{1:k})}q(x_{0:k}\mid z_{1:k})\mathrm{d}x_{0:k}\end{aligned}\tag{5-5-15}$$

式中，$w_k(x_{0:k})=\dfrac{p(z_{1:k}\mid x_{0:k})p(x_{0:k})}{q(x_{0:k}\mid z_{1:k})}$。

$p(z_{1:k})$可以表示为：

$$\begin{aligned}p(z_{1:k})&=\int p(z_{1:k},x_{0:k})\mathrm{d}x_{0:k}\\&=\int\frac{p(z_{1:k}\mid x_{0:k})p(x_{0:k})q(x_{0:k}\mid z_{1:k})}{q(x_{0:k}\mid z_{1:k})}\mathrm{d}x_{0:k}\\&=\int w_k(x_{0:k})q(x_{0:k}\mid z_{1:k})\mathrm{d}x_{0:k}\end{aligned}\tag{5-5-16}$$

将式（5-5-16）带入式（5-5-15）得：

$$E(g(x_{0:k}))=\frac{\int(g(x_{0:k})w_k(x_{0:k}))q(x_{0:k}\mid z_{1:k})\mathrm{d}x_{0:k}}{\int w_k(x_{0:k})q(x_{0:k}\mid z_{1:k})\mathrm{d}x_{0:k}}\tag{5-5-17}$$

采样后数学期望表示为：

$$\bar{E}(g(x_{0:k}))=\frac{\frac{1}{N}\sum_{i=1}^{N}g(x_{0:k}^{(i)}w_k(x_{0:k}^{(i)}))}{\frac{1}{N}w_k(x_{0:k}^{(i)})}=\sum_{i=1}^{N}g(x_{0:k}^{i})\tilde{w}_k(x_{0:k}^{i}) \tag{5-5-18}$$

式中，$\tilde{w}_k(x_{0:k}^{i})=\dfrac{w_k(x_{0:k}^{(i)})}{\sum_{i=1}^{N}w_k(x_{0:k}^{(i)})}$为归一化权值；$x_{0:k}^{(i)}$是从$q(x_{0:k}\mid z_{1:k})$中抽取出来的。

3）序列重要性采样

为了序列估计后验密度，将建议分布分解为：

$$q(x_{0:k}\mid z_{1:k})=q(x_k\mid x_{0:k-1},z_{1:k})q(x_{0:k-1}\mid z_{1:k}) \tag{5-5-19}$$

假设状态转移是一个马尔科夫过程且观测独立于状态，即

$$\begin{aligned}p(x_{0:k})&=p(x_0)\prod_{j=1}^{k}p(x_j\mid x_{j-1})\\ p(z_{1:k}\mid x_{0:k})&=\prod_{j=1}^{k}p(z_j\mid x_j)\end{aligned} \tag{5-5-20}$$

将式（5-5-19）带入$w_k(x_{0:k})$得：

$$w_k=\frac{p(z_{1:k}\mid x_{0:k})p(x_{0:k})}{q(x_k\mid x_{0:k-1},z_{1:k})q(x_{0:k-1}\mid z_{1:k-1})} \tag{5-5-21}$$

又由$w_k(x_{0:k})=\dfrac{p(z_{1:k}\mid x_{0:k})p(x_{0:k})}{q(x_{0:k}\mid z_{1:k})}$得：

$$w_{k-1}=\frac{p(z_{1:k-1}\mid x_{0:k-1})p(x_{0:k-1})}{q(x_{0:k-1}\mid z_{1:k-1})} \tag{5-5-22}$$

由式（5-5-21）和式（5-5-22）得：

$$\begin{aligned}w_k&=w_{k-1}\frac{p(z_{1:k}\mid x_{0:k})p(x_{0:k})}{p(z_{1:k-1}\mid x_{0:k-1})p(x_{0:k-1})}\frac{1}{q(x_k\mid x_{0:k-1},z_{1:k})}\\ &=w_{k-1}\frac{p(z_k\mid x_k)p(x_k\mid x_{k-1})}{q(x_k\mid x_{0:k-1},z_{1:k})}\end{aligned} \tag{5-5-23}$$

式（5-5-23）表明，只要选择合适的建议采样分布$q(x_k\mid x_{k-1}^{i},z_k)$获得采样粒子，就可以迭代计算粒子权重。显然，最优的建议采样分布选取方法是：

$$q(x_k \mid x_{k-1}^i, z_k)_{\text{opt}} = p(x_k \mid x_{k-1}^i, z_k) \tag{5-5-24}$$

此时，建议采样分布 $q(x_k \mid x_{k-1}^i, z_k)$ 等同于真实分布，对于任意粒子 x_{k-1}^i 都有相同的权重 $w_k^i = 1/N$。因此，最理想的情况是采样先验密度作为建议采样分布：

$$q(x_k \mid x_{k-1}^i, z_k) = p(x_k \mid x_{k-1}^i) \tag{5-5-25}$$

5.5.2 基于粒子滤波器组的目标特征状态估计

目标的特征模板为在初始帧中目标区域得到的核直方图。对于每一帧图像，跟踪收敛处所得的核直方图称为“观测模型”；对于当前帧在迭代时采用的目标特征模板称为“当前模型”；而根据“当前模型”状态转移后，并利用“观测模型”进行修正后，输出的滤波后模型称为“候选模型”。对目标特征的状态估计就是要采用 PF 算法根据目标特征的先验知识与观测量输出一个最优的“候选模型”。

在核直方图中，每一柱（bin）称为一个分量，显然，每个分量的数值随时间的变化与其他分量是无关的，为直方图中每个分量分配一个滤波器，用于预测该分量随时间的变化，这样设计一个滤波器组就可以获得所有分量的变化，也就得到了整个模板的估计值。并且无论目标的大小如何变化，直方图的柱数保持不变，这也就克服了 Nguyen [45] 方法难以适应尺度变化目标跟踪的问题。下面介绍核直方图分量 u 的 PF 设计方法，其他分量与此相同。

1. 直方图特征值的特征状态方程与观测方程

设 k 为帧序号，y_k 为目标的中心坐标，$p_u(k)$ 为第 k 帧中特征分量 u 的概率值，即估计状态量，集合 $\{p_u(k)\}_{u=1,2,\cdots,m}$ 为 k 时刻的目标候选模型。k 帧中 Meanshift 迭代收敛位置 y_k 处的特征向量为滤波器的观测值，记为 $o_u(k)$。由于目标特征的状态转移不确定，但满足一个假设：绝大多数情况下，相邻帧间目标的特征变化较小，因此得到状态转移方程与观测方程为：

$$\begin{aligned} p_u(k) &= p_u(k-1) + h(k-1) \\ o_u(k) &= p_u(k) + q(k) \end{aligned} \tag{5-5-26}$$

式中，$h(k)$ 为状态误差，$q(k)$ 为观测误差，均为零均值高斯噪声，其方差分别为 σ_w^2、σ_v^2。

设粒子数为 N，先验概率分布 $p_u(k)$ 采样后第 i 个粒子状态表示为 $x_u^i(k)$，粒子状态转移方程与观测方程为：

$$\begin{aligned} x_u^i(k) &= x_u^i(k-1) + h(k-1) \\ z_u(k) &= x_u^i(k) + q(k) \end{aligned} \tag{5-5-27}$$

式中，$z_u(k)$ 为观测值。

2. 特征值估计

特征值估计的本质就是计算后验概率的过程。根据式（5-5-27），粒子状态传播之后得到 k 时刻的粒子集合 $x_u^i(k)$，则 k 时刻的后验概率密度为：

$$p_u(x_k \mid z_{1:k}) = \sum_{i=1}^{N} w_u^i(k) x_u^i(k) \tag{5-5-28}$$

式中，$w_u^i(k)$ 为观测后的权重，根据式（5-5-23）有：

$$w_u^i(k) \propto w_u^i(k-1) \frac{p(z_k \mid x_{k-1}^i) p(x_k^i \mid x_{k-1}^i)}{q(x_k^i \mid x_{k-1}^i, z_k)} \tag{5-5-29}$$

显然 $w_u^i(k)$ 的计算对后验概率密度的计算至关重要，它体现了每个粒子进行状态转移后所代表的目标状态值与真实状态之间的相似程度，接近目标真实状态的粒子赋予较大的权重，反之则权值较小。为了获得可观的粒子权重，定义粒子观测残差为：

$$r_u^i(k) = \left\| z_u(k) - x_u^i(k) \right\| \tag{5-5-30}$$

$r_u^i(k)$ 能可观地反映出单个粒子状态与观测值 $z_u(k)$ 之间的偏差，观测值通过计算收敛区域的特征直方图可以得到。由于目标特征模板为归一化核直方图，因此 $r_u^i(k)$ 的取值在 $(0,1)$ 之间，第 i 个粒子的权重为：

$$w_u^i(k) = w_u^i(k-1) \mathrm{e}^{-\frac{r_u^i(k)}{\beta}} \tag{5-5-31}$$

式中，β 为斜率参数。

得到粒子权重后，对其归一化，得 $w_u^i(k) = \mathrm{norm}(w_u^i(k))$。根据式（5-5-28）就可以得到在 k 时刻目标特征后验概率。

3. 基于滤波残差的采样半径自适应

根据前两小节的内容已经基本实现了根据目标特征的先验概率向后验概率递推的过程，并能对目标的特征进行估计。但在实际操作中，显然式（5-5-27）中 $h(k)$ 与 $q(k)$ 噪声参数 σ_w^2、σ_v^2 的选择对估计精度影响较大。其中，由于观测值 $z_u(k)$ 是通过计算收敛区域核直方图得到，已经包含了观测噪声项 $q(k)$，因此 σ_v^2 的选择无需考虑。

状态转移噪声 $h(k)$ 的方差 σ_w^2 控制着粒子的传播半径，理论上状态转移半径越大，粒子数越多，则估计精度越高，但由于实时性的要求，往往需要在估计精度与采样密度之间进行选择。理想的 σ_w^2 计算方法应该是在粒子数目固定的前提下，当特征分量变化剧烈时，增加采样半径以覆盖更广的概率范围；当特征分量变化稳定时，缩小采样半径以获得更高的估计精度。Maybeck[49]与Nguyen[45]等对卡尔曼滤波残差方差与理论方差的关系进行对比来估算滤波噪声，受其启发，本小节也采用滤波残差来动态调整粒子的采样半径。

设 $p_u(x_k \mid z_{1:k})$ 为 k 时刻滤波输出的后验概率，设 $\delta_u^i(k)$ 为 k 时刻第 i 个粒子与后验概率之间的估计误差：

$$\delta_u^i(k) = x_u^i(k) - p_u(x_k \mid z_{1:k}) \tag{5-5-32}$$

令 k 时刻每个粒子的加权方差之和为：

$$\gamma_u(k) = \sum_{i=1}^{N} w_u^i(k) \left\| \delta_u^i(k) \right\|^2 \tag{5-5-33}$$

令 $\sigma_w^2(k) = \gamma_u(k)$。当模板内像素值变化较快时，$\gamma_u(k)$ 的值增加，采样半径也随之增加，覆盖的概率范围也更广，但精度会有所降低；当模板内像素变化趋于平稳时，较小的采样半径也能满足要求，并且能够提高估计精度。

4. 有效粒子数重采样判据

粒子滤波算法有一个共同的缺陷：经过若干次迭代递推后，就会出现粒子退化现象（Particle Degeneracy Problem），即大部分粒子的权重变得非常小，可以忽略不计，只有少数几个粒子具有较大的权值。当退化现象发生后，粒子集不能有效地覆盖后验概率密度，并且权重小的粒子占用的计算时间与权重大的粒子相同，Simon[50]指出权重的方差随着时间增大，因此退化现象是无可避免的。

为了解决退化问题，一般采用重采样策略（Re-Sampling）。重采样的核心思想是对后验概率密度分布重新采样，产生新的支撑点集，繁殖权重大的粒子并淘汰权重小的粒子。研究人员对重采样技术也做了大量的研究，提出了许多重采样策略，如重要性采样（SIR）[51]、残差重采样（Residual Re-Sampling）[52]、最小方差采样[53]等。

本小节采用重要性重采样策略，其核心思想是由原权重样本集映射到等权重样本集的过程，即：$\{x_{0:k}^i, w_k(x_{0:k}^i)\} \rightarrow \{x_{0:k}^i, N^{-1}\}$，其中 N 为粒子数目。重要性重采样原理如图 5.5.2 所示。图中，圆点代表粒子，圆点半径的大小表示粒子的权重，曲线为后验概率密度。重要性粒子重采样主要包括三步：有效粒子统计、有效粒子选择与权重再分配。

淘汰权重小的粒子虽然有助于提高有效运算量，但减小了粒子的多样性，对于后验概率密度表达不利，因此要设定一个准则来确定是否要实施重采样。定义有效粒子数为 N_{eff}：

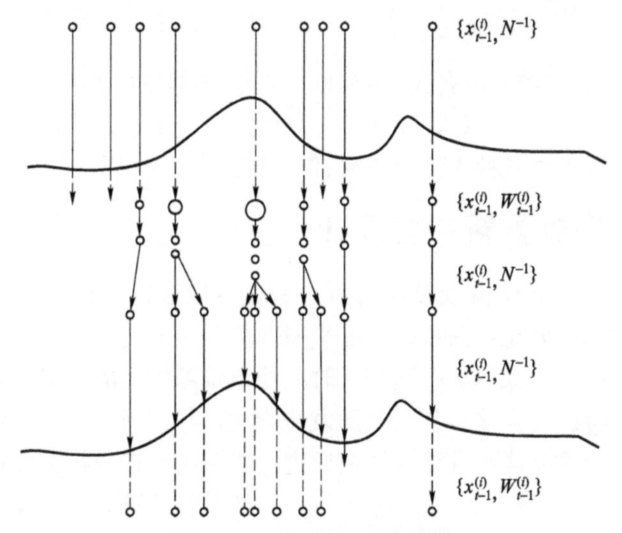

图 5.5.2　重要性重采样步骤

$$N_{\text{eff}} = \frac{1}{\sum_{i=1}^{N} w_k(x_{0:k}^i)} \tag{5-5-34}$$

通过定义一个阈值 N_{th}，若 $N_{\text{eff}} < N_{\text{th}}$，则需要重采样；否则表示粒子权重衰减没有达到重采样要求，可以继续传播。

顾名思义，有效粒子选择就是在需要重新采样时选择权重满足要求的粒子进行繁衍。可以通过设定权重阈值 w_{th}，若 $w_k(x_{0:k}^i) > w_{\text{th}}$，则保留；反之，则丢弃。根据保留的粒子权重重新归一化后，将大权重粒子重新采样，采样权重分配为 $1/N$。

5. 特征估计算法流程

根据上述内容得出单个特征分量 u 的估计流程为：

（1）初始化：令 $k=0$，根据先验分布 $p_u(0)$ 中采样初始化粒子集 $\{x_u^i(0)\}_{i=1,2,\cdots,N} \sim p_u(0)$，初始化粒子权重 $w_u^i(k)=1/N$。

（2）跟踪过程：$k=1,2,\cdots$。

① 粒子传播：根据式（5-5-27），从建议分布中采样粒子集 $x_u^i(k)$。

② 重要性加权：获取观测量 $z_u^i(k)$ 之后，根据式（5-5-31）计算粒子权重 $w_u^i(k)$，并且进行归一化 $w_u^i(k) = w_u^i(k)[\sum_{i=1}^{N} w_u^i(k)]^{-1}$。

③ 特征状态估计：根据式（5-5-28）计算 k 时刻分量 u 的后验概率

$p_u(x_k \mid z_{1:k})$。

④ 采样半径调整：根据式（5-5-32）和式（5-5-33）重新调整采样半径σ_w^2。

⑤ 粒子重采样：根据式（5-5-34）判断是否需要重采样，若需要则根据设定的权重阈值选出有效粒子进行重采样，并重新分配权重。

5.5.3 模板更新判据设计

通过引入一个粒子滤波器组对每个特征分量进行估计可以得到整个模板所有特征值的概率分布。在目标特征平稳变化时，上述的特征估计方法能够稳定地更新目标特征模板，从而达到长时间稳定跟踪的目的。但在实际跟踪过程中，目标表观特征有可能受到干扰而发生突变，导致目标特征观测量的突变，如遮挡。此时如果持续对目标特征模板进行修正则会造成模型漂移，使更新后的特征模板融入干扰物的特征，影响目标特征模板的准确性，甚至造成跟踪失败。本小节综合考虑当前观测模型的预测残差与 Bhattacharyya 相关系数变化来判别是否发生了突变。

1. 平均滤波残差判据

根据式（5-5-34），$\gamma_u(k)$为分量u在k时刻的加权平均残差，令$\gamma(k)$为k时刻m个分量中正常工作滤波器M的平均残差：

$$\gamma(k)=\frac{1}{M}\sum_{u=1}^{M}\gamma_u(k) \tag{5-5-35}$$

式中，M为正常工作滤波器的数目。

从k时刻起，向前连续取L帧$\gamma(k)$进行平均：

$$\overline{\gamma}_L=\frac{1}{L}\sum_{i=k-L}^{L}\gamma(k) \tag{5-5-36}$$

当k时刻第u个分量的加权平均残差满足$\gamma_u(k)>\alpha\overline{\gamma}_L$时，则认为当前滤波器没有正常工作，其中$\alpha$为常数，实验中取 3；反之，则接受当前滤波器的估计值，并对模板进行更新。

2. Bhattacharyya 相关系数判据

Bhattacharyya 作为当前窗口区域核直方图与目标直方图的相似判据已经在前文中使用了多次，在此，本小节再次以此作为整个滤波器组是否需要更新的重要依据。图 5.5.3 为遮挡下目标区域示意图；图 5.5.4 为目标发生遮挡前后 Bhattacharyya 相关系数的变化曲线。

(a)

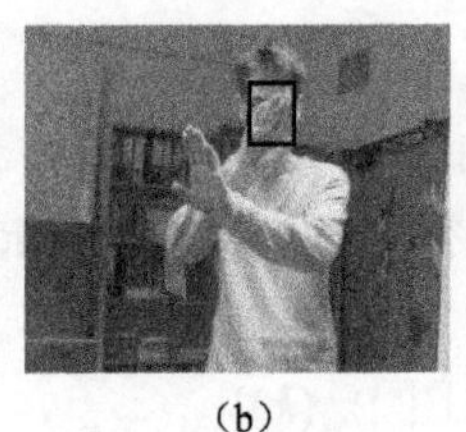

(b)

(c)

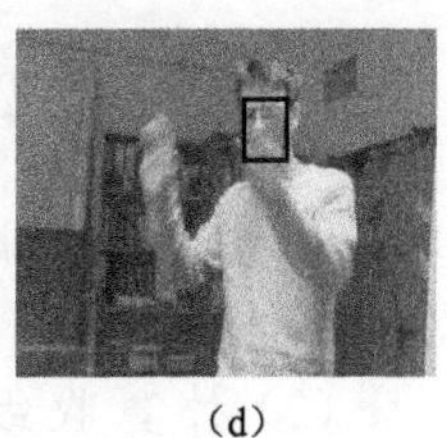

(d)

图 5.5.3　遮挡下目标区域

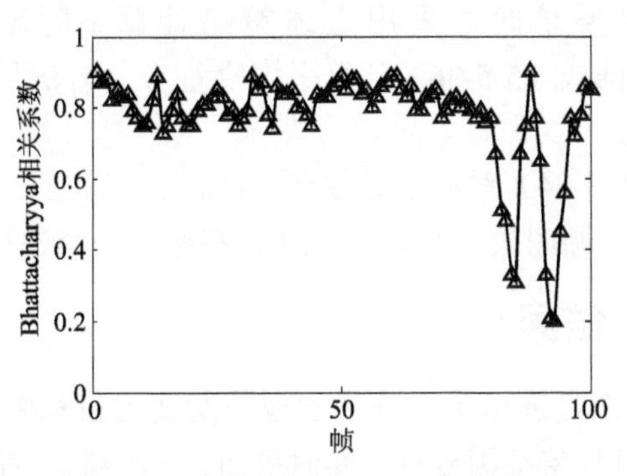

图 5.5.4　Bhattacharyya 相关系数曲线

显然，当目标进行正常跟踪时，Bhattacharyya 相关系数在一定的范围内波动，而当目标发生遮挡，或发生突变时 Bhattacharyya 相关系数急剧减少，因此可以以 Bhattacharyya 相关系数作为判断目标是否发生突变的准则。设定一个阈值 tho，则有：

$$p_u(k)=\begin{cases}p_u(x_k \mid z_{1:k}) & \rho \geqslant \text{th0} \\ p_u(k-1) & \rho < \text{th0}\end{cases} \tag{5-5-37}$$

式中，$p_u(k-1)$ 为 $k-1$ 时刻后验概率；ρ 为收敛区域与备选模板之间的 Bhattacharyya 相关系数。式（5-5-37）表明当 ρ 大于阈值时则更新，否则保持。

5.5.4　算法流程

将本节所述的模型更新策略融入 Meanshift 跟踪算法中，跟踪算法流程如下：

1）初始化：

（1）在目标初始位置 y_0 处初始化跟踪窗口，并计算目标特征模板 $\{p_u(y_0)\}_{u=1,2,\cdots,m}$。

（2）初始化采样粒子，对于第 u 个分量得到一组粒子集令 $\{x_u^i(0)\}_{i=1,2,\cdots,N} \sim p_u(0)$，令采样权重 $w_u^i(k)=1/N$。

2）第 k 帧跟踪过程：

（1）利用 $k-1$ 帧中目标特征模板的后验概率 $\{p_u(x_{k-1}\mid z_{1:k-1})\}_{u=1,2,\cdots,m}$ 与目标候选区域特征直方图 $q(k)$ 对候选像素进行加权，并通过 Meanshift 迭代收敛到当前目标区域 y_k。

（2）计算收敛区域的特征直方图 $\{z_u(k)\}_{u=1,2,\cdots,m}$，并计算当前区域 Bhattacharyya 相关系数 ρ。根据模板更新判别依据确定是否需要更新模板。

（3）当 ρ 满足要求时，采用上述策略计算 k 时刻后验概率 $\{p_u(x_k\mid x_{1:k})\}_{u=1,2,\cdots,m}$，并根据式（5-5-36）计算平均残差 $\overline{\gamma}_L$。若满足更新要求则更新特征模板，反之亦然。

（4）根据式（5-5-34）对粒子进行重采样。

（5）获取新的一帧图像，令 $k\leftarrow k+1$，开始下一帧迭代。

5.5.5 实验结果分析

本节的主要工作是提出了一种基于粒子滤波的目标特征估计与模板更新策略，用于对当前目标特征模板进行实时更新，以达到长时间稳定跟踪的目的。为了验证本节提出的更新策略的有效性，分别对人脸、航展目标进行跟踪，并且对采用目标特征更新算法前后 Bhattacharyya 系数的变化情况，以及采样半径和滤波残差曲线进行分析。在实验中的所用参数如表 5.5.1 所示。

表 5.5.1 实验参数列表

粒子数 N	20
初始权重 $w_u^i(k)$	0.05
初始采样半径 σ_w^2	0.1
残差判定参数 α	3
Bhattacharyya 参数 th0	0.5
有效粒子判定参数 N_{th}	0.4
权重斜率参数 β	5

1. 人脸跟踪

实验中所跟踪目标为男子脸部，目标特征模型为 256 柱 RGB 核直方图，核函数为高斯核。实验结果中包含了视频中的第 385、388、391、396、398、403、408、415 帧，如图 5.5.5 与图 5.5.6 所示。目标从第 385 帧开始转动，固定模板特征跟踪器没能适应目标表观特征的变化而收敛到了错误的区域。

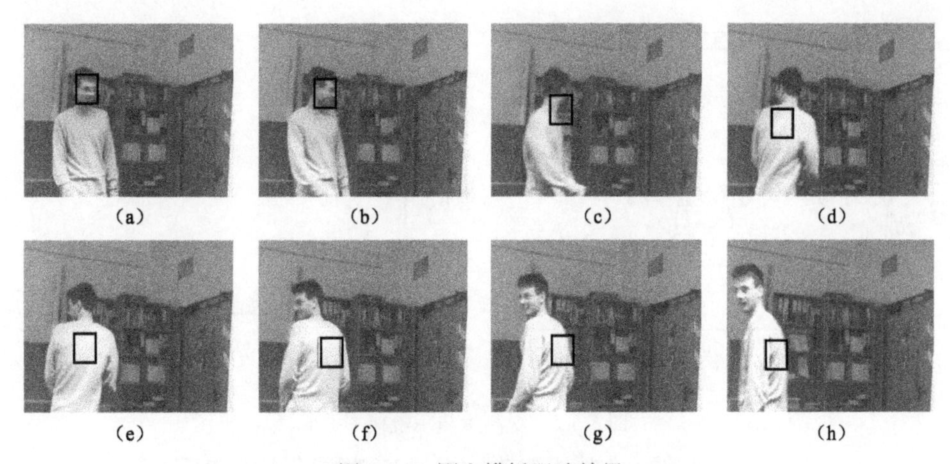

图 5.5.5　固定模板跟踪结果

（a）第 385 帧；（b）第 388 帧；（c）第 391 帧；（d）第 396 帧；

（e）第 398 帧；（f）第 403 帧；（g）第 408 帧；（h）第 415 帧

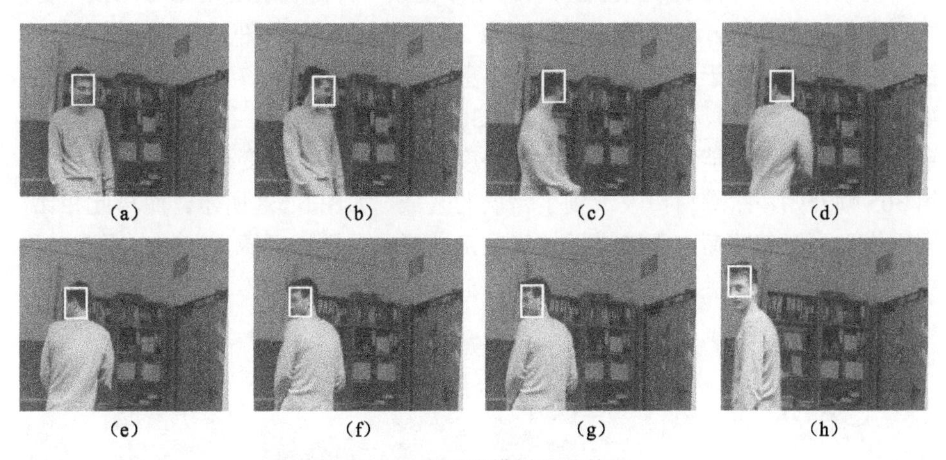

图 5.5.6　自适应模板跟踪结果

（a）第 385 帧；（b）第 388 帧；（c）第 391 帧；（d）第 396 帧；

（e）第 398 帧；（f）第 403 帧；（g）第 408 帧；（h）第 415 帧

为了说明预测模型的作用，以直方图中第 35 柱为例，其估计值与当前帧中的观测值如图 5.5.7（a）所示，图中圆点为观测值，实线为滤波估计值，虚线为两者之间的误差。显然，特征分量的后验概率充分相信观测值，但同样参考了前一时刻的后验概率。图 5.5.7（b）为第 396 帧中观测模型与预测模型之间的对比。

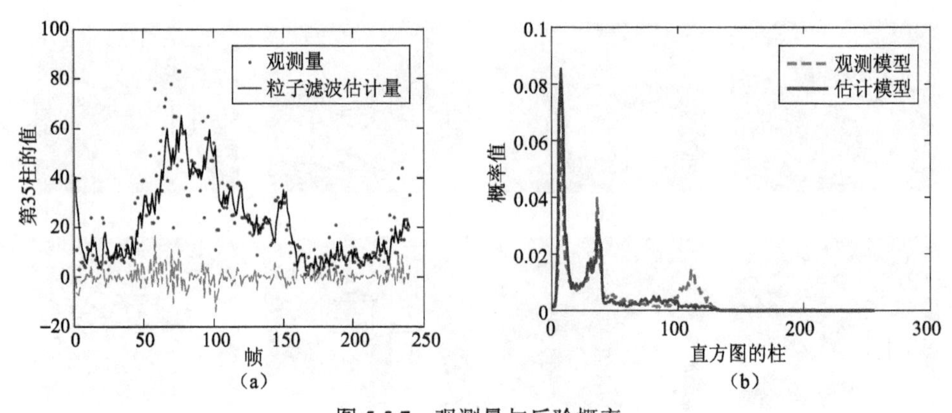

图 5.5.7 观测量与后验概率

（a）$u=35$ 时的预测曲线与观测曲线；（b）第 396 帧观测模型与预测模型

2. 空中目标跟踪 I

视频选自于珠海航展，包含了 729 帧。视频中目标表观运动相对比较平稳，所跟踪目标为飞机，目标的特征模型为 256 柱 RGB 直方图。在跟踪过程中，目标的姿态始终处于稳定变化中，跟踪窗口的尺寸为 37×27，实验结果包含了视频中第 196、240、269、300、305、308、310、314 帧。在前 240 帧中，固定模型的跟踪窗口能够覆盖目标，但精度较低，随着模型变化的积累，最终从第 305 帧开始，跟踪窗口收敛到了错误的区域，如图 5.5.8 所示。而与此相比，采用模型更新策略后，跟踪模板始终准确地覆盖在目标区域，在整个跟踪过程中，并未出现目标丢失的情况，如图 5.5.9 所示。

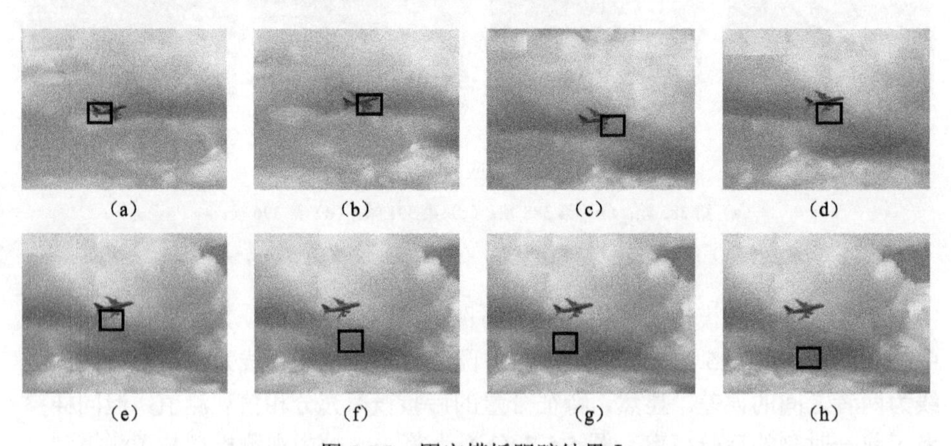

图 5.5.8 固定模板跟踪结果 I

（a）第 196 帧；（b）第 240 帧；（c）第 269 帧；（d）第 300 帧；
（e）第 305 帧；（f）第 308 帧；（g）第 310 帧；（h）第 314 帧

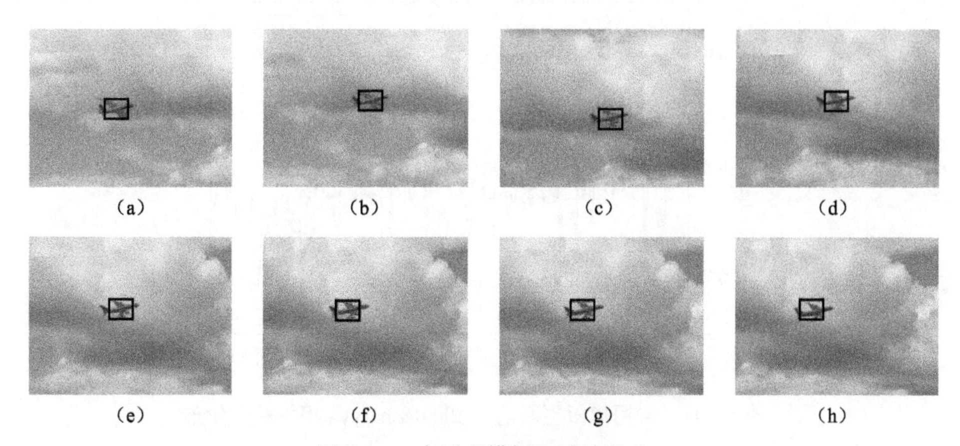

图 5.5.9 自适应模板跟踪结果 I

(a) 第 196 帧；(b) 第 240 帧；(c) 第 269 帧；(d) 第 300 帧；

(e) 第 305 帧；(f) 第 308 帧；(g) 第 310 帧；(h) 第 314 帧

图 5.5.10 为第 314 帧中目标的当前观测模型与前一时刻的预测模型对比，图中虚线为观测模型，实线为预测模型。显然，观测模型与预测模型之间的误差较小，在整个实验中，预测模型与观测模型之间的误差都能保持在一个较小的范围内，这也造成整个跟踪过程中目标区域的概率密度峰值始终保持在一个稳定范围内。图 5.5.11 为视频前 300 帧中，采用模板更新前后 Bhattacharyya 相关系数的分布曲线，图中实线为固定模板相关系数曲线，虚线为自适应模板相关系数曲线。显然采用模板更新机制后相关系数始终保持在较高的水准，提高了跟踪的稳定性。

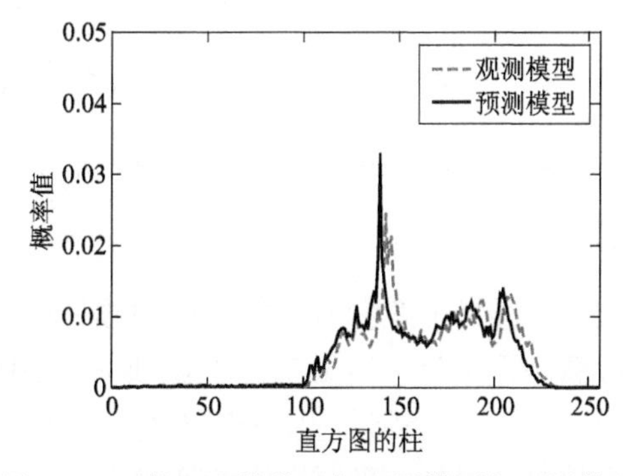

图 5.5.10 第 314 帧的目标观测模型与预测模型

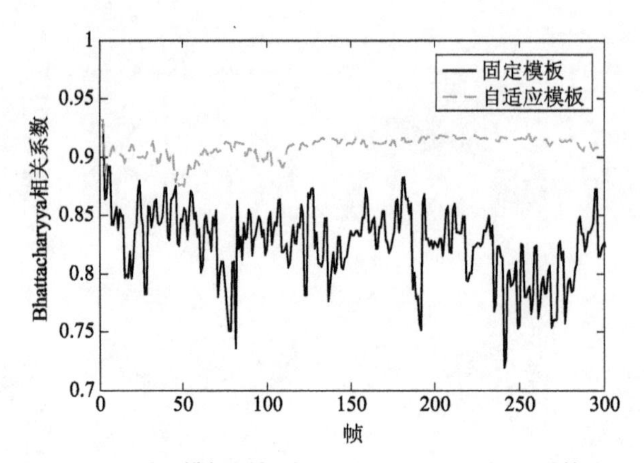

图 5.5.11 采用模板更新前后 Bhattacharyya 相关系数分布

图 5.5.12 为状态传播前后，$u=155$ 时粒子集的平均传播噪声方差与滤波噪声方差对比，图中，方块虚线为每一帧中粒子集的状态传播噪声方差，点实线为滤波噪声方差。显然，当目标状态平稳变化时，虽然状态传播噪声较大，但滤波噪声始终保持在较低的水平中，这也说明直方图中这一柱状态变量的变化平稳，滤波器工作正常。

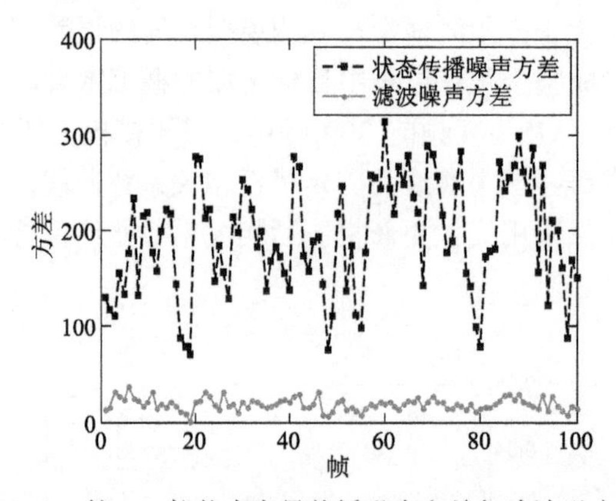

图 5.5.12 第 155 柱状态变量传播噪声方差与滤波噪声方差

3. 空中目标跟踪 II

在空中目标实验中，选择了亚洲航展的一段视频进行验证。实验中采用固定带宽的跟踪器对目标进行跟踪，结果包含了视频中第 101、113、121、131、133、137 帧。视频中，目标在运动过程中一直在翻滚，导致目标特征模板与目标特征向量的匹配系数时高时低，采用固定特征模板对目标进行跟踪的结果如图 5.5.13 所示，在第 133 帧附近，跟踪窗口收敛到了错误的区域。而采用模板更新机制后，搜索窗口始终稳定地覆盖在目标区域，实验结果如图 5.5.14 所示。

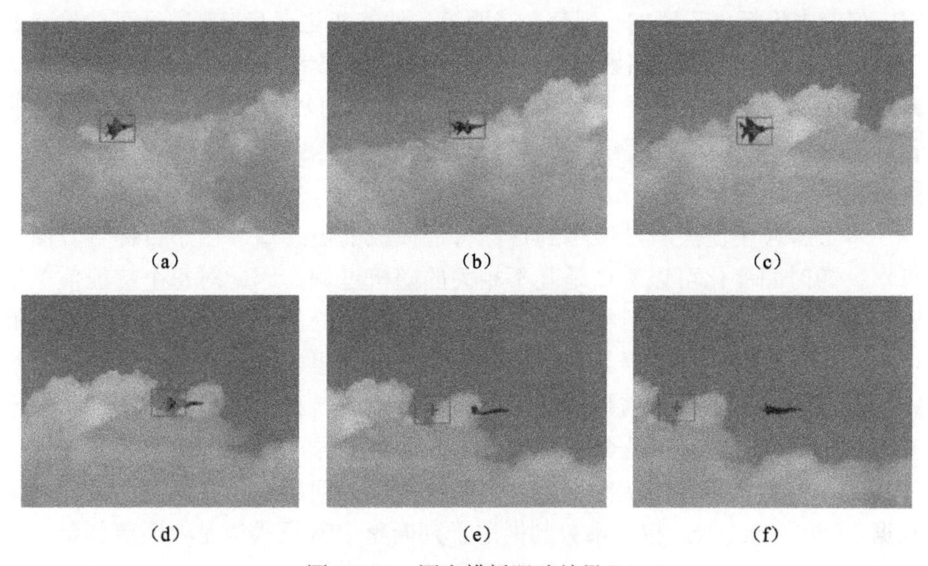

图 5.5.13　固定模板跟踪结果 II

（a）第 101 帧；（b）第 113 帧；（c）第 121 帧；
（d）第 131 帧；（e）第 133 帧；（f）第 137 帧

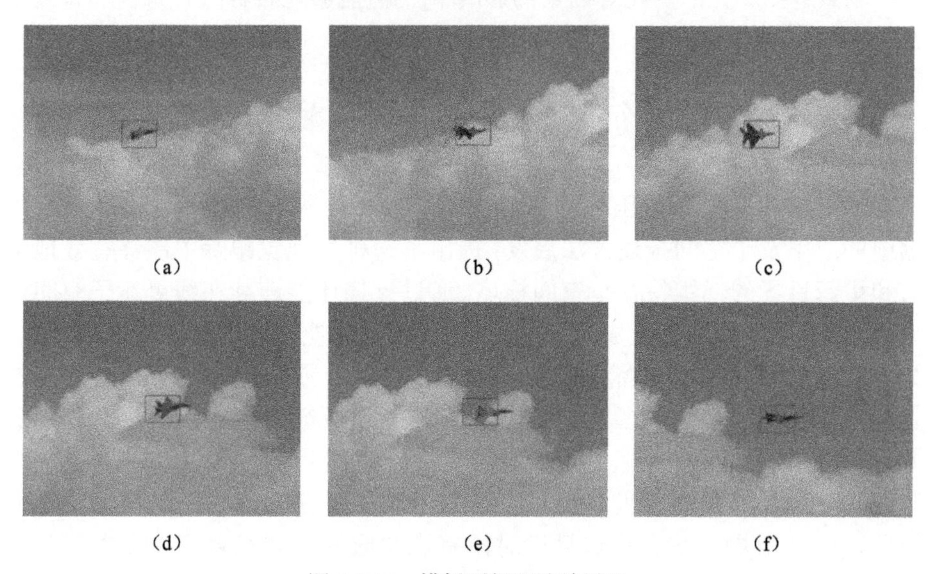

图 5.5.14　模板更新跟踪结果 II

（a）第 101 帧；（b）第 113 帧；（c）第 121 帧；
（d）第 131 帧；（e）第 133 帧；（f）第 137 帧

在跟踪某一确定目标时，通常假设目标表观特征在整个跟踪过程中保持稳定。但空中目标由于姿态、视角、光照等条件的变化，其表观特征可能始终处于变化过程中，当变化积累到一定程度后，目标原始特征模板与目标当前特征向量的差距可能越来越大，最终导致跟踪失败。因此，在对表观特征不稳定的目标进行长时间跟踪时，有必要建立一种目标特征更新机制，实时地调整目标特征模板。

本节将粒子滤波算法应用到目标特征模板的更新中。由于目标直方图中每一柱随时间变化可以看作是互不相关的随机过程，因此对每个特征值单独赋予一个滤波器，根据目标历史模型与当前收敛处的观测模型对目标特征值进行更新，所有的滤波器最终组成了一个滤波器组。在粒子滤波的处理过程中，利用每个粒子传播前后的残差动态调整状态转移方程的传播半径；根据有效粒子数 N_{eff} 来判定是否需要对粒子进行重采样，保持了粒子的多样性。针对目标发生遮挡或干扰时造成目标特征突变的问题，建立了两个目标更新判据：Bhattacharyya 相关系数判据用于判断整个特征模板是否需要更新；平均残差判据用于判定哪个特征值需要更新。整个模型系统无需输入参数，兼顾了跟踪系统对稳健性、实时性的要求。实验结果表明，当目标存在尺度变化、场景遮挡、光照变化等因素的影响下,仍然能够对目标进行稳健而有效地跟踪。

5.6 基于特征基空间和压缩采样的目标跟踪

本节工作是受当前压缩感知理论中对目标的稀疏描述和其在计算机视觉中的应用及子空间描述方法启发，提出了一种在视觉跟踪中能够有效地学习和更新目标的低维特征基空间描述。通过该描述能连续在线更新子空间模型，以反应由内外因素造成的目标外观变化，从而便于有效地实现跟踪过程。为了在连续帧中估计目标的位置，本节结合贝叶斯推理提出一种自适应的目标跟踪算法。该方法首先对跟踪目标的外观特征进行建模，然后利用贝叶斯推理获得目标外观状态参数的最优估计，最后利用最优估计的目标观测更新目标的特征基空间。另外，现有的很多算法只适用于摄像机不动的情况，本节所提方法在跟踪目标时没有这些限制，跟踪目标在姿态变化、尺度变化、光照变化及短时遮挡等情况下均可有效跟踪目标，具有较强的鲁棒性。

5.6.1　基于特征基空间和压缩采样的目标描述

1. 算法原理

根据主元分析（Principal Component Analysis）理论对数据进行分析，找出数据中最主要的元素和结构，去除噪声和冗余，将原有的复杂数据降维。本小节利用增量式主成分分析对连续的目标图像数据进行分析，得到目标的低维特征基空间描述，对视频中的目标进行跟踪，在跟踪过程中在线更新特征基，以适应目标的外观[54]。

依据文献［55］，假设有一幅图像 $\boldsymbol{X}$，分辨率大小为 $N_1 \times N_2$，设定跟踪目标窗口为 $n_1 \times n_2$（$n_1 < N_1$，$n_2 < N_2$），并按顺序将其投影到列向量 $\boldsymbol{i}$，大小为 $d \times 1$，其中 $d = n_1 n_2$。对于连续 n 帧图像，则 n 个列向量组成 $d \times n$ 维的数据矩阵 $\boldsymbol{A}$，即 $\boldsymbol{A} = (I_1 \;\; I_2 \;\; \cdots \;\; I_n)$（$d \gg n$）。根据矩阵的奇异值分解定理[56]：$\boldsymbol{A} \in \boldsymbol{R}^{d \times n}$，则存在正交矩阵 $\boldsymbol{U} \in \boldsymbol{R}^{d \times d}$ 和 $\boldsymbol{V} \in \boldsymbol{R}^{n \times n}$ 使得：

$$\boldsymbol{A} = \boldsymbol{U} \boldsymbol{\Sigma} \boldsymbol{V}^{\mathrm{T}} \tag{5-6-1}$$

式中，$\boldsymbol{\Sigma} = \begin{bmatrix} \boldsymbol{\Sigma}_I & \boldsymbol{0} \\ \boldsymbol{0} & \boldsymbol{0} \end{bmatrix}$，且 $\boldsymbol{\Sigma}_1 = \mathrm{diag}(\sigma_1, \sigma_2, \cdots, \sigma_r)$，$\sigma_1 \geqslant \sigma_2 \geqslant \cdots \geqslant \sigma_r > 0$ 是矩阵 $\boldsymbol{A}$ 的奇异值，由于 $\boldsymbol{U}$ 是正交的，则矩阵 $\boldsymbol{U}$ 即为 PCA 的特征分解中的特征向量，因此对数据矩阵 $\boldsymbol{A}$ 进行 SVD 奇异值分解即可得到特征向量矩阵，也就是主元向量。

基于奇异值分解在图像处理中有着重要应用这一思想，下面在对跟踪目标的特征基提取时进行奇异值分解，得到目标的特征基空间[57–59]。

2. 特征基提取

为了对目标的外观变化进行有效的表征，本小节所提方法不必在跟踪开始之前训练一组特征基，而是在跟踪过程中进行在线学习。假定第一帧图像中的目标是事先给定的，之后每增加新的输入样本就需重新更新特征基空间。假设有一个 $d \times n$ 维的数据矩阵 $\boldsymbol{A} = (I_1 \;\; I_2 \;\; \cdots \;\; I_n)$，其中，每一列 $\boldsymbol{I}_i$ 均是一个目标观测值，表示第 i 个输入样本（表示跟踪图像的 d 维向量），然后计算其奇异值分解。特征基通过计算样本协方差矩阵 $\dfrac{1}{n-1}\sum_{i=1}^{n}(\boldsymbol{I}_i - \bar{\boldsymbol{I}})(\boldsymbol{I}_i - \bar{\boldsymbol{I}})^{\mathrm{T}}$ 的特征向量 $\boldsymbol{U}$ 得到，其中 $\bar{\boldsymbol{I}} = \dfrac{1}{n}\sum_{i=1}^{n}\boldsymbol{I}_i$ 即训练图像的样本均值。等效的特征向量 $\boldsymbol{U}$ 也可以通过计算中心数据矩阵 $[(\boldsymbol{I}_1 - \bar{\boldsymbol{I}})\,(\boldsymbol{I}_2 - \bar{\boldsymbol{I}})\cdots(\boldsymbol{I}_n - \bar{\boldsymbol{I}})]$ 的奇异值分解 $\boldsymbol{U}\boldsymbol{\Sigma}\boldsymbol{V}^{\mathrm{T}}$ 得到，中心数据矩阵的列等于相应的样本图像减去其均值。

为了适应外观模型以说明新的目标场景，每增加 m 幅图像都需更新特征基，即可认为是通过附加的 m 幅图像 $\{\boldsymbol{I}_{n+1}\ \boldsymbol{I}_{n+2}\ \cdots\ \boldsymbol{I}_{n+m}\}$ 重新更新特征基。此更新也可以通过计算扩张的中心数据矩阵 $[(I_1-\bar{I}')(I_2-\bar{I}')\cdots(I_{n+m}-\bar{I}')]$ 的奇异值分解 $\boldsymbol{U}'\boldsymbol{\Sigma}'\boldsymbol{V}'^{\mathrm{T}}$ 来计算得到，其中 $\bar{\boldsymbol{I}}'$ 是全部 $n+m$ 幅训练图像的平均值。记 $\boldsymbol{B}=\{\boldsymbol{I}_{n+1}\ \boldsymbol{I}_{n+2,}\cdots\ \boldsymbol{I}_{n+m}\}$，即已知奇异值分解 $\boldsymbol{A}=\boldsymbol{U}\boldsymbol{\Sigma}\boldsymbol{V}^{\mathrm{T}}$，计算 $[\boldsymbol{AB}]$ 的奇异值分解，即 $[\boldsymbol{AB}]=\boldsymbol{U}'\boldsymbol{\Sigma}'\boldsymbol{V}'^{\mathrm{T}}$。假设 $\boldsymbol{B}$ 的分量 $\tilde{\boldsymbol{B}}$ 与 $\boldsymbol{U}$ 正交，则可以描述 $\boldsymbol{A}$ 和 $\boldsymbol{B}$ 如下：

$$[\boldsymbol{A}\ \boldsymbol{B}]=[\boldsymbol{U}\ \tilde{\boldsymbol{B}}]\begin{bmatrix}\boldsymbol{\Sigma} & \boldsymbol{U}^{\mathrm{T}}\boldsymbol{B}\\ \boldsymbol{0} & \tilde{\boldsymbol{B}}^{\mathrm{T}}\boldsymbol{B}\end{bmatrix}\begin{bmatrix}\boldsymbol{V}^{\mathrm{T}} & \boldsymbol{0}\\ \boldsymbol{0} & \boldsymbol{I}\end{bmatrix} \tag{5-6-2}$$

令 $\boldsymbol{R}=\begin{bmatrix}\boldsymbol{\Sigma} & \boldsymbol{U}^{\mathrm{T}}\boldsymbol{B}\\ \boldsymbol{0} & \tilde{\boldsymbol{B}}^{\mathrm{T}}\boldsymbol{B}\end{bmatrix}$ 是维数为 $k+m$ 的平方矩阵，其中 k 为 $\boldsymbol{\Sigma}$ 中奇异值的数目。$\boldsymbol{R}$ 的奇异值分解为 $\boldsymbol{R}=\tilde{\boldsymbol{U}}\tilde{\boldsymbol{\Sigma}}\tilde{\boldsymbol{V}}^{\mathrm{T}}$，则 $\boldsymbol{A}$ 和 $\boldsymbol{B}$ 的奇异值分解可写为：

$$[\boldsymbol{A}\ \boldsymbol{B}]=([\boldsymbol{U}\ \tilde{\boldsymbol{B}}]\tilde{\boldsymbol{U}})\tilde{\boldsymbol{\Sigma}}\left(\tilde{\boldsymbol{V}}^{\mathrm{T}}\begin{bmatrix}\boldsymbol{V}^{\mathrm{T}} & \boldsymbol{0}\\ \boldsymbol{0} & \boldsymbol{I}\end{bmatrix}\right) \tag{5-6-3}$$

由于增量 PCA 只需计算 $\boldsymbol{U}'$ 和 $\boldsymbol{\Sigma}'$，$\boldsymbol{V}'$ 的观测值数目在更新算法中无需计算。因此可得出下面特征基提取的具体算法：

已知 $\boldsymbol{A}$ 的奇异值分解 $\boldsymbol{U}$ 和 $\boldsymbol{\Sigma}$，然后计算 $\boldsymbol{A}$ 和 $\boldsymbol{B}$ 的奇异值分解 $\boldsymbol{U}'$ 和 $\boldsymbol{\Sigma}'$：

（1）通过计算 $[\boldsymbol{U}\,\boldsymbol{\Sigma}\,\boldsymbol{B}]$ 的 QR 分解得到 $\tilde{\boldsymbol{B}}$ 和 $\boldsymbol{R}$：$[\boldsymbol{U}\ \tilde{\boldsymbol{B}}]\boldsymbol{R}\underline{\underline{\mathbf{QR}}}[\boldsymbol{U}\,\boldsymbol{\Sigma}\,\boldsymbol{B}]$。

（2）计算 $\boldsymbol{R}$ 的奇异值分解：$\boldsymbol{R}\underline{\underline{\mathbf{SVD}}}\tilde{\boldsymbol{U}}\tilde{\boldsymbol{\Sigma}}\tilde{\boldsymbol{V}}^{\mathrm{T}}$。

（3）最后，$\boldsymbol{U}'=[\boldsymbol{U}\ \tilde{\boldsymbol{B}}]\tilde{\boldsymbol{U}}$ 和 $\boldsymbol{\Sigma}'=\tilde{\boldsymbol{\Sigma}}$。

为了提高算法的性能，在步骤（1）中不用计算 $[\boldsymbol{U}\,\boldsymbol{\Sigma}\,\boldsymbol{B}]$ 的 QR 分解[60]，$\tilde{\boldsymbol{B}}$ 和 $\boldsymbol{R}$ 可以直接通过计算得：$\tilde{\boldsymbol{B}}=\mathrm{orth}(\boldsymbol{B}-\boldsymbol{U}\boldsymbol{U}^{\mathrm{T}}\boldsymbol{B})$ 和 $\boldsymbol{R}=\begin{bmatrix}\boldsymbol{\Sigma} & \boldsymbol{U}^{\mathrm{T}}\boldsymbol{B}\\ \boldsymbol{0} & \tilde{\boldsymbol{B}}^{\mathrm{T}}\boldsymbol{B}\end{bmatrix}$，其中 orth() 为正交化。该算法的计算量，即其空间和时间复杂度为常数 n，即训练数据的数目。特别地，每个更新仅采用上一阶段中 k 个最大奇异值和基向量。仅要求存储 m 幅新的图像，减少空间复杂度为 $O(d(k+m))$，而改进前的算法复杂度为 $O(d(k+m)^2)$。类似的，运算量减小为 $O(d(m^2))$，相对于改进前算法的运算复杂度为 $O(d(k+m)^2)$。

3. 目标的低维子空间稀疏描述

1）跟踪目标的稀疏描述

目标在不同光照和视角条件下的全局特征在低维空间中的描述可以估计得到，通过目标图像的特征基来描述。特征基的提取是压缩采样的过程，即根据目标特征基集合 $\boldsymbol{U}=[\boldsymbol{U}_1\ \ \boldsymbol{U}_2\cdots\ \boldsymbol{U}_n]\in\boldsymbol{R}^{d\times n}\,(d\gg n)$，包含 n 个目标特征基，每个特征基 $\boldsymbol{U}_i\in\boldsymbol{R}^d$（将目标的特征基图像按列组成一个一维向量），跟踪结果

$\boldsymbol{y} \in \boldsymbol{R}^d$ 可由特征基 $\boldsymbol{U}$ 的线性组合估计得到：

$$\boldsymbol{y} \approx \boldsymbol{U}\boldsymbol{a} = \boldsymbol{a}_1 U_1 + \boldsymbol{a}_2 U_2 + \cdots + \boldsymbol{a}_n U_n \tag{5-6-4}$$

式中，$\boldsymbol{a} = (\boldsymbol{a}_1 \ \ \boldsymbol{a}_2 \ \ \cdots \ \ \boldsymbol{a}_n)^{\mathrm{T}} \in \boldsymbol{R}^n$ 称为目标特征基系数向量。

在很多视觉跟踪场景中，目标通常被噪声干扰或部分遮挡。而遮挡就能产生不可预测的错误，可影响图像的任何部分，并且在图像中大小不确定。为了综合遮挡和噪声的影响，式（5-6-4）可以写为：

$$\boldsymbol{y} = \boldsymbol{U}\boldsymbol{a} + \boldsymbol{z} \tag{5-6-5}$$

式中，$\boldsymbol{z}$ 为误差向量，其元素仅有有限个非零值，$\boldsymbol{z}$ 的非零元素表示 $\boldsymbol{y}$ 中像素受干扰或发生遮挡。

稀疏系数 $\boldsymbol{a}$ 可以通过解决 ℓ_1 规则化最小方差问题估计得到，即由如下典型的稀疏方案：

$$\hat{\boldsymbol{a}} = \arg\min \|\boldsymbol{a}\|_1 \quad \text{subject to} \|\boldsymbol{y} - \boldsymbol{U}\boldsymbol{a}\|_2 \leqslant \varepsilon \tag{5-6-6}$$

式中，$\|\cdot\|_1$ 和 $\|\cdot\|_2$ 分别代表 ℓ_1 和 ℓ_2 范数。

在投影到目标特征基低维子空间后，利用最小余差确定跟踪结果，如 $\|\boldsymbol{y} - \boldsymbol{U}\boldsymbol{a}\|_2$。因此跟踪结果是状态的样本，获得最大的可能性，即最小的误差。

2）动态更新特征基[61]

ℓ_1 最小化的一个重要特征是由于规则化部分 $\|\boldsymbol{a}\|_1$ 期望该特征基具有较大的范数，U_i 的范数越大，则估计 $\|\boldsymbol{y} - \boldsymbol{U}\boldsymbol{a}\|_2$ 需要的系数 $\boldsymbol{a}_i$ 就越小。通过引入与每个特征基 $\boldsymbol{U}_i$ 相关的权值 $w_i = \|\boldsymbol{U}_i\|_2$ 得到其特征。直观地讲，权值越大，那么该特征基就越重要。初始化中，第一帧中的第一个目标手动选择，其相应的特征基由上述特征基提取分析得到。

所提方法中的更新包括三个操作：特征基替换、特征基更新和权值更新。如果跟踪结果 $\boldsymbol{y}$ 与当前的特征基集不相似，则将替代 $\boldsymbol{U}$ 中最不重要的特征基，并且其权值初始化为当前特征基集中权值的平均值。当跟踪结果的特征和特征基所表述的比较接近时，相应的权值会增加，反之则减小。特征基更新方案如图 5.6.1 所示。

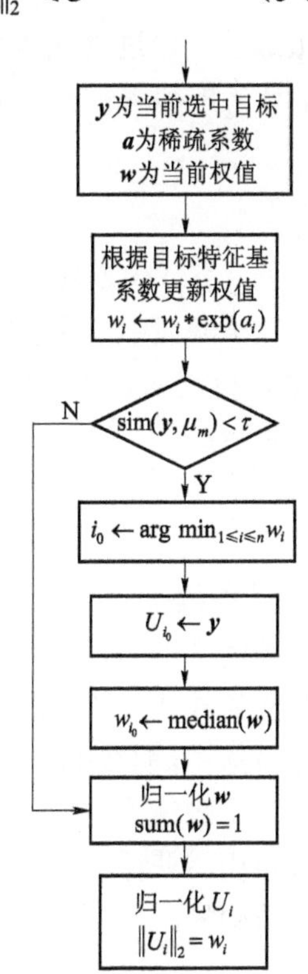

图 5.6.1　特征基更新方案流程图

图 5.6.1 中，$\boldsymbol{y}$ 是当前被选中的跟踪目标，$\boldsymbol{a}$ 是在式（5-6-6）中得到的稀疏系数，$\boldsymbol{w}$ 为当前权值，即 $w_i = \|\boldsymbol{U}_i\|_2$，$\tau$ 为预先设定的阈值。根据目标模板的系数更新权值，$w_i \leftarrow w_i * \exp(a_i)$。如果 $\text{sim}(\boldsymbol{y}, \mu_m) < \tau$，其中，sim 为相似性函数：它可以是两个向量间的夹角，也可以是两向量标准化后的 SSD。μ_m 具有最大的系数 a_m，即 $m = \arg\max_{1 \leqslant i \leqslant n} a_i$。然后更新模板和权值。最后归一化 $\boldsymbol{w}$，即 $\text{sum}(\boldsymbol{w}) = 1$。并归一化 $\boldsymbol{U}_i$，即 $\|\boldsymbol{U}_i\|_2 = w_i$。

5.6.2 自适应目标跟踪模型

视觉跟踪问题可认为是马尔科夫模型中通过隐状态变量的推导任务。状态变量 $\boldsymbol{x}_t$ 描述了目标在 t 时刻的运动参数。给定观测图像集合 $y_{1:t-1} = \{y_1, y_2, \cdots, y_{t-1}\}$，目的是估计隐状态变量 x_t 的值。采用贝叶斯原理，有如下结果：

$$p(x_t \mid y_{1:t-1}) = \int p(x_t \mid x_{t-1}) p(x_{t-1} \mid y_{1:t-1}) \mathrm{d}x_{t-1} \tag{5-6-7}$$

跟踪过程通过观测模型 $p(y_t \mid x_t)$ 来控制，通过观测 y_t 和 $p(x_t \mid x_{t-1})$ 的动态模型估计 x_t 的概率，在 t 时刻，采用贝叶斯原理状态向量更新如下：

$$p(x_t \mid y_{1:t}) = \frac{p(y_t \mid x_t) p(x_t \mid y_{1:t-1})}{p(y_t \mid y_{1:t-1})} \tag{5-6-8}$$

式中，$p(y_t \mid x_t)$ 代表观测概率。

在粒子滤波中，后验概率 $p(x_t \mid y_{1:t})$ 是由 N 个样本 $\{x_t^i\}_{i=1,2,\cdots,N}$ 通过重要性加权 w_t^i 估计得到的。候选样本 x_t^i 通过重要性分布 $q(x_t \mid x_{1:t-1}, y_{1:t})$ 获得，样本权值有如下更新：

$$w_t^i = w_{t-1}^i \frac{p(y_t \mid x_t^i) p(x_t^i \mid x_{t-1}^i)}{q(x_t \mid x_{1:t-1}, y_{1:t})} \tag{5-6-9}$$

1. 动态模型

每帧图像中，目标的位置可以通过仿射的图像变形来描述。在 t 时刻包括仿射变换的 6 个参数，即 $x_t = (x_t', y_t', \theta_t, s_t, \alpha_t, \phi_t)$，其中，$x_t', y_t', \theta_t, s_t, \alpha_t, \phi_t$ 分别表示跟踪目标在 t 时刻的 x、y 向平移，旋转角度，尺度，长宽比和倾斜方向。

为了生成跟踪器，空间中状态间的动态模型可通过高斯分布建模。x_t 中每个参数可由高斯分布在 x_{t-1} 周围独立建模，并且每帧间的运动本身是一种仿射变换。特别的：

$$p(x_t \mid x_{t-1}) = N(x_t; x_{t-1}, \boldsymbol{\psi}) \tag{5-6-10}$$

式中，$\boldsymbol{\psi}$ 为对角协方差矩阵，其元素是仿射参数对应的变量，如 σ_x^2、σ_y^2、σ_θ^2、

σ_s^2、σ_α^2、σ_ϕ^2。这些参数代表跟踪器感兴趣的运动，并且动态模型中假设每个仿射参数的变量是随时间变化的。对角协方差矩阵 $\boldsymbol{\psi}$ 中的值越大，且采样更多的粒子，那么要实现高精度的跟踪目标就会大大增加运算量。

2. 观测模型

观测模型 $p(y_t\,|\,x_t)$ 反映了候选目标和目标特征基间的相似关系。本小节采用一种低维的特征基空间表示来描述跟踪的物体，$p(y_t\,|\,x_t)$ 通过采用 ℓ_1 最小化来估计目标特征基得到。定义 $\delta_i : R^{n_d+n_s+2d} \to R^{n_d+n_s+2d}$ 为特征函数选择与动态特征基相关的系数。对于 $\boldsymbol{x}$，$\delta_i(x)$ 是一个新的向量，是由稀疏方案式（5-6-6）给出的仅与动态特征基相关的非零系数。利用这些与动态特征基相关的非零系数可以估计给定的候选跟踪目标 y_t 为 $\hat{y}_t = \boldsymbol{U}\delta_i(x)$。根据运动状态变量可得到跟踪目标的概率：

$$p(y_t\,|\,x_t) = p(y_t - \boldsymbol{U}\delta_i(x_t^j)) \qquad i = 1,2,\cdots,k \tag{5-6-11}$$

式中，$p(y_t - \boldsymbol{U}\delta_i(x_t^j))$ 是由候选跟踪样本 y_t 和映射到动态特征基估计结果而定义的概率函数。当样本概率 $p(y_t - \boldsymbol{U}\delta_i(x_t^j))$ 达到最大时，该样本就为跟踪结果。

自适应目标跟踪算法的流程如图 5.6.2 所示。

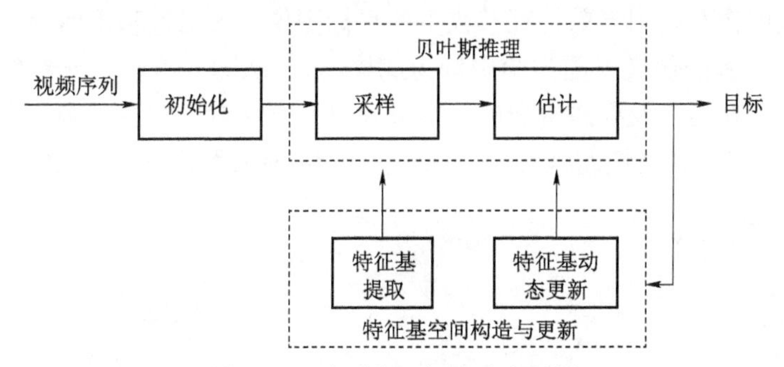

图 5.6.2　自适应目标跟踪流程图

在第一帧图像中通过手动选择定位目标的位置，算法流程如下：

1）初始化

初始化特征基空间为空，均值 μ 为第一帧图像中目标的外观。此时观测值的有效数目 $n=1$。初始化各特征基的权值，可取平均值，初始化权值阈值。

2）跟踪过程采集下一帧图像

（1）获得跟踪目标的特征基，输入矩阵 $\boldsymbol{U}$，获得压缩采样值 $\boldsymbol{y}$。

（2）根据动态模型从粒子滤波中采样粒子，根据式（5-6-6）通过 ℓ_1 最小化问题得到各特征基系数 $\boldsymbol{\delta}_i$。

（3）对于每个粒子，从当前帧中提取相应的搜索窗，并计算其权值，即在

观测模型下的概率 $p(y_t - U\delta_i(x_t^j))$，存储对应于概率最大粒子的图像窗口。

（4）当采集的图像达到要求的数目，根据图 5.6.2 的流程更新观测值的特征基。本实验中，执行更新的时间间隔为 3 帧图像。

5.6.3 实验结果分析

1. 实验结果

为了验证本节算法的有效性，设计的实验主要包括光照条件变化、目标尺度变化及短时遮挡下的目标跟踪。选择的测试视频主要来源于 SPEVI 数据库、欧洲 CANTATA 项目数据库、PETS 数据库等。实验中根据算法的执行效率，设置每增加 3 幅图像即更新特征基空间，即 m=3。采样粒子数为 600 个。

实验一：如图 5.6.3 所示，视频序列分辨率为 320×240，跟踪目标为男子的脸部。该视频的主要特点是：人物存在较剧烈的姿态变化，同时伴有不规则的运动、表情变化和自遮挡等。实验结果包含了视频中第 374、383、408、411、445、460、470、481、489、496、507、518 帧。每幅图片中，第一行为跟踪目标并用矩形框标出，第二行（从左到右）分别为选中目标图像、实时跟踪目标图像、差图像及利用当前特征基恢复的目标图像，第三行和第四行为当前子空间中的特征基图像（下面实验中均为此描述）。从图上可以明显看到，多处短时（部分）遮挡以及姿态剧变时，本节提出的方法对于存在大幅姿态变化、短时遮挡、表情变化及快速运动等的情况下，均可有效而鲁棒地跟踪到目标人脸。

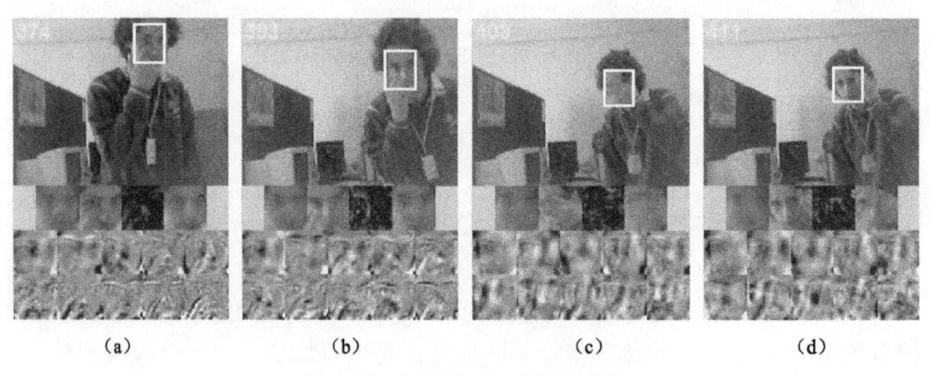

(a) (b) (c) (d)

图 5.6.3 视频序列一的跟踪结果

（a）第 374 帧；（b）第 383 帧；（c）第 408 帧；（d）第 411 帧

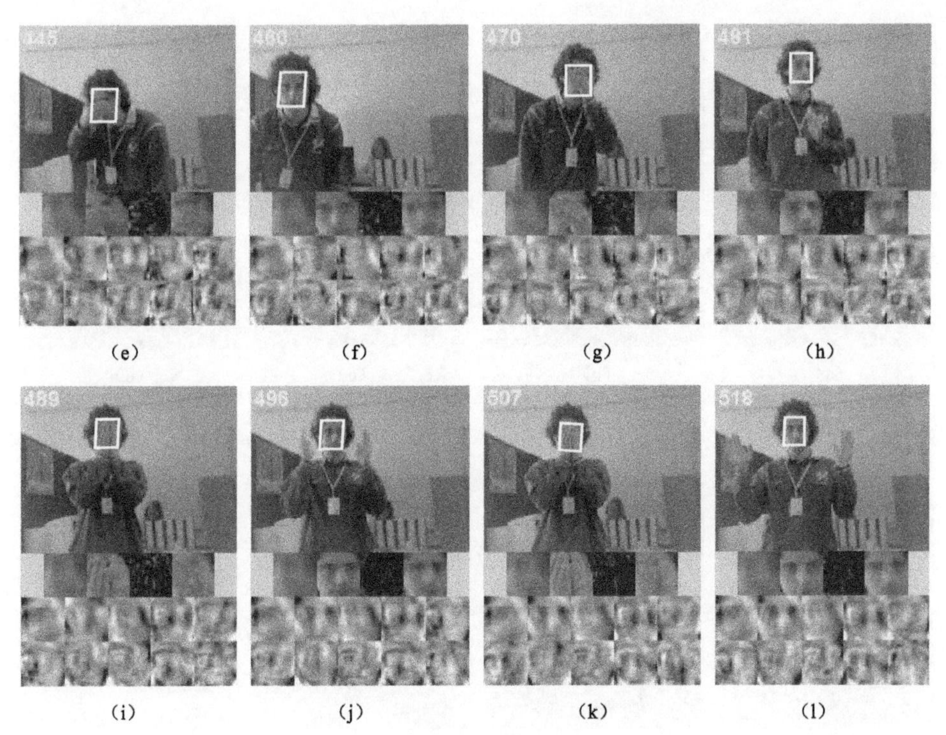

图 5.6.3 视频序列一的跟踪结果（续）

（e）第 445 帧；（f）第 460 帧；（g）第 470 帧；（h）第 481 帧；

（i）第 489 帧；（j）第 496 帧；（k）第 507 帧；（l）第 518 帧

实验二：如图 5.6.4，视频序列分辨率为 720×576，跟踪目标为男子的脸部。该视频中存在较剧烈的光照变化等。实验结果包含了视频中第 465、470、477、484、487、488、489、491、493、505 帧。从第 488～505 帧存在较明显的光照变化，本节所提算法能够有效而鲁棒地跟踪到目标人脸。

实验三：如图 5.6.5，视频序列分辨率为 720×576，跟踪目标为男子的脸部。该视频中人物存在较剧烈的姿态变化、自遮挡以及光照条件变化等。实验结果包含了视频中第 459、469、475、482、484、489、492、496、498、502 帧。从第 475～498 帧存在明显的光照变化及短时遮挡，本节提出的方法对于存在大幅姿态变化、短时遮挡及快速运动等的情况下，均可有效而鲁棒地跟踪到目标人脸。

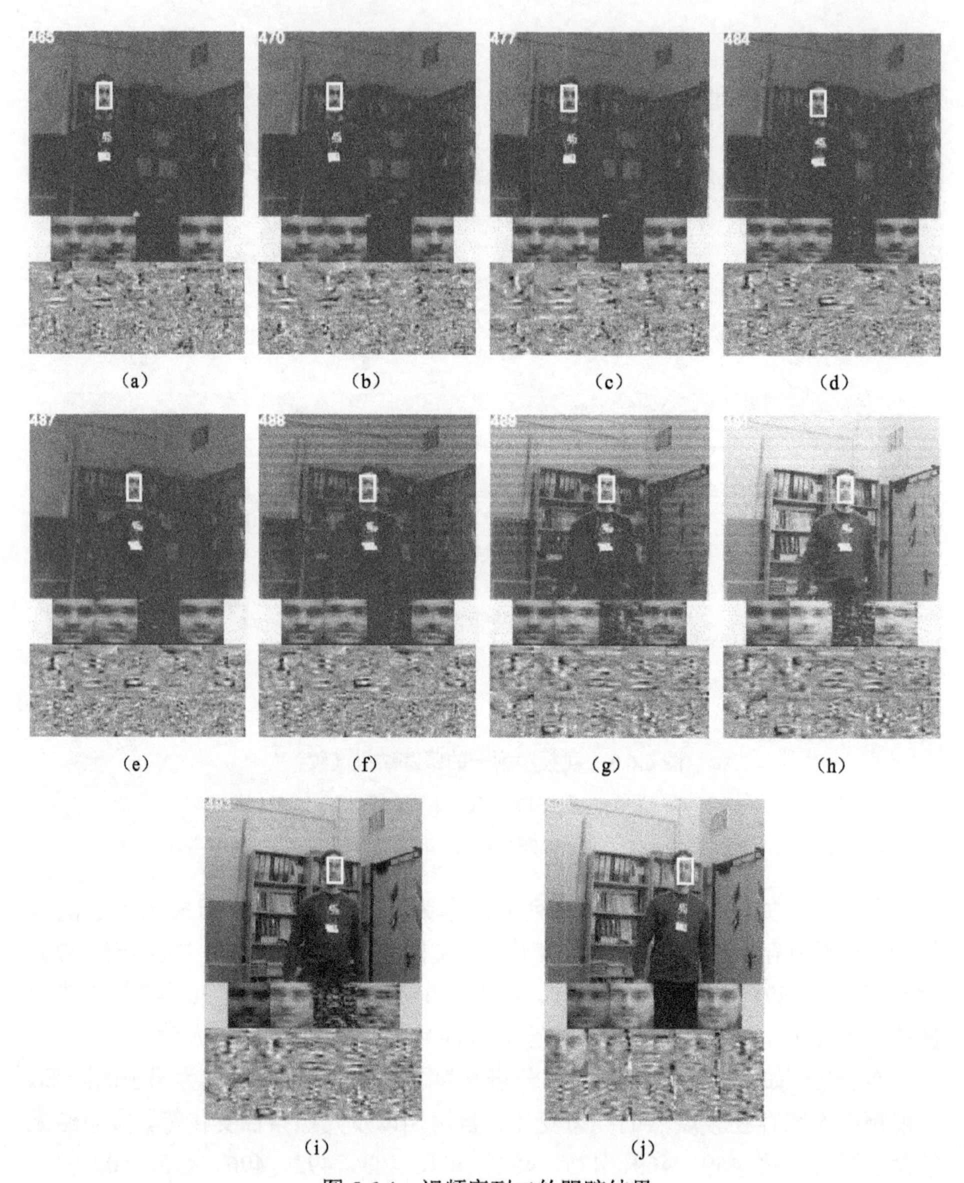

图 5.6.4 视频序列二的跟踪结果

（a）第 465 帧；（b）第 470 帧；（c）第 477 帧；（d）第 484 帧；（e）第 487 帧；（f）第 488 帧；（g）第 489 帧；（h）第 491 帧；（i）第 493 帧；（j）第 505 帧

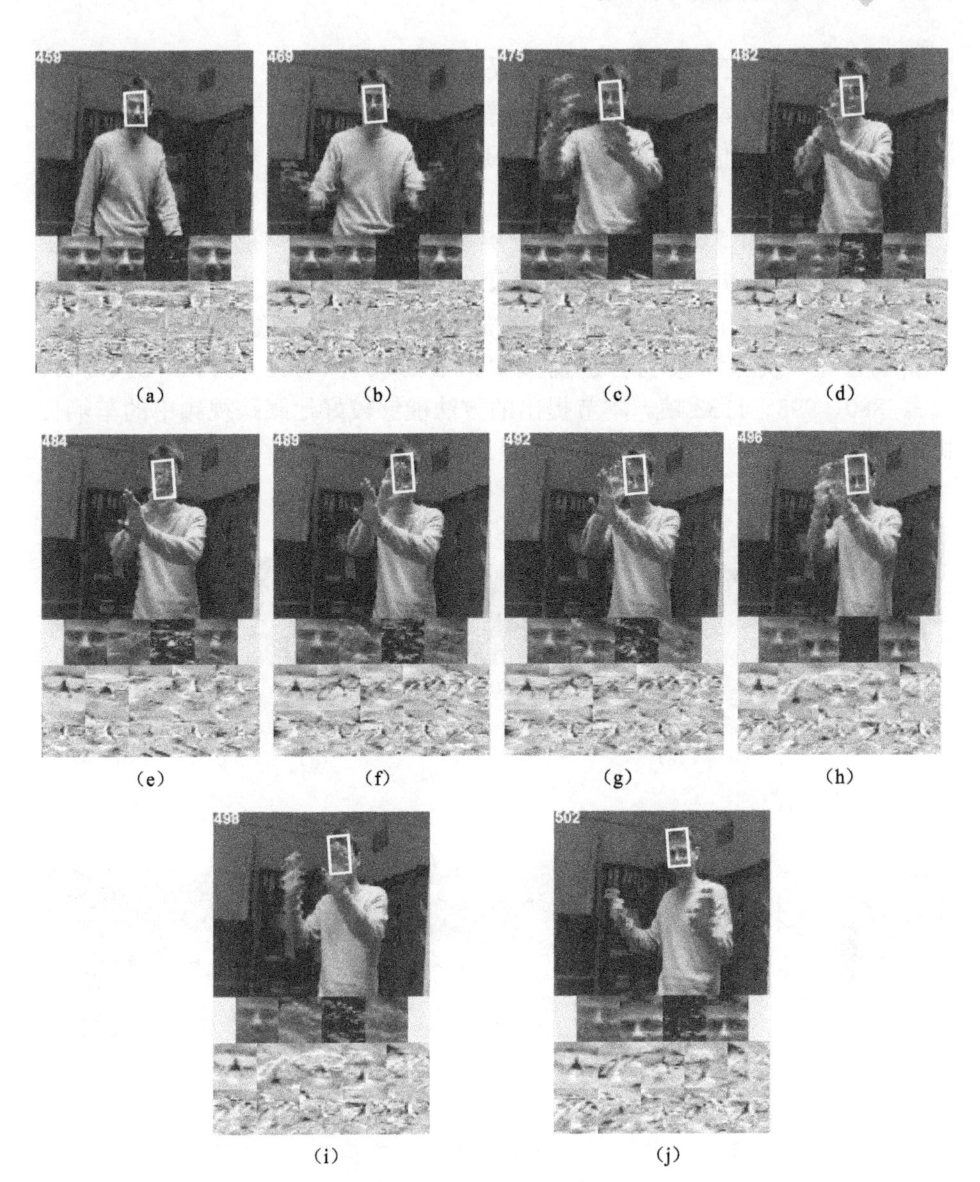

(a)　(b)　(c)　(d)

(e)　(f)　(g)　(h)

(i)　(j)

图 5.6.5　视频序列三的跟踪结果

(a) 第 459 帧；(b) 第 469 帧；(c) 第 475 帧；(d) 第 482 帧；(e) 第 484 帧；

(f) 第 489 帧；(g) 第 492 帧；(h) 第 496 帧；(i) 第 498 帧；(j) 第 502 帧

上述人脸跟踪视频中，目标人脸快速运动，并存在短时遮挡，跟踪算法依然可以有效地捕捉到目标人脸，而没有受到遮挡的干扰影响。当目标人脸在光线较暗的环境中，且运动过程中存在光照的问题，会出现面部亮度不均匀的现象，此外由于摄像机的抖动及采集速度使得图像失真，并且目标人脸的非匀速非刚体运动也会为跟踪任务造成困难，而本节的方法由于保持了观测图像的内在结构信息，对光照不均匀这一问题不敏感，从而稳定地跟踪到目标人脸。

实验四：如图 5.6.6，视频序列分辨率为 768×576。该视频中一辆汽车由近到远快速运动，并且有较大的尺度变化。当汽车疾驰而去，跟踪目标变得越来越小，并混入背景中使得跟踪非常困难，即使人观察也很难确定目标的精确位置。实验结果包含了视频中第 595、618、642、673、703、742、823、880、993、1133 帧。本节提出的方法能够较好地跟踪视频中的车辆目标。

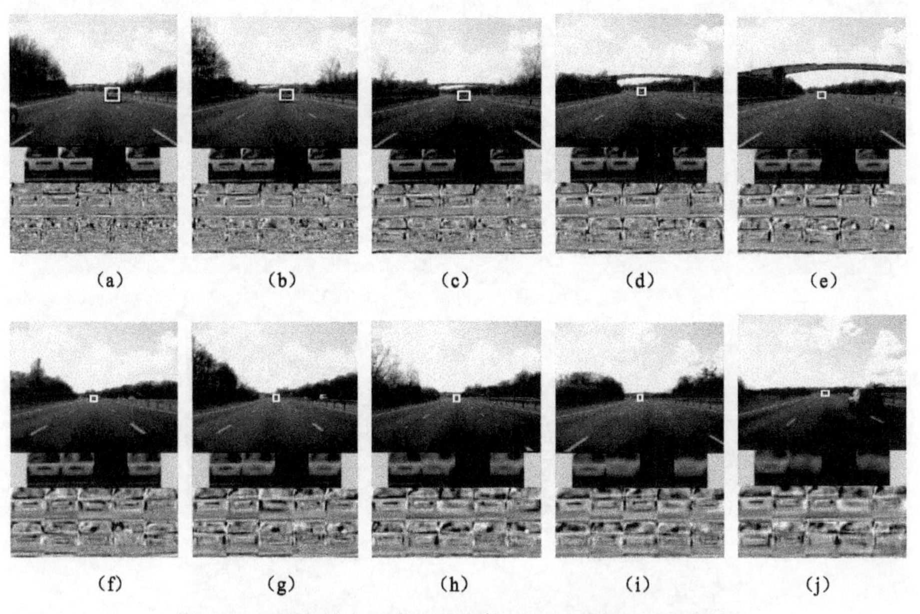

图 5.6.6　具有较大尺度变化和快速运动的运动车辆视频

(a) 第 595 帧；(b) 第 618 帧；(c) 第 642 帧；(d) 第 673 帧；(e) 第 703 帧；

(f) 第 742 帧；(g) 第 823 帧；(h) 第 880 帧；(i) 第 993 帧；(j) 第 1133 帧

实验五：如图 5.6.7，视频序列分辨率为 768×576。该视频中人从左边走到右边，图像中人作为跟踪目标很小，并且经历变形运动，目标运动过程中碰上另一行人发生短时遮挡。实验结果包含了视频中第 1158、1180、1194、1206、1220、1226、1228、1234、1249、1255 帧。从图中可看出，本节提出的方法在小目标跟踪且有变形运动时具有较好的跟踪效果。

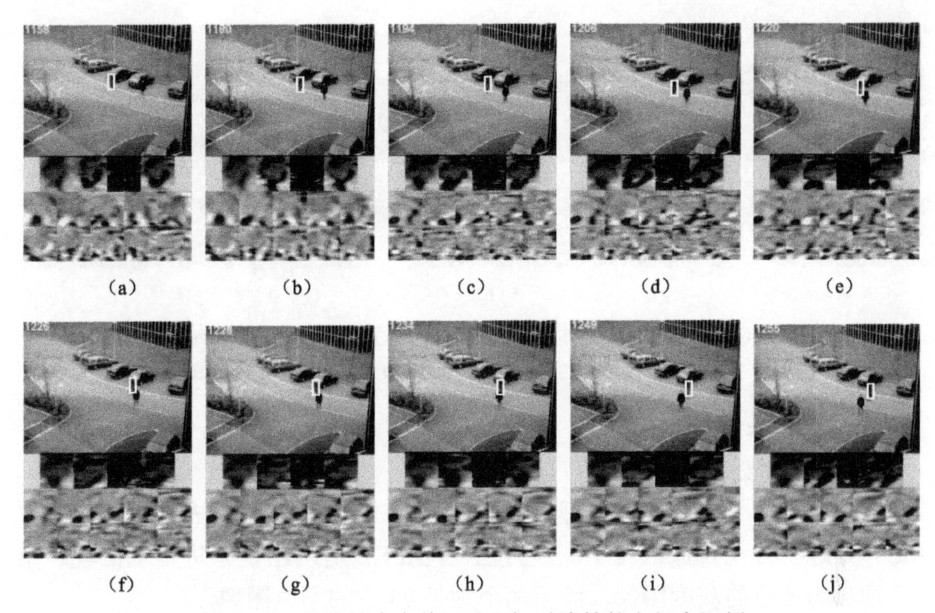

图 5.6.7　具有较大身体运动和短时遮挡的人行走视频

（a）第 1158 帧；（b）第 1180 帧；（c）第 1194 帧；（d）第 1206 帧；（e）第 1220 帧；

（f）第 1226 帧；（g）第 1228 帧；（h）第 1234 帧；（i）第 1249 帧；（j）第 1255 帧

实验六：如图 5.6.8，视频序列分辨率为 768×576。这两组视频跟踪实验均是人行走实验，跟踪目标比较小，行走过程中均有变形运动且经过一根灯杆发生短时遮挡。实验结果包含了视频中第 858、926、965、977、987、993、995、999、1025、1064 帧。由于目标的宽度比较小，灯杆产生了很严重的遮挡，在第 965～995 帧，目标穿过灯杆后，跟踪框大小迅速调整以捕捉到整个目标。本节提出的方法在小目标跟踪且有变形运动，以及短时遮挡时具有较好的跟踪效果。

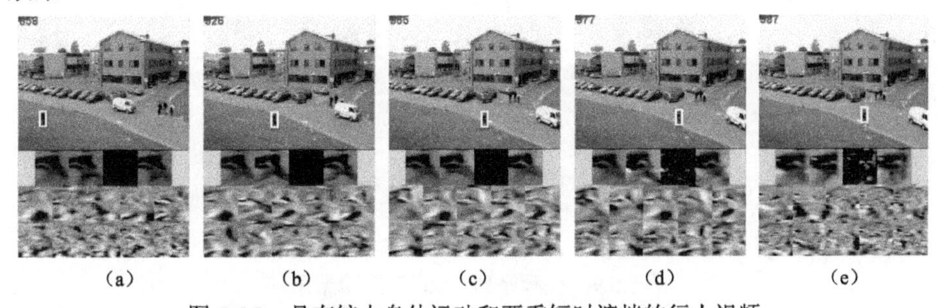

图 5.6.8　具有较大身体运动和严重短时遮挡的行人视频

（a）第 858 帧；（b）第 926 帧；（c）第 965 帧；（d）第 977 帧；（e）第 987 帧；

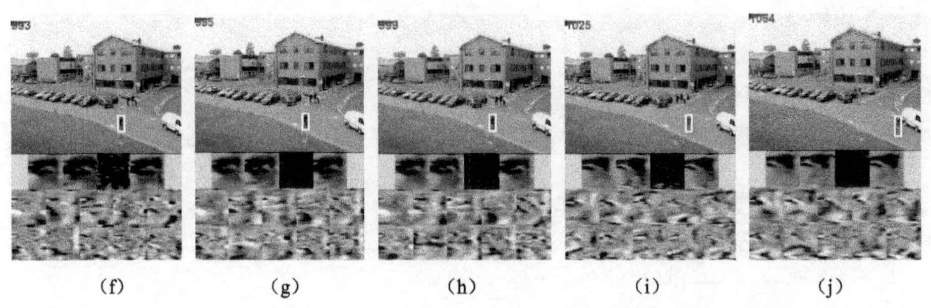

(f) (g) (h) (i) (j)

图 5.6.8 具有较大身体运动和严重短时遮挡的行人视频（续）

(f) 第 993 帧；(g) 第 995 帧；(h) 第 999 帧；(i) 第 1025 帧；(j) 第 1064 帧

2. 实验结果比较与分析

1）定性比较

本实验中，为了比较本节所提方法与目前流行的跟踪方法，如均值迁移（MS）跟踪、外观自适应粒子滤波方法（AAPF）对两组视频进行了比较。第一个视频为 8 位的灰度图像，而后两个则是 24 位的彩色图像。

第一个测试视频序列“car4”来源于 http://www.cs.toronto.edu/~dross/ivt/。该视频选取了第 170～499 帧共 330 帧图像，车辆在桥和大树下面穿过时经历了剧烈的光照变化。部分跟踪结果如图 5.6.9 所示，图中，第一列为本节所提跟踪方法的跟踪结果，第二列为 MS 跟踪结果，第三列为 AAPF 跟踪结果。实验结果包括第 170、191、233、250、275、332、402、430、499 帧。由于光照发生剧烈变化，MS 跟踪在第 233 帧几乎丢失目标，但光照恢复正常后又能重新锁定目标，尽管搜索窗不能完全框住跟踪目标。由于是灰度图像，受光照影响，AAPF 在第 191 帧就丢失目标，但光照恢复正常后在第 250 帧又能重新锁定目标，车辆在大树下面运动时，搜索窗不能完全框住跟踪目标。本节所提方法在目标经历剧烈的光照变化时能较好地实现跟踪，并且搜索窗能够完全框住跟踪目标。

(a)

图 5.6.9 视频序列“car4”跟踪结果

(a) 第 170 帧

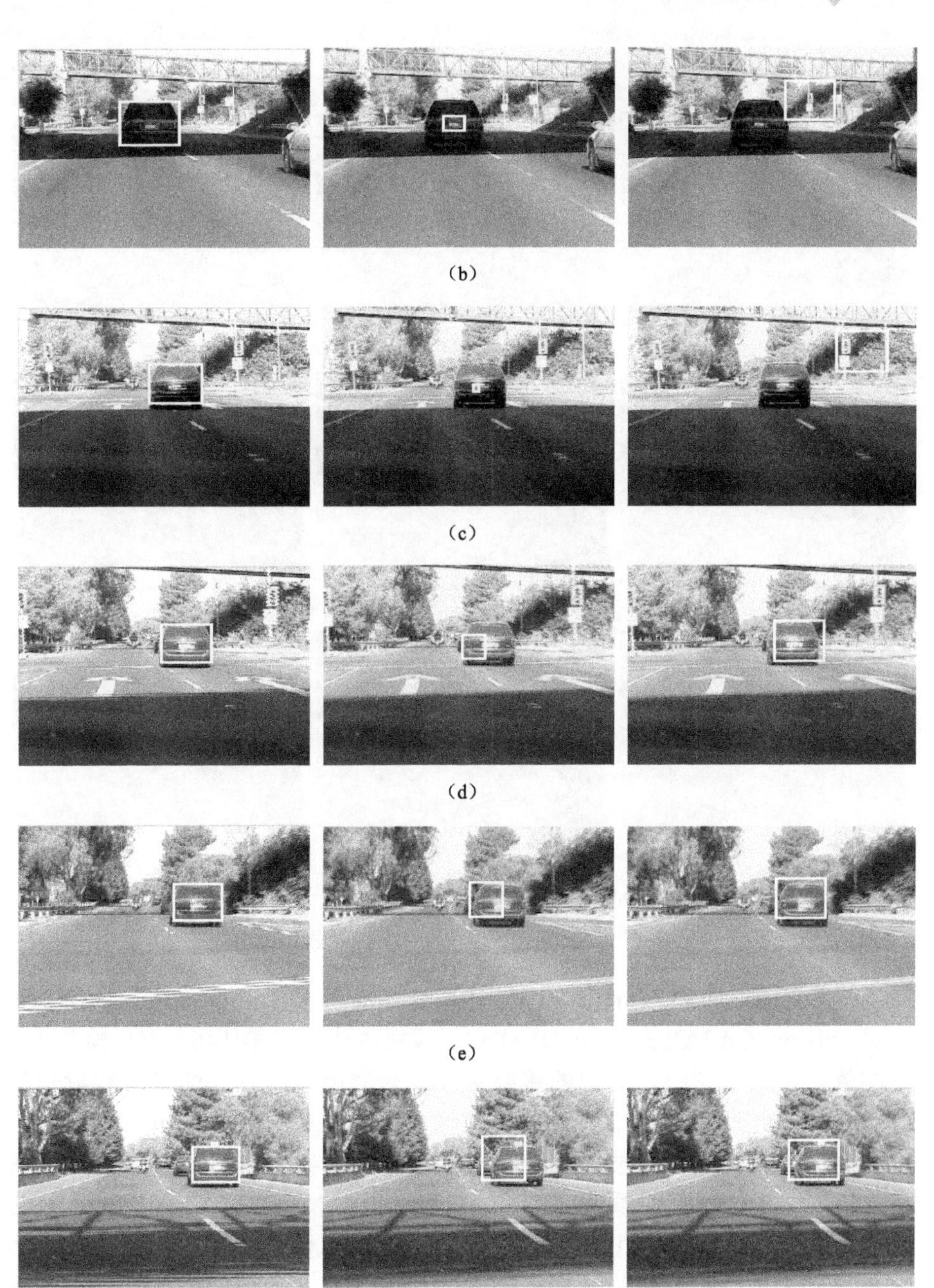

（b）

（c）

（d）

（e）

（f）

图 5.6.9 视频序列“car4”跟踪结果（续）

（b）第 191 帧；（c）第 233 帧；（d）第 250 帧；（e）第 275 帧；（f）第 332 帧

(g)

(h)

(i)

图 5.6.9 视频序列“car4”跟踪结果（续）

(g) 第 402 帧；(h) 第 430 帧；(i) 第 499 帧

第二个测试序列“OneLeaveShopReenter2cor”来自于 http://groups.inf.ed.ac.uk /vision /CA IAR/CAVIARDATA1/。该视频选取了第 146～559 帧共 414 帧图像，在此视频中，选中的跟踪目标外套颜色与离开人的衬衣和裤子的颜色类似。此外，跟踪目标经历了严重遮挡。部分跟踪结果如图 5.6.10 所示。图中，第一列为本节所提跟踪方法的跟踪结果，第二列为 MS 跟踪结果，第三列为 AAPF 跟踪结果。实验结果主要包括第 146、183、197、223、235、291、369、381、513 帧。从图中可以看出 MS 和 AAPF 跟踪在第 197 帧目标发生部分遮挡时就开始跟踪离开的人，并且以后不能恢复，本节所提方法对遮挡更为鲁棒，跟踪模型不会因外界因素而轻易退化。

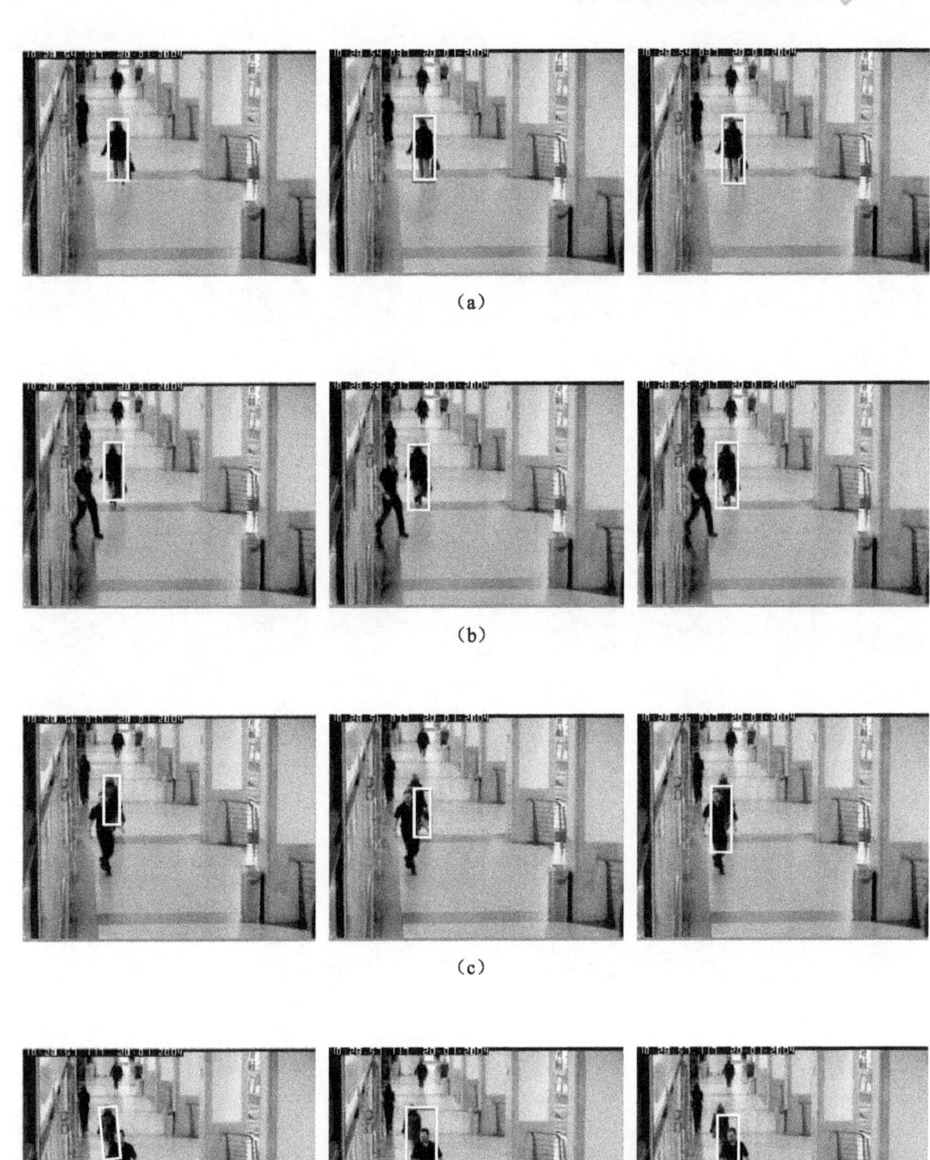

图 5.6.10　视频序列“OneLeaveShopReenter2cor”的跟踪结果

（a）第 146 帧；（b）第 183 帧；（c）第 197 帧；（d）第 223 帧

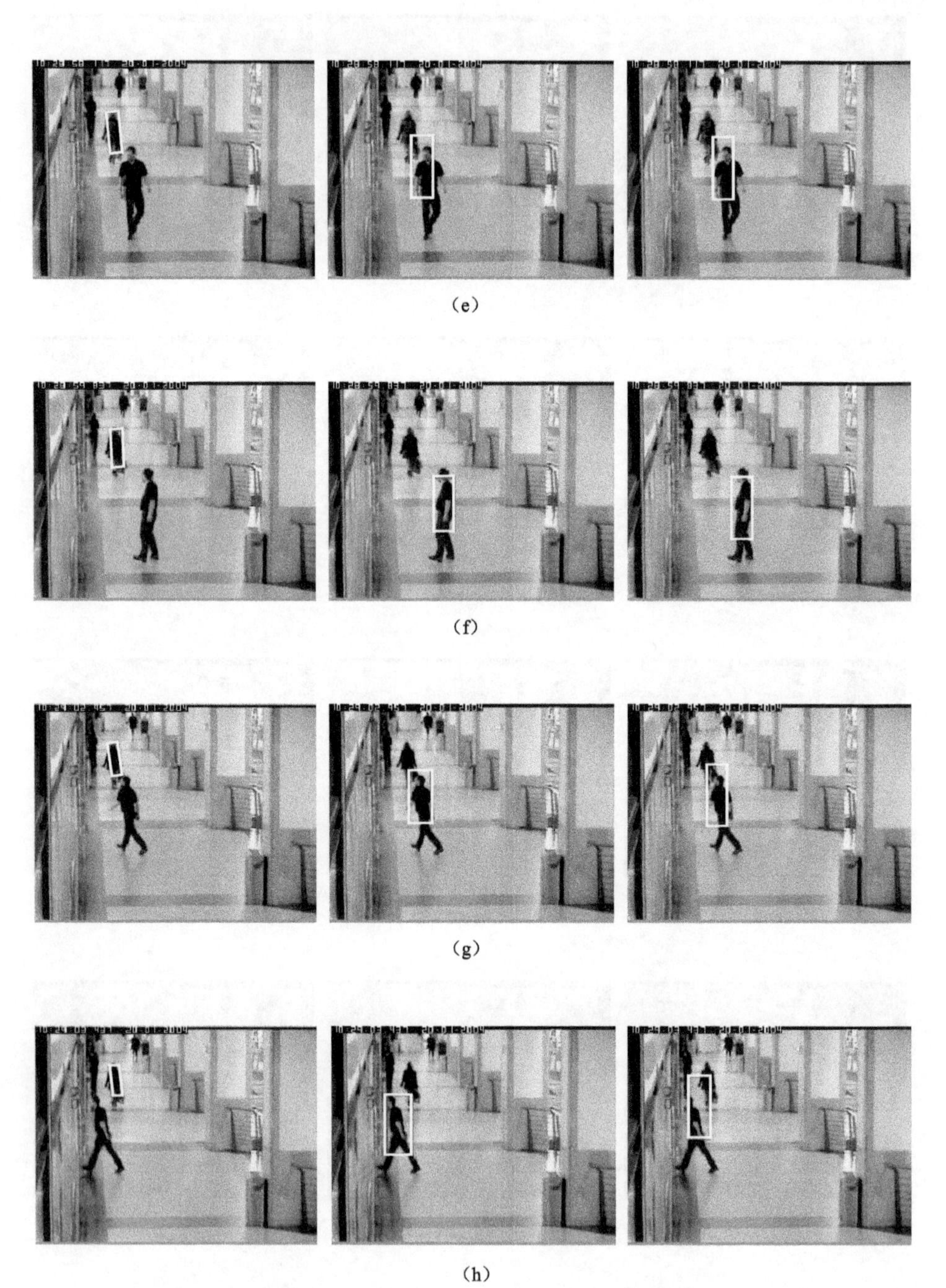

图 5.6.10 视频序列“OneLeaveShopReenter2cor”的跟踪结果（续）

（e）第 235 帧；（f）第 291 帧；（g）第 369 帧；（h）第 381 帧

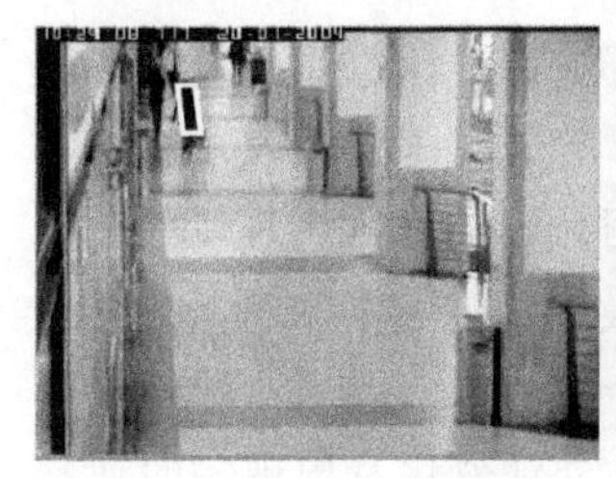
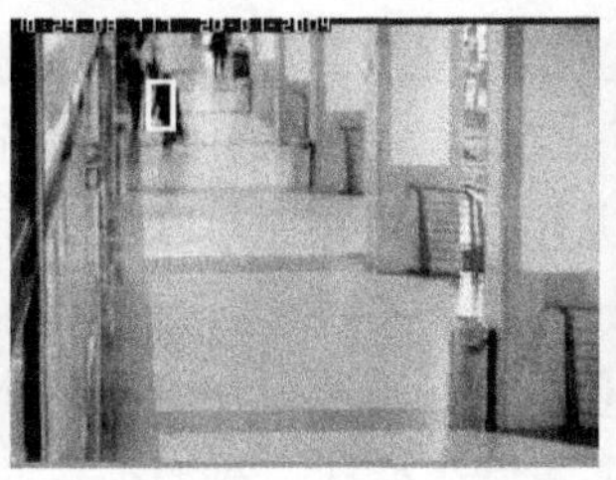
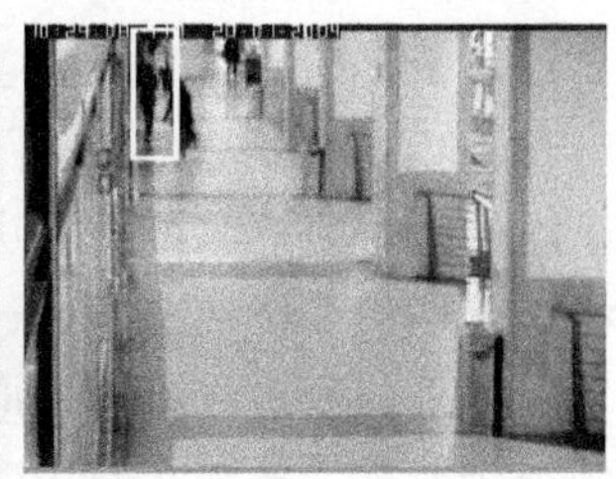

(i)

图 5.6.10　视频序列“OneLeaveShopReenter2cor”的跟踪结果（续）

(i) 第513帧

2）定量比较

为了定量地比较各种算法在不同条件下的鲁棒性，本小节验证了几种方法在存在光照、遮挡等干扰情况下能够成功跟踪多少帧。表 5.6.1 给出了不同跟踪方法在上述两组视频序列中的比较结果，并给出了总帧数和发生干扰的帧数。比较表明，本节方法比起其他跟踪器更加鲁棒。

表 5.6.1　各种方法跟踪结果比较　　帧

视　频	帧数	干扰	MS	AAPF	本节方法
Car4	330	72	240	128	330
OneLeaveShopReenter2cor	414	45	50	55	414

本小节还标出了上述两个视频中跟踪目标的真实位置，与各种方法的跟踪结果进行对比，跟踪误差的评价准则是基于跟踪结果的中心和真实位置的中心之间的相对位置误差（像素）。理想情况下，位置误差应该为 0。

如图 5.6.11 所示，本节所提方法跟踪结果的位置误差要远比其他跟踪方法的小，同时也展示了本节跟踪方法的优势。

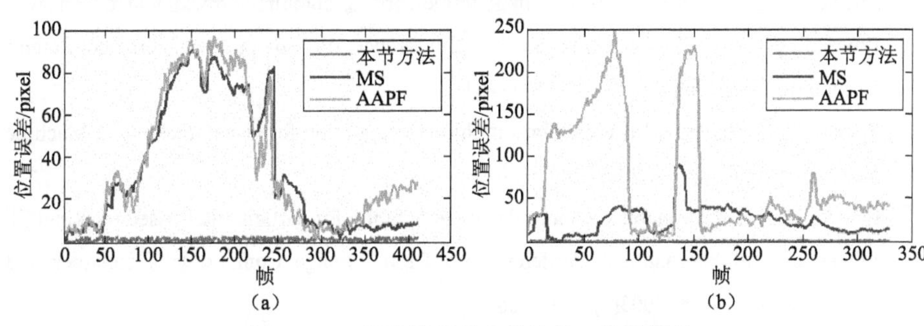

图 5.6.11　跟踪结果的定量比较：位置误差

(a) OneleaveShopReenter2Cor；(b) car4

本节提出选择目标较鲁棒的特征即特征基来描述，结合压缩感知理论，提出一种基于特征基空间的跟踪器，对视觉系统中目标的低维子空间表示进行描述，进而对目标的稀疏性进行描述，并通过在线学习目标的低维特征基空间，将跟踪视为一个稀疏的估计问题，并通过 ℓ_1 规则化最小二乘方法来解决，结合贝叶斯推理实现一种自适应的目标跟踪算法。在整个实验中，选用了比较典型的视频序列，目标在经历姿态发生变化、光照变化、外观变化及出现短时遮挡时，所提跟踪算法表现出较好的跟踪性能。本节重点实现压缩采样框架下的目标检测和跟踪，研究方法能对目标的低维特征基空间进行动态更新，可有效降低运算量，提高目标跟踪的实时性，为在压缩采样框架下构建稳定的目标跟踪提供技术支持。

参 考 文 献

[1] 刘亚利. 背景建模技术的研究与实现[D]. 北京：北方工业大学硕士学位论文，2010.

[2] 周芳芳，樊晓平，叶榛. 均值漂移算法的研究与应用[J]. 控制与决策，2007, 22(8): 841–846.

[3] Isard M, Blake A. Icondensation: Unifying low-level and high-level tracking in a stochastic framework[C]. Proceedings of 5th European Conference on Computer Vision, Freiburg, 1998: 893–908.

[4] Li P H, Chaumette F. Image cues fusion for object tracking based on particle filter[J]. Lecture Notes in Computer Science, 2004, 3179: 99–110.

[5] Xu X, Li B. Head tracking using particle filter with intensity gradient and color histogram[C]. Proceedings of IEEE Conference on Multimedia and Expo, Amsterdam, 2005: 888–891.

[6] Leichter I, Lindenbaum M. A probabilistic framework for combining tracking algorithms[C]. Proceedings of IEEE Computer Society Conference on Computer Vision and Pattern Recognition, Washington, 2004, 2: 445–451.

[7] Spengler M, Schiele B. Towards robust multi-cue integration for visual tracking[J]. Machine Vision and Applications, 2003, 14(1): 50–58.

[8] Shen C, Hangel A. Probabilistic multiple cue integration for particle filter based tracking[C]. Proceedings of International Conference on Digital Image Computing: Techniques and Applications, Sydney, 2003(1): 399–408.

[9] Collins R T, Liu Y X, Leordeanu M. Online selection of discriminative tracking features[J]. IEEE Transactions on Pattern Analysis and Machine Intelligence, 2005, 27(10): 1631–1643.

[10] 王永忠, 梁彦, 赵春晖. 基于多特征自适应融合的核跟踪方法[J]. 自动化学报, 2008, 34(1): 393–399.

[11] Jaideep J, Venkatesh R, Ramakrishnan K R. Robust object tracking with background-weighted local kernels[J]. Computer Vision and Image Understanding, 2008, 112(3): 296–309.

[12] Maggio E, Cavallaro A. Accurate appearance-based Bayesian tracking for maneuvering targets[J]. Computer Vision and Image Understanding, 2009, 113(4): 544–555.

[13] Ojala T, Pietikainen M, Maenpaa T. Multiresolutiongray-scale and rotation invariant texture classification with local binary patterns[J]. IEEE Transactions on Pattern Analysis and Machine Intelligence, 2002, 24(7): 971–987.

[14] Moreno-Noguer F. Multiple cue integration for robust tracking in dynamic environments application to video relighting[D]. Institute of Robotics and Industrial Informatics Technical, University of Catalonia, 2005.

[15] Yilmaz A. Object tracking by asymmetrickernel meanshift withautomatic scale and orientation selection[C]. Computer Vision and Pattern Recognition, CVPR’07, Minneapolis, 2007: 1211–1218.

[16] Collins R T. Mean-shift blob tracking through scale space[C]. Proceedings of IEEE Computer Society Conference on Computer Vision and Pattern Recognition, Madison, 2003, 2: 234–240.

[17] Sheikh Y, Shah M. Bayesian modeling dynamic scenes for object detection[J]. IEEE Transactions on Pattern Analysis and Machine Intelligence, 2005, 27: 1778–1792.

[18] Jeyakar J, Venkatesh Babu R, Raakrishnan K R. Robust object tracking using local kernels and background information[C]. Proceedings of IEEE International Conference on Image Processing, San Antonio, 2007, 5: 49–52.

[19] Collins R T. Mean-shift blob tracking through scale space[C]. Proceedings of IEEE Computer Society Conference on Computer Vision and Pattern Recognition, Madison, 2003, 2: 234–240.

[20] Comaniciu D. Nonparametric information fusion for motion estimation[C]. Proceedings of 2003 IEEE Computer Society Conference on Computer Vision and Pattern Recognition, Madision, 2003, 1: 59–66.

[21] 姚红革, 齐华, 郝重阳. 复杂情形下目标跟踪的自适应粒子滤波算法[J]. 电子与信息学报, 2009, 31(2): 275–279.

[22] Maggio E, Cavallaro A. Multi-part target representation for color tracking[C]. Proceedings

of IEEE International Conference on Image Processing, Genoa, 2005, 1: 729–732.

[23] Jaideep J, Venkatesh R, Ramakrishnan K R. Robust object tracking with background-weighted local kernels[J]. Computer Vision and Image Understanding, 2008(112): 296–309.

[24] 朱胜利，朱善安. 基于卡尔曼滤波器组的 Meanshift 模板更新算法[J]. 中国图像图形学报，2007, 12(3): 460–465.

[25] Georgescu B, Shimshoni I, Meer P. Meanshift based clustering in high dimensions: A texture classification example[C]. Proceedings of International Conference on Computer Vision, Nice, 2003, 2: 456–463.

[26] Lindeberg T. Scale-space theory in Computer Vision[M]. The Netherlands: Kluwer Academic Publishers, 1994.

[27] Zhang K, Kwok J T, Tang M. Accelerated convergence using dynamic meanshift[C]. Proceedings of the 9th European Conference on Computer Vision, New York, 2006: 257–26.

[28] 杨斌, 赵颖, 樊晓平. 自适应的 over-relaxed 快速动态均值漂移算法[J]. 中南大学学报, 2008, 39(6): 1296–1302.

[29] Carreira-Perpinan M A. Acceleration strategies for gaussian meanshift image segmentation[C]. Proceedings of IEEE Computer Society Conference on Computer Vision and Pattern Recognition, New York, 2006: 543–549.

[30] Shen C, Brooks M J. Adaptive over-relaxed meanshift[C]. Proceedings of the 8th International Symposium on Signal Processing and Its Applications, Sydney, 2005, 2: 575–578.

[31] Salakhutdinov R, Roweis S. Adaptive over-relaxed bound optimization methods[C]. Proceedings of International Conference on Machine Learning, Washington DC, 2003: 664–671.

[32] Fashing M, Tomasi C. Meanshift is a bound optimization[J]. IEEE Transactions on Pattern Analysis and Machine Intelligence, 2005, 27(3): 471–474.

[33] Xu L, Jordan M I. On onvergence properties of the EM algorithm for Gaussian mixtures [J]. Neural Computation, 1996, 8(1): 512–521.

[34] Shen C, Brooks M J, Hengel A. Fast global kernel density mode seeking with application to localization and tracking[C]. Proceedings of International Conference on Computer Vision, Los Alamitos, 2005: 1516–1523.

[35] Yin Z, Collins R T. Object tracking and detection after occlusion via numerical hybrid local

and global mode-seeking[C]. Proceedings of IEEE Conference on Computer Vision and Pattern Recognition (CVPR), Anchorage, 2008: 1–8.

[36] Zhou S H K, Chellappa R, Moghaddam B. Visual tracking and recognition using appearance-adaptive models in particle filters[J]. IEEE Transactions on Image Processing, 2004, 13(11): 1491–1506.

[37] Schindler K, Suter D. Object detection by global contour shape[J]. Pattern Recognition, 2008, 41: 3736–3748.

[38] Torre F D L, Gong S, Mckenna S. View-based adaptive affine tracking[C]. Proceedings of European Conference on Computer Vision, Freiburg, 1998, 1: 828–842.

[39] Hager G D, Belhumeur P N. Efficient region tracking with parametric models of geometry and illumination[J]. IEEE Transactions on Pattern Analysis and Machine Intelligence, 1998, 20(10): 1025–1039.

[40] Lim J, Ross D, Lin R S. Incremental learning for robust visual tracking[J]. International Journal of Computer Vision, 2008, 77: 125–141.

[41] Jepson A D, Fleet D J, El-Maraghi T F. Robust online appearance models for visual tracking[J]. IEEE Transactions on Pattern Analysis and Machine Intelligence, 2003, 25(10): 1296–1311.

[42] Ross D, Lim J, Yang M H. Adaptive probabilistic visual tracking with incremental subspace update[C]. Proceedings of European Conference on Computer Vision, Prague, 2004, 2: 470–482.

[43] Zhang B, Tian W F, Jin Z H. Efficient hybrid appearance model for object tracking with occlusion handling[J]. Optical Engineering, 2007, 46(8).

[44] Zhang B, Tian W F, Jin Z H. Probabilistic tracking of objects with adaptive cue fusion mechanism[J]. Journal of shanghai Jiaotong University, 2007, E-12(2): 189–190.

[45] Nguyen H T, Worring M, Van den Bosmagaard R. Occlusion robust adaptive template tracking[C]. IEEE International Conference on Computer Vision, Vancouver, 2001, 1:678–683.

[46] Chang F L, Liu X, Wang H J.Target tracking algorithm based on Mean-shift and Kalmanfilter[J]. Computer Engineering and Applications, 2007, 43 (12): 50–52.

[47] Peng N S, Yang J, Liu Z. Meanshift blob tracking with kernel histogram filtering and hypothesis testing[J]. Pattern Recognition Letters, 2005, 26(5): 605–614.

[48] 彭宁嵩，杨杰，周大可，等. Mean-Shift 跟踪算法中目标模型的自适应更新[J]. 数据采集与处理, 2005, 20(2): 125–129.

[49] Maybeck P S. Stochastic models estimations and control[M]. New York: Academic Press, 1982.

[50] Godsill S. Improvement strategies for Monte Carlo particle filters[D]. University of Cambridge, 2005.

[51] Gordon N J, Salmond D J, Smith A F M. Novel approach to nonlinear/non-Gaussian Bayesian state estimation[J]. IEE Proceedings-F of Radar and Signal Processing, 1993, 140(2): 107–113.

[52] Higuchi T. Monte Carlo filters using the genetic algorithm operators[J]. Journal of Statistical Computation and Simulation, 1997, 29(1): 1–23.

[53] Liu J S, Chen R. Sequential Monte Carlo method for dynamic system[J]. Journal of the American Statistical Association, 1998, 93(443): 1032–1044.

[54] Wen J, Li J, GaoX B. Adaptive object tracing with incremental tensor subspace learning[J]. Acta Electronica Sinica, 2009, 37(7): 1618–1623.

[55] Li J, Wang J Z. Adaptive object tracking algorithm based on eigenbasis space and compressive sampling[J]. IET Image Processing, 2012, 6(8): 1170–1180.

[56] ShlensJ. A tutorial on principal component analysis, 2003. Availableathttp://www.snl.salk.edu/~shlens/#notes.

[57] Zhang X. Matrix Analysis and Applications[M]. Beijing: Tsinghua University Press，2008.

[58] Preda R O, Vizireanu D N. Quantisation-based video watermarking in the wavelet domain with spatial and temporal redundancy[J]. International Journal of Electronics, 2011, 98(3): 393–405.

[59] PredaRO, Vizireanu D N. A robust digital watermarking scheme for video copyright protection in the wavelet domain[J]. Measurement, 2010, 43(10): 1720–1726.

[60] Lim J, Ross D, Lin R S, et al. Incremental learning for visual tracking[C]. Proceedings of Conference on Advances in Neural Information Processing Systems (NIPS), Vancouver, 2004: 793–800.

[61] Reddy D, Sankaranarayanan A C, CevherV, et al. Compressed sensing for multi-view tracking and 3-D voxel reconstruction[C]. 15th IEEE International Conference on Image Processing, San Diego, 2008: 221–224.

第 6 章

图像检测与目标跟踪技术应用

6.1　无人运动平台结构化道路检测

无人运动平台结构化道路是指路面平坦且具有良好视觉效果的车道标识线导航的道路环境，其最显著的特点就是具有清晰的车道线标记和道路边界，车道线一般为连续或间断的白色或黄色线条。在这种情况下，道路的识别和检测问题简化为车道线或道路边界的检测问题。车道检测的目的在于确定车道的宽度、曲率等道路参数，并提供车辆在车道中的可行驶区域，以进行下一步的车辆控制或路径规划。

如图 6.1.1 所示，车道检测中面临的主要困难有：

（1）光照的变化会引起路面颜色特征的改变，对使用颜色检测的算法造成困扰。

（2）道路旁的树木、建筑、桥梁和车辆等投射在路面上的阴影会改变道路图像的颜色、纹理，同时产生大量的干扰边缘，使得真正的车道特征提取难度增大。

（3）车道标线的残缺、磨损造成车道特征的退化，摄像机动态范围不足而造成的图像质量过差，车辆行驶中的振动造成图像模糊等，影响输入图像的质量。

（4）不连续的车道标线使得车道检测所能用的信息减少，车辆前方其他车辆、行人以及障碍物均会影响车道标线的可见性，路面上其他标识增加了干扰信息。

受不同的光照、天气和环境影响，车道检测所面临的情况多种多样，很难建立通用的模板和知识库来适应不同道路情况，因此在没有强的先验知识限制的情况下，需要车道检测能够依靠单幅图像提供的信息估计相关的参数。

图 6.1.1 一些典型的道路图像

车道模型的建立可以有效地应对车道线缺失和遮挡的情况，由于车道线或道路边界具有规则的形状，使用模型来描述是合理的。事实上如前文所述，目前的绝大多数车道检测算法都使用了车道模型来近似实际车道形状。

为了适应多数的道路情况，选择合适的特征来提取车道候选点十分重要。本节提出了一种鲁棒实时的车道线检测方法，基于生成的道路顶视图，采用高斯滤波方法进行滤波，采用 RANSAC 直线拟合方法给出 RANSAC 算法的初始估计，然后对车道线进行贝塞尔曲线拟合，最后进行车道线延伸和定位后续处理。

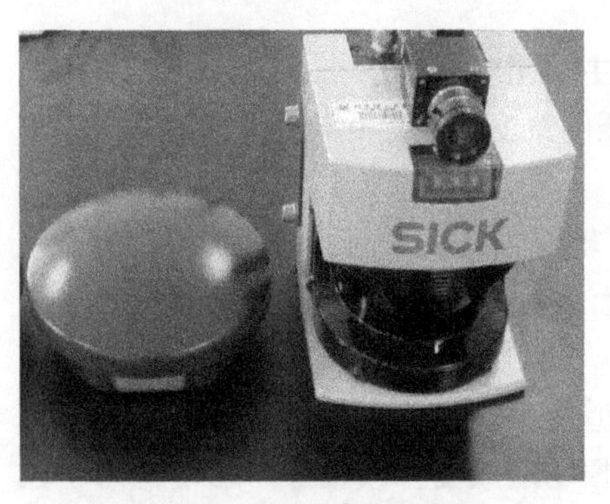

图 6.1.2 实验采用传感器

实验系统采用 CCD、二维激光雷达和 GPS 安装在车辆上实时检测道路和障碍物，如图 6.1.2 所示，以确定无人车在道路中的位置和方向、道路的区域及延伸方向等，从而寻找无人车可通行区域，达到自主导航的目的。

1. 视觉感知原理

本算法基于图像的顶视图，即逆透视变换（Inverse Perspective Mapping）[1]，为了得到视觉图像的逆透视变换，即 IPM 图，假定路是平的，并且利用摄像机内参数（焦距和光心），外参数（俯仰角、方位角和安装高度）进行变换。定义摄像机光心的世界坐标系 $\{F_{\mathrm{w}}\}=\{X_{\mathrm{w}},Y_{\mathrm{w}},Z_{\mathrm{w}}\}$，摄像机坐标系 $\{F_{\mathrm{c}}\}=\{X_{\mathrm{c}},Y_{\mathrm{c}},Z_{\mathrm{c}}\}$ 和

图像坐标系 $\{F_i\}=\{u,v\}$，如图 6.1.3 所示。

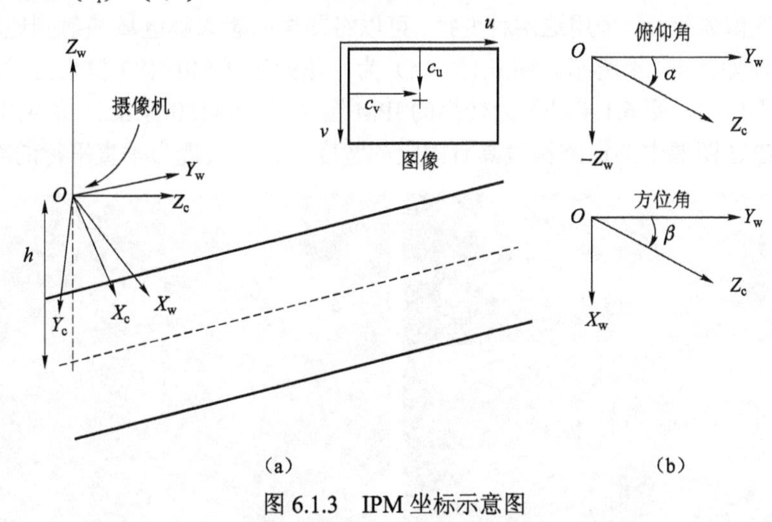

图 6.1.3　IPM 坐标示意图

（a）世界、摄像机和图像帧的坐标系；（b）俯仰和方位角的定义

假设摄像机坐标 X_c 轴在世界坐标系 X_wY_w 面，即摄像机安装时有偏离光心轴的俯仰角 α 和方位角 β，但没有横滚角。摄像机的安装高度距离地面为 h。从图像平面的任一点 $P^i=\{u,v,1,1\}$ 开始，可以通过相似变换得到路面映射：

$$T_i^g=h\begin{bmatrix} -\frac{1}{f_u}c_2 & \frac{1}{f_v}s_1s_2 & \frac{1}{f_u}c_uc_2-\frac{1}{f_v}c_vs_1s_2-c_1s_2 & 0 \\ \frac{1}{f_u}s_2 & \frac{1}{f_v}s_1c_1 & -\frac{1}{f_u}c_uc_2-\frac{1}{f_v}c_vs_1c_2-c_1c_2 & 0 \\ 0 & \frac{1}{f_v}c_1 & -\frac{1}{f_v}c_vc_1+s_1 & 0 \\ 0 & -\frac{1}{hf_v}c_1 & \frac{1}{hf_v}c_vc_1-\frac{1}{h}s_1 & 0 \end{bmatrix} \tag{6-1-1}$$

即 $P^g=T_i^gP^i$ 为图像平面 P^i 对应于地面上的点，其中 $\{f_u,f_v\}$ 分别为水平和垂直焦距，$\{c_u,c_v\}$ 为光心坐标，并且 $c_1=\cos\alpha$，$c_2=\cos\beta$，$s_1=\sin\alpha$，$s_2=\sin\beta$。其逆变换为：

$$T_g^i=\begin{bmatrix} f_uc_2+c_uc_1s_2 & c_uc_1c_2-s_2f_u & -c_us_1 & 0 \\ s_2(c_vc_1-f_vs_1) & c_2(c_vc_1-f_vs_1) & -f_vc_1-c_vs_1 & 0 \\ c_1s_2 & c_1c_2 & -s_1 & 0 \\ c_1s_2 & c_1c_2 & -s_1 & 0 \end{bmatrix} \tag{6-1-2}$$

再次从地面上任一点 $P^{g}=\{x_{g},y_{g},-h,1\}$ 开始，通过 $P^{i}=T_{g}^{i}P^{g}$ 可得到图像坐标系的亚像素坐标。采用这两种变换，可以将图像的感兴趣区域映射到地面上，IPM 图像如图 6.1.4 所示。图 6.1.4（a）为原始图像（640×480 像素），检测区域用矩形标出，图 6.1.4（b）为转换的 IPM 图像（160×120 像素）。从图中可以看出，IPM 图像中的道路标线具有固定的宽度，并且表现为垂直平行的直线。

（a）

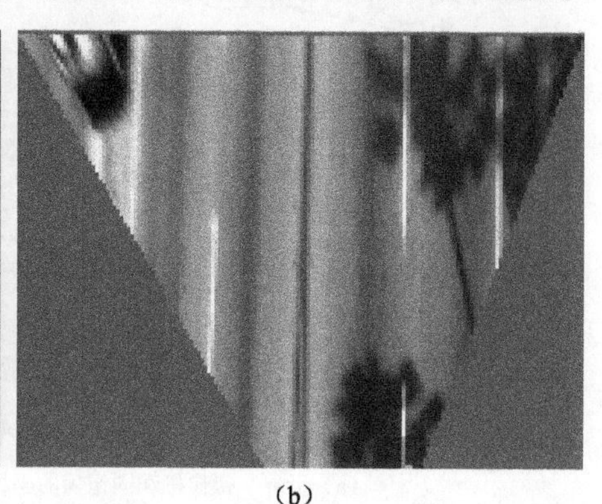

（b）

图 6.1.4　IPM 图像

（a）原始图像；（b）IPM 顶视图

2. 滤波与阈值处理算法

转换的 IPM 图像通过一个二维高斯核进行滤波。竖直方向是一个高斯滤波，其中 σ_{y} 可通过道路标线部分的高度来调节：$f_{\mathrm{v}}(y)=\exp\left(-\frac{1}{2\sigma_{y}^{2}}y^{2}\right)$；水平方向是一个 2 阶高斯核，其中 σ_{x} 可通过道路标线期望的宽度设置：$f_{\mathrm{u}}(x)=\frac{1}{\sigma_{x}^{2}}\exp\left(-\frac{x^{2}}{2\sigma_{x}^{2}}\right)\left(1-\frac{x^{2}}{\sigma_{x}^{2}}\right)$。采用分开核计算更容易实现，并且比非独立核执行速度更快。图 6.1.5（a）为滤波后的图像。从滤波后的图像可以看出，车道线部分明显不同于路面，因此只需保留高亮度值的部分。经过阈值处理，去除图像低于阈值的值，保留高于阈值的实际像素值。阈值处理后的图像如图 6.1.5（b）所示。

3. 车道线检测算法

该算法对阈值处理后的图像进行直线检测。对于阈值化后的图像，先采用简化的 Hough 变换来确定图像中有几条车道线，然后通过 RANSAC 线拟合方法来拟合这些直线[2]。简化的 Hough 变换对阈值化后图像的每一列统计其像素值，然后通过高斯滤波器滤波，可检测到每条线的局部极大值点，然后对局部极大值点及其相邻点通过抛物线拟合可以获得亚像素精度，最后相邻的线合成为一组，以消除同一车道线的多个影响，如图 6.1.6 所示。

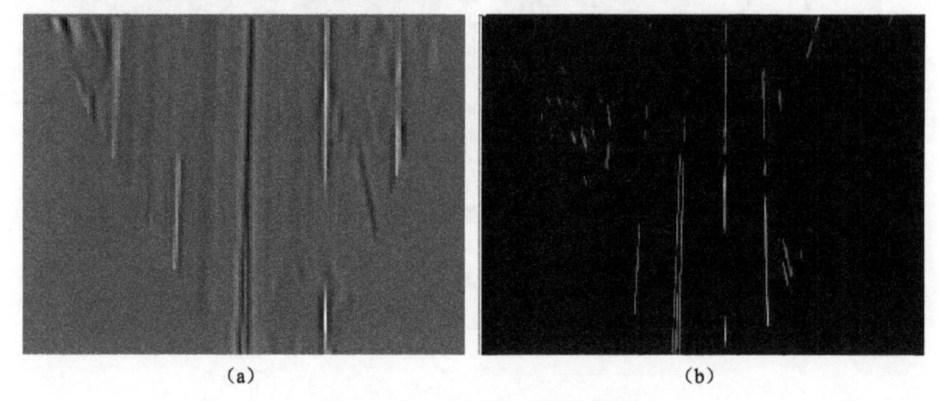

（a）　　（b）

图 6.1.5　图像滤波与阈值处理

（a）滤波后的图像；（b）阈值处理后的图像

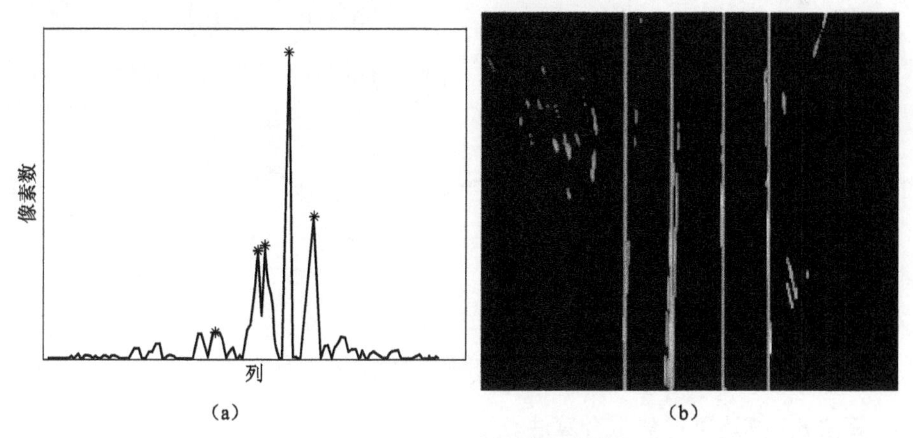

（a）　　（b）

图 6.1.6　Hough 变换及分组确定直线位置

（a）统计阈值图像的每一列像素值获得极大值点；（b）分组后检测直线

下一步即采用 RANSAC 线拟合方法对这些线进行拟合。对上面检测到的每一竖直线设置一个框，在框内进行 RANSAC 线拟合。图 6.1.7 给出了图像的 RANSAC 线拟合结果。

4. 样条拟合

对于图像中的每条线采用一个框将其框住，然后运行样条拟合算法。样条采用三次贝塞尔样条[3]，其具有很好的特性控制点，在样条周围形成一个多边形。三次贝塞尔样条定义为：

图 6.1.7 RANSAC 线拟合结果

（a）竖直线用方框框住；（b）RANSAC 线拟合检测到的竖直线

$$Q(t)=T(t)\boldsymbol{MP}=[t^3\ \ t^2\ \ t\ \ 1]\begin{bmatrix}-1 & 3 & -3 & 1\\ 3 & -6 & 3 & 0\\ -3 & 3 & 0 & 0\\ 1 & 0 & 0 & 0\end{bmatrix}\begin{bmatrix}P_0\\ P_1\\ P_2\\ P_3\end{bmatrix} \tag{6-1-3}$$

式中，$t\in[0,1]$；$Q(0)=P_0$；$Q(1)=P_3$；点 P_1 和 P_2 控制样条的形状，如图 6.1.8 所示。

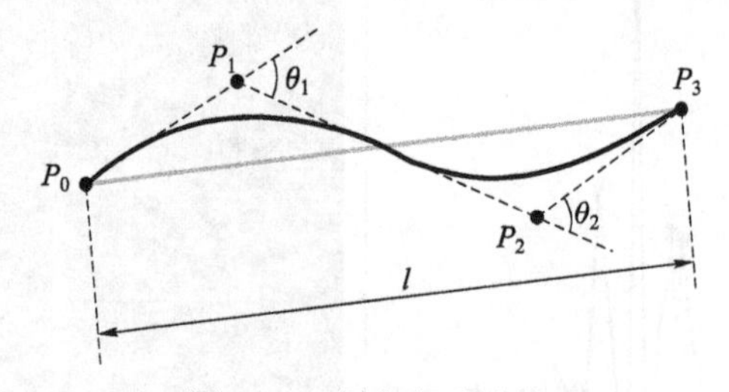

图 6.1.8 样条得分计算

算法 6.1 描述了样条拟合算法。

```
算法 6.1 样条拟合
For i=1 to numIterations do
points = getSample()
spline = fitSpline (points)
   score = computeSplineScore (spline)
   If score>bestScore then
      bestSpline = spline
   end if
end if
```

主循环中的三个函数为：

（1）getSample()：选择感兴趣区域的点，利用加权采样方法，其权值与阈值图像的像素值成比例。这样有助于选择更多相关的点，使得点属于车道线的概率更大。

（2）fitSpline()：利用多个点采用最小二乘法拟合贝塞尔样条。给定一组 n 个点的样本，给每个点 $p_i=(u_i,v_i)$ 指定一个值 $t_i\in[0,1]$，其中 t_i 与点 p_i 到 p_1 欧氏距离的累积值成比例。定义 $p_0=p_1$，有：

$$t_i=\frac{\sum_{j=1}^{i}d(p_j,p_{j-1})}{\sum_{j=1}^{n}d(p_j,p_{j-1})}\qquad t_i=1,2,\cdots,n \tag{6-1-4}$$

式中，$d(p_i,p_j)=\sqrt{(u_i-u_j)^2+(v_i-v_j)^2}$；$t_1=0$ 和 $t_n=1$ 分别对应样条的第一个点和最后一个点。

然后定义下面的矩阵：

$$\boldsymbol{Q}=\begin{bmatrix}p_1\\p_2\\\vdots\\p_n\end{bmatrix} \tag{6-1-5}$$

$$\boldsymbol{T}=\begin{bmatrix}t_1^3 & t_1^2 & t_1 & 1\\ t_2^3 & t_2^2 & t_2 & 1\\ & \cdots & & \\ t_n^3 & t_n^2 & t_n & 1\end{bmatrix} \tag{6-1-6}$$

则矩阵 $\boldsymbol{P}$ 为：

$$\boldsymbol{P}=(\boldsymbol{TM})^{\dagger}\boldsymbol{Q} \tag{6-1-7}$$

得到的样条控制点能够最大限度地减少拟合采样点的误差平方和。

（3）computeSplineScore()：在正常的 RANSAC 中，通常计算每个点到三次样条的距离来确定样条是否满足要求，但是这需要对每个点处理一个 5 次方程来实现。本节通过一个有效的迭代方法计算样条的得分，然后统计属于样条的像素值。同时通过处理较短的和较弯曲的样条考虑其直线度和长度。样条得分计算公式为：

$$\text{score}=s(1+k_1l'+k_2\theta') \tag{6-1-8}$$

式中，s 为样条的原始分数（样条的像素值和）；l' 是规范化的样条长度，定义为 $l'=(l/v)-1$，其中 l 是样条长度，v 为图像高度，因此 $l'=0$ 时意味着样条较长，$l'=-1$ 说明样条较短；θ' 为规范化的样条曲度，定义为 $\theta'=(\theta-1)/2$，其中 θ 为样条控制点连接线之间夹角余弦的平均，即 $\theta=(\cos\theta_1+\cos\theta_2)/2$；$k_1$ 和

k_2 为调整因子。如图 6.1.8 所示。

图 6.1.9 给出了算法的拟合结果。图 6.1.9（a）为某一车道线经过 RANSAC 线检测后执行样条拟合的结果，图 6.1.9（b）为 4 条车道线样条拟合结果。

图 6.1.9　RANSAC 样条拟合结果

（a）某一车道线样条拟合结果；（b）4 条车道线样条拟合结果

5. 样条定位与延伸算法[4]

算法的最后一步是对前面阶段的输出进行后续处理，以更好地定位样条，并在图像中对其延伸，如图 6.1.10 所示。

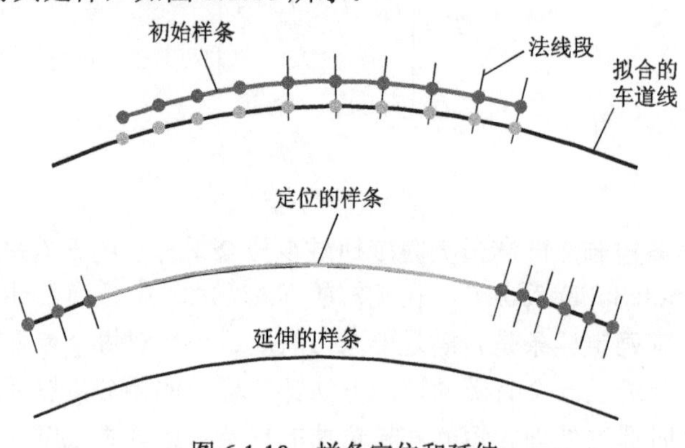

图 6.1.10　样条定位和延伸

该处理步骤会在 IPM 图像和 IPM 图像对应的原始图像中进行。主要包括以下步骤：

（1）定位。从初始样条开始（图 6.1.10 中已标出），然后在样条中采样点（初始样条上的点），通过这些采样点延伸线段，即在每个采样点的样条切线方向做法线段（样条垂直方向的线段）。然后通过计算这些线穿过像素位置的线段灰度分布，与高斯核卷积，寻找局部极大值结果。这样能够对样条上的点进行较好地定位以更好地拟合车道线。此外，对新检测到点的角度变化进行检查，如果这些点不在预期的位置则不采用这些点。最后，根据定位点重新拟合样条。

（2）延伸。在样条的位置改善之后，为了更好地拟合车道线还需在 IPM 和原始图像上执行延伸操作。从样条端点沿切线方向（定位样条上两端的点）向前向后操作，并且通过法线方向生成线段，寻找这些线段的灰度分布与高斯滤波器卷积的峰值。新的峰值如果低于某一阈值（该区域没有线）则不接受，如果占主导样条方向的变化超过一定的阈值，则扩展过程停止。如图 6.1.10 所示的延伸后的样条。

（3）几何检查。在经过上两步操作后，还需对定位和延伸的样条执行几何检查，以确保样条不是很弯曲也不是很短，在此情况下它们将在 RANSAC 线拟合阶段被相应的线代替。检查时拟合的样条需与 IPM 图像中的竖直线一致，否则它们将不被认为是实样条。图 6.1.11 给出了样条处理前后的结果。从图中可以看出，经过处理后检测线更长，并且更加精确地定位在车道线上。

（a）

（b）

图 6.1.11　样条处理后的结果

（a）样条处理前的结果；（b）样条处理后的结果

本小节对两种模式的道路视频进行了实验：① 两车道模式，仅检测当前车道的两个条边界线；② 所有车道模式，检测图像中的所有可见的车道线。第一种模式只关注部分 IPM 图像的中间部分，而第二种模式则对整个 IPM 图像进行处理。图 6.1.12 给出了部分视频的检测结果，其中视频文件从网站 http://www.vision.caltech.edu/malaa/research/iv08 获得。本节算法的平台是酷睿 2 双核 CPU3 GHz，内存 2 G，采用 Visual C++ 2010 和 OpenCV2.0 编程实现。

实验结果说明了本节所提算法在检测车道线图像中的有效性。该方法并没有使用跟踪，即只是在每幅图像中对车道线进行检测，对两车道线和所有车道线均取得了较好的效果，算法平均运行时间在 30 fps 左右。

图 6.1.12 车道线检测结果（见彩插）

（a）两车道线检测；（b）所有车道线检测

车道线的检测是车辆行驶过程中的首要步骤，并且车辆在行驶过程中不会突然变道，因此对于有些图像中车道线检测的不完整或者没有准确地定位在车道线上，特提出根据历史信息确定当前车辆行驶区域的方法，如果检测到当前车道区域偏离上几帧图像的区域，则仍采用先前的车道区域。车道区域检测结果如图 6.1.13 所示。

图 6.1.13 车道区域检测结果

图 6.1.13　车道区域检测结果（续）

本小节还对实际安装有 CCD、二维激光雷达和 GPS 的车辆行驶过程中进行了车道线检测。实验结果如图 6.1.14 和图 6.1.15 所示。结果表明，基本可以检测出车道线，但是受环境影响比较大，导致检测失败；在车辆经过弯道的时候由于检测算法容易导致检测失败，如图 6.1.16 所示。

图 6.1.14　实际行驶车辆车道线检测结果

图 6.1.14　实际行驶车辆车道线检测结果（续）

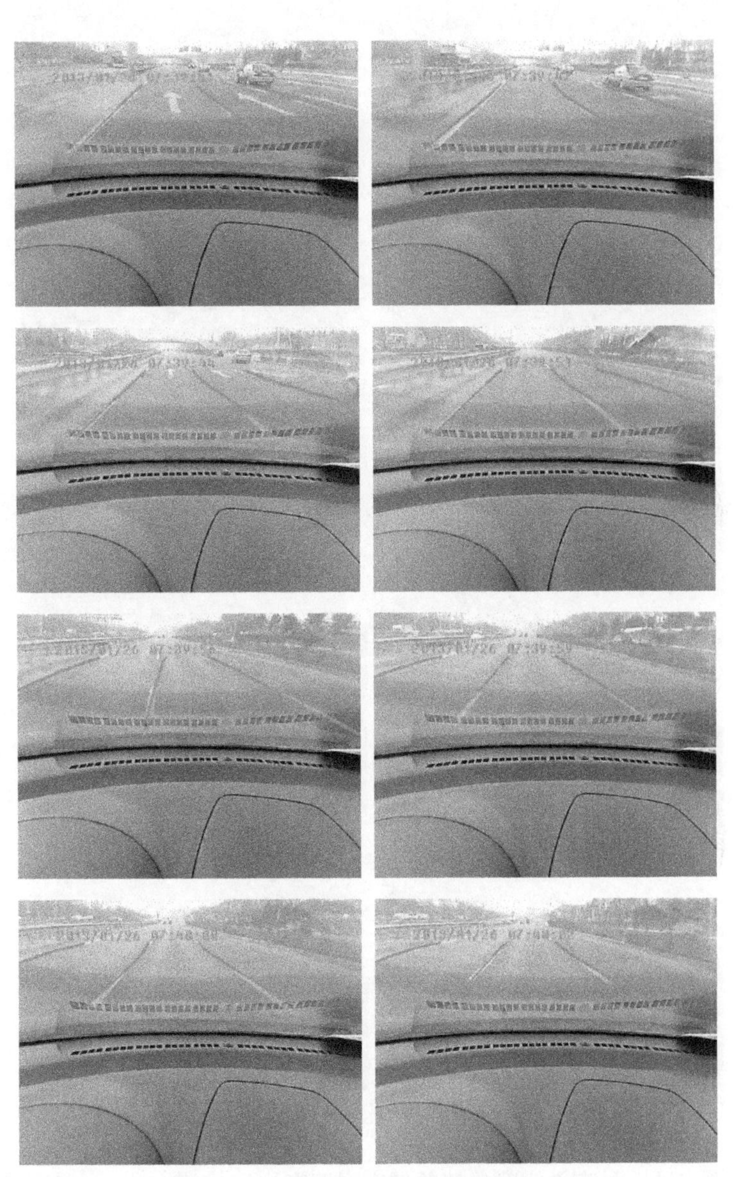

图 6.1.15 实际行驶车辆车道线检测结果

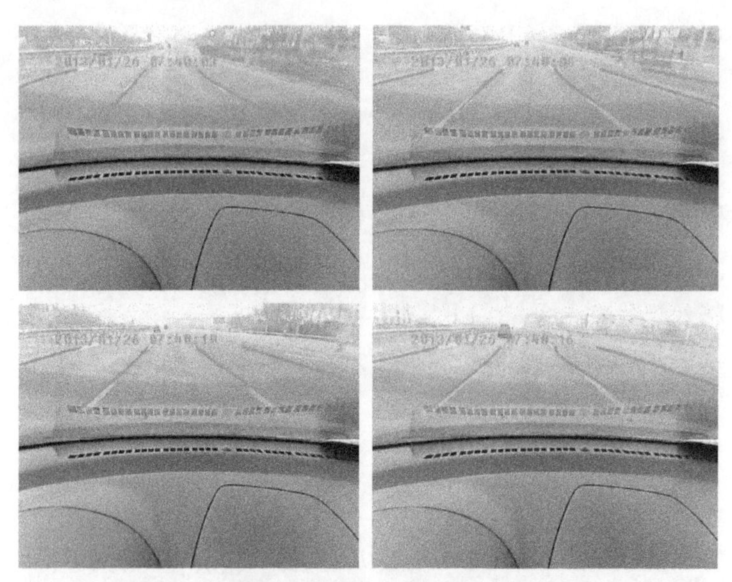

图 6.1.15 实际行驶车辆车道线检测结果（续）

图 6.1.16 实际行驶车辆车道线检测失败图像

本节提出了一种有效实时鲁棒的城市道路车道线检测方法。该方法基于道路图像的顶视图，经过高斯核滤波，然后采用直线检测和一种新的 RANSAC 样条拟合方法来检测路上的车道线，并进行后续车道线处理。本节所提方法能够实时检测城市道路图像中的所有车道线，并在实际车辆行驶过程中成功检测出车道线。

6.2　空中机动目标检测与跟踪系统

1. 测试系统组成及原理

空中机动目标检测与跟踪系统主要包括图像采集单元、三轴稳定跟踪平台和图像处理系统，其原理框图如图 6.2.1 所示。图像采集单元即可见光 CCD，固定在三轴稳定跟踪平台的回转中心，CCD 采集的图像通过千兆以太网传输到图像处理计算机；三轴稳定跟踪平台放置在液压六自由度运动模拟器上，包括俯仰、横滚、方位三个自由度，其随动系统由交流伺服电机、高精度减速器、角度传感器等组成。跟踪平台控制器接收运动参数信号，实时解算成三轴稳定跟踪平台各轴的运动参数，并向单轴运动控制器发送控制指令，从而控制转台上图像采集摄像机最终指向被跟踪目标。图像处理系统是本节研究的核心内容，通过图像处理计算机完成对目标的检测与跟踪，计算出目标的当前位置；然后估计出目标的运动状态，包括目标的位置、速度、加速度等，并将这些信号分解成空间方位、俯仰及距离三个姿态反馈到跟踪机构中，以实现稳定跟踪。

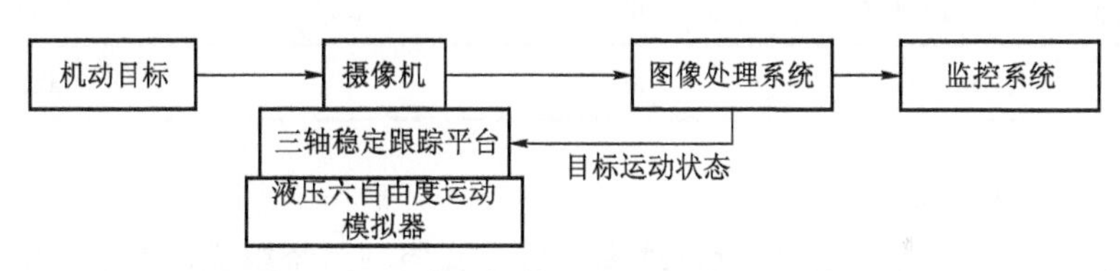

图 6.2.1　空中目标检测与跟踪系统原理框图

2. 主要部件选型

（1）摄像机。

选用的摄像机帧率为 205 fps，实时采集机动目标图像，通过千兆以太网传输到图像处理系统。

（2）三轴稳定跟踪平台。

三轴稳定跟踪平台包括方位、俯仰和横滚三个自由度，各轴的延长线交于一点。负载为摄像机，其瞄准线与平台横滚轴重合。三轴稳定跟踪平台的作用是保证摄像机的瞄准线（即视轴）在载体运动的情况下，能够始终保持稳定。三轴稳定跟踪平台及控制器如图 6.2.2 所示，其运动参数如表 6.2.1 所示。

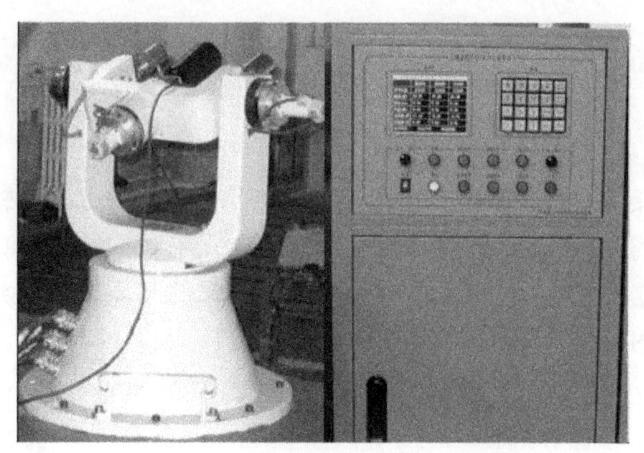

图 6.2.2　三轴稳定跟踪平台及控制器

表 6.2.1　三轴稳定跟踪平台的运动参数

	运动范围/（°）	最大速度/（°·s^{-1}）	最大加速度/（°·s^{-2}）	转动惯量/（kg·m^2）
方位向	±120	60	80	1.86
俯仰向	−20～+90	80	300	0.63
横滚向	±30	80	400	0.025

（3）运动模拟器。

运动模拟系统由六自由度运动模拟器及其控制系统组成，该运动模拟器采用电液伺服阀控缸控制的并联机构，可模拟俯仰、横滚、方位向旋转和 *X*、*Y*、*Z* 向平移。各自由度的运动范围为：俯仰、横滚、方位向旋转角度为±25°，*X*、*Y* 向平移为±150mm，*Z* 向平移为±300mm。可按照正弦规律运动，也能模拟车辆在不同路谱或舰船在不同海况时的运动。

3. 实验结果分析

实验过程中首先利用目标产生系统通过虚拟现实技术产生各种复杂的目标运动场景，投影在环形幕上显示，如图 6.2.2 所示。与此同时，多自由度运动模拟器根据路面不平度激励信号开始模拟高炮在行进间的运动状态；图像处理系统在锁定目标后开始跟踪目标，并将目标的运动信息（如脱靶量、速度和加速度等）实时发送到主控计算机；主控计算机得到基座和目标运动信息后，经过运动学解算将控制信号发送至三轴稳定跟踪平台控制器，由稳定跟踪平台完成瞄准过程。

图 6.2.2　空中目标检测与跟踪系统

目标的检测与跟踪参考前面讲述的目标检测与跟踪方法实现。

图像处理系统在锁定目标后开始跟踪目标，并将目标的运动信息实时发送到主控计算机，主控计算机得到了基座和目标运动信息后，经过运动学解算将控制信号发送至三轴稳定跟踪平台控制器，由稳定跟踪平台完成瞄准过程。如图 6.2.3 所示，图中图像的中心为 CCD 光轴中心，跟踪的目标是始终将目标控制在视场的中心。跟踪过程中，目标由白色轮廓圈出，白色圆圈即目标的中心位置[5]。

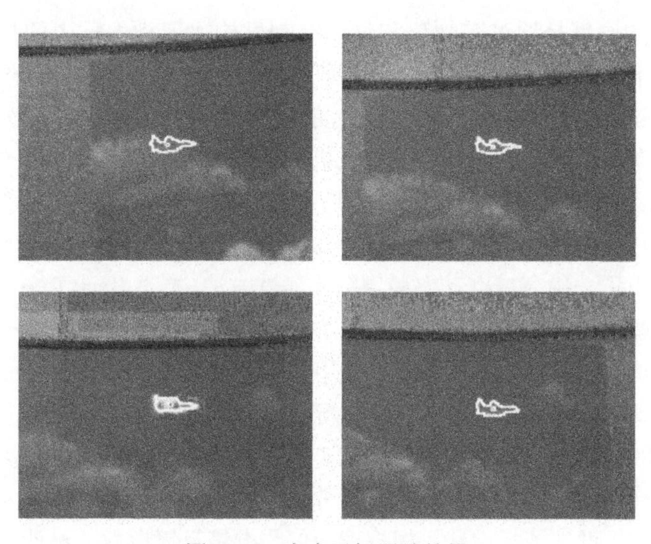

图 6.2.3　空中目标跟踪结果

图 6.2.3 空中目标跟踪结果（续）

本实验采用的摄像机帧率为 205 fps，每帧的算法处理时间小于 10 ms，可以实现实时视觉伺服跟踪控制。

6.3 稳像仪动态稳像精度测试系统

稳像仪的原理是通过陀螺仪和伺服控制机构实现稳像仪中的反射镜（或反射棱镜）瞄准线的稳定。因此，在研制和生产过程中对稳像仪动态稳定精度进行高精度测试是必不可少的环节。已有的测量系统主要有基于二次稳定的稳像精度测量装置，它是由光学系统、摄像机、数据传输与信号处理等部分构成[6]；基于稳像观察镜 Z 轴稳像精度的测量装置[7]；下反稳像偏差的图像测量装置[8]等。上述测试装置的测试精度不够高，在动态测试方面也存在明显不足。

本节提出了一种高精度动态稳像精度测试方法。首先设计了一套利用图像检测技术的稳像仪稳像精度测试装置，将测试靶面及光学系统集成在一个大口径平行光管内，减小了检测设备的体积，采用多自由度运动模拟器对安装在其上的稳像仪施加扰动量，模拟行进间的运行状况。摄像机安装在被测试产品瞄准镜目镜后方，以摄取瞄准镜视场中心的图像，实现自动的准直校准光轴，提高了工作效率。根据瞄准镜测试参数设计平行光管分划板为十字形分划线，且为了实现自动像素位置标定，设计了标定线。根据稳像仪瞄准镜目镜参数，设计了摄像机光学镜头，从而实现了一种精度高、全自动的稳像仪动态稳像精度测试方法[9, 10]。

1. 测试系统组成及原理

基于图像的动态测试系统主要由光源、可调视度大口径平行光管、运动模拟器、摄像机和计算机测控台组成，如图 6.3.1 所示。其中，光源、平行光管光轴、稳像仪反射镜中心应保证处于同一轴线，摄像机安装在稳像仪瞄准镜目镜后方，并使稳像仪瞄准镜视场中的分划板图像在摄像机靶面上完全成像。摄像机通过千兆网线与测控计算机连接，运动模拟器由控制台操作控制。利用稳像仪中陀螺的定轴性原理，如果运动模拟器对稳像仪底座施加扰动量，稳像仪根据其内部的陀螺输出信号，通过伺服控制机构可以对稳像仪棱镜进行稳像。理想状态下，当运动模拟器运动时，平行光管分划面成像的相对位移应该为 0。但实际上稳像仪存在稳像误差时，通过摄像机采集的分划板图像中心有相对位移，采集一定时间的相对位移最大值，便可得到稳像仪的动态稳像精度。

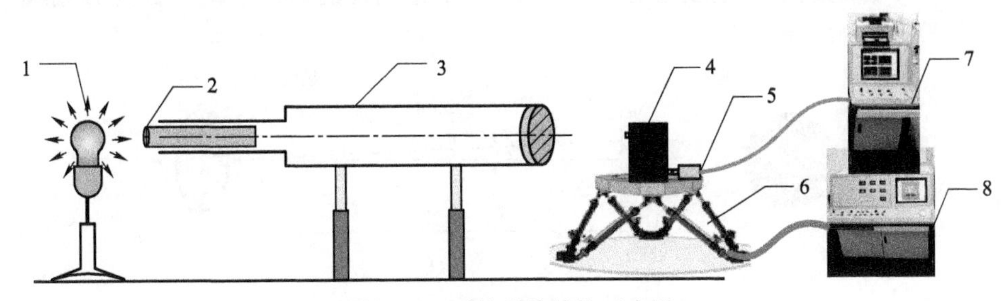

图 6.3.1 系统总体结构示意图

1—光源；2—伸缩筒及分划板；3—可调视度式平行光管；4—稳像瞄准镜；
5—摄像机；6—运动模拟器；7，8—计算机测控台

测量前需保证各光轴共线，使摄像机能够获取分划板十字线目标，本测试系统可以进行自动准直校准，即通过对运动模拟器的多根伺服阀控缸位置任意控制实现多个自由度的不同运动来完成。在系统进行准直校准时，保证光源、平行光管光轴、瞄准镜反射镜中心处于同一轴线，稳像仪处于非稳像模式，观察摄像机采集的图像，人工手动操作运动模拟器的控制手柄，使运动模拟器做微小运动，当平行光管分划板完全成像在摄像机靶面上时准直校准结束。此时，将稳像仪切换到稳像模式，运动模拟器开始运动，图像采集系统开始进行高速采集、处理、计算，经过确定的时间段，便可得到稳像仪的动态稳像精度。

1）运动模拟器性能参数

运动模拟器可模拟空间多个自由度运动，有四自由度和六自由度运动平台。六自由度平台主要模拟俯仰、横滚和方位向旋转和 X、Y、Z 向平移，采用电动缸位置控制的并联式机构，通过数字控制器完成运动学逆解实时解耦运

算，进行运动模拟器的运动参数控制。

2）平行光管分划板设计及精度分析

本系统采用可调视度式大口径平行光管，分划板装在可移动的伸缩筒一端。分划板是测量装置光学系统中一个重要的光学元件，它的形状和刻度能够为被检测设备提供标准的观测物。当分划板位于平行光管物镜的焦平面时，由分划面经平行光管物镜所成的像将位于无穷远处，其无穷远处的像即可作为被测设备观察的一个标准物。根据测试要求，本系统采用刻有十字线的分划板，如图 6.3.2（a）所示，十字线周围的标记刻线用于 CCD 测试系统的标定。

标记刻线到分划板中心的距离［图 6.3.2（b）］为：

$$y = f'_{平} \cdot \tan\beta \qquad (6\text{-}3\text{-}1)$$

式中，y 为刻线至分划板中心距离；$f'_{平}$ 为平行光管的物镜焦距；β 为分划线对物镜光轴的张角。

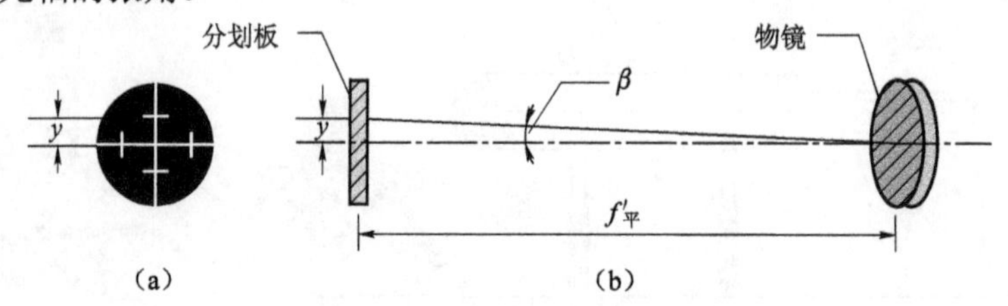

图 6.3.2　平行光管内部几何关系

（a）分划板；（b）平行光管分划板与物镜几何关系

平行光管分划板在刻制过程中，由于工艺等原因，使得刻线至分划板中心距离存在刻制误差 Δy，即张角为 β 的刻线实际已位于 $y+\Delta y$ 处；同样，$f'_{平}$ 的实际值与设计值也会存在一误差 $\Delta f'$，因此分划板刻制误差 Δy 和物镜焦距误差 $\Delta f'$ 会产生角度误差 $\Delta\beta$ [11]。假设平行光管的分划板能准确地置于物镜焦平面上，通过数学分析可得到分划板刻制误差 Δy 和物镜焦距误差 $\Delta f'$ 与平行光管角度误差 $\Delta\beta'$ 的关系为：

$$\frac{\Delta\beta}{\beta} = \frac{\Delta y}{y} - \frac{\Delta f'}{f'_{平}} \qquad (6\text{-}3\text{-}2)$$

当 $\Delta y = 0$ 时，$f'_{平}$ 的实际值若比设计值大 1%，则 β 的实际值将比设计值小 1%；当 $\Delta f' = 0$ 时，将式（6-4-1）代入式（6-4-2）后可看出 $\Delta\beta$ 与 Δy 成正比，而与 $f'_{平}$ 成反比。由于减小 Δy 和 $\Delta f'$ 总有一定限度，所以为了减小 $\Delta\beta$，可增加 $f'_{平}$，即长焦距平行光管的精度比较高 [13]。因此，本小节选用 $f'_{平} = 3\,000$ mm 的平行光管，可在焦距上满足为检测稳像瞄准镜提供标准观测物的精度要求。

为保证设计的分划板满足测试要求，分划板的制造误差，特别是分划线的刻画误差，应严格控制在刻画公差范围内。分划板最小刻线宽度按 2.16″/pixel 精度计算得：

$$3\,000\times\tan\left(\frac{2.16}{3\,600}\right)\approx 0.031\,416\ (\text{mm})$$

3）CCD 摄像机选型及光学镜头设计

为了保证测试精度和动态测试要求，图像采集系统采用高速面阵 CCD 摄像机，考虑摄像机的成像范围、动态测试精度和数据接口等因素，本文小节选摄像机帧率为 110 fps，分辨率为 659×494，选用 MVC685DA-GE110 面阵摄像机，通过千兆以太网连接到测控计算机。

将摄像机安装在瞄准镜目镜上，且保证瞄准镜中三角分划板处的像和无穷远处由分划面经平行光管物镜所成的像完整地呈在摄像机像面上，其光学系统总体示意图如图 6.3.3 所示。

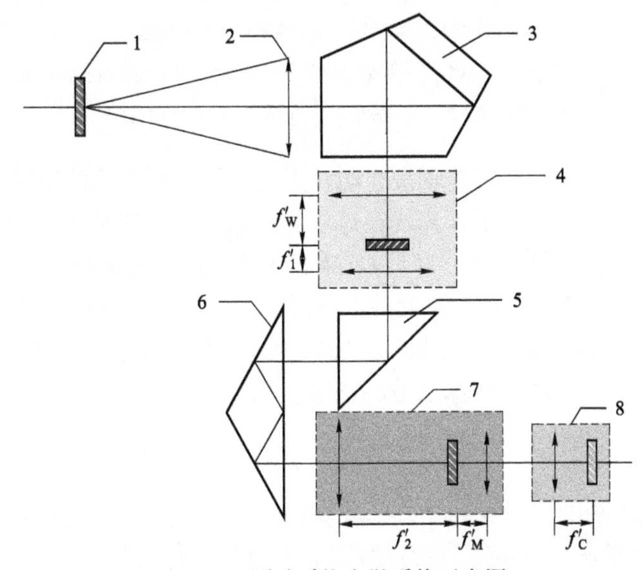

图 6.3.3　测试系统光学系统示意图

1—平行光管分划板；2—平行光管物镜；3—五角棱镜；4—望远系统透镜 *m* 倍组、圆形分划板；5—90° 反射棱镜；6—120° 反射棱镜；7—望远系统透镜 *n* 倍组、三角分划板；8—摄像机透镜组

由于传统摄像机镜头的物镜外径太大，而稳像仪目镜出瞳直径较小，使得分划板在摄像机上的成像范围很小。针对此问题，本小节设计了与瞄准镜参数一致的摄像机光学镜头。

整个光学系统（包括稳像仪、CCD 以及摄像机镜头）的原理如图 6.3.4 所示。一般被测稳像仪的角放大率 Γ 为 7～10 倍。因此，摄像机的镜头焦距 f_3' 需根据系统测量精度和被测系统的角放大率来选取。

根据计量光学理论，图 6.3.4（a）中的光学系统可等效为一个单透镜系统，如图 6.3.4（b）所示，等效系统的放大物镜焦距 f' 可以根据公式 $f'=\Gamma f_3'$ 来确定。

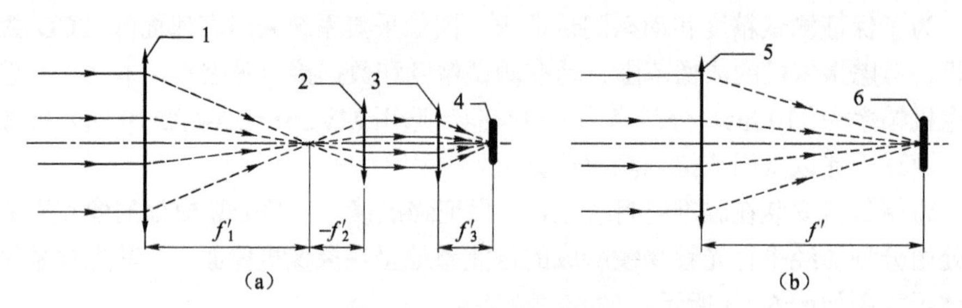

图 6.3.4 光学系统原理图

（a）光学系统原理图；（b）等效光学系统原理

1—等效的稳像仪物方透镜；2—等效的稳像仪目方透镜；3—摄像机光学镜头；

4—CCD 感光面；5—等效系统的物镜；6—CCD 感光面

绝对稳像（即不存在稳像误差）时，无论目标与瞄准镜的空间位置发生什么样的变化，目标发射的平行光线经过被测稳像仪后仍然是平行光线，且方向与被测稳像仪目方光轴平行，此时，CCD 感光面上所成的像位于 CCD 中心（零点）。在实际情况中，被测稳像仪目方出射的光线与目方光轴存在一定夹角，CCD 感光面上所成的像的位置相应地也发生了变化，即像的偏移零点。通过测量偏移量的大小，就能够计算出被测瞄准镜稳像精度，即

$$\tan\theta=\frac{l}{f'} \tag{6-4-3}$$

式中，θ 为被测瞄准镜折算到物方的稳像精度；l 为 CCD 感光面上像的偏移距离；f' 为被测稳像仪与摄像机物镜组成的等效光学系统焦距。

设等效光学系统焦距为 f'，选取的面阵 CCD 感光面上每个像元的尺寸为 $h\times v$，则每个像元的测量精度，即测量分辨率为 $\theta_{\min}$ 为：

$$\theta_{\min}=\arctan\frac{\sqrt{h^2+v^2}}{f'} \tag{6-4-4}$$

除了系统的测量精度以外，因为面阵 CCD 感光面的面积为 $H\times V$，则系统的测量范围为 $\theta_{\max}$：

$$\theta_{max} = \arctan\frac{\sqrt{H^2+V^2}}{f'} \tag{6–4–5}$$

根据上述公式，可以计算出不同稳像仪放大率所需的摄像机镜头焦距，其中 CCD 像元尺寸为 7.4 μm×7.4 μm，像面尺寸为 5.79 mm×4.89 mm，结果如表 6.3.1 所示。

表 6.3.1　不同稳像仪放大率所需的 CCD 镜头焦距及测量范围

放大率	等效系统焦距 f' /mm	测量精度 θ_{min} /（″）	测量范围 θ_{max} /（°）	CCD 透镜焦距/mm
7 倍	399.68	5	1.086 3	57.097
8 倍	399.68	5	1.086 3	49.96
9 倍	399.68	5	1.086 3	44.41
10 倍	399.68	5	1.086 3	39.968

根据表 6.3.1 中的计算结果，选定 CCD 镜头焦距为 57.097 mm，相应的测量范围如表 6.3.2 所示。

表 6.3.2　57 mm 镜头焦距对应的测量精度和测量范围

放大率	等效系统焦距 f' /mm	测量精度 θ_{min} /（″）	测量范围 θ_{max} /（°）	CCD 透镜焦距/mm
7 倍	399.68	5	1.086 3	57.097
8 倍	456.776	5	0.95	57.097
9 倍	513.873	5	0.845	57.097
10 倍	570.97	5	0.76	57.097

被测稳像仪视放大率 Γ 为 7～10 倍时，按测量精度 5″ 计算可得 CCD 镜头焦距为 57 mm，且针对不同的视放大率，只会对系统测量范围有影响，对测试精度不会有影响。

根据上述参数，本小节设计的摄像机光学镜头如图 6.3.5 所示。

摄像机镜头物镜的外径与稳像仪目镜出瞳直径相等，且针对不同的稳像仪视场角，该镜头可以调节焦距予以适应。

2. 动态稳像精度指标计算

通过求取十字线的中心点，可得标定线间的像素距离。但为了得到稳像精度性能指标，还需建立摄像机像平面与平行光管分划面的几何对应关系，即对摄像机像面进行标定。摄像机像面像素与分划板的几何关系如图 6.3.6 所示。

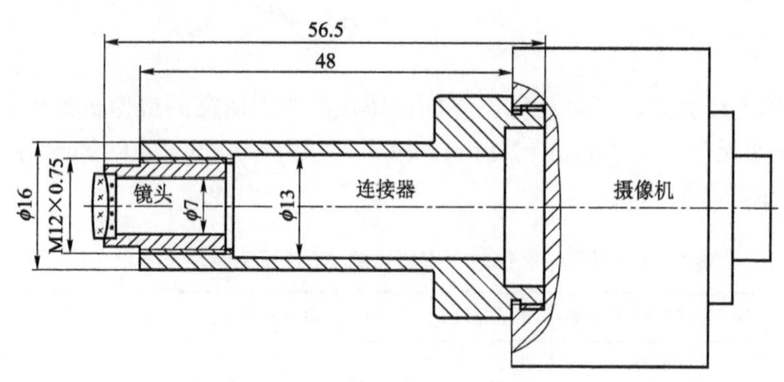

图 6.3.5 摄像机镜头装配图

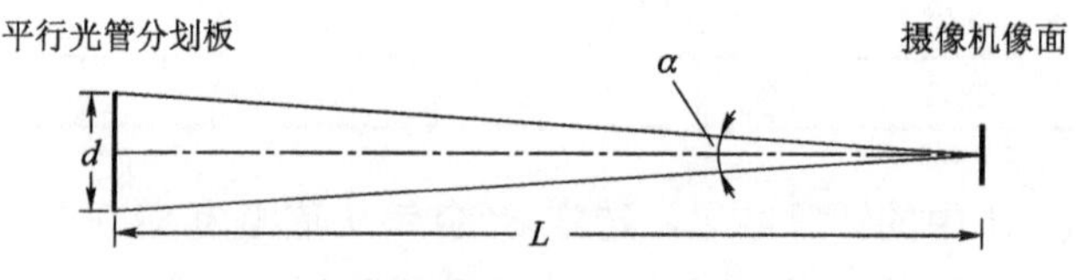

图 6.3.6 摄像机像面像素与分划板几何关系

假定两条标定线间实际长度为 d，分划板到摄像机像面距离为 L，则有 $\alpha = 2\arctan\left(\frac{d/2}{L}\right) \approx \arctan\left(\frac{d}{L}\right)$。为了计算简便，设由图像处理计算得到的标定线间长度为 l（像素），则标定系数为：

$$K_{\text{resolution}} = \arctan\left(\frac{d}{L}\right) \times 3\,600 / l \ \ ('' / \text{pixel})$$

通过摄像机像面每个像素与角度的对应关系，从而实现图像中像素距离与实际偏差角度的自动转换。本系统测试中，标定线间距为 20 mm，分划板与摄像机像面距离为 3 055 mm。首先根据已知参数自动得到测试系数，此后，根据十字形光斑偏移距离计算得到稳像精度等性能指标。

动态稳像精度指标计算步骤为：

（1）对图像序列利用稳像精度测试算法计算十字形光斑中心点。

（2）第一帧图像首先利用分划板中十字线周围的刻线计算测试系数，并记录中心点位置为测试初始位置。

（3）后续图像分别计算十字形光斑中心点与初始位置点的偏移量。

（4）利用测试系数将偏移量换算成偏移角度，即稳像精度。

（5）分别计算其他稳像精度性能指标，如稳像密集度即散布圆半径、准确度及散布圆中心对初始位置点的偏离程度等。

3. 实验结果分析

高速摄像机采集的原始图像如图 6.3.7 所示。

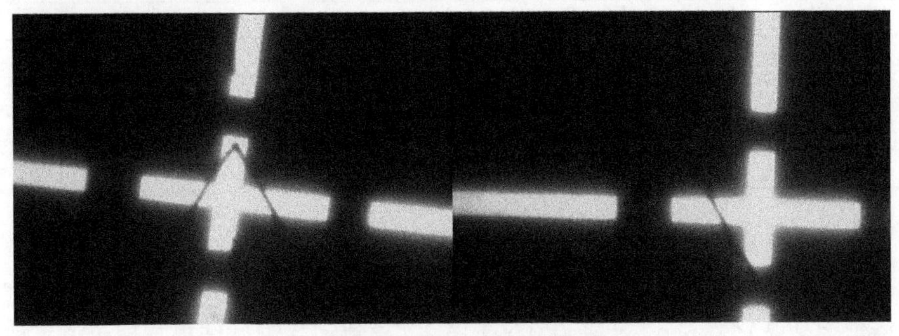

图 6.3.7　高速摄像机采集的原始图像

保持摄像机不动，连续采集 10 幅图像。首先对光斑图像采用重心法计算其中心位置，然后对同一幅图像通过求取图像的局部能量极大值得到光斑的能量极大值点，最后采用分层搜索插值方法进行亚像素提取。该方法的提取精度与采用重心法的提取精度进行对比，结果如图 6.3.8 所示。

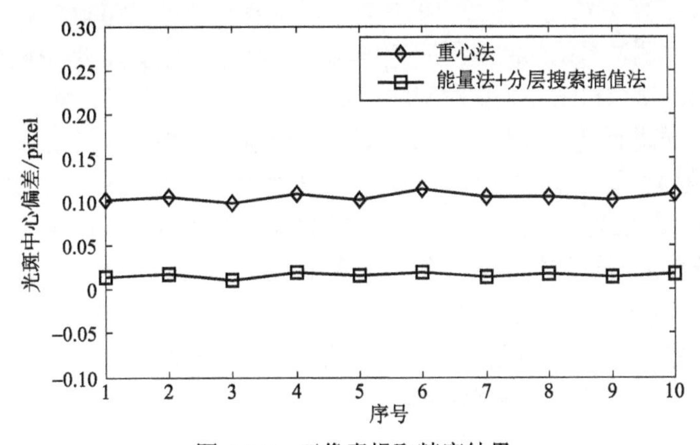

图 6.3.8　亚像素提取精度结果

由图 6.3.8 可知，对于相同图像，重心法的提取精度明显低于能量法和分层搜索插值法，且其中心位置变化相对较大，分层插值法对于能量中心像素进行了细分，结果更加稳定，精度得到保证。

根据摄像机像面自标定方法得到摄像机的标定系数如表 6.3.3 所示。由于每次得到的光斑能量中心稍有不同，所以标定系数亦有微小差别，均方差 $\sigma \leqslant 5.011\,2\times10^{-4}$。

表 6.3.3 标定系数 ″/pixel

序号	标定系数	序号	标定系数
1	1.943 352	6	1.944 216
2	1.944 216	7	1.943 352
3	1.943 352	8	1.944 216
4	1.942 92	9	1.944 216
5	1.943 568	10	1.944 432

2）误差分析

稳像测试算法提取的十字形光斑中心位置可精确到 0.001 pixel，测试精度按标定系数 2.16 ″/pixel 计算为 0.002 16 ″。导致实际测试结果与理论值有如此偏差的因素很多，如分划线刻制精度，摄像机镜头加工精度，摄像机像素非均匀性，测试过程中光源、平行光管及瞄准镜是否处于同一轴线，以及用于摄像机靶面标定的分划标定线长度及分划板到摄像机靶面的长度测试，另外稳像测试算法也会存在一定的误差。为了保证测试过程的精确性，本小节采用抗扰能力强的能量中心提取算法和亚像素提取方法来确定十字形光斑中心点，并结合非均匀性校正算法来校正中心点的误差，从而保证中心的准确性。

稳定精度测试系统的测量周期$T_{\text{test}} = 1/f_{\text{test}} = t_{\text{ccd}} + t_{\text{algorithm}}$，即测试时间主要由两部分组成：摄像机图像采集时间和稳像测试算法处理时间。测试算法只需对光斑图像区域进行卷积操作，并且只对光斑能量中心邻域内像素进行非均匀性校正，有效地节省了算法处理时间，算法处理时间还与软件平台的配置有关，经实际测试，算法处理时间小于 4 ms。CCD 采集和读取时间以较大转换时间为准，则系统可采用摄像机的采集帧率为大于 100 fps，本小节采用的摄像机帧率为 110 fps，因此稳像精度处理时间T_{test}小于 10 ms。测试周期不大于 10 ms，保证了测试算法在实际的动态稳像精度测试中能够对光斑图像中心进行高精度的快速提取，完全满足系统测试要求。

6.4 火炮动态稳定精度测试系统

火炮动态稳定精度是指火炮系统在行进状态下炮管的稳定精度，即测量炮管在方位向和俯仰向的实际偏转角度。通常采用电液伺服阀控缸构成的多自由度运动平台非常逼真地模拟火炮系统在不同环境下的运动状态，但传统的测试方法难以去除因为炮体底座平移而产生的炮管平移量。针对运动模拟器运动引入平移变化量，目前大都采用平行光管模拟无限远目标，从而大大减少了平移量对稳定精度的影响[7, 8, 13]，但平行光管测试范围非常小，测试过程复杂并且成本高。为了消除炮管沿方位向、俯仰向和横滚向三个方向的平移量，测试火炮行进间炮管的稳定精度指标，本节提出了一种基于双靶面和 CCD 的火炮动态稳定精度测试方法，有效地消除了炮管平移量而只保留旋转量。经过亚像素光斑中心提取算法对前后靶面上的图像进行实时处理，得到了火炮动态稳定精度指标[14]。

1. *测试系统原理*

基于双靶面和 CCD 的火炮动态稳定精度测试方法的关键就是通过前后平行放置的双靶上光斑的实际坐标相减，可以消除炮管平移量，从而得到火炮实际稳定精度。在测试过程中，为了实现测试装置自动消除平移量带来的影响，炮管偏转角度几何关系如图 6.4.1 所示。

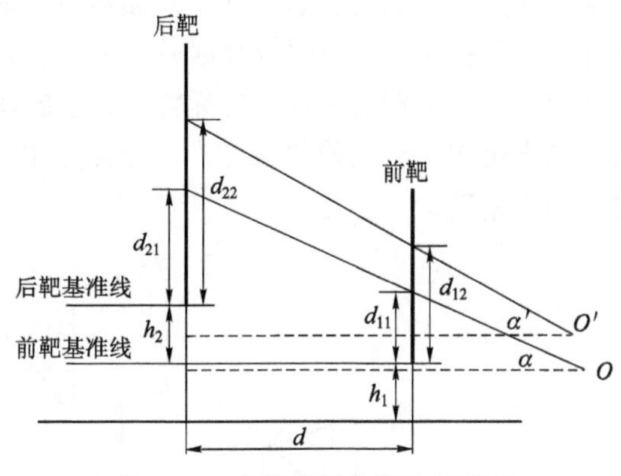

图 6.4.1　炮管偏转角度几何关系

测试系统的数学模型为：

$$
\begin{aligned}
\alpha &= \arctan\frac{(h_2+d_{21})-d_{11}}{d} \\
\alpha' &= \arctan\frac{(h_2+d_{22})-d_{12}}{d}
\end{aligned}
\tag{6–4–1}
$$

式中，O 为初始时刻炮口激光器所在位置，即目标光源；d_{11} 为 O 的光轴在前靶上所成光斑到前靶基准线的垂直距离；d_{21} 为 O 的光轴在后靶上所成光斑到后靶基准线的垂直距离；α 为火炮初始时刻垂直方向上的夹角；O' 为火炮运动过程中某一时刻激光器所在位置，即瞬时位置；d_{12} 为 O' 的光轴在前靶上所成光斑到前靶基准线的垂直距离；d_{22} 为 O' 的光轴在后靶上所成光斑到后靶基准线的垂直距离；α' 为火炮此时刻垂直方向上的夹角；d 为前后靶之间的水平距离；h_1 为测试台架距离底座的垂直高度；h 为前后靶基准线的高度差。

因此可得出 O 与 O' 之间角度在垂直方向上的实际偏转量$\Delta\alpha$为：

$$\Delta\alpha = \alpha' - \alpha \tag{6-4-2}$$

同理可得水平方向的偏转量和稳定误差。在测试过程中，根据上述关系可自动计算得到 d_{11}、d_{12}、d_{21} 和 d_{22}，h_1、h_2 和 d 由实际测量得到，从而可得到俯仰向和方位向的角度偏转量，进而统计出被测炮体的稳定精度均方差和密集度等性能指标。

根据上述测试原理，火炮火力线动态稳定精度测试装置如图 6.4.2 所示，包括激光器、前后可移动靶面、面阵 CCD 摄像机、测控计算机、辅助标定设备等。在测试过程中，被测火炮放置在一个六自由度运动模拟平台上，炮管上平行于火力线的位置固定安装一个 30 mW 激光器，发出的激光束可在移动标靶的前后靶面上分别形成光斑，通过安装在两个靶面后下方的 CCD 摄像机对靶面上的成像光斑进行实时拍摄，所得图像数据通过千兆以太网输入到测控计算机内，并进行预处理、光斑识别与定位、坐标转换。当摇摆台按照不同运动规律运动时，连续测试火炮固定时间段的激光光斑图像并实时进行处理计算，便可得到炮管的动态稳定精度。

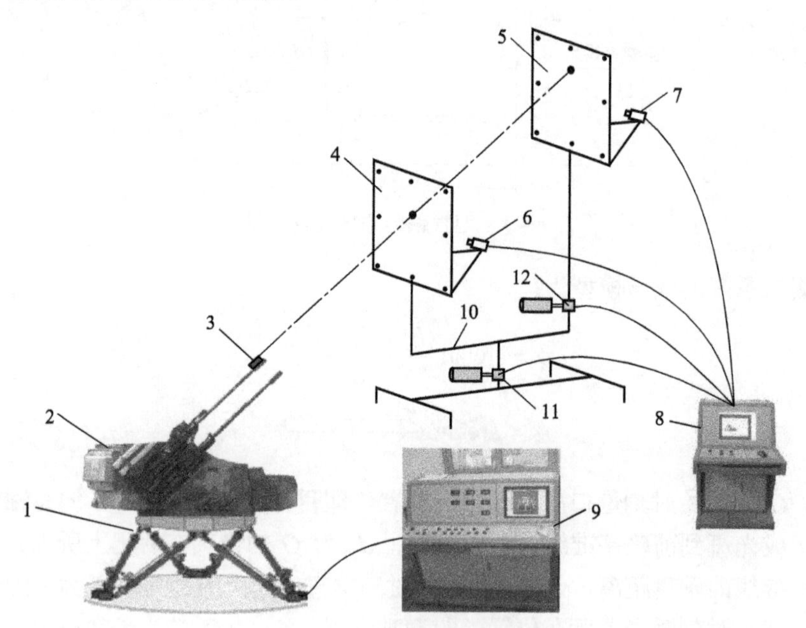

图 6.4.2 测试装置示意图

1—运动模拟器；2—被测炮体；3—激光器；4—前靶面；5—后靶面；6—前靶 CCD 摄像机；7—后靶 CCD 摄像机；8—测试计算机；9—运动模拟器控制系统；10—测试台架；11—台架升降伺服电机；12—后靶升降伺服电机

2. 主要元部件设计及选型

1）激光器

由电池供电的 30 mW 半导体激光器，固定于炮管上且与炮管平行，在测试过程中，发出激光束，在前后靶面上形成清晰的圆形光斑。为了节电，设计了一个无线遥控装置控制激光器的供电电源通断。

2）前后靶面及台架

前后靶面、测试台架和测控台如图 6.4.3 所示。

图 6.4.3 火炮动态稳定精度测试装置

前靶采用密集网格材料，在形成清晰光斑的同时能够透过大量光线，从而在后靶上形成清晰光斑；后靶采用漫反射性能较好的透光而不透明的材料，以保证在靶面上形成较好的光斑。在两个靶面的边缘上分别有八个标定点，组成一个矩形，用于将图像坐标转换为真实坐标，便于测试计算。其中前靶幅面 500 m×400 m，后靶幅面 740 m×540 m。

为了能够适应炮管在不同位置的稳定精度测试，本小节设计了一个台架升降伺服机构和后靶升降伺服机构。伺服机构包括交流伺服电机、滚轴丝杠、精密导轨等。另外，整个测试台架设计成移动式结构，测试时先将测试台架移至炮管的目标位置，通过控制台调整台架和后靶面的高度，从而可以达到火炮在较大范围内测试的需要。

3）摄像机

选用的两台数字式高速摄像机帧率均达到 110 fps，分别安置在前后靶面后下方，其中前靶摄像机分辨率为 659×494，后靶摄像机分辨率为 1 000×800，实时测试图像通过千兆以太网传输到测控计算机。

3. 实验结果分析

1）测试装置

实际设计的火炮动态稳定精度测试装置如图 6.4.3 所示。实时采集的前后靶图像如图 6.4.4 所示，靶面上的光斑用白色圆圈标出。

（a）

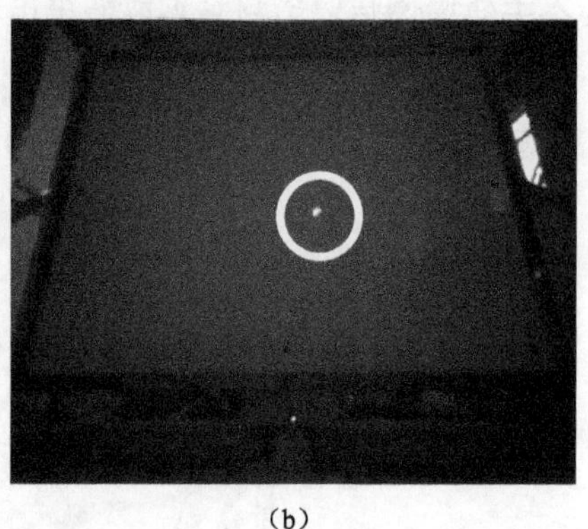

（b）

图 6.4.4 前后靶采集图像

（a）前靶图像；（b）后靶图像

由于系统采样速率高，因此应尽量减小算法处理时间。在整个图像范围内搜索光斑势必浪费时间，为减少算法运算量，本系统根据被测对象的性能指标估计出图像中目标的运动速度，从而确定搜索框的水平方向和垂直方向上的大小。在计算光斑位置时，只需在搜索框范围内对光斑图像进行处理，若光斑不在此范围，则扩大搜索范围再处理。同时可以根据光斑历史移动轨迹预测下一步光斑位置，并移动搜索框，最大限度地节省时间。通过在搜索框内按照书中所提的目标位置计算方法对采集的图像进行处理，可以确定光斑的中心位置坐标。

2）摄像机标定

在图像测试系统中，需要得到图像中目标的实际位置或尺寸，必须建立图像像素与实际尺寸间的对应关系，本节提出一种便捷快速的八点标定法，可同时消除图像变形和镜头畸变引入的测试误差。

带有 8 个标定点的原始靶面如图 6.4.5（a）所示。由于摄像机与靶面存在两个方向的偏转角度，靶面所成的图像如图 6.4.5（b）所示。

标定时将原始靶面 4 个角以及 4 条边的中点作为标定点，分别记录 8 个标定点在图像中的坐标，以及在靶面中的 4 个角标定点间的距离，宽和高分别设为 W 和 H。以标定靶面图像中某个像素位置为例说明八点标定方法计算过程如图 6.4.6 所示，并设一个分割系数 k，初值等于 0。

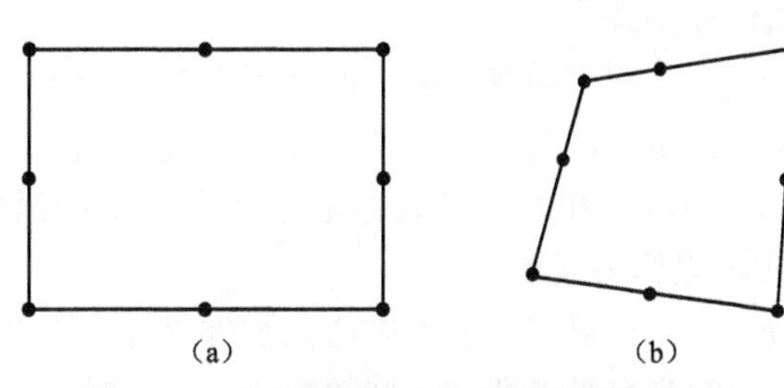

图 6.4.5　八点靶面及发生变形后图像示意图

（a）带有标定点的靶面；（b）发生变形的靶面图像

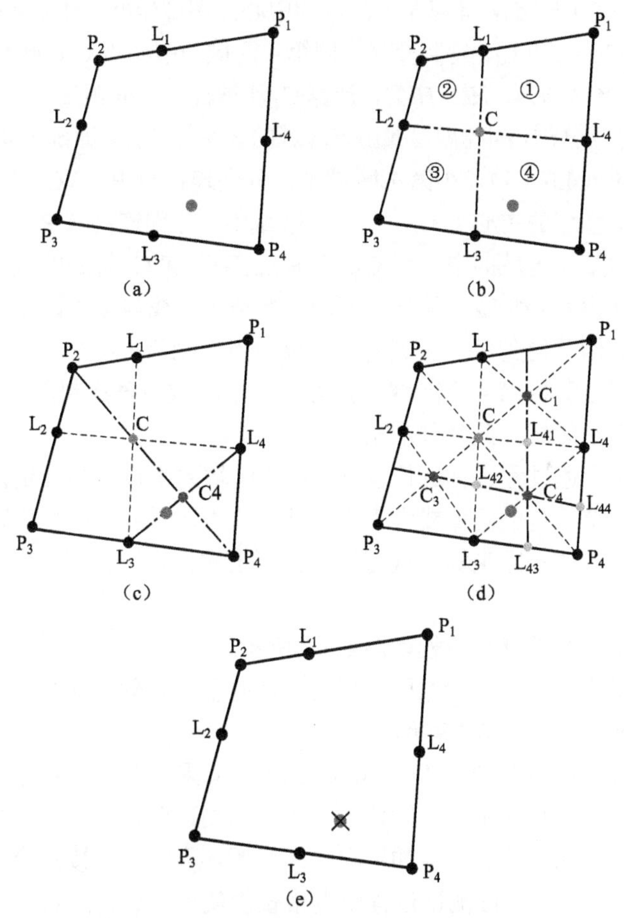

图 6.4.6　靶面图像中某一像素位置标定过程

（a）步骤一；（b）步骤二；（c）步骤三；（d）步骤四；（e）步骤五

八点标定方法计算步骤为：

（1）如图 6.4.6（a），假设图像中某一像素点在图中的灰色点位置，图像坐标已知，并标记 8 个标定点，其中 4 个角点标号分别为 P_1、P_2、P_3 和 P_4，4 条边的中点分别为 L_1、L_2、L_3 和 L_4，并设标定点 P_2 相对实际坐标为（0，0），则标定点 P_4 的相对实际坐标为（W，H）。

（2）如图 6.4.6（b），计算该区域的中心点图像坐标。连接各边的中点标定点 L_1 和 L_3、L_2 和 L_4 得到交叉点即该区域的中心点，同时将该区域分割为 4 个区域，并分别标号，计算得出靶面图像的中心点 C，分割系数 k=1，则 C 在靶面上的实际坐标为（$W/2$，$H/2$），并判断目标点处于靶面图像的第 4 个区域。

（3）如图 6.4.6（c），计算第 4 区域的中心点图像坐标。在第 4 区域中，分别连接点 P_4 和 C、L_3 和 L_4，得到交叉点即第 4 区域的中心点 C_4，则 C_4 在靶面上的实际坐标为（$W/2+W/4$，$H/2+H/4$），计算 C_4 和被标定点的距离，判断不符合条件需对该区域继续分割，因此需要找出该区域的 8 个标定点，即确定 4 条边的中点。

（4）如图 6.4.6（d），在第 1 区域中，分别连接点 P_1 和 C、L_1 和 L_4，得到交叉点即第 1 区域的中心点 C_1；在第 3 区域中，分别连接点 P_3 和 C、L_2 和 L_3，得到交叉点即第 3 区域的中心点 C_3；分别连接 C_1 和 C_4 得到的直线与第 4 区域的交叉点分别为 L_{41} 和 L_{43}；连接 C_3 和 C_4 得到的直线与第 4 区域的交叉点分别为 L_{42} 和 L_{44}。因此得到第 4 区域的 8 个标定点分别为 L_4、C、L_3、P_4、L_{41}、L_{42}、L_{43} 和 L_{44}。同时又将第 4 个区域划分为 4 个小区域，再次判断目标点处于第 4 区域中第 3 个小区域，此时分割系数 k=2。

（5）按照上述过程进行迭代运算，最终区域的中点和被标定点中心位置坐标相差小于某个设定的阈值或大于设定迭代次数时结束。用最终区域的中点坐标作为被标定点的实际坐标，从而可以计算出被标定点在靶面中的实际位置，如图 6.4.6（e）所示。

八点标定方法的计算流程如图 6.4.7 所示。

由于摄像机摄像角度的原因，靶面成像并不是理想的矩形，而是梯形，实际采集的靶面图像如图 6.4.8 所示。

靶面宽度和高度分别为 475 mm 和 370 mm。采用八点标定方法可以准确直接地得到像素点在靶面中的实际位置。在开始测试前，通过标定方法直接标定出图像平面每个像素位置对应的靶面实际位置，形成一个按图像分辨率大小排列的标定数据表，在实际测试过程中直接查表就可快速得到目标图像坐标在靶面中的实际位置。该方法可同时消除图像形变和镜头畸变引入的误差，并且提高了计算的速度。

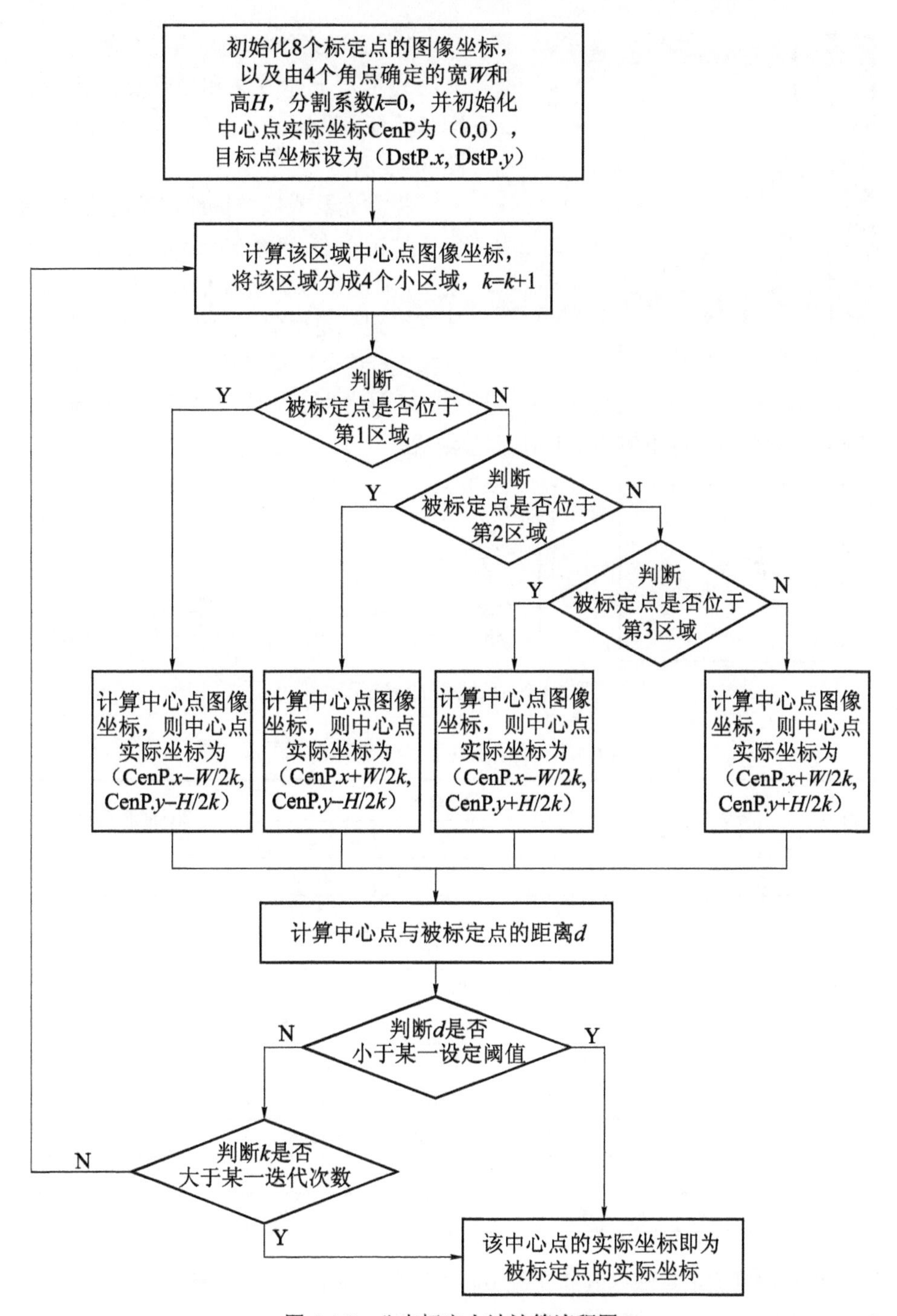

图 6.4.7　八点标定方法计算流程图

图 6.4.8　实际采集的靶面图像

3）测试系统校准与误差分析

为了对上述方法和处理算法进行校准和验证，设计了一种静态校准方案，如图 6.4.9 所示。

将激光器或摄像机放在精度为 0.1 密位微型转台上，转动转台到一个固定的角度α，通过摄像机采集系统根据测试算法计算得到一角度值，以此来校准系统的测试精度。连续进行多组测试，测试结果与转台的旋转角度完全一致，验证了上述测试方法的准确性和测试系统的精度。表 6.4.1 为不同条件下测得的校准实验结果。

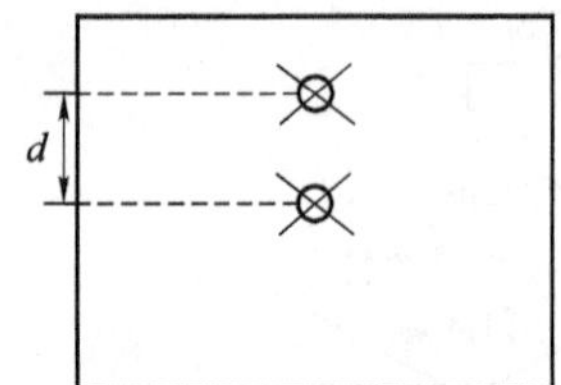

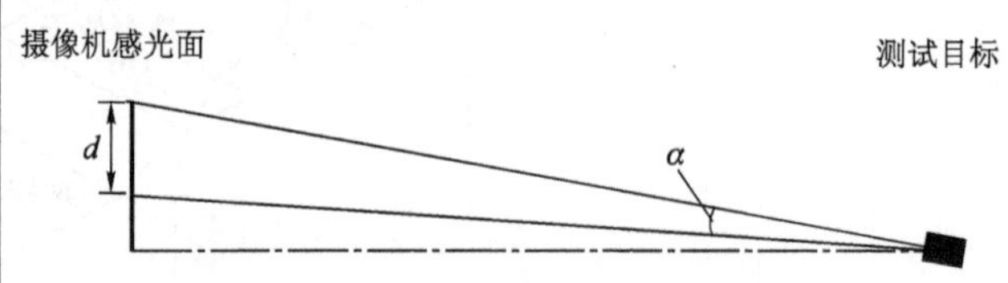

图 6.4.9　系统测试校准示意图

表 6.4.1　不同条件下的校准实验结果　（″）

序号	转动角度	测试结果			测试结果平均值
		1	2	3	
1	216	198.72	224.64	205.2	209.52
2	432	434.16	442.8	427.68	434.808
3	648	637.2	669.6	656.64	654.48
4	864	870.48	855.36	861.84	862.488
5	1 080	1 084.32	1 075.68	1 097.28	1 085.832
6	1 296	1 304.64	1 287.36	1 280.88	1 291.032
7	1 512	1 514.16	1 509.84	1 496.88	1 507.032
8	1 728	1 734.48	1 738.8	1 721.52	1 731.672
9	1 944	1 956.96	1 933.2	1 928.88	1 939.68
10	2 160	2 166.48	2 175.12	2 151.36	2 164.32

稳定精度测试算法提取的光斑中心位置可精确到 0.001 像素，由系统校准实验可得系统的静态测试最大偏差为 6.48″。有很多因素可引起实际测试结果与理

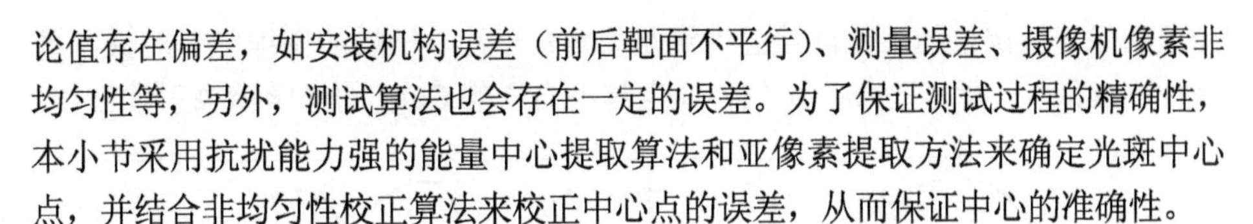

论值存在偏差，如安装机构误差（前后靶面不平行）、测量误差、摄像机像素非均匀性等，另外，测试算法也会存在一定的误差。为了保证测试过程的精确性，本小节采用抗扰能力强的能量中心提取算法和亚像素提取方法来确定光斑中心点，并结合非均匀性校正算法来校正中心点的误差，从而保证中心的准确性。

测试系统采用的两个摄像机采集帧率均为 110 fps，测试算法只在光斑邻域内计算其中心点，有效地节省了算法处理时间，而且算法处理时间还与软件平台的配置有关。经实际测试，稳定精度处理时间 $T_{test} < 10\ \text{ms}$ 。

6.5　钢板首尾自动剪切系统

基于图像的钢板优化剪切系统是专门对板坯头部和尾部进行最优切除的系统，其原理主要是通过高速 CCD 摄像机实时对板坯头、尾部形状进行采集，通过计算机对图像进行快速实时处理，按照优化原理计算板坯的最佳剪切位置，实时测试钢板的当前位置，当剪切位置到达飞剪切除位置时控制飞剪工作，从而实现带钢头部和尾部的优化剪切，避免剪切不足造成废品或剪切过量造成浪费，提高成材率。

1. 带钢头尾优化剪切系统的组成

带钢头尾优化剪切系统主要由 CCD 摄像机（含悬臂式机械台体）、速度测量装置、飞剪机和主控计算机软硬件组成。其中，CCD 摄像机选用 100 fps、分辨率为 1 024×768、具有千兆以太网接口的摄像机。速度测量装置采用扫描式热金属探测器组成。

2. 钢板首尾自动剪切系统工作原理

根据钢板首尾末端的形状，使用不同的剪切标准定义最佳剪切线，如图 6.5.1 所示。钢板首尾末端的形状可分为板宽度的百分比（90%、95%、100%）、鱼尾巴、狗骨头和非对称四类。

在确定最优剪切线后，飞剪必须按照最优剪切长度剪切。跟踪钢板到飞剪刀刃的位置和控制飞剪的最优剪切线是由飞剪控制系统来完成。实际剪切的准确性和精确度取决于钢板在剪切处跟踪系统的位置精度。

优化剪切系统原理如图 6.5.2 所示。在摄像机前有一个扫描式热金属探测器 1，安装位置靠近摄像机，当探测到钢板头部或尾部时，钢板的头部或尾部也正好在摄像机的可视范围内，同时计算机开始计时。摄像机通过一个悬臂机构安装在钢板的正上方，由于被剪切的钢板为热钢，因此，为了使 CCD 工作稳定可靠，摄像机经过特殊结构设计，可同时通入冷却水和压缩空气。其中，冷却水保证摄像机的工作环境温度满足要求；干净、干燥的压缩空气对摄像机进行连续供气，保证现场水蒸气、风尘等不会影响 CCD 的光学镜头正常工作。

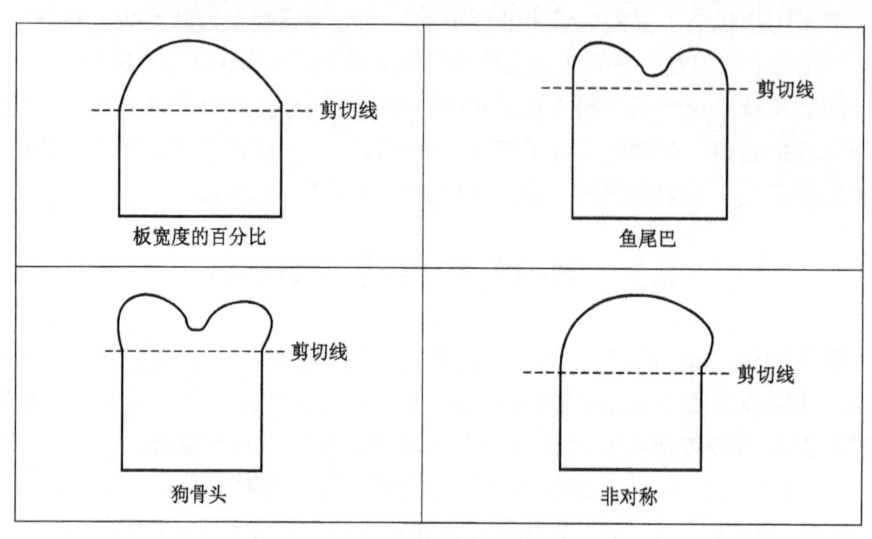

图 6.5.1　不同种类钢板的最佳剪切线

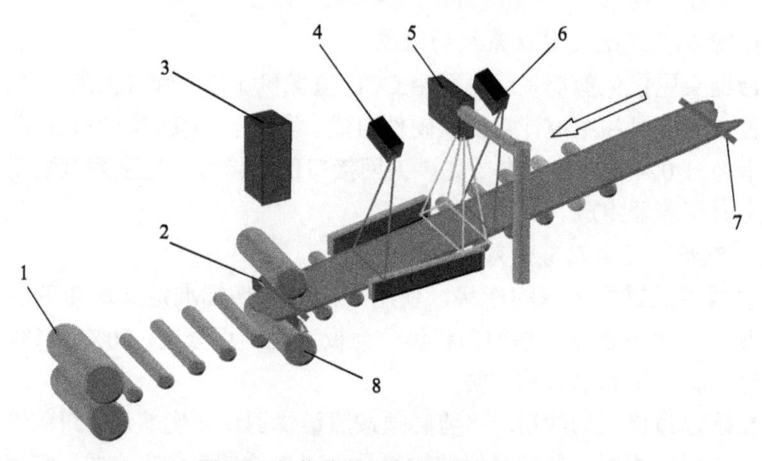

图 6.5.2　优化剪切系统原理图

1—F1 精轧机；2—头部最佳剪切线；3—主控计算机；4—扫描热金属检测器 2；5—CCD 摄像机；6—扫描热金属检测器 1；7—尾部最佳剪切线；8—飞剪机

获得了钢板头部或尾部的图像后，通过千兆以太网将数据传输到主机，由软件算法对图像轮廓边缘进行提取。假设一幅图像为 $I(i,j)$，采用高斯函数的 1 阶导数进行平滑滤波：

$$S(i,j)=G(i,j,\sigma)*I(i,j) \tag{6-5-1}$$

式中，$G(i,j,\sigma)=\frac{1}{2}\exp\left(-\frac{x^2+y^2}{2\sigma^2}\right)$为二维高斯函数。

用 1 阶差分算子对平滑后的矩阵 $S(i,j)$ 进行边缘提取，得：

$$\begin{aligned}P(i,j)&=[S(i,j+1)-S(i,j)+S(i+1,j+1)-S(i+1,j)]/2\\G(i,j)&=[S(i,j)-S(i+1,j)+S(i,j+1)-S(i+1,j+1)]/2\end{aligned} \tag{6-5-2}$$

最终得到的边缘幅值矩阵可由 $P(i,j)$，$Q(i,j)$ 表示为：

$$M(i,j)=\sqrt{P^2(i,j)+Q^2(i,j)} \tag{6-5-3}$$

所得的边缘图中包含了部分不属于钢板的假边缘，以及噪声引起的奇异点，可对其进行高低阈值抑制。设高低阈值分别为 τ_{H} 和 τ_{L}，阈值处理后得到两个阈值边缘图像 $T_{\mathrm{H}}(i,j)$ 和 $T_{\mathrm{L}}(i,j)$。其中，$T_{\mathrm{H}}(i,j)$ 中包含的边缘信息比较准确，但会使边缘产生断点；$T_{\mathrm{L}}(i,j)$ 中包含的边缘比较完整，但可能出现假边缘。最终的边缘图就在 $T_{\mathrm{H}}(i,j)$ 中将边缘连轮廓，若遇到断点就在 $T_{\mathrm{L}}(i,j)$ 中取出附近的点完成轮廓，最后得到边缘幅值图像矩阵 $N(i,j)$。

根据边缘幅值图像可以确定钢板宽度，进而计算出不同形状钢板的剪切位置（可以人为进行软件设定）。计算的剪切位置是从钢板的最头部到剪切线的距离。

紧靠摄像机后面安装一个扫描式热金属探测器。对于钢板头部，根据两个探测器之间的距离和时间差，同时采集热卷箱光电编码器的信号，可以计算出热卷箱的直径，之后，根据热卷箱的速度和加速度可以准确地计算钢板头部剪切线到达飞剪刀片的时间。

对于钢板尾部，根据两个探测器之间的距离和时间差，同时采集 F1 精轧机上光电编码器的信号，可以计算出钢板速度与 F1 转速之间的关系。之后，根据 F1 的转速、加速度和向后的滑动量可以准确地计算钢板尾部剪切线到达飞剪刀片的时间。

飞剪的控制由 PLC 控制，主控计算机只要通过通信方式给飞剪的 PLC 发出剪切指令，剪切动作便可完成。与此同时，将剪切位置之前的图像，即头部（或者计算的剪切位置之后，即尾部）数据通过网络传送到轧线计算机上，由操作工进行人工调整轧钢参数。

参 考 文 献

［1］ Udrea R M, Vizireanu D N. Iterative generalization of morphological skeleton[J]. Journal of Electronic Imaging, 2007, 16(1): 1–3.

［2］ Bertozzi M, Broggi A. Real-time lane and obstacle detection on the gold system[C]. In

Intelligent Vehicles Symposium, Proceedings of the IEEE, Tokyo, 1996: 213–218.

[3] Forsyth D A, Ponce J. Computer vision: A modern approach[C]. Prentice Hall, 2002.

[4] Solomon D. Curves and surfaces for computer graphics[M]. Springer, 2006.

[5] 李静，王军政，王立鹏. 基于多特征自适应融合的视觉伺服跟踪方法研究[C]. 第31届中国控制会议，合肥，2012：3681–3685.

[6] 王滋达，王春艳. 火炮稳像精度测量装置设计[J]. 长春理工大学学报，2008，31(1)：68–70.

[7] 李继祥，周功成，易琭. 稳像观察镜轴测量图像采集光学系统设计[J]. 装甲兵工程学院学报，2006，20(3)：31–33.

[8] 周功成，李继祥. 下反稳像偏差的图像测量方法[J]. 装甲兵工程学院学报，2007，21(2)：70–77.

[9] Li J, Wang J Z, Wang S K, et al. Analysis and research on fast dynamic image stabilization precision test system based on Hessian matrix[J]. Science China: Information Sciences, 2010, 55(9): 2056–2074.

[10] Li J, Wang J Z, Wang S K. A novel method of fast dynamic optical image stabilization precision measurement based on CCD[J]. Optik-International Journal for Light and Electron Optics, 2011, 122(7): 582–585.

[11] 王磊，王守印，周虎，等. 平行光管的基本原理及使用方法[J]. 仪器仪表学报，2006，27(6)：980–982.

[12] Wang L, Wang S Y, Zhou H. Basic principles and use method of collimator[J]. Chinese Journal of Scientific Instrument, 2006, 27(6): 980–982.

[13] Li J, Wang J Z, Zhou B. Nonuniformity correction and calibration method in the high-precision CCD measurement and servo control system[J]. The Combined 48th IEEE Conference on Decision and Control and 28th Chinese Control Conference, Shanghai, 2009: 8446–8551.

[14] 李静，王军政，汪首坤，等. 基于双靶面的火炮动态稳定精度测试方法研究[J]. 仪器仪表学报，2010，31(10)：2328–2333.

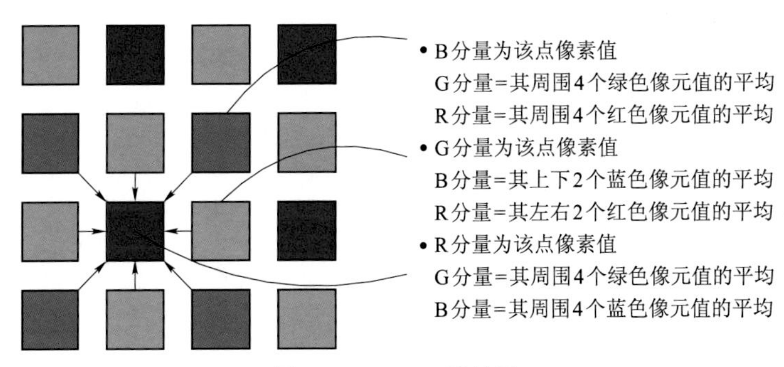

图 2.2.9　Bayer 滤波法

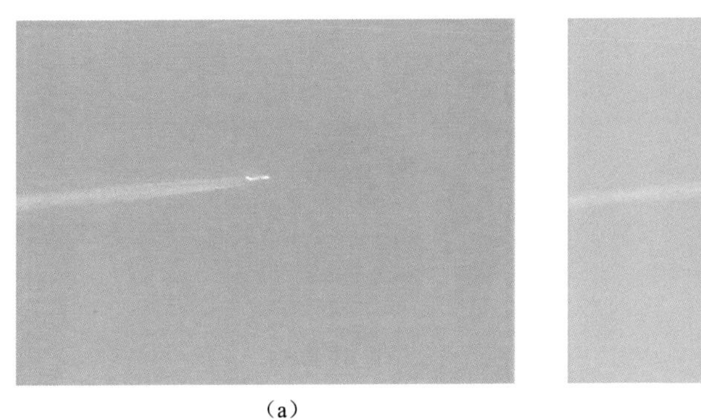
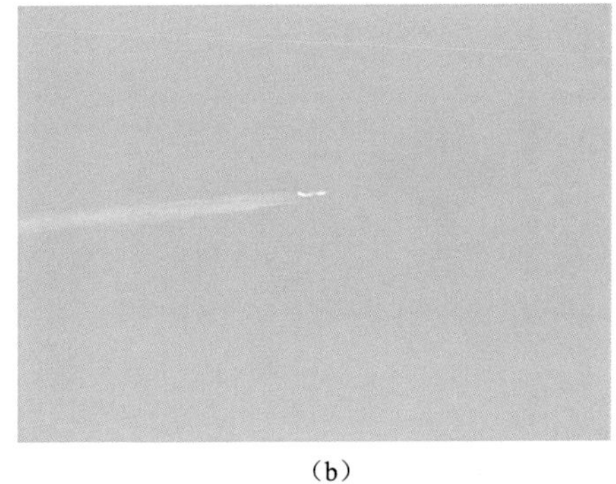

（a）　　（b）

图 3.1.1　空中机动目标图像灰度化

（a）原彩色图；（b）灰度图

（a）　　（b）

图 3.1.2　彩色道路图像灰度化结果

（a）原彩色图；（b）灰度图

(a)

(b)

图 3.2.1　直方图均衡化前后的图像效果

(a) 直方图均衡化前图像；(b) 直方图均衡化后图像

(a)

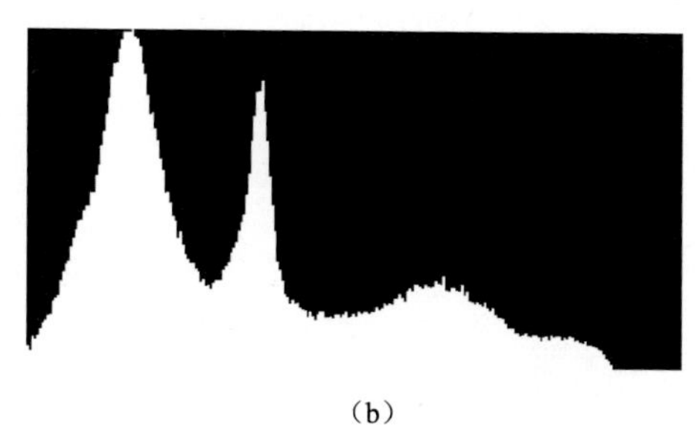

(b)

图 3.2.3　直方图规定化后的图像效果

(a) 直方图规定化后的图像；(b) 直方图

(a)

(b)

图 3.2.4　梯度锐化法处理后

(a) 梯度锐化法处理前的图像；(b) 梯度锐化法处理后的图像

（a）　　　　　　（b）

图 3.2.5　Laplace 算子法处理结果

（a）Laplace 算子法处理前的图像；（b）Laplace 算子法处理后的图像

（a）　　　　　　（b）　　　　　　（c）

图 3.3.1　Lena 图像滤波结果一

（a）添加椒盐噪声的图像；（b）均值滤波后的图像；（c）中值滤波后的图像

（a）　　　　　　（b）　　　　　　（c）

图 3.3.2　Lena 图像滤波结果二

（a）添加高斯噪声的图像；（b）均值滤波后的图像；（c）中值滤波后的图像

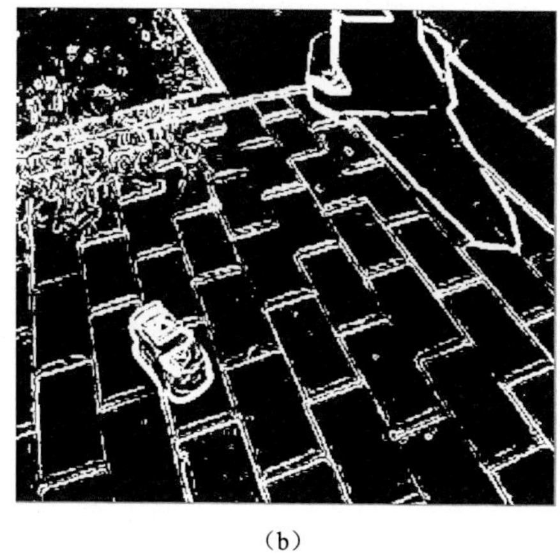

（a）　　　　　　　　　　　　　　（b）

图 3.6.2　Roberts 算子边缘检测

（a）原始图像；（b）Roberts 算子边缘检测的结果

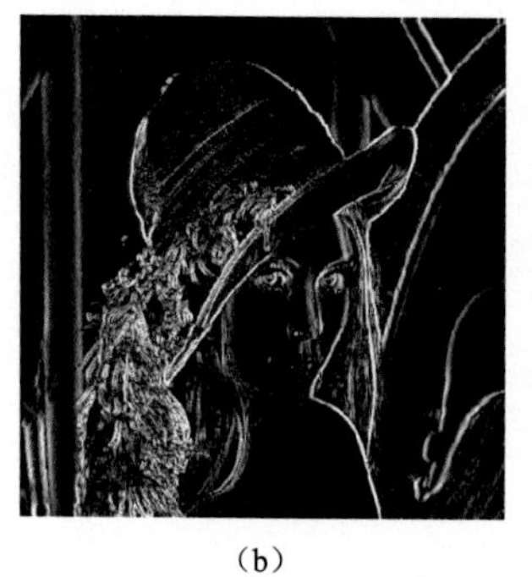

（a）　　　　　　　（b）　　　　　　　（c）

图 3.6.4　Sobel 算子边缘检测

（a）原始图像；（b）Sobel 对 X 方向边缘检测的结果；（c）Sobel 对 Y 方向边缘检测的结果

（a）　　　　　　　　　　（b）

图 3.6.6　Laplace 算子边缘检测

（a）原始图像；（b）Laplace 算子边缘检测的结果

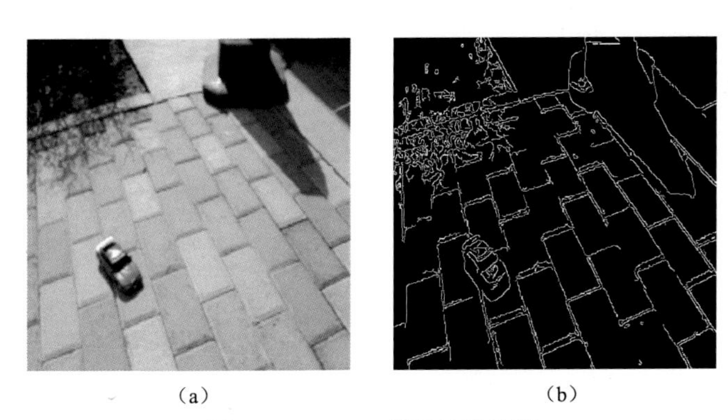
（a）　　　　　　　　　　　　　　　　（b）

图 3.6.7　Canny 算子边缘检测

（a）原始图像；（b）Canny 算子边缘检测的结果

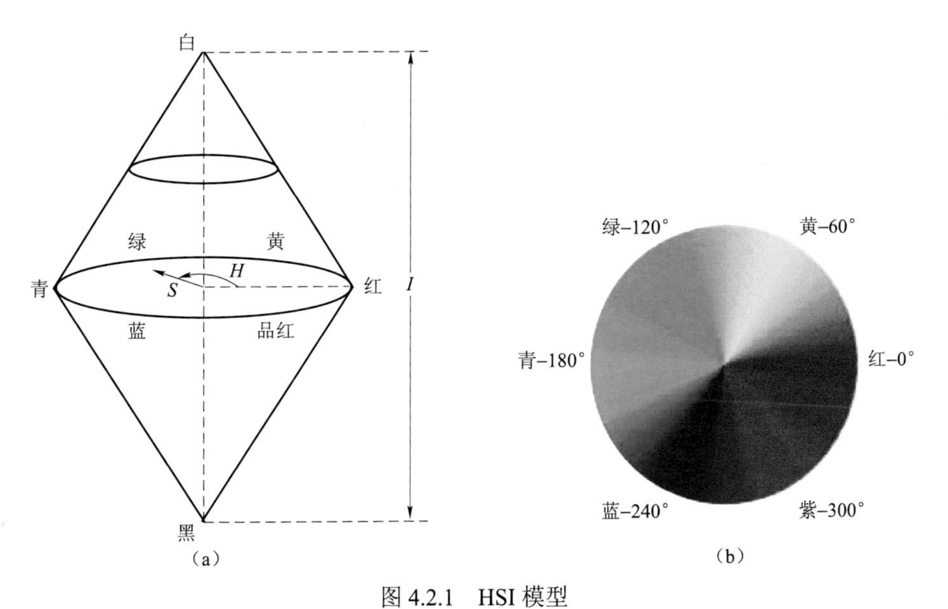

（a）　　　　　　　　　　　　　　　　（b）

图 4.2.1　HSI 模型

（a）三维模型；（b）二维模型

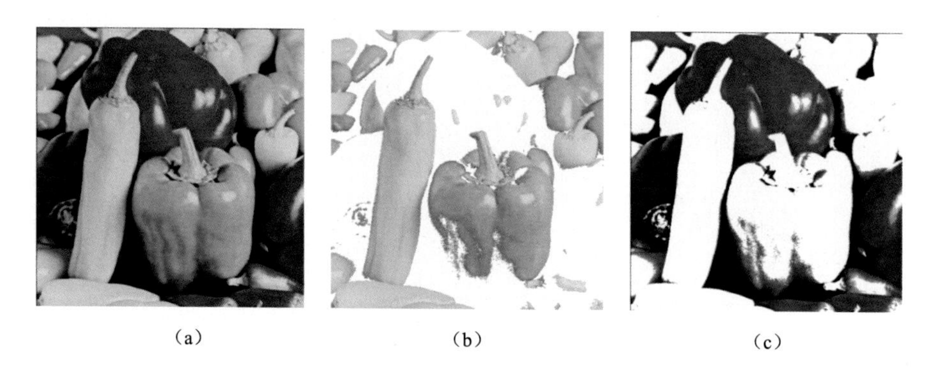

(a)　(b)　(c)

图 4.2.4　不增加聚类数目的辣椒效果图

(a) 原始图；(b) 第一类效果图；(c) 第二类效果图

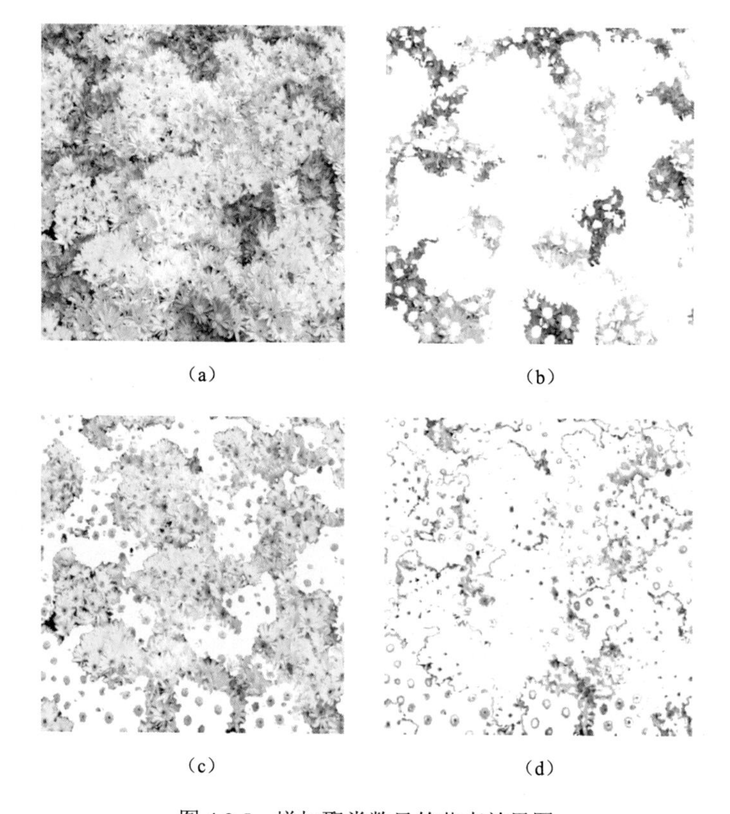

(a)　(b)　(c)　(d)

图 4.2.5　增加聚类数目的花束效果图

(a) 原始图；(b) 第一类效果图；(c) 第二类效果图；(d) 第三类效果图

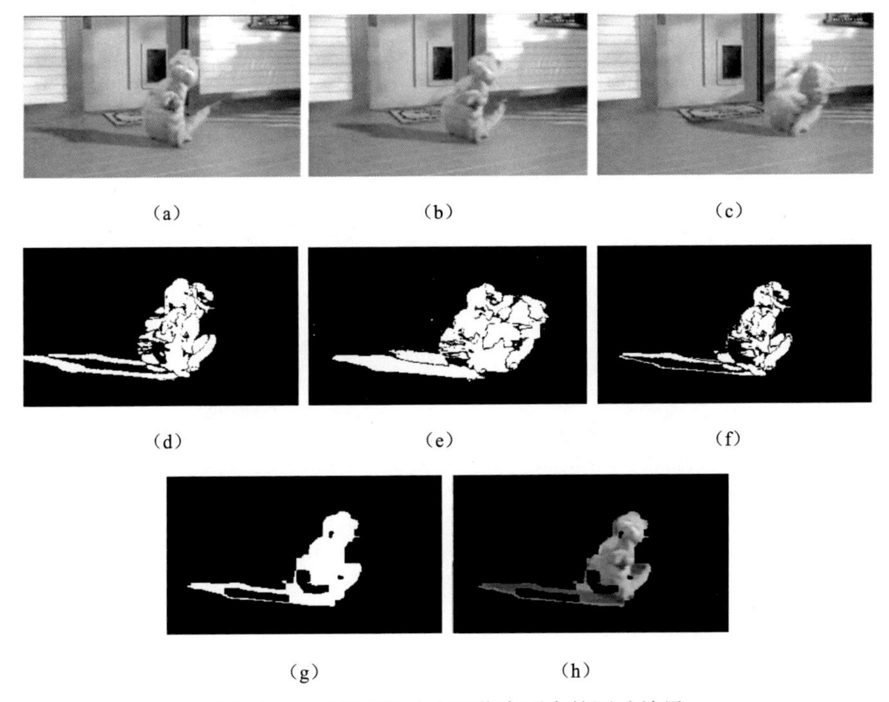

图 4.3.4　对称差分法在图像序列中的测试结果

（a）第一帧；（b）第二帧；（c）第三帧；（d）$|f_1 - f_2|$；（e）$|f_3 - f_2|$；

（f）二值化结果；（g）形态学处理结果；（h）目标提取结果

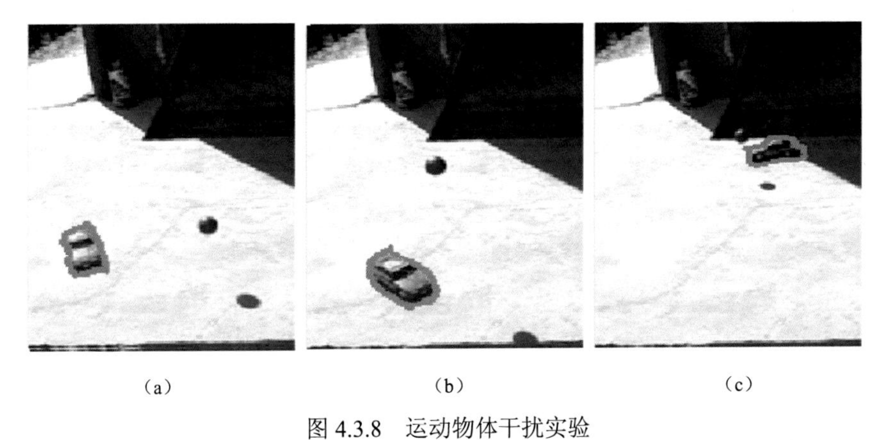

图 4.3.8　运动物体干扰实验

（a）运动物体干扰检测结果一；（b）运动物体干扰检测结果二；

（c）运动物体干扰检测结果三

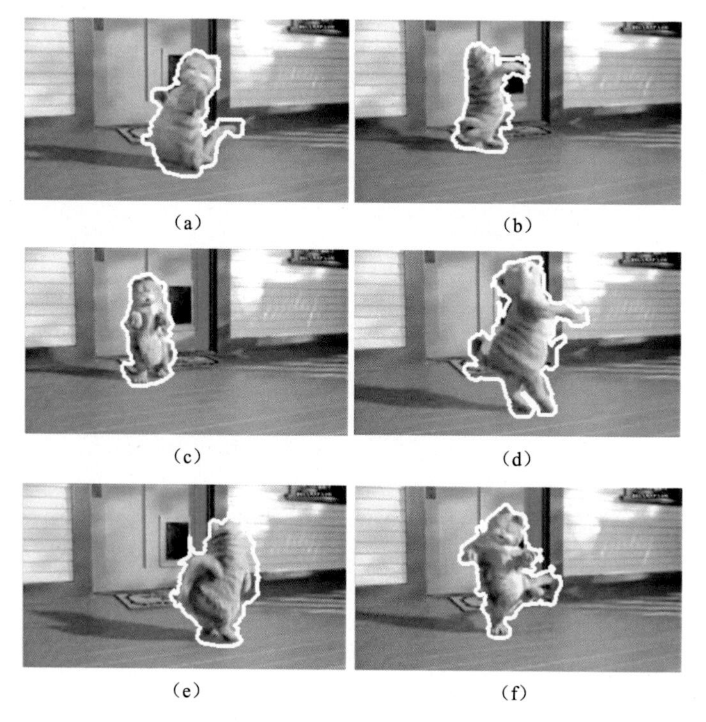

(a)　(b)　(c)　(d)　(e)　(f)

图 4.4.3　利用改进后的 Snake 模型对图像序列进行两次分割后的效果

(a) 第 10 帧；(b) 第 59 帧；(c) 第 103 帧；(d) 第 198 帧；(e) 第 223 帧；(f) 第 335 帧

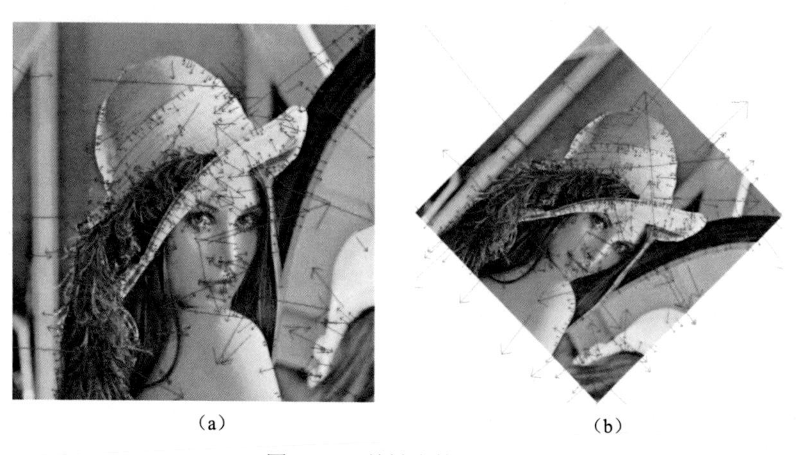

(a)　(b)

图 4.5.7　关键点特征向量

(a) 原始图像；(b) 旋转后的图像

图 4.5.8　图像匹配结果

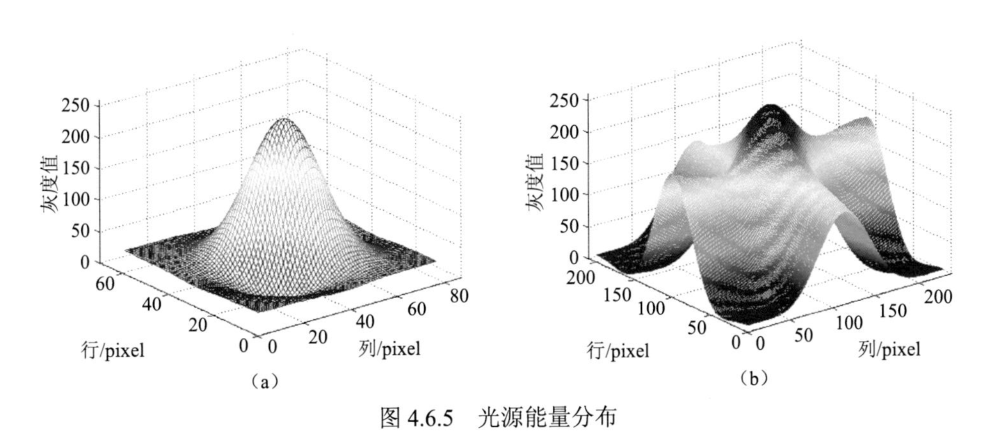

图 4.6.5　光源能量分布

（a）圆形光源；（b）十字光源

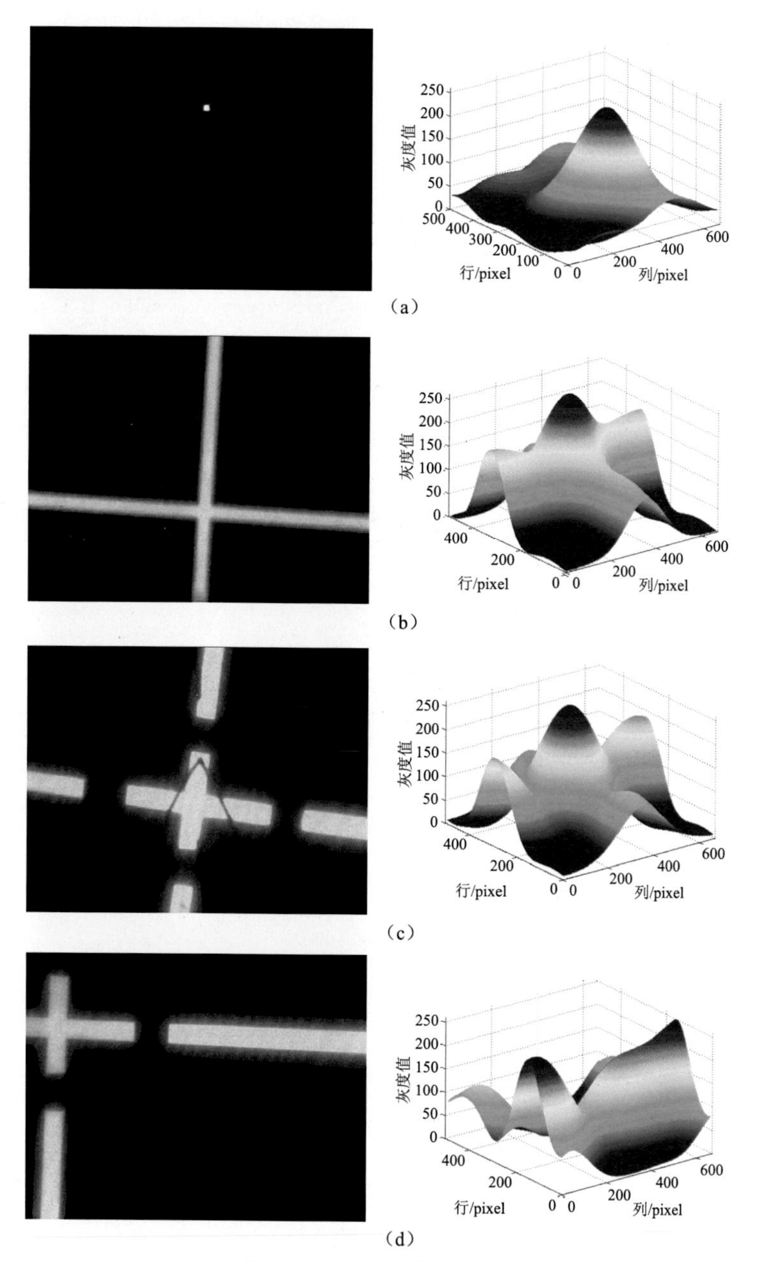

图 4.6.7　光斑图像能量分布图

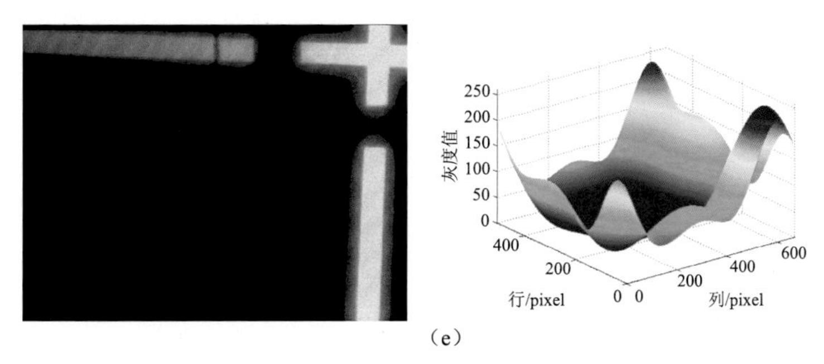

（e）

图 4.6.7 光斑图像能量分布图（续）

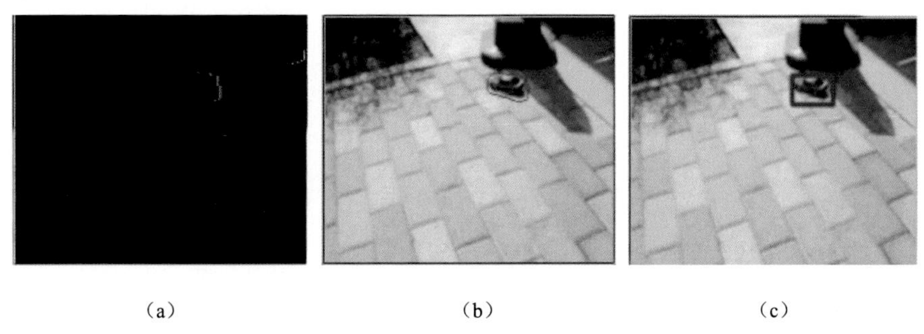

（a） （b） （c）

图 5.1.5 小车跟踪结果四

图 5.1.8 熊猫跟踪结果三

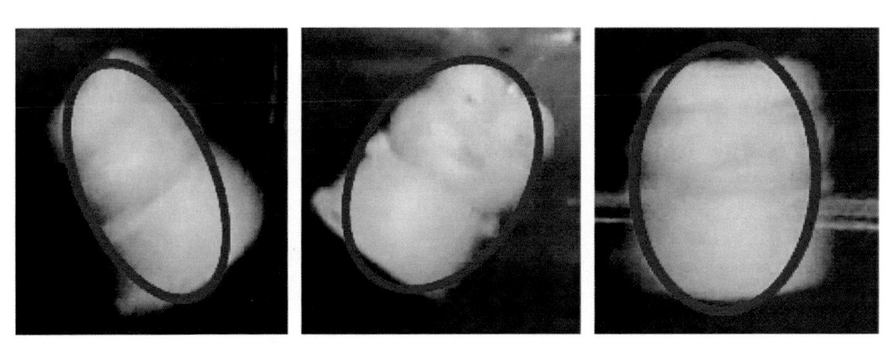

图 5.2.7 区域三的跟踪结果图

（a） （b） （c） （d） （e）

图 5.3.15　基于前景概率函数的跟踪结果

（a）第 177 帧；（b）第 221 帧；（c）第 333 帧；（d）第 389 帧；（e）第 479 帧

（a） （b） （c） （d） （e）

图 5.3.16　Collins 带宽更新算法的跟踪结果

（a）第 177 帧；（b）第 221 帧；（c）第 333 帧；（d）第 389 帧；（e）第 479 帧

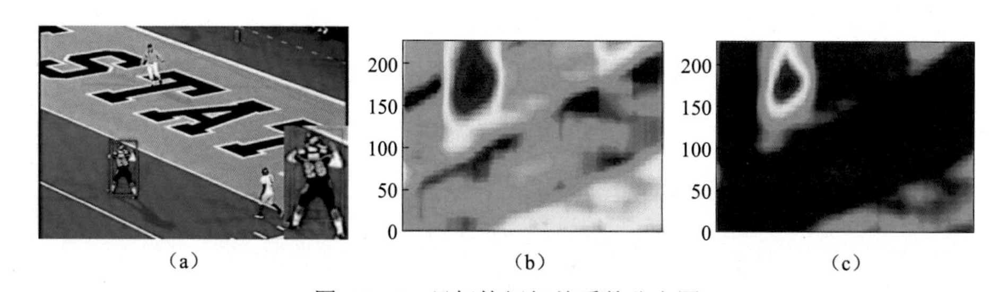

（a） （b） （c）

图 5.3.17　目标特征相关系数分布图

（a）测试图像；（b）投影前相关系数分布；（c）投影后相关系数分布

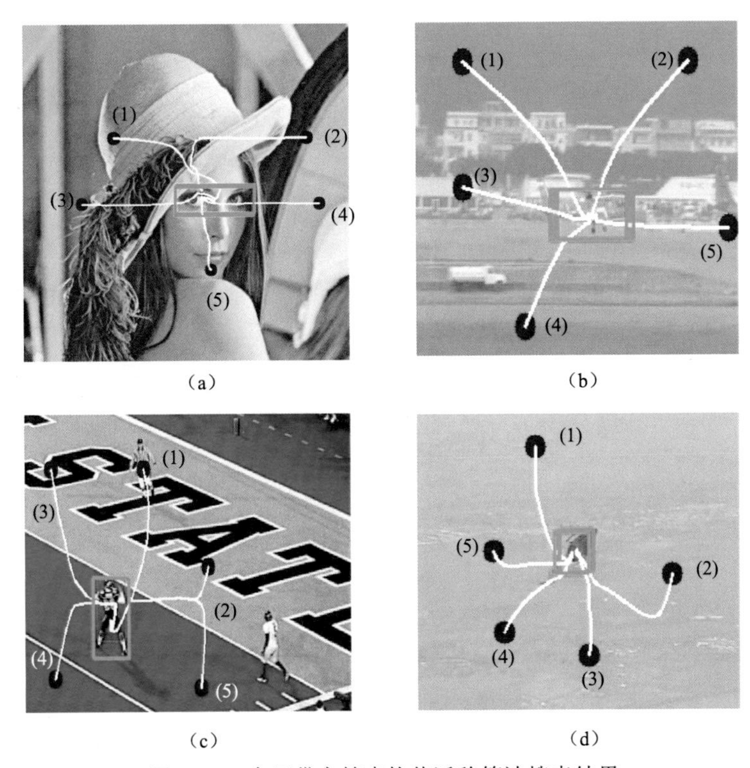

图 5.4.4　全局带宽搜索均值迁移算法搜索结果

（a）测试图像 1；（b）测试图像 2；（c）测试图像 3；（d）测试图像 4

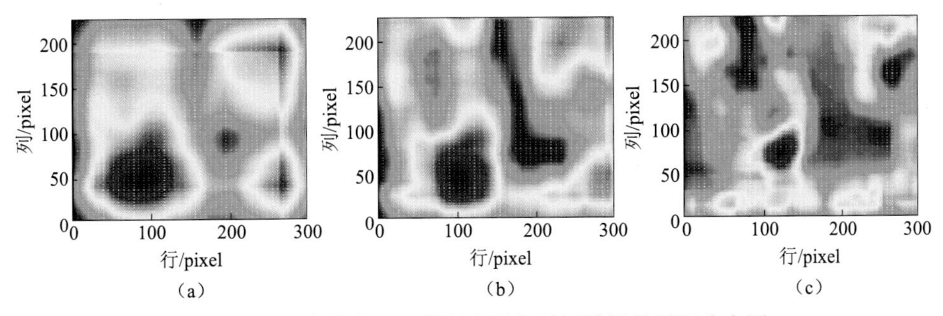

图 5.4.5　三个带宽下，特征向量与目标模板的匹配分布图

（a） $3h_0$；（b） $2h_0$；（c） h_0

（a）　　　　　　　　　　　　（b）

图 5.4.6　固定增长率 over-relaxed 与自适应 over-relaxed 算法比较

（a）固定增长率 over-relaxed；（b）自适应 over-relaxed

（a）　　（b）　　（c）　　（d）

（e）　　（f）　　（g）　　（h）

图 5.4.7　单一带宽 Meanshift 跟踪结果

（a）第 110 帧；（b）第 120 帧；（c）第 130 帧；（d）第 160 帧；

（e）第 170 帧；（f）第 180 帧；（g）第 190 帧；（h）第 200 帧

图 5.4.8　组合带宽 Meanshift 跟踪结果

（a）第 110 帧；（b）第 120 帧；（c）第 130 帧；（d）第 160 帧；

（e）第 170 帧；（f）第 180 帧；（g）第 190 帧；（h）第 200 帧

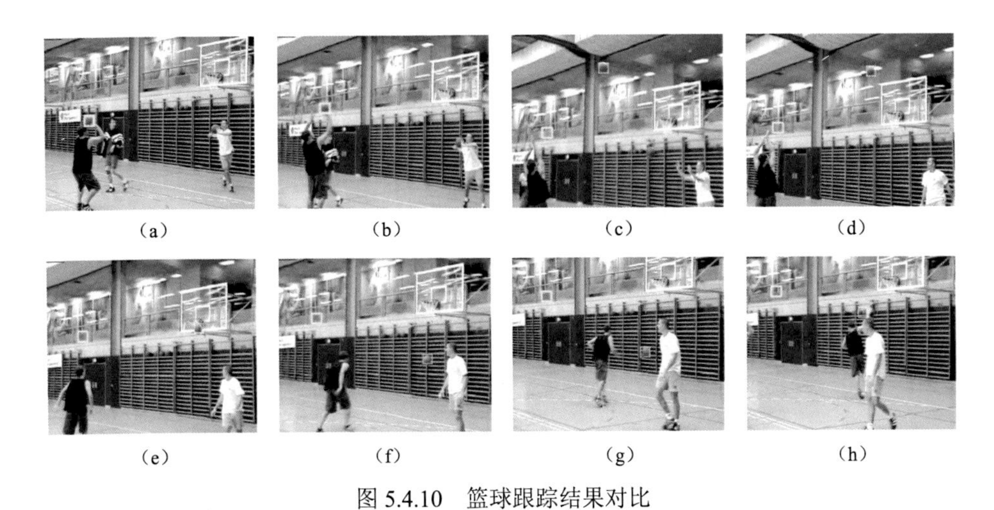

图 5.4.10　篮球跟踪结果对比

（a）第 1 帧；（b）第 10 帧；（c）第 20 帧；（d）第 30 帧；

（e）第 40 帧；（f）第 50 帧；（g）第 60 帧；（h）第 70 帧

（a）

（b）

图 6.1.12　车道线检测结果

（a）两车道线检测；（b）所有车道线检测